Physica-Lehrbuch

Physica-Lehrbuch

Christine Duller

Einführung in die nichtparametrische Statistik mit SAS und R

Ein anwendungsorientiertes
Lehr- und Arbeitsbuch

Physica-Verlag
Ein Unternehmen
von Springer

Dr. Christine Duller
IFAS - Institut für Angewandte Statistik
Johannes Kepler Universität Linz
Altenberger Straße 69
4040 Linz
Österreich
christine.duller@jku.at

ISBN 978-3-7908-2059-1   e-ISBN 978-3-7908-2060-7

DOI 10.1007/978-3-7908-2060-7

Physica-Lehrbuch ISSN 1431-6870

Bibliografische Information der Deutschen Nationalbibliothek
Die Deutsche Nationalbibliothek verzeichnet diese Publikation in der Deutschen Nationalbibliografie; detaillierte bibliografische Daten sind im Internet über http://dnb.d-nb.de abrufbar.

© 2008 Physica-Verlag Heidelberg

Herstellung: le-tex publishing services oHG, Leipzig
Umschlaggestaltung: WMXDesign GmbH, Heidelberg

Gedruckt auf säurefreiem Papier

9 8 7 6 5 4 3 2 1

springer.de

Vorwort

Dieses Buch soll auf allgemein verständlichem Niveau die Grundlagen der nichtparametrischen Statistik vermitteln. Die LeserInnen sollen die Fähigkeit erwerben, die vorgestellten statistischen Verfahren korrekt anzuwenden und die daraus resultierenden Ergebnisse richtig und verständlich interpretieren zu können. Voraussetzungen sind Mathematik auf Maturaniveau, Grundkenntnisse im Umgang mit dem Computer und Basiswissen in Statistik. Um das Verständnis zu erleichtern werden zahlreiche Beispiele mit Lösungen angeführt, wobei viele Beispiele mit den Programmen SAS und R gelöst werden.

Im ersten Teil des Buches werden Grundbegriffe der Statistik, sowie kurze Einführungen in SAS und R geboten. In Kapitel 4 beginnt die nichtparametrische Statistik mit ihren Grundlagen. Es folgen die Betrachtung von Einstichprobenproblemen, unabhängigen und abhängigen Zweistichprobenproblemen, sowie von unabhängigen und abhängigen Mehrstichproben-Problemen. Abgerundet wird das Bild durch nichtparametrische Verfahren zur Messung von Zusammenhängen, zur Dichteschätzung und die Grundlagen der nichtparametrischen Regression.

Unter http://www.ifas.jku.at/personal/duller/duller.htm wird ein Link zu diesem Buch angeboten, wo man Ergänzungen und ausführlichere Lösungen zu den Beispielen findet.

Mein Dank gilt den Studierenden der Lehrveranstaltung Nichtparametrische Verfahren, die wertvolle Vorarbeiten für dieses Buch geleistet haben: Michaela Dvorzak, Thomas Forstner, Christoph Freudenthaler, Christina Hadinger, Bernhard Kaiser, Karin Kepplinger, Wolfgang Pointner, Birgit Rauchenschwandtner, Mario Schnalzenberger, Nadine Schwerer, Christine Sickinger und Julia Szolga. Für die mühevolle Erstellung und Korrektur der Tabellen danke ich unseren Institutsmitarbeiterinnen Agnes Fussl und Margarete Wolfesberger. Meinem Kollegen Herrn Dr. Christoph Pamminger danke ich für das Korrekturlesen des Manuskriptes.

Dem Physica-Verlag aus dem Hause Springer möchte ich danken für die Erstellung dieses Lehrbuches und die gute und problemlose Zusammenarbeit, insbesondere gilt mein Dank Frau Dipl.-Math. Lilith Braun und Frau Christiane Beisel, die durch ihre Unterstützung dieses Buch erst ermöglicht haben.

Über Anregungen meiner Leserinnen und Leser würde ich mich sehr freuen (christine.duller@jku.at). Ich wünsche allen viel Spaß mit der nichtparametrischen Statistik.

Linz, Juli 2008   *Christine Duller*

Inhaltsverzeichnis

1

Statistische Grundbegriffe

In diesem Kapitel werden jene statistische Grundbegriffe kurz erläutert, die in diesem Buch verwendet werden. Es dient ausschließlich der Auffrischung von bereits erworbenen Basiswissen in Statistik. Für den Erwerb des Basiswissens sei an dieser Stelle auf einführende Werke verwiesen, welche die ersten Schritte in die Statistik erleichtern (z.B. Fahrmeir, L. und Tutz (2001), Fahrmeir, L., Künstler, Pigeot und Tutz (2004), Fahrmeir, L., Künstler, Pigeot, Tutz, Caputo und Lang (2005) oder Hartung, J., Elpelt und Klösner (2005)).

1.1 Skalenniveaus von Merkmalen

Hinsichtlich des Skalenniveaus werden metrische, ordinale und nominale Merkmale unterschieden.

Ein Merkmal heißt **metrisch** (= quantitativ, kardinalskaliert), wenn seine Ausprägungen Vielfache einer Einheit sind (z.B. Länge, Einkommen). Die Ausprägungen sind voneinander verschieden, haben eine eindeutige Anordnung und einen eindeutig definierten Abstand. Bei metrischen Merkmalen kann man zwischen intervallskalierten und verhältnisskalierten Merkmalen unterscheiden.
Bei **verhältnisskalierten** Merkmalen gibt es einen natürlichen Nullpunkt (z.B. Preis) und das Verhältnis zweier Ausprägungen lässt sich sinnvoll interpretieren (Produkt A ist doppelt so teuer wie Produkt B).
Intervallskalierte Merkmale haben keinen natürlichen Nullpunkt, daher können auch Verhältnisse nicht sinnvoll interpretiert werden (z.B. Temperatur in Grad Celsius).

Ein Merkmal heißt **ordinal**, wenn die Ausprägungen nur in einer Ordnungsbeziehung wie größer, kleiner, besser oder schlechter zueinander stehen (z.B. Schulnoten, Güteklassen). Die Ausprägungen sind voneinander verschieden und haben eine eindeutige Anordnung. Der Abstand zweier Merkmalsausprägungen ist hingegen nicht klar definiert und daher auch nicht interpretierbar.

Ein Merkmal heißt **nominal**, wenn seine Ausprägungen nicht in eindeutiger Weise geordnet werden können, sondern nur durch ihre Bezeichnungen unterschieden sind (z.b. Geschlecht, Familienstand, Beruf). Die Ausprägungen sind voneinander verschieden, es gibt keine eindeutige Anordnung, der Abstand zweier Merkmalsausprägungen ist nicht definiert. Diese Merkmale werden auch als qualitative oder kategoriale Merkmale bezeichnet.

Das Skalenniveau eines Merkmals bestimmt, welche Verfahren und Berechnungen im Umgang mit dem Merkmal zulässig sind.

Stetige und diskrete Merkmale

Ein Merkmal heißt **stetig**, wenn seine Ausprägungen beliebige Zahlenwerte aus einem Intervall annehmen können (z.b. Länge, Gewicht).

Ein Merkmal heißt **diskret**, wenn seine Ausprägungen bei geeigneter Skalierung (bzw. Kodierung) nur ganzzahlige Werte annehmen können (z.b. Fehlerzahlen, Schulnoten, Geschlecht). Diskrete Merkmale haben abzählbar viele Ausprägungen.

Dichotome Merkmale sind eine Sonderform von diskreten Merkmalen und besitzen nur zwei Ausprägungen (z.b. Geschlecht).

Von **quasistetigen** Merkmalen spricht man bei Merkmalen, die aufgrund der Definition diskret sind, gleichzeitig aber über eine so feine Abstufung verfügen, dass man sie als stetige Merkmale behandeln kann. Insbesondere zählen hierzu alle monetären Merkmale (Preis, Kredithöhe, Miete, . . .).

Die Bezeichnung **diskretisierte** Merkmale wird verwendet, wenn stetige Merkmale nur in diskreter Form erfasst werden, beispielsweise die Frage nach dem Alter in ganzen Jahren. Die Zusammenfassung von Ausprägungen eines Merkmals in Gruppen wird als **Gruppieren** bezeichnet.

1.2 Wahrscheinlichkeitsrechnung

In der Wahrscheinlichkeitsrechnung betrachtet man Experimente mit ungewissem Ausgang und versucht, ihre Gesetzmäßigkeiten zu beschreiben.

Zufallsexperiment
Ein Zufallsexperiment ist ein Vorgang, bei dem ein nicht vollständig vorhersehbarer Ausgang aus einer Menge prinzipiell möglicher Ausgänge realisiert wird. Weiters muss ein Zufallsexperiment unter gleichen Bedingungen wiederholbar sein. Zur mathematischen Beschreibung solcher Zufallsexperimente bedient man sich häufig der Mengenlehre.

Zufallsvariable
Das Merkmal X, das den Ausgang eines Zufallsexperimentes beschreibt, nennt man zufälliges Merkmal oder Zufallsvariable.

Wertebereich
Die Gesamtheit der für diese Zufallsvariable X möglichen Ausprägungen ist der Wertebereich Ω_X.

Ereignis
Jede Teilmenge E des Wertebereiches Ω_X entspricht einem Ereignis.

Disjunkte Ereignisse
Zwei Ereignisse E_1 und E_2 heißen disjunkt oder elementfremd, wenn der Durchschnitt der beiden Mengen die leere Menge ist ($E_1 \cap E_2 = \{\}$).

Paarweise disjunkte Ereignisse
Mehrere Ereignisse E_i heißen paarweise disjunkt, wenn alle möglichen Paare von Ereignissen disjunkt sind.

Komplementärereignis
Das Komplementärereignis E^C tritt genau dann ein, wenn das Ereignis E nicht eintritt.

Zerlegung
Mehrere Ereignisse E_i heißen Zerlegung des Wertebereiches Ω_X, wenn die Ereignisse E_i paarweise disjunkt sind und die Vereinigung aller Ereignisse wieder den Wertebereich ergibt.

Grundlage für das Rechnen mit Wahrscheinlichkeiten sind die Axiome von Kolmogorov. Das Wort Axiom bedeutet Grundwahrheit, in der Mathematik meint man damit Aussagen, die keinen Beweis benötigen. Aus diesen Axiomen lassen sich dann weitere Aussagen ableiten, deren Gültigkeit allerdings zu beweisen ist.

Axiome von Kolmogorov

Die Axiome von Kolmogorov beschreiben in mathematischer Form die Eigenschaften einer Wahrscheinlichkeitsverteilung. Alle Wahrscheinlichkeitsverteilungen erfüllen diese drei Axiome.

Axiome von Kolmogorov

1. $0 \leq Pr(E) \leq 1$ für alle Ereignisse $E \subseteq \Omega$

2. $Pr(\{\}) = 0$ und $Pr(\Omega) = 1$

3. $Pr(E_1 \cup E_2) = Pr(E_1) + Pr(E_2)$
   für disjunkte Ereignisse $E_1 \subseteq \Omega$ und $E_2 \subseteq \Omega$

Verbal ausgedrückt bedeuten diese Axiome Folgendes:

1. Für alle Ereignisse liegt die Wahrscheinlichkeit des Eintreffens immer zwischen 0 und 1.

2. Das unmögliche Ereignis tritt mit der Wahrscheinlichkeit null ein, und das sichere Ereignis tritt mit der Wahrscheinlichkeit 1, also 100%, ein.

3. Sind zwei Ereignisse disjunkt, so kann die Wahrscheinlichkeit dafür, dass das Ereignis 1 oder das Ereignis 2 eintritt, als Summe der beiden Einzelwahrscheinlichkeiten berechnet werden.

Aus den Axiomen von Kolmogorov lassen sich weitere Rechenregeln ableiten:

Rechenregeln

1. $Pr(E^C) = 1 - Pr(E)$

2. $Pr(E_1 \cup E_2) = Pr(E_1) + Pr(E_2) - Pr(E_1 \cap E_2)$

3. $Pr(\bigcup\limits_{i=1}^{k} E_i) = \sum\limits_{i=1}^{k} Pr(E_i)$ für k paarweise disjunkte Ereignisse E_i.

4. $Pr(E_1 \backslash E_2) = Pr(E_1) - Pr(E_1 \cap E_2)$

Anmerkungen zu diesen Rechenregeln:

1. $Pr(E^C)$ wird als **Gegenwahrscheinlichkeit** des Ereignisses E bezeichnet.

2. Dieser **Additionssatz** ist eine Erweiterung des dritten Axioms auf beliebige (disjunkte und nicht disjunkte) Ereignisse.

3. Dies ist eine Erweiterung des dritten Axioms auf eine beliebige Anzahl von disjunkten Ereignissen.

4. Dies ist eine Erweiterung der Gegenwahrscheinlichkeit, für $E_1 = \Omega$ erhält man die erste Rechenregel.

Bedingte Wahrscheinlichkeiten

Mit $Pr(A|B)$ bezeichnet man die Wahrscheinlichkeit für das Ereignis A unter der Bedingung, dass B bereits eingetreten ist. Durch die zusätzliche Information kann sich die Wahrscheinlichkeit für das interessierende Ereignis verändern.

Bedingte Wahrscheinlichkeit

Für Ereignisse $A, B \subseteq \Omega$ mit $Pr(B) > 0$ gilt:

$$Pr(A|B) = \frac{Pr(A \cap B)}{Pr(B)}$$

Aus der Definition der bedingten Wahrscheinlichkeit lässt sich durch Umformung die Produktregel ableiten.

Produktregel

Für Ereignisse $A, B \subseteq \Omega$ mit $Pr(B) > 0$ gilt:

$$Pr(A \cap B) = Pr(A|B) \cdot Pr(B)$$

Stochastisch unabhängige Ereignisse

Zwei Ereignisse sind **stochastisch unabhängig**, wenn der Ausgang des einen Ereignisses die Wahrscheinlichkeit für das Eintreten des anderen Ereignisses nicht beeinflusst.

Multiplikationsregel

Für stochastisch unabhängige Ereignisse $A, B \subseteq \Omega$ gilt:

$$Pr(A \cap B) = Pr(A) \cdot Pr(B)$$

Von einem unmöglichen Ereignis ist per Definition jedes Ereignis unabhängig. Aus der Multiplikationsregel folgt für stochastisch unabhängige Ereignisse A und B auch $Pr(A|B) = Pr(A)$ und $Pr(B|A) = Pr(B)$.

Das Theorem von Bayes

In manchen Aufgabenstellungen kann es passieren, dass man Informationen über bedingte Ereignisse hat, aber die Wahrscheinlichkeit für das Eintreten des Ereignisses ohne Bedingung vorerst unbekannt ist. Um diese zu berechnen, benötigen wir den Begriff der Zerlegung und den Satz von der totalen Wahrscheinlichkeit.

Satz von der totalen Wahrscheinlichkeit

Die Ereignisse $E_1, \ldots, E_r$ seien eine Zerlegung des Wertebereiches Ω. Dann gilt für $A \subseteq \Omega$

$$Pr(A) = \sum_{i=1}^{r} Pr(A|E_i) \cdot Pr(E_i)$$

Unser nächstes Ziel ist es, in der bedingten Wahrscheinlichkeit Bedingung und bedingtes Ereignis quasi zu tauschen. Zur Beantwortung dieser Frage benötigen wir die Definition der bedingten Wahrscheinlichkeit

$$Pr(E_1|A) = \frac{Pr(E_1 \cap A)}{Pr(A)}$$

Stellt man den Zähler mit dem Produktsatz dar und verwendet für den Nenner den Satz der totalen Wahrscheinlichkeit, so erhält man einen Zusammenhang, der als Satz von Bayes bezeichnet wird:

Satz von Bayes

Die Ereignisse $E_1, \ldots, E_r$ seien eine Zerlegung des Wertebereiches Ω. Für mindestens ein i gilt $Pr(E_i) > 0$ und $Pr(A|E_i) > 0$. Dann gilt:

$$Pr(E_i|A) = \frac{Pr(A|E_i) \cdot Pr(E_i)}{Pr(A)} = \frac{Pr(A|E_i) \cdot Pr(E_i)}{\sum\limits_{i=1}^{r} Pr(A|E_i) \cdot Pr(E_i)}$$

$Pr(E_i)$ a-priori Wahrscheinlichkeit

$Pr(E_i|A)$ a-posteriori Wahrscheinlichkeit

1.3 Eindimensionale Verteilungen

Gegeben sei eine diskrete Zufallsvariable X mit dem Wertebereich Ω. Man nennt jene Funktion $f(x)$, die jedem Elementarereignis $i \in \Omega$ seine Wahrscheinlichkeit $Pr(X = i)$ zuordnet, die Dichte einer diskreten Zufallsvariable.

Dichte einer diskreten Zufallsvariable

$$f(x) = \begin{cases} Pr(X = i) & \text{für } x = i \quad (\in \Omega) \\ 0 & \text{sonst} \end{cases}$$

Eigenschaften der Dichte

$$f(i) = Pr(X = i) \geq 0 \qquad \text{Nichtnegativität}$$

$$\sum_{i \in \Omega} f(i) = \sum_{i \in \Omega} Pr(X = i) = 1 \qquad \text{Normierung}$$

Jene Funktion $F(i)$, die jedem Elementarereignis i die Wahrscheinlichkeit dafür zuordnet, dass bei einem Versuch ein Ausgang $x \leq i$ beobachtet wird, nennt man die Verteilungsfunktion der Wahrscheinlichkeitsverteilung. Die Verteilungsfunktion ist stets nichtnegativ und monoton steigend.

Verteilungsfunktion einer diskreten Zufallsvariable

$$F(i) = Pr(X \leq i) = \sum_{j=1}^{i} Pr(X = j)$$

Eigenschaften der Verteilungsfunktion

$$F(i) = Pr(x \leq i) \quad \geq 0 \quad \forall\, i \in \Omega \qquad \text{Nichtnegativität}$$

$$F(i) \leq F(i + 1) \qquad \text{monoton steigend}$$

Bei stetigen Zufallsvariablen entspricht die Dichte an der Stelle x nicht der Wahrscheinlichkeit des Ereignisses x, wie es bei diskreten Zufallsvariablen der Fall ist. Die Wahrscheinlichkeit von Ereignissen kann bei stetigen Zufallsvariablen nur über das Integral der Dichte berechnet werden.

Dichte einer stetigen Zufallsvariable

Eine Zufallsvariable X heißt stetig, wenn es eine Funktion $f(x) \geq 0$ gibt, sodass für jedes Intervall $[a, b]$

$$Pr(a \leq x \leq b) = \int\limits_a^b f(x)dx$$

gilt. Die Funktion $f(x)$ wird als Dichte bezeichnet.

Ein einzelner Versuchsausgang besitzt eine Dichte, aber keine von Null verschiedene Wahrscheinlichkeit.

Für stetige Zufallsvariablen gilt:

- $Pr(a \leq x \leq b) = Pr(a \leq x < b) = Pr(a < x \leq b) = Pr(a < x < b)$

- $Pr(X = x) = 0$ für alle $x \in \mathbb{R}$

Eigenschaften der Dichte

- Nichtnegativität: $f(x) \geq 0$ für alle $x \in \mathbb{R}$

- Normierung: $\int\limits_{-\infty}^{+\infty} f(x)dx = 1$

Verteilungsfunktion einer stetigen Zufallsvariable

Die Funktion $F(a) = Pr(x \leq a)$ nennt man die Verteilungsfunktion der Wahrscheinlichkeitsverteilung von X

$$F(a) = Pr(x \leq a) = \int\limits_{-\infty}^a f(x)dx$$

$F(a)$ gibt die Wahrscheinlichkeit an, eine Ausprägung kleiner oder gleich a zu beobachten.

Eigenschaften einer stetigen Verteilungsfunktion:

- $F(a)$ ist stetig und monoton wachsend mit Werten im Intervall $[0, 1]$

- $\lim\limits_{x \to -\infty} F(x) = 0$ und $\lim\limits_{x \to \infty} F(x) = 1$

- $Pr(a \leq x \leq b) = F(b) - F(a)$ und $Pr(x \geq a) = 1 - F(a)$

- Für alle Werte x, für die $f(x)$ stetig ist, ist die Dichte die Ableitung der Verteilungsfunktion $F'(x) = f(x)$

Eine Zufallsvariable X heißt **symmetrisch verteilt** um den Punkt x_0, wenn für alle x gilt

$$Pr(X \leq x_0 - x) = Pr(X \geq x_0 + x)$$

Eine Zufallsvariable X heißt **stochastisch größer** als eine Zufallsvariable Y, wenn für alle z gilt

$$F_X(z) \leq F_Y(z)$$

wenn also für beliebige Werte die Verteilungsfunktion von X höchstens so groß ist wie die Verteilungsfunktion von Y.

1.4 Mehrdimensionale Verteilungen

Sind X und Y zwei Zufallsvariablen, so ist die **gemeinsame Verteilungs-funktion** $F_{X,Y}$ definiert durch

$$F_{X,Y}(x,y) = Pr\left((X \leq x) \cap (Y \leq y)\right)$$

und gibt die Wahrscheinlichkeit dafür an, dass die Zufallsvariable X höchstens die Ausprägung x und die Zufallsvariable Y höchstens die Ausprägung y annimmt.

Dem entsprechend ist

$$F_{X_1,\dots,X_n}(x_1,\dots,x_n) = Pr\left((X_1 \leq x_1) \cap \dots \cap (X_n \leq x_n)\right)$$

die gemeinsame Verteilungsfunktion der Zufallsvariablen $X_1,\dots,X_n$.

Die Zufallsvariablen $X_1,\dots,X_n$ haben eine **gemeinsame stetige Vertei-lung**, wenn es eine Funktion $f_{X_1,\dots,X_n}$ gibt, so dass für alle $(x_1,\dots,x_n)$ gilt

$$F_{X_1,\dots,X_n}(x_1,\dots,x_n) = \int_{-\infty}^{x_1} \dots \int_{-\infty}^{x_n} f_{X_1,\dots,X_n}(t_1,\dots,t_n)dt_1 \dots dt_n$$

Bei gemeinsamer stetiger Verteilung ergibt sich die **Dichte der (stetigen) Randverteilungen** aus

$$f_{X_i}(x_i) = \int_{-\infty}^{\infty} \dots \int_{-\infty}^{\infty} f_{X_1,\dots,X_n}(x_1,\dots,x_n)dx_1 \dots dx_{i-1}dx_{i+1} \dots dx_n$$

Bei **Unabhängigkeit** entspricht die gemeinsame Dichte (Verteilungsfunktion) dem Produkt der einzelnen Dichten (Verteilungsfunktionen), also

$$F_{X_1,\ldots,X_n}(x_1,\ldots,x_n) = F_{X_1}(x_1)F_{X_2}(x_2)\cdots F_{X_n}(x_n)$$

$$f_{X_1,\ldots,X_n}(x_1,\ldots,x_n) = f_{X_1}(x_1)f_{X_2}(x_2)\cdots f_{X_n}(x_n)$$

1.5 Momente, Quantile und weitere Maßzahlen

Verteilungen werden oft durch Maßzahlen der Position (Erwartungswert, Median, Quantile) oder der Variabilität (Varianz, Standardabweichung) beschrieben. Der Zusammenhang zweier Zufallsvariablen wird durch Kovarianz und Korrelationskoeffizient beschrieben.

Erwartungswert und Varianz

X diskret
$$E(X) = \sum_{i=1}^{r} x_i Pr(x_i)$$

$$Var(X) = \sum_{i=1}^{r} (x_i - E(X))^2 Pr(x_i)$$

X stetig
$$E(X) = \int_{-\infty}^{\infty} x f(x)dx$$

$$Var(X) = \int_{-\infty}^{\infty} (x - E(X))^2 f(x)dx$$

Es gilt:

- $E(X + Y) = E(X) + E(Y)$, $E(cX) = cE(X)$

- $Var(cX) = c^2 Var(X)$, $Var(X + c) = Var(X)$

- X und Y unkorreliert $\Leftrightarrow E(XY) = E(X)E(Y)$

- X und Y unabhängig $\Rightarrow X$ und Y unkorreliert
  (Umkehrung muss nicht gelten)

- Sind X und Y unkorreliert, so ist $Var(X + Y) = Var(X) + Var(Y)$

- $\sqrt{Var(X)}$ heißt Standardabweichung

Quantile unterteilen die Daten in Gruppen, so dass ein bestimmter Prozentsatz über und ein bestimmter Prozentsatz unter dem Quantil liegt.

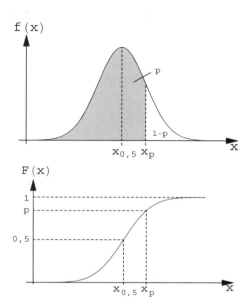

Abb. 1.1. Dichte und Verteilungsfunktion, jeweils mit Median und p-Quantil

Das **p-Quantil** ist somit jeder Wert x_p, für den mindestens der Anteil p der Daten kleiner oder gleich x_p und mindestens der Anteil $1-p$ der Daten größer oder gleich x_p ist. Das 0.5-Quantil wird als Median (= 2. Quartil) bezeichnet, weitere wichtige Quantile sind das untere Quartil $x_{0.25}$ (= 1. Quartil) und das obere Quartil $x_{0.75}$ (= 3. Quartil).

Für das p-Quantil x_p einer quantitativen Variablen gilt (mit $0 < p < 1$)

$$Pr(x < x_p) \leq p \leq Pr(x \leq x_p)$$

Erwartungswert und Varianz sind Spezialfälle der so genannten **Momente** einer Verteilung. Es seien X eine Zufallsvariable, k eine natürliche und r eine reelle Zahl. Dann bezeichnet

$$m_k(r) = E((X - r)^r)$$

das Moment k-ter Ordnung bezüglich r. Den Spezialfall $r = 0$ bezeichnet man als **gewöhnliches Moment**, für $r = E(X)$ erhält man die **zentralen Momente**.

Für zwei Zufallsvariablen X und Y ist die **Kovarianz** von X und Y definiert als

$$Cov(X,Y) = E(\ [X - E(X)]\ [Y - E(Y)]\ )$$

und der **Korrelationskoeffizient** durch

$$\rho_{XY} = Corr(X,Y) = \frac{Cov(X,Y)}{\sqrt{Var(X)}\sqrt{Var(Y)}}$$

Es gilt:

- $Cov(X,Y) = E(XY) - E(X)E(Y)$

- X und Y unkorreliert $\Leftrightarrow Cov(X,Y) = 0$

- $|Cov(X,Y)| \leq \sqrt{Var(X)Var(Y)}$ Ungleichung von Cauchy-Schwarz

- X und Y unkorreliert $\Leftrightarrow \rho = 0$

- $Var(X + Y) = Var(Y) + Var(Y) + 2\ Cov(X,Y)$

1.6 Induktive Statistik: Schätzen von Parametern

Die schließende Statistik umfasst die beiden Teilbereiche Schätzen und Testen. Grundlage der Analyse ist in beiden Fällen eine Zufallsstichprobe aus der Grundgesamtheit. Alle hier vorgestellten Formeln und Verfahren beruhen auf dem Vorliegen einer einfachen Zufallsauswahl.

Schließende Statistik

Wesentliche Voraussetzung für die Verfahren der schließenden Statistik ist das Vorliegen einer Zufallsstichprobe. Die schließende Statistik stellt Methoden bereit, die einen Rückschluss von einer Stichprobe auf die Grundgesamtheit zulassen.

Parameterschätzung

Fast alle Wahrscheinlichkeitsverteilungen haben einen oder mehrere Parameter als Bestimmungsgrößen, die in den Verteilungs- bzw. Dichtefunktionen als Konstanten auftreten (z.B. für die Normalverteilung μ und σ^2). Zusätzlich werden auch Erwartungswert, Varianz, Momente etc. als Parameter bezeichnet, auch wenn sie nicht explizit in der Dichte- oder Verteilungsfunktion verwendet werden. Ein Parameter θ wird als **Lageparameter** der Zufallsvariablen X bezeichnet, wenn die Verteilung $X - \theta$ nicht mehr von θ abhängt. Ein

Parameter θ wird als **Variabilitätsparameter** (Skalenparameter) der Zufallsvariablen X bezeichnet, wenn die Verteilung $\frac{X}{\theta}$ nicht mehr von θ abhängt.

Ist X eine Zufallsvariable mit Erwartungswert $E(X) = \mu$ und Varianz $Var(X) = \sigma^2$, dann erhält man durch Transformation $Z = \frac{X-\mu}{\sigma}$ eine **standardisierte Zufallsvariable** mit $E(Z) = 0$ und $Var(Z) = 1$.

Ist der Parameter θ nicht bekannt, so muss er mit Hilfe eines Schätzers $\hat{\theta}$ bestimmt werden. Diese Schätzer sollen gewisse Gütekriterien erfüllen.

Gütekriterien für Schätzer

- **Erwartungstreue**
  Der Erwartungswert des Schätzers entspricht dem gesuchten Parameter.
  $$E(\hat{\theta}) = \sum \hat{\theta} Pr(\hat{\theta}) = \theta$$

- **Konsistenz**
  Mit zunehmendem Stichprobenumfang wird die Varianz des Schätzers kleiner.
  $$\lim_{n \to \infty} Var(\hat{\theta}_n) = 0$$

- **Effizienz**
  Ein effizienter Schätzer ist erwartungstreu und es gibt keinen erwartungstreuen Schätzer mit kleinerer Varianz (erwartungstreu und minimal variant).

- **Suffizienz**
  Ein suffizienter Schätzer enthält alle Informationen (aus den Daten) über den gesuchten Parameter (erschöpfend).

- **Vollständigkeit**
  Ein vollständiger Schätzer enthält ausschließlich Informationen über den gesuchten Parameter.

Schätzer werden oft mit der **Maximum-Likelihood-Methode** bestimmt. Als Schätzer $\hat{\theta}$ wird dabei jener Wert bestimmt, der die Likelihoodfunktion

$$L(x_1, \ldots, x_n; \theta) = f(x_1; \theta) f(x_2; \theta) \ldots f(x_n; \theta)$$

bezüglich θ bei gegebener Stichprobe $x_1, \ldots, x_n$ maximiert.
Die Likelihoodfunktion kann im diskreten Fall als Wahrscheinlichkeit für das Auftreten der konkreten Stichprobe $x_1, \ldots, x_n$ interpretiert werden. Damit bestimmt die Maximum-Likelihood-Methode den Schätzer für den Parameter so, dass die Wahrscheinlichkeit für die konkrete Stichprobe möglichst groß wird.

Für die Bestimmung des Schätzers wird die Likelihoodfunktion (oder aus mathematischen Gründen auch die logarithmierte Likelihoodfunktion) bezüglich θ differenziert und gleich Null gesetzt. Aus der Umformung ergibt sich dann der Schätzer für den Parameter.

Beispiel 1.1. Maximum-Likelihood-Schätzer Binomialverteilung
Gegeben ist ein Urnenmodell mit Zurücklegen, die konkrete Ziehung von n Kugeln ergab h markierte Kugeln („Erfolge"). Gesucht ist ein Schätzer für den Parameter p der Binomialverteilung.

$$L(n, h; p) = \binom{n}{h} p^h (1 - p)^{n-h}$$

In diesem Fall wird die logarithmierte Likelihoodfunktion verwendet, weil das Differenzieren dadurch wesentlich einfacher wird:

$$\ln L(n, h; p) = \ln \binom{n}{h} + h \ln p + (n - h) \ln(1 - p)$$

$$\frac{\partial \ln L}{\partial p} = \frac{h}{p} + \frac{n - h}{1 - p}(-1) = 0$$

$$h - hp - np + hp = 0$$

und damit

$$\hat{p} = \frac{h}{n}$$

Die relative Häufigkeit ist demnach der ML-Schätzer für den Parameter p einer Binomialverteilung.

Der Nachteil von Punktschätzern (also Schätzern, die aus einer einzelnen Zahl bestehen) liegt darin, dass man wenig Informationen über die Qualität der Schätzung hat. Mehr Information bieten Intervalle, welche den gesuchten Parameter mit einer vorgegebenen Wahrscheinlichkeit $1 - \alpha$ überdecken. Solche Intervalle bezeichnet man als Bereichschätzer oder **Konfidenzintervalle**. Übliche α-Werte für die Konstruktion von Konfidenzintervallen sind 0.01, 0.05 oder 0.10.

1.7 Grundbegriffe der Testtheorie

Ein statistischer Test ist eine Regel zur Entscheidung bei Unsicherheit. Diese Unsicherheit liegt vor, weil man keine Kenntnisse über die Grundgesamtheit hat, sondern nur über eine Stichprobe. Die Entscheidung ist zwischen zwei

Behauptungen zu treffen, die als Hypothesen bezeichnet werden. Beim statistischen Testen bezeichnet man mit H_0 die **Nullhypothese** und mit H_1 die **Alternativhypothese**. Beide Hypothesen beinhalten eine Behauptung über die Grundgesamtheit, wobei die beiden Hypothesen einander ausschließen und ergänzen. Diese Hypothesen können sich beispielsweise auf den Parameter θ einer Verteilung eines Merkmales aus der Grundgesamtheit beziehen.

Statistisches Testen

Statistischer Test	Entscheidungsregel zwischen zwei Hypothesen
Hypothesen	Behauptungen über die Grundgesamtheit
	H_0 Nullhypothese, H_1 Alternativhypothese
	schließen einander aus und ergänzen sich

Die Entscheidung für eine der beiden Hypothesen ist aufgrund eines Stichprobenergebnisses zu treffen. Damit wird die Entscheidung unter Unsicherheit getroffen und kann daher richtig oder falsch sein. Als Ergebnis eines statistischen Tests formuliert man daher „Entscheidung für die Nullhypothese" oder „Entscheidung für die Alternativhypothese".

Fällt die Entscheidung zugunsten der Alternativhypothese H_1, obwohl in der Grundgesamtheit H_0 richtig ist, dann begeht man einen Fehler 1. Art oder α-**Fehler**. Ein Fehler 2. Art oder β-**Fehler** entsteht bei der Entscheidung für H_0, obwohl in der Grundgesamtheit H_1 richtig ist.

		Entscheidung auf	
		H_0	H_1
wahr ist	H_0	kein Fehler	α-Fehler
	H_1	β-Fehler	kein Fehler

Tabelle 1.1. Fehler beim statistischen Testen

Natürlich sollten diese Fehler so gering wie möglich sein. Allerdings sind die Fehler nicht unabhängig voneinander, ein kleinerer α-Fehler führt zu einem größeren β-Fehler und umgekehrt. Der β-Fehler ist aber **nicht** als Gegenwahrscheinlichkeit zum α-Fehler anzusetzen, es gilt also im Allgemeinen **nicht** $\alpha + \beta = 1$.

Das Ausmaß des α-Fehlers nennt man das **Signifikanzniveau** des Tests (üblich sind $\alpha = 0.10$, $\alpha = 0.05$ oder $\alpha = 0.01$). Dieses Signifikanzniveau wird vor Durchführung des Tests festgelegt. Signifikanztests sind so konstruiert, dass der Fehler 1. Art maximal $100\alpha\%$ beträgt. Damit hat man den α-Fehler unter Kontrolle, den β-Fehler üblicherweise aber nicht.

Fehler beim statistischen Testen

α-Fehler   Verwerfen von H_0, obwohl H_0 richtig ist
Signifikanzniveau des Tests
üblich sind $\alpha = 0.10$, $\alpha = 0.05$ oder $\alpha = 0.01$

β-Fehler   Beibehalten von H_0, obwohl H_1 richtig ist

Nun sind die Hypothesen formuliert und wir sind informiert über mögliche Fehlentscheidungen. Der nächste Schritt ist die Entscheidung selbst. Ausgangspunkt ist eine möglichst unvoreingenommene Haltung in Form der Nullhypothese. In der Folge wird versucht, in der Stichprobe Indizien dafür zu finden, dass dieser Ausgangspunkt falsch ist und daher verworfen werden muss. Findet man in der Stichprobe genug Indizien, um die Nullhypothese zu verwerfen, dann entscheidet man sich für die Alternativhypothese, ansonsten muss die Nullhypothese beibehalten werden.

Arbeitsweise eines statistischen Tests

Ausgangspunkt ist immer die Nullhypothese. In der Stichprobe wird nach ausreichenden Indizien gesucht, die eine Ablehnung der Nullhypothese ermöglichen.

- Gelingt dies, so kann die Nullhypothese mit Sicherheit $1-\alpha$ verworfen werden. Man erhält ein signifikantes Ergebnis zum Niveau $1-\alpha$.

- Gelingt dies nicht, so muss (aus Mangel an Beweisen) die Nullhypothese beibehalten werden. Wir erhalten kein signifikantes Ergebnis.

Beim statistischen Testen entscheidet man sich im Zweifel immer für die Nullhypothese. Die beiden Hypothesen sind daher in ihrer Konsequenz nicht gleichwertig. Lassen sich in der Stichprobe genug Indizien zur Verwerfung der Nullhypothese finden, dann konnte die Alternativhypothese mit Sicherheit $1-\alpha$ nachgewiesen werden. Entscheidungen für die Alternativhypothese werden als **signifikante Ergebnisse** bezeichnet. Sind nicht genug Indizien in der Stichprobe zu finden, müssen wir uns für die Beibehaltung der Nullhypothese entscheiden. Wir haben diese aber nicht nachgewiesen, sondern wir behalten diese nur wegen mangelnder Beweise bei.

Damit lässt sich der allgemeine Ablauf eines statistischen Tests darstellen:

Ablauf eines statistischen Tests

1. Hypothesen formulieren.
2. Signifikanzniveau festlegen ($\alpha = 0.10$, 0.05 oder 0.01).
3. Nach den vorliegenden Regeln aufgrund eines Stichprobenergebnisses eine Entscheidung für eine der beiden Hypothesen treffen.
4. Entscheidung interpretieren.

In der Statistik werden die Testverfahren nach verschiedenen Kriterien in Bereiche zusammengefasst. Eines dieser Kriterien unterscheidet parametrische und nichtparametrische Tests. **Parametrische Tests** benötigen als Voraussetzung Annahmen über den Verteilungstyp in der Grundgesamtheit, **nichtparametrische Tests** hingegen kommen ohne Verteilungsannahmen aus.

Eine weitere wichtige Möglichkeit zur Unterscheidung ist aus der konkreten Formulierung der Hypothesen zu entnehmen:

Einseitige und zweiseitige Tests

Die Hypothesenformulierung

$$H_0: = \qquad H_1: \neq$$

wird als **zweiseitiges Testproblem** bezeichnet.

Falls die Hypothesen
$$H_0: \leq \qquad H_1: >$$
oder
$$H_0: \geq \qquad H_1: <$$
lauten, so bezeichnet man dies als **einseitiges Testproblem**.

Zur Entscheidung wird meist eine **Teststatistik** herangezogen. Das ist eine Prüfgröße, die aus der konkreten Stichprobe berechnet wird. Nach bestimmten Regeln wird weiters eine Menge C bestimmt, die als kritischer Bereich bezeichnet wird. Fällt die Teststatistik T in diesen Bereich, so entscheidet man sich für die Alternativhypothese, ansonsten wird die Nullhypothese beibehalten.

Bei gängigen Softwarepaketen wird die Entscheidung oft mit Hilfe des p-Wertes getroffen. Der p-Wert gibt die Wahrscheinlichkeit dafür an, unter der Nullhypothese die konkrete Stichprobe oder eine (in Bezug auf die Nullhypothese) noch seltenere Stichprobe zu beobachten. Anders ausgedrückt gibt der p-Wert das kleinste Testniveau, auf dem die Stichprobe gerade noch signifikant ist. Ist der p-Wert kleiner oder gleich α wird zugunsten der Alternativhypothese entschieden, ansonsten wird die Nullhypothese beibehalten. Die Angabe eines p-Wertes vermeidet die relativ willkürliche Festlegung von α.

Auch für statistische Tests gibt es Gütekriterien, die hier in möglichst unmathematischer Form angeführt werden.

Gütekriterien für Tests

- **Güte** (= Trennschärfe, Mächtigkeit, Power)
  Die Güte eines Tests (= $1 - \beta$) ist umso höher, je größer die Wahrscheinlichkeit ist, sich bei Vorliegen von H_1 auch tatsächlich für H_1 zu entscheiden (je kleiner also der β-Fehler ist).

- **Unverfälschtheit** (= Unverzerrtheit, unbiased)
  Ein Test zum Signifikanzniveau α heißt unverfälscht, wenn die Wahrscheinlichkeit H_0 abzulehnen, wenn H_0 falsch ist, mindestens so groß ist wie jene H_0 abzulehnen, wenn H_0 richtig ist ($\Leftrightarrow \beta \leq 1-\alpha$).

- **Konsistenz**
  Eine Folge von Tests zum Niveau α heißt konsistent, wenn deren Güte mit zunehmenden Stichprobenumfang gegen 1 konvergiert. Ein konsistenter Test ist asymptotisch unverfälscht.

- **Robustheit**
  Für viele Tests müssen gewisse Voraussetzungen bzw. Annahmen erfüllt sein. Ändert sich bei Verletzung der Annahmen das Signifikanzniveau bzw. die Güte nur unwesentlich, so wird der Test als robust bezeichnet.

Bei manchen Tests (insbesondere bei diskreten Teststatistiken) kann das gewünschte α-Niveau nicht exakt eingehalten werden. Die Wahrscheinlichkeit sich bei Vorliegen von H_0 für die (falsche) H_1 zu entscheiden ist somit kleiner als gefordert ($\tilde{\alpha} < \alpha$), damit verbunden ist ein Güteverlust. Solche Tests nennt man **konservativ**, $\tilde{\alpha}$ wird als **tatsächliches Testniveau** bezeichnet.

Von allen Tests mit Signifikanzniveau α wird der Test mit der größten Güte als **bester Test** bezeichnet. Üblicherweise wird die Alternativhypothese aus einer Menge möglicher Parameter bestehen (z.B. $H_1 : \theta > \theta_0$). Die Güte eines Tests wird für jeweils einen bestimmten Parameter θ ($> \theta_0$) bestimmt. Ein **gleichmäßig bester Test** zeichnet sich dadurch aus, dass dieser Test für alle Parameter $\theta > \theta_0$ der beste Test ist. Im Allgemeinen existieren gleichmäßig beste Tests für einseitige Fragestellungen, aber nicht für zweiseitige Probleme.

Zwei verschiedene Tests zum Signifikanzniveau α kann man über die Güte vergleichen: je höher die Güte desto besser der Test.

Die Güte eines Tests ist aber auch vom Stichprobenumfang abhängig. Daher könnte man die Qualität von zwei Tests auch vergleichen indem man für gleiches Signifikanzniveau und gleiche Güte das Verhältnis der Stichprobenumfänge berechnet.
Nehmen wir an es gibt einen Referenztest A mit Stichprobenumfang m und einer bestimmten Güte. Für einen zweiten Test zum gleichen Signifikanzniveau könnte man jetzt berechnen wie hoch der Stichprobenumfang n für den Test B sein muss, damit die Tests A und B bei gleichem Signifikanzniveau die gleiche Güte aufweisen. Dieses Verhältnis m/n bezeichnet man als "finite relative Effizienz", das Grenzverhältnis für $m \rightarrow \infty$ und $n \rightarrow \infty$ bezeichnet man als asymptotische relative Effizienz oder kurz **Effizienz**.

Der Kehrwert der Effizienz gibt damit einen Faktor an, um den die Stichprobengröße bereinigt werden muss, damit die beiden Tests die gleiche Güte aufweisen:
Eine Effizienz von $0.80 = 80\%$ bedeutet demnach, dass die Stichprobe für den Test B $1/0.8 = 1.25$ mal so groß sein muss wie für den Test A um die gleiche Güte aufzuweisen.

2

Einführung in SAS

SAS (Statistical Analysis System) ist ein sehr umfangreiches Softwarepaket zur Datenanalyse, das eine eigene Programmiersprache (SAS Language), vorgefertigte Unterprogramme (Prozeduren) und eine Windows-Schnittstelle bereitstellt. Das System umfasst verschiedene Module, die jeweils getrennt lizenziert werden und das Grundsystem ergänzen. Ausgangspunkt für dieses Buch sind die Module SAS/BASE, SAS/STAT, SAS/QC, SAS/GRAPH und SAS/CORE.

In diesem Kapitel werden zunächst die BenutzerInnen-Oberfläche und der allgemeine Programmaufbau behandelt, ehe die eigentlichen Schritte der Datenaufbereitung und der Datenanalyse beschrieben werden. Abschnitt 2.6 zeigt Möglichkeiten zum Erstellen und Gestalten von Grafiken und Textausgaben und in Abschnitt 2.7 werden statistische Basisauswertungen besprochen. Die Ausführungen in diesem Buch beziehen sich auf die Version 9.1 unter Windows.

2.1 BenutzerInnen-Oberfläche

Beim Starten von SAS zeigt sich unter Windows eine geteilte Arbeitsumgebung (vgl. Abbildung 2.1). Auf der linken Seite befinden sich der Explorer und die Ergebnisse, wobei der Explorer automatisch geöffnet ist und der Verwaltung von Daten dient. Ganz oben im Explorer befinden sich die Bibliotheken, die zu den Verzeichnissen verweisen, in denen die Daten abgespeichert sind. Die Ergebnisse scheinen in einem Inhaltsverzeichnis in Form einer Baumstruktur auf, wenn ein Programm ausgeführt wird. Für jede durchgeführte Prozedur erscheint ein gesonderter Eintrag, dadurch wird die Ausgabe automatisch strukturiert.

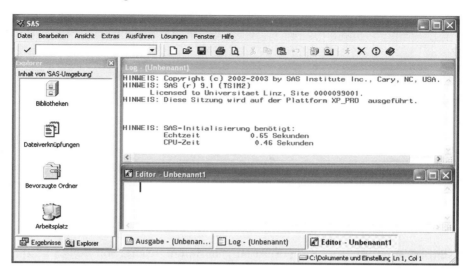

Abb. 2.1. BenutzerInnen-Oberfläche

Die rechte Seite dient zur Analyse der Daten. Hier findet man insgesamt drei Fenster (Ausgabe-Fenster, Log-Fenster und Editor-Fenster), wobei das Log-Fenster und das Editor-Fenster automatisch angezeigt werden und letzteres bereits aktiviert ist.

Editor-Fenster

In diesem Fenster werden SAS-Programme verfasst, geladen, gespeichert und ausgeführt. Der Programmcode wird automatisch färbig dargestellt, was die Orientierung und die Fehlersuche erleichtert (falsche Syntax erscheint rot).

Log-Fenster

Das Log-Fenster zeigt von SAS erzeugte Ausgaben. Beim Start von SAS erscheinen Informationen zum Copyright und zur Lizenz. Insbesondere findet man in diesem Fenster Warnungen und Fehlermeldung, wobei unkritische Informationen mit dem Schlüsselwort Hinweis beginnen.

Ausgabe-Fenster

Das Ausgabe-Fenster zeigt die Ergebnisse eines Programmes. Beim Start von SAS befindet sich dieses Fenster im Hintergrund. Wird das Programm jedoch fehlerfrei durchlaufen, erscheint das Fenster automatisch im Vordergrund.

Die Menü- und Symbolleiste enthält wie bei jeder andere Windows-Anwendung die wichtigsten Funktionen, deren Aufgaben aus nachstehender Zusammenfassung entnommen werden können.

Symbole der SAS-Menüleiste

犬   Programmcode ausführen

✗   Programmcode löschen

①   Programmausführung unterbrechen

📖   Hilfe öffnen

📚   Neue Bibliothek erstellen

In SAS sind die Tasten wie in jeder anderen Windows-Anwendung belegt (z.B. STRG-C für Kopieren und STRG-V für Einfügen). Mit F9 werden die aktuellen Tastenbelegungen aufgelistet und können beliebig geändert werden.

2.2 Programmaufbau

Jedes SAS-Programm besteht aus zwei Schritten, dem DATA-Step und dem PROC-Step. Im DATA-Step werden die Daten implementiert, im PROC-Step (PROCEDURE-Step) erfolgt die eigentliche Analyse. Diese beiden Strukturen sind strikt voneinander zu trennen, da Aufrufe von Prozeduren innerhalb eines DATA-Steps Fehlermeldungen und Programmabbrüche zur Folge haben. Eine Hintereinanderausführung von mehreren PROC-Steps, sowie von DATA-Steps nach PROC-Steps und umgekehrt, ist jedoch möglich. Jeder einzelne Step muss mit der Anweisung RUN; beendet werden.

Eine SAS-Anweisung beginnt mit einem Schlüsselwort (z.B. DATA) oder mehreren Schlüsselwörtern, auf die weitere Befehle bzw. Anweisungen und eventuell Optionen folgen. Jede Programmzeile muss mit einem Strichpunkt beendet werden.

Groß- und Kleinschreibung spielt in SAS-Programmen keine Rolle, für die bessere Lesbarkeit wird folgende Regelung vorgeschlagen bzw. in diesem Buch verwendet: Schlüsselwörter, Optionen und Anweisungen werden in Großbuchstaben angegeben, Variablen werden hingegen durch Groß- und Kleinbuchstaben gekennzeichnet. Weiters werden in der Syntaxbeschreibung notwendige Argumente in spitze Klammern (< >) und optionale Argumente in eckige Klammern ([ ]) gesetzt.

Um die Lesbarkeit von Programmen zu erhöhen, werden Einrückungen und Absätze empfohlen. Weiters sollte eine Beschränkung auf eine Anweisung pro Zeile erfolgen, auch wenn SAS mehrere Anweisungen in einer Zeile verarbeitet. Sinnvolle Kommentare erleichtern das Arbeiten mit längeren Programmcodes. SAS verfügt über zwei Möglichkeiten für **Kommentare**:

- Einzeiliger Kommentar: Der einzeilige Kommentar beginnt mit einem Stern (*) und endet mit einem Strichpunkt (;)
- Mehrzeiliger Kommentar: Ein mehrzeiliger Kommentar beginnt mit /* und endet mit */

SAS unterlegt den Programmcode färbig: Korrekt eingegebene Schlüsselwörter für Prozeduren erscheinen dunkelblau, Anweisungen und Optionen hellblau, Kommentare grün, Zahlenwerte türkis und Zeichenketten violett. Nicht erkannte Anweisungen, Optionen und Schlüsselwörter werden rot dargestellt. Auch im Log-Fenster sind die Informationen farbcodiert: Warnungen erscheinen grün, neutrale Hinweise blau und Fehlermeldungen rot.

Programmaufbau

- Generelle Struktur: DATA-Step und PROC-Step

- Genereller Aufbau:
  SCHLÜSSELWORT Ergänzungen
    < NOTWENDIGE ANGABEN >
    [OPTIONALE ANGABEN] ;
  RUN;

- Groß- und Kleinschreibung wird nicht beachtet

- * Einzeiliger Kommentar ;

- /* Mehrzeiliger
  Kommentar /*

Farbkodierung im Editor-Fenster

Korrekte Schlüsselwörter	Dunkelblau
Unkorrekte Schlüsselwörter	Rot
Anweisungen, Optionen	Hellblau
Zeichenketten	Violett
Zahlenwerte	Türkis
Kommentare	Grün

Farbkodierung im Log-Fenster	
Neutrale Hinweise	Blau
Fehlermeldungen	Rot
Warnungen	Grün

2.3 Der DATA-Step

Als Grundlage jeglicher Datenanalyse ermöglicht der `DATA`-Step unter anderem die Erzeugung, das Einlesen sowie das Transformieren von Daten. Eingeleitet wird diese Struktur durch das Schlüsselwort `DATA`. Der Befehl `DATA <Name>` erzeugt einen Datensatz mit der Bezeichnung `<Name>`. Ein allgemeiner `DATA`-Step weist dabei folgende Struktur auf:

```
DATA <Name>;
...
RUN;
```

Im Zuge dieses Abschnitts soll nun zunächst der Aufbau eines Datensatzes in `SAS` beschrieben werden, ehe der eigentliche Schritt der Datenerzeugung behandelt wird.

2.3.1 Temporäre und permanente Datensätze

Man unterscheidet zwei verschiedene Typen von Datensätzen, temporäre und permanente Datensätze. Während temporäre Datensätze am Ende einer Arbeitssitzung automatisch gelöscht werden und somit nur für die Dauer der `SAS`-Sitzung zur Verfügung stehen, existieren permanente Datensätze auch nach Beendigung des `SAS`-Programmes weiter.

Die Erzeugung eines permanenten Datensatzes erfolgt über das Schlüsselwort `LIBNAME` und einem `<Bibliotheksnamen>`, der `SAS`-intern auf ein bereits von BenutzerInnen erstelltes Verzeichnis verweist. Unter `'Verzeichnis'` ist der vollständige Pfad dieses Verzeichnisses anzugeben.

```
LIBNAME <Bibliotheksname> 'Verzeichnis';
DATA <Bibliotheksname>.<Name>;
...
RUN;
```

In der Standardinstallation von `SAS` sind vier Bibliotheken automatisch verfügbar: In `MAPS` sind Datensätze zur Erzeugung von Landkarten vorhanden, `SASHELP` enthält die Systemvoreinstellungen (z.B. Schriftarten, Ausgabegeräte) und `SASUSER` die BenutzerInneneinstellungen wie Farbe und Größe der Fenster. In der Bibliothek `WORK` sind die bereits erwähnten temporären Datensätze gespeichert. Wird also ohne Angabe eines Bibliotheksnamens ein temporärer Datensatz erzeugt, so verwendet `SAS` intern diese Bibliothek.

Nach jeder Arbeitssitzung wird der Name der Bibliothek gelöscht, der erzeugte Datensatz bleibt jedoch im festgelegten Verzeichnis bestehen und man kann durch `LIBNAME` jederzeit wieder auf diesen zugreifen. Der Bibliotheksname darf bei einem neuen Aufruf verändert werden, gespeicherte Datensätze sind an der Dateiendung `*.sas7bdat` erkennbar.

Neben der Syntax im `DATA`-Step kann eine neue Bibliothek auch über die Menüleiste erstellt werden. Dafür kann der Menüpunkt *Datei→Neu* oder das Symbol *Neue Bibliothek* aus der Symbolleiste verwendet werden (vgl. Seite 23). Der Name der Bibliothek ist in `SAS` auf acht alphanumerische Zeichen beschränkt (manche Sonderzeichen werden akzeptiert, z.B. der Unterstrich).

2.3.2 Aufbau eines Datensatzes

Jeder Datensatz setzt sich aus Variablen und Merkmalsausprägungen zusammen, wobei eine Spalte genau einer Variablen entspricht. Eine Zeile entspricht einer Erhebungseinheit. Unter Verwendung des Schlüsselwortes `INPUT` und `<Variablenname>` erfolgt die Benennung einer konkreten Variable in `SAS`:

```
DATA <Name>;
  INPUT <Variablenname>;
  DATALINES;
  ...
  ;
RUN;
```

Die Wahl von `<Variablenname>` unterliegt dabei gewissen Einschränkungen:

- Ein Variablenname muss mit einem Buchstaben oder einem Unterstrich (_) beginnen.

- Leerzeichen sowie in `SAS` benutzte Begriffe dürfen nicht verwendet werden.

Zwischen Groß- und Kleinschreibung wird nicht unterschieden. Für jede eingelesene Zeile des Datensatzes bestimmt `SAS` automatisch eine konkrete Beobachtungsnummer (interne Bezeichnung _N_), die bei der Datenausgabe als `obs` bezeichnet wird und lediglich im Zuge des `DATA`-Steps existiert. Die Dateneingabe erfolgt zeilenweise im Anschluss an das Schlüsselwort `DATALINES;` und wird durch einen Strichpunkt in einer separaten Zeile beendet. Die Anweisung `RUN;` beendet den `DATA`-Step.

Um alphanumerische Variablen in einem Datensatz zu verwenden, ist nach dem Variablennamen die Eingabe eines Leerzeichens und des $-Symbols erforderlich.

Das $-Symbol ist den in SAS zur Verfügung gestellten Informaten zuzuordnen, welche die eingegebenen Rohdaten aus dem Ursprungsformat in das gewünschte Speicherformat umwandeln. Tabelle 2.1 enthält gebräuchliche alphanumerische (In-)Formate, eine vollständige Auslistung ist im Hilfesystem zu finden.

Schlüsselwort	Format	Ausgabebeispiel
$	Zeichenkette	abc
$<l>.	Zeichenkette der Länge l	abc
$QUOTE[l].	Zeichenkette der Länge l mit Anführungszeichen	„abc"
$REVERJ[l].	Zeichenkette der Länge l in umgekehrter Reihenfolge	cba

Tabelle 2.1. Alphanumerische (In-)Formate in SAS

Es besteht darüber hinaus die Möglichkeit, auch den numerischen Variablen (In-)Formate zuzuweisen, die Form und Länge der Merkmalsausprägungen festlegen. Tabelle 2.2 führt häufig verwendete numerische (In-)Formate an. Auch hier wird auf eine vollständige Liste im Hilfesystem verwiesen. Vor dem Dezimalpunkt weist eine Zahl in SAS standardmäßig maximal 12 Ziffern auf (BEST12.).

Schlüsselwort	Format
<l>.[m]	Zahl mit l Ziffern (inkl. Dezimalpunkt) und m Kommastellen
BEST[l].	Zahl mit l Ziffern, Nachkommastellen werden automatisch gewählt
WORDS[l].	Zahl in Worten
NUMX[l].[m]	Zahl mit l Ziffern, m Kommastellen und Komma statt Dezimalpunkt

Tabelle 2.2. Numerische (In-)Formate in SAS

Neben diesen kurz vorgestellten (In-)Formaten gibt es auch eine Reihe von Zeit- und Datumsformaten.

Beispiel 2.1. Dateneingabe in SAS
Der folgende Beispielcode legt eine Bibliothek mit dem Namen Bsp1 an, welche den Datensatz Daten1 enthält. Dieser besteht aus den beiden Variablen Zahl und Zeichen und zwei Datenzeilen. Vor dem Programmstart muss der Ordner „C:\Eigene Dateien\Beispiel" erstellt werden.

```
LIBNAME Bsp1 'C:\Eigene Dateien\Beispiel';
DATA Bsp1.Daten1;
   INPUT Zahl Zeichen $;
   PUT Zahl Zeichen;
   DATALINES;
   1 Eins
   2 Zwei
   ;
RUN;
```

Die Anweisung PUT zeigt die eingelesenen Werte im Log-Fenster und ermöglicht damit eine Überprüfung der Dateneingabe.

2.3.3 Datenerzeugung

Für die Erzeugung von Daten stellt SAS drei Schleifentypen zur Verfügung, im Zuge derer konkrete Befehle wiederholt werden:

- Zählschleife   DO...TO
- Abbruchschleife   DO...UNTIL
- Bedingungsschleife   DO...WHILE

Sollen Werte innerhalb einer DO-TO-Schleife berechnet werden, so ist die Angabe eines Startwertes erforderlich. Die Schleife selbst ist durch den Schleifenbeginn DO und das Schleifenende END definiert. Wird die Schrittweite nicht durch das Schlüsselwort BY <Schrittweite> festgelegt, erhöht SAS den Wert der Schleifenvariable automatisch um Eins. Das folgende Programm zeigt einen allgemeinen DATA-Step zur Erzeugung von Daten mithilfe der Zählschleife.

```
DATA <Name>;
   ...
   DO Variable=<Startwert> TO <Abbruchwert> [BY <Schrittweite>];
   ...
   END;
RUN;
```

Während eine Zählschleife immer vollständig durchlaufen wird, bricht die im folgenden beschriebene DO-UNTIL-Schleife dann ab, wenn ein bestimmtes Abbruchkriterium erfüllt ist. Die nachstehende Syntax zeigt die Verwendung einer DO-UNTIL-Schleife in einem DATA-Step.

```
DATA <Name>;
  ...
  i=1;
  DO UNTIL <Abbruchbedingung>;
    ...
    i=i+1;
  END;
RUN;
```

Sowohl die Initialisierung ($i = 1$) als auch das Höhersetzen der Zählvariablen i innerhalb der Schleife ist notwendig, um eine Endlosschleife zu vermeiden.

Eine dritte Schleifenvariante ist durch die DO-WHILE-Schleife gegeben, innerhalb derer Daten solange erzeugt werden, solange auch eine gewisse Bedingung erfüllt ist. Wird dieses Kriterium verletzt, erfolgt ein Abbruch.

```
DATA <Name>;
  ...
  i=1;
  DO WHILE <Bedingung>;
    ...
    i=i+1;
    OUTPUT;
  END;
RUN;
```

Sollen Zwischenwerte aller Variablen für jeden Schleifendurchlauf im Datensatz ausgegeben werden, ist die Anweisung OUTPUT vor dem Ende der Schleife erforderlich.

Es besteht in SAS bei der Datenerzeugung unter der Verwendung von Zählschleifen zudem die Möglichkeit, Wertelisten oder alphanumerische Listen zu durchlaufen, die dann mit der Anweisung OUTPUT in den Datensatz geschrieben werden.

```
DATA <Name>;
  DO i = Wert1, Wert2, Wert3,...;
    OUTPUT;
  END;
RUN;
```

Die Werte der Liste sind dabei durch Beistriche getrennt einzugeben.

2.3.4 Einlesen von Daten

Steuerbefehle in der INPUT-Zeile eines DATA-Steps ermöglichen das Einlesen von Daten (= direkte Dateneingabe) von verschiedenen Positionen des einzulesenden Datensatzes aus. Dabei zeigt der Lesezeiger in SAS auf eine beliebige Stelle im Datensatz. Ohne Steuerungsbefehle erfolgt das Einlesen der Merkmalswerte zeilenweise für jede Beobachtung. Daten können listengesteuert, spaltengesteuert oder formatgesteuert eingelesen werden, wobei in dieser Einführung das formatgesteuerte Einlesen nicht beschrieben wird.

Listengesteuertes Einlesen

Beim listengesteuerten Einlesen werden die entsprechenden Werte gemäß der in der INPUT-Anweisung vorher definierten Reihenfolge der Variablen und deren Typ eingelesen.

```
INPUT Variable1 $ Variable2 Variable3;
```

Die Rohdaten sind dabei durch ein Leerzeichen voneinander getrennt und jede Zeile enthält die Merkmalsausprägungen einer konkreten Erhebungseinheit.

Spaltengesteuertes Einlesen

Liegen die Rohdaten streng in Spalten angeordnet vor, so können die Daten durch Angabe der entsprechenden Spaltenbereiche in der INPUT-Anweisung eingelesen werden.

```
INPUT Variable1 $ 1-8 Variable2 9-10 Variable3 $ 11;
```

Diese Angabe ermöglicht ein spaltenorientiertes Einlesen der Daten, die Merkmalswerte müssen dabei nicht strikt durch ein Leerzeichen getrennt sein. Die Spalten müssen allerdings so breit wie der längste, einzulesende Wert definiert und die Datenwerte müssen exakt darin positioniert sein. Durch die Angabe Variable1 $ 1-8 werden dabei alphanumerische Werte aus den Spalten 1 bis 8 eingelesen.

SAS stellt Optionen zur Verfügung, welche die Position des Lesezeigers beeinflussen. So bewirkt das Setzen von @i das Einlesen von Daten ab der i-ten Spalte. Bei +i bewegt sich der Zeiger um i Spalten nach rechts und bei #i um $(i-1)$ Zeilen nach unten.

Im Rahmen des DATA-Steps ermöglicht die Anweisung

```
LABEL <Variablenname> '<Bezeichnung>'
```

die Zuweisung einer aussagekräftigen Bezeichnung, die bei der Ausgabe des Datensatzes statt des Variablennamens aufscheint. Die Bezeichnung kann dabei bis zu 256 Zeichen lang sein und zudem Leerzeichen beinhalten.

Um Variablen für eine Analyse zu selektieren bzw. auszuschließen, können die *Anweisungen* KEEP <Variablen> oder DROP <Variablen> an beliebiger Stelle im DATA-Step verwendet werden. Es besteht zudem die Möglichkeit, konkrete Variablen mithilfe der *Optionen* KEEP=<Variablen> und DROP=<Variablen> auszuwählen oder aus einem Datensatz zu entfernen. In diesem Fall muss jedoch die Option direkt in der DATA-Zeile angeführt werden. Im Gegensatz zur gleichnamigen Anweisung stehen Variablen, die nicht in den Datensatz eingefügt werden, in weiterer Folge für keine Analyse mehr bereit.

2.3.5 Einlesen von externen Daten

In der Praxis liegen meist große Datenmengen vor, die es zu analysieren gilt. Sie händisch einzugeben wäre schlichtweg zu aufwändig. Wir beschäftigen uns in diesem Abschnitt daher mit dem Einlesen von Daten, die bereits in externen Dateien vorhanden sind.

SAS ermöglicht dabei das Importieren externer Datensätze und konvertiert diese Daten in einen SAS-Datensatz. Gängige Formate sind durch Excel-Dateien (.xls), Comma-Seperated-Values-Dateien (.csv) oder Tab-Delimited-Dateien (.txt) gegeben. SAS kann darüber hinaus noch eine Fülle an weiteren Datenformaten (wie Access-Dateien, SQL) importieren.

Das Einlesen von externen Daten kann im Rahmen eines DATA-Steps erfolgen oder unter Zuhilfenahme des *Import Wizards*.

Einlesen von Daten im Rahmen des DATA-Steps

Im Rahmen eines DATA-Steps ermöglicht die Anweisung INFILE das Einlesen externer Dateien. Die Anweisung INPUT legt dabei die Variablen fest, die tatsächlich importiert werden sollen. Nachstehender Programmcode zeigt das Einlesen einer externen Datei.

```
DATA <Name>;
 INFILE 'Dateiverweis.Dateiformat' [Optionen];
 INPUT Variable1,Variable2,...;
 RUN;
```

Die Merkmalsausprägungen in der einzulesenden Datei müssen dabei durch Leerzeichen voneinander getrennt sein. Da der externe Datensatz üblicherweise in den ersten Zeilen Variablennamen oder Variablenerklärungen beinhaltet, die nicht eingelesen werden sollen, kann mithilfe der Option FIRSTOBS=<Zahl> angegeben werden, ab welcher Zeilennummer die Eingabe der Daten zu erfolgen hat.

Sind die Merkmalsausprägungen in der einzulesenden Datei nicht durch ein Leerzeichen voneinander getrennt, führt die oben dargestellte INFILE-Anweisung zu einer Fehlermeldung. Das in der externen Datei verwendete Trennzeichen kann mit der Option DELIMITER=<'Trennzeichen'> oder

kurz `DLM=<'Trennzeichen'>` in der `INFILE`-Anweisung spezifiziert werden.
Die Verwendung von Trennzeichen unterliegt dabei kaum Einschränkungen.
Sind die Werte durch einen Tabulator getrennt, muss die Option `DLM='09'x`
in der `INFILE`-Anweisung angeführt werden.

Durch Kombination mehrerer `INFILE`- und `INPUT`-Anweisungen können beliebig viele externe Dateien in einem `DATA`-Step eingelesen werden.

Einlesen von Daten mithilfe des Import Wizards

Eine weitere Möglichkeit zum Einlesen von externen Daten ist durch den *Import Wizard* gegeben, der den grundsätzlich komplexen Einlesevorgang schrittweise durchführt und somit vereinfacht. Der *Import Wizard* wird unter *Datei
→ Daten importieren* gestartet.

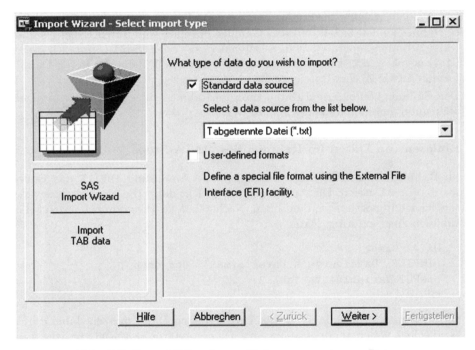

Abb. 2.2. Import Wizard zum Einlesen von externen Daten

Zuerst erfolgt die Auswahl des Dateityps der einzulesenden Datei. Liegt eine
kommagetrennte (.csv), tabulatorgetrennte (.txt) oder eine Datei mit Trennzeichen vor, so kann unter *Standard data source* entweder das jeweilige Dateiformat oder das benutzerdefinierte Format ausgewählt werden.

Durch Tabulator getrennte Merkmalsausprägungen in einem .txt-Format werden üblicherweise durch die Auswahl *Standard data source* eingelesen (vgl. Abbildung 2.2). Im nächsten Schritt ist über den Befehl *Browse* auf die einzulesende Datei zu verweisen. Unter *Options* besteht die Möglichkeit, verschiedene Einstellungen zu verändern. Im darauf folgenden Fenster *Choose the SAS destination* ist der Name der Bibliothek anzugeben, in die der Datensatz *Member* in SAS gespeichert werden soll. Mit *Finish* wird der Einleseprozess schlussendlich beendet. Unter <Bibliotheksname>.<Member> kann der Datensatz später geöffnet und kontrolliert werden.

Entscheidet man sich zu Beginn des Einlesevorgangs für ein benutzerdefiniertes Format, so ist eine bessere Kontrolle über den Einleseprozess gegeben. Die einzelnen Schritte sind dabei wie oben zu befolgen. Nach Beendigung des Importprozesses wird der *External File Interface* (kurz: EFI) gestartet, der es ermöglicht, zusätzliche Informationen über das vorliegende Dateiformat zu definieren. Im oberen Teil des EFI-Fensters werden dabei links der *External File Viewer* und rechts der *SAS data viewer* angezeigt. Unter *Optionen* können in weiterer Folge Importoptionen ausgewählt werden (vgl. Abbildung 2.3).

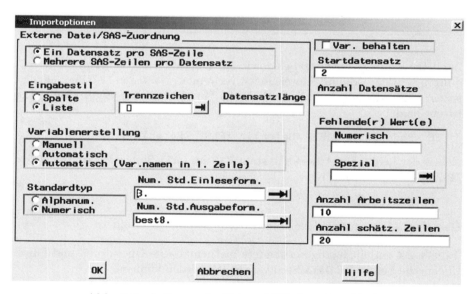

Abb. 2.3. Optionen des External File Interface (EFI)

AnwenderInnen haben hier die Möglichkeit, den Eingabestil, die Variablenerstellung oder den Typ der vorliegenden Trennzeichen festzulegen.

2.3.6 Transformieren von Daten

Nach dem Einlesen müssen Datensätze oft noch geeignet transformiert werden, ehe sie einer Analyse unterzogen werden. Aus diesem Grund sollen nun einige Funktionen und Optionen angeführt werden, welche für die Transformation von Variablen verwendet werden können.

Um Merkmalsausprägungen miteinander vergleichen zu können, ist die Verwendung von Vergleichsoperatoren notwendig. SAS stellt dabei zwei mögliche Schreibweisen zur Verfügung (siehe Tabelle 2.3).

Vergleichsoperatoren		Bedeutung	Beispiel
EQ	=	gleich	x = 1
NE	˜=	ungleich	x ˜= 1
LT	<	kleiner	x lt 1
GT	>	größer	x >1
LE	<=	kleiner gleich	x le 1
GE	>=	größer gleich	x >= 1
IN		Element in	x in (1,2,3)

Tabelle 2.3. Vergleichsoperatoren in SAS

Zur Überprüfung von Eingaben sowie zur Durchführung von Fallunterscheidungen werden bedingte Anweisungen verwendet. Nach der IF <Bedingung> ist ein THEN <Befehl1> obligatorisch, die Verwendung von ELSE <Befehl2> ist optional:

    IF <Bedingung> THEN <Befehl1> [ELSE <Befehl2>]

Neben der bedingten Anweisung stellt SAS im DATA-Step auch eine selektive IF-Anweisung zur Verfügung:

    IF <Bedingung>

Diese liest Daten nur so lange ein, wie die Bedingung erfüllt ist.

Tabelle 2.4 enthält häufig verwendete mathematische Operatoren und Funktionen, die bereits im DATA-Step verwendet werden können.

Auch statistische Funktionen können bereits im DATA-Step verwendet werden. Alle Funktionen, die auf n gleichartige Argumente zugreifen weisen eine Besonderheit auf. Gleich lautende Variablennamen, welche sich nur durch eine nachgestellte Zahl unterscheiden, können durch den Befehl OF angesprochen werden. Demnach sind die beiden folgenden Befehle gleichwertig:

    MEAN(Variable1, Variable2, Variable3, Variable4)
    MEAN(OF Variable1-Variable4)

Befehle	Bedeutung	Befehle	Bedeutung
+	Addition	MIN	Minimum
-	Subtraktion	MAX	Maximum
*	Multiplikation	ABS	Absolutbetrag
/	Division	LOG	natürl. Logarithmus
MOD	Modulo Division	LOG2	Logarithmus zur Basis 2
**	Potenz	LOG10	Logarithmus zur Basis 10
AND, &	logisches und	SQRT	Wurzelfunktion
OR, |	logisches oder	ROUND	kaufmännisch runden
FLOOR	abrunden	INT	ganzzahliger Teil
CEIL	aufrunden	LENGTH	Länge einer Zeichenkette

Tabelle 2.4. Operatoren und mathematische Funktionen in SAS

Tabelle 2.5 listet insbesondere statistische Funktionen auf, die im DATA-Step verwendet werden können und die zudem den vereinfachten Variablenzugriff mit OF ermöglichen.

Funktion	Bedeutung
SUM(<Argument1>,···,<Argument(n)>)	Summe
MEAN(<Argument1>,···,<Argument(n)>)	Arithmetisches Mittel
STD(<Argument1>,···, <Argument(n)>)	Standardabweichung
RANGE(<Argument1>,···, <Argument(n)>)	Spannweite

Tabelle 2.5. Statistische Funktionen im DATA-Step

2.3.7 Erzeugen von Zufallszahlen

Die Erzeugung von Zufallszahlen zu Simulationszwecken wird in der Statistik oft benötigt. SAS stellt zu diesem Zweck Befehle zur Erzeugung von Pseudozufallszahlen bereit, die in Tabelle 2.6 angeführt werden. Durch Angabe eines Startwertes (SEED=<natürliche Zahl>) sind die erzeugten Zufallszahlen reproduzierbar. Wird SEED=0 gesetzt, so erfolgt die Initialisierung unter Zuhilfenahme der Systemzeit, die so erzeugten Pseudozufallszahlen sind nicht reproduzierbar.

Mit der Funktion NORMAL(SEED=<Argument>) können standardnormalverteilte Zufallszahlen generiert werden. Die Anzahl an zu erzeugenden Zufallszahlen kann durch eine Zählschleife festgelegt werden, in der die Datenerzeugung schrittweise durchgeführt wird.

Schlüsselwort	Verteilung	Argumente
NORMAL, RANNOR	Standardnormalverteilung	seed
RANEXP	Exponentialverteilung($\lambda = 1$)	seed
RANGAM	Gammaverteilung($\beta = 1$)	seed, a (shape)
RANPOI	Poissonverteilung	seed, m
RANBIN	Binomialverteilung	seed, n , p
RANUNI, UNIFORM	Gleichverteilung auf [0,1]	seed
RANTRI	Dreiecksverteilung	seed, h (mode)
RANTBL	beliebige diskrete Verteilung	seed, $p_1, \ldots, p_{n-1}$

Tabelle 2.6. Erzeugung von Pseudozufallszahlen in SAS

Eine alternative Möglichkeit, Zufallszahlen in SAS zu erzeugen, ist durch die Anweisung RAND('<DIST>',<Parameter>) gegeben. Tabelle 2.7 führt die Verteilungen DIST an, die im Rahmen der Zufallszahlenerzeugung verwendet werden können.

Verteilung	DIST	Parameter
Bernoulli-	BERNOULLI	p
Beta-	BETA	a, b
Binomial-	BINOMIAL	p, n
Cauchy-	CAUCHY	
Chi-Quadrat-	CHISQUARE	df
Erlang-	ERLANG	a
Exponential($\lambda = 1$)-	EXPONENTIAL	
F-	F	ndf, ddf
Gamma($\beta = 1$)-	GAMMA	a
Geometrische-	GEOMETRIC	p
Hypergeometrische-	HYPERGEOMETRIC	N, R, n
Log-Normal-	LOGNORMAL	
Negativ Binomial-	NEGBINOMIAL	p, k
Normal-	NORMAL, "GAUSS"	mean, sd
Poisson-	POISSON	lambda
Student t-	T	df
Diskrete -	TABLE	$p_1, \ldots, p_{n-1}$
Dreieck-	TRIANGLE	h (mode)
Gleich-	UNIFORM	
Weibull-	WEIBULL	a, b

Tabelle 2.7. Schlüsselwörter für Verteilungen im Befehl RAND

Bei manchen Verteilungen ist die **Parametrisierung** nicht eindeutig (d.h. es gibt mehrere Möglichkeiten der Parameterangabe), daher sollte die inhaltliche Bedeutung der Parameter in der Hilfe nachgelesen werden.

Nachstehendes Programm zeigt die Erzeugung von zehn $N(\mu, \sigma^2)$-verteilten Zufallszahlen.

```
DATA <Name>;
 DO i=1 TO 10;
  x=NORMAL(0) * sigma + mu;
  OUTPUT;
 END;
RUN;
```

Alternativ kann auch die Anweisung x=RAND('NORMAL', mu, sigma) verwendet werden.

2.4 Der PROC-Step

Nach der Aufbereitung der Daten im Rahmen des DATA-Steps kann nun eine Analyse dieser Daten im PROC-Step durch in SAS vorhandene Prozeduren erfolgen. Der PROC-Step wird durch den Befehl PROC <Prozedurname> eingeleitet und weist im allgemeinen folgende Struktur auf:

```
PROC <Prozedurname> [Optionen];
 [Anweisungen;]
 ...
RUN;
```

Prozedurname bestimmt dabei die auszuführende Prozedur, die darüber hinaus durch Optionen und Anweisungen genauer spezifiziert werden kann. Die wichtigsten Optionen und Anweisungen werden in weiterer Folge beschrieben.

2.4.1 Optionen

Das Anführen von Optionen im PROC-Step legt die konkrete Durchführung der jeweiligen Prozedur in SAS fest.

- DATA=<Name des Datensatzes> Mit dieser Option kann ein konkreter Datensatz ausgewählt werden, der durch die jeweilige Prozedur bearbeitet werden soll. Wird kein Datensatz angegeben, so erfolgt die Analyse anhand des zuletzt erzeugten Datensatzes.

- OUT=<Name des Datensatzes> Diese Option schreibt die Ergebnisse der jeweiligen Prozedur in einen neuen Datensatz.

- NOPRINT Diese Option unterbindet die Ausgabe der Ergebnisse auf dem Bildschirm.

2.4.2 Anweisungen

Neben Optionen können im Zuge eines `PROC`-Steps Anweisungen angeführt werden.

- `BY <Variable(n)>;` Diese Anweisung ermöglicht getrennte Analysen für einzelne Gruppen, die durch die angegebenen Variablen gebildet werden. Dabei müssen allerdings die Daten gemäß der `BY`-Variablen aufsteigend sortiert sein. Mit der Anweisung `BY <Variable(n)> NOTSORTED` kann auch ein unsortierter Datensatz gruppiert werden.

- `CLASS <Variable(n)>;` Im Rahmen der Prozedur `PROC MEANS` bewirkt diese Anweisung Ähnliches wie die `BY`-Anweisung. Bei der Durchführung eines t-Tests fungiert die `CLASS`-Variable beispielsweise als Gruppenvariable, nach der klassifiziert wird.

- `FREQ <Variable>;` Durch diese Anweisung wird eine numerische Variable spezifiziert, welche die Häufigkeit der einzelnen Beobachtungen angibt. Damit ist eine Gewichtung der Eingabedaten möglich.

- `LABEL <Variable>='<Bezeichnung>';` Diese Anweisung fügt der angegebenen Variable eine genauere Variablenbezeichnung in der Ausgabe zu.

- `OUTPUT <Optionen>;` Diese Anweisung erzeugt einen Datensatz in `SAS`, der die berechneten Statistiken enthält. Als Optionen können dabei der Name des Datensatzes sowie sein Inhalt spezifiziert werden. Durch die Option `OUT=<Name>` kann der Name des Datensatzes angegeben werden, sein Inhalt wird durch `<Schlüsselwort>=<Name der Variable>` festgelegt. Welche Schlüsselwörter möglich sind hängt von der jeweiligen Prozedur ab.

- `WEIGHT <Variable>;` Mithilfe dieser Anweisung können den Beobachtungen in der Analyse Gewichte zugeordnet werden.

- `VAR <Variable(n)>;` Diese Anweisung wählt diejenigen Variablen aus, die im Rahmen der Prozedur analysiert werden sollen. Wird diese Anweisung nicht angeführt, so werden alle Variablen verwendet.

Eine genauere Erklärung zu den einzelnen Anweisungen im `PROC`-Step sowie weitere Anweisungen sind in dem in `SAS` zur Verfügung gestellten Hilfesystem vorzufinden.

2.4.3 Hilfsprozeduren

Das im Grundsystem vorhandene Modul `SAS/BASE` enthält Hilfsprozeduren, die unter anderem zur Datenaufbereitung oder zur einfachen Analyse der Daten dienen.

PROC SORT

Mithilfe der Prozedur `PROC SORT` können Merkmalsausprägungen gemäß der in der `BY`-Anweisung angeführten Variable(n) aufsteigend sortiert werden. Hier ist die BY-Anweisung somit unerlässlich. Soll der Datensatz absteigend sortiert werden, so ist im BY-Statement zusätzlich die Option DESCENDING anzugeben. Die sortierten Daten können entweder in einen neuen Datensatz geschrieben werden oder den unsortierten Datensatz ersetzen.

PROC FORMAT

Die FORMAT-Prozedur ermöglicht es, eigene Informate und Formate zu definieren und Beschreibungen von Informaten und Formaten in einem SAS-Datensatz abzuspeichern.

PROC OPTIONS

Diese Prozedur listet die aktuellen Einstellungen der SAS-Systemoptionen auf und gibt diese im Log-Fenster aus. Mit der zusätzlichen Option DEFINE werden darüber hinaus Optionsbeschreibungen angeführt.

PROC PRINT

Diese Prozedur gibt die Merkmalsausprägungen eines Datensatzes aus.

2.5 Globale Anweisungen

Globale Anweisungen treten an beliebiger Stelle im Programm auf und sind wie alle anderen Anweisungen mit einem Strichpunkt abzuschließen. Einige wichtige globale Anweisungen sind:

- ENDSAS; Beendet das SAS-Programm im Anschluss an den aktuellen Step. Nachfolgende Programmteile werden ignoriert.
- TITLE; Eingabe einer Kopfzeile.
- FOOTNOTE; Eingabe einer Fußzeile.
- OPTIONS; Setzt bzw. ändert SAS-Systemoptionen.
- PAGE; Fügt einen Seitenumbruch ein.
- SKIP; Fügt eine Leerzeile ein.

2.6 Aufbereitung der Ergebnisse

Für die Ergebnisaufbereitung wollen wir das Aufbereiten von Texten und Grafiken zunächst getrennt betrachten und uns dann dem Output-Delivery-System zuwenden, das für die Verwaltung der Ergebnisse hilfreich ist.

2.6.1 Textausgaben

Nach einem fehlerfreien Prozedurdurchlauf werden die Ergebnisse automatisch in einem Textausgabefenster dargestellt. Die Variablen eines Datensatzes werden dabei zentriert und mit maximal vier Leerzeichen voneinander getrennt ausgegeben. Die zugehörigen Merkmalsausprägungen einer numerischen Variablen erscheinen innerhalb der Spalte rechtsbündig, alphanumerische Variablen im Gegensatz dazu linksbündig.

Globale Textausgabeoptionen

Durch Optionen der (globalen) Anweisung OPTIONS können Textausgaben gestaltet werden. In Tabelle 2.8 sind einige Optionen für diese Anweisung angeführt.

Option	Bedeutung
TOPMARGIN=<Rand in IN|CM>	legt oberen Seitenrand fest
BOTTONMARGIN=<Rand in IN|CM>	legt unteren Seitenrand fest
RIGHTMARGIN=<Rand in IN|CM>	legt rechten Seitenrand fest
LEFTMARGIN=<Rand in IN|CM>	legt linken Seitenrand fest
NOCENTER	unterdrückt zentrierte Ausgabe
NONUMBER	unterdrückt Ausgaben der Seitenzahl
NODATE	unterdrückt Datumsausgabe

Tabelle 2.8. Optionen für die globale Anweisung OPTIONS

PROC TABULATE

Die Prozedur TABULATE berechnet statistische Kennzahlen eines Datensatzes und stellt diese in Tabellenform dar.
Allgemein sieht die Prozedur TABULATE folgendermaßen aus:

```
PROC TABULATE [Optionen];
  CLASS <Variablen>[/ Optionen];
  TABLE [Seiten-, Zeilen-, ] <Spaltenvariablen> [/ Optionen];
  VAR <Variablen> [/ Optionen];
RUN;
```

Die TABLE-Anweisung gibt an, welche Variablen verwendet werden und in welcher Form sie dargestellt werden. Bei dieser Prozedur ist darauf zu achten, dass zumindest die Anweisung TABLE und zusätzlich mindestens eine der beiden Anweisungen VAR oder CLASS (vgl. Seite 38) notwendig sind. Wird nur eine Variable angegeben, wird für jeden Merkmalswert dieser Variablen eine eigene Spalte ausgegeben.

```
DATA Beispiel;
 INPUT Alter Groesse;
 DATALINES;
 20  180
 30  180
 40  200
 ;
RUN;
PROC TABULATE;
    Class Alter;
    Table Alter;
RUN;
```

Dieses Programm erzeugt im Wesentlichen folgende Ausgabe:

Alter		
20	30	40

Bei Verwendung mehrerer Variablen ist die Ausgabe unterschiedlich, je nachdem ob bzw. wie die Variablen miteinander verbunden werden. Stehen die Variablen getrennt durch ein Leerzeichen nebeneinander, werden die Tabellen der Variablen nebeneinander ausgegeben. Bei Verbindung mit einem Stern werden die Tabellen ineinander geschachtelt, bei Verbindung mit einem Beistrich werden Kreuztabellen erstellt.

```
PROC TABULATE;
  Class Alter Groesse;
  Table Alter Groesse;
  Table Alter*Groesse;
  Table Alter,Groesse;
RUN;
```

erzeugt somit drei unterschiedliche Ausgabeformen.

Die Prozedur **TABULATE** bietet zudem die Möglichkeit, Variablen mit verschiedene statistischen Kennzahlen zu kombinieren. Dabei wird der Variablenname durch * mit einem Schlüsselwort verknüpft. Es können unter anderem Extremwerte, Mittelwert oder Varianz berechnet werden (vgl. Tabelle 2.12, Seite 49). Wird kein Schlüsselwort explizit angegeben, so wird die Summe berechnet.

```
PROC TABULATE;
    Var Alter;
    Table Alter;
    Table Alter*Mean ;
RUN;
```

2.6.2 Grafikprozeduren

In SAS lassen sich mit der Prozedur GPLOT und GCHART zweidimensionale Grafiken erzeugen, für dreidimensionale Darstellungen wird die Prozedur G3D verwendet. Eine Besonderheit ist das Erstellen von Histogrammen, die wahlweise mit der Prozedur UNIVARIATE oder CAPABILITY erzeugt werden. Mit letzterer bietet sich auch eine bequeme Möglichkeit zur Erzeugung von empirischen Verteilungsfunktionen.

PROC GPLOT

Mit dieser Prozedur lassen sich Streu- und Liniendiagramme grafisch darstellen. Auch das Erstellen einer empirischen Verteilungsfunktion ist möglich. Dazu müssen die Merkmalsausprägungen zuvor in einem separaten DATA-Step kumuliert werden. Dann folgt eine SYMBOL-Anweisung mit dem Zusatz I=STEPRJ. Die Syntax zur Erzeugung eines Streudiagrammes lautet in allgemeiner Form

```
PROC GPLOT [Optionen];
  PLOT <y-Variable>*<x-Variable> [Optionen];
RUN;
```

Dabei trägt die Anweisung PLOT die unabhängige Variable auf der Abszisse (horizontale Achse) gegen die abhängige Variable auf der Ordinate (vertikale Achse) auf. Um das erwünschte Layout zu erreichen stehen zahlreiche Optionen zur Verfügung.

Mit der Prozedur GPLOT, einer zusätzlichen SYMBOL-Anweisung und der Option I=BOX[J][T] wird ein Boxplot erzeugt. J bewirkt hier, dass die Mediane mehrerer Box-Plots mit einer Linie verbunden werden, T hingegen markiert das obere und untere Ende mit einem Querstrich.

PROC GCHART

Balken-, Säulen- und Kreisdiagramme können mit der Prozedur GCHART erstellt werden, deren allgemeiner Syntax folgendermaßen lautet:

```
PROC GCHART [Optionen];
  HBAR <Variablen> [Optionen];
  VBAR <Variablen> [Optionen];
  PIE <Variablen> [Optionen];
  DONUT <Variablen> [Optionen];
RUN;
```

Die Anweisung HBAR erzeugt ein Balkendiagramm, VBAR ein Säulendiagramm, PIE ein Kreisdiagramm und DONUT ein Kreisdiagramm mit Loch in der Mitte.

Optionen für die Anweisungen HBAR, VBAR, PIE und DONUT verhelfen dazu, die Diagramme anschaulicher zu gestalten, z.B.:

- MIDPOINTS=<Werteliste> Diese Option bewirkt, dass die Klassenmittelpunkte nach Belieben eingerichtet werden können.
- PERCENT=ARROW|INSIDE|NONE|OUTSIDE Gibt an einer gewählten Position die Prozentwerte der Balken oder Kreissegmente an.
- NOFRAME Die Option unterbindet das Zeichnen eines Rahmens.

PROC GCONTOUR

Mit Hilfe dieser Prozedur kann man dreidimensionale Beziehungen in zwei Dimensionen durch Höhenschichtlinien darstellen.

```
PROC GCONTOUR;
  PLOT <y-Variable>*<x-Variable>=<z-Variable> [Optionen];
RUN;
```

PROC UNIVARIATE

Mit der Prozedur UNIVARIATE können Histogramme und Q-Q-Plots erzeugt werden.

```
PROC UNIVARIATE [Optionen];
  HISTOGRAM <Variablen> [Optionen];
  QQPLOT <Variablen> [Optionen];
RUN;
```

Zahlreiche Optionen erleichtern das Anpassen des Layouts, beispielsweise bewirkt bei der HISTOGRAM-Anweisung die Option CFILL=<Color>, dass die Balken mit Farbe ausgefüllt werden. Mit VSCALE=COUNT|PERCENT|PROPORTION kann festgelegt werden, ob die absoluten oder die relativen Häufigkeiten ausgegeben werden sollen. Die Wahl PROPORTION skaliert die Y-Achse proportional zur Beobachtungszahl. Die Prozedur UNIVARIATE kann auch für zahlreiche statistische Analysen verwendet werden (vgl. Abschnitt 2.7.1)

PROC CAPABILITY

Mit der Prozedur CAPABILITY können unter anderem Histogramme, empirische Verteilungsfunktionen und Q-Q-Plots erzeugt werden. Der allgemeine Programmcode lautet:

```
PROC CAPABILITY [Optionen];
  HISTOGRAM <Variablen> [Optionen];
  CDFPLOT <Variablen> [Optionen];
  QQPLOT <Variablen> [Optionen];
RUN;
```

PROC BOXPLOT

Mit dieser Prozedur können Boxplots erstellt werden.

```
PROC BOXPLOT;
  PLOT <Analysevariable>*<Gruppenvariable>;
RUN;
```

Das arithmetische Mittel wird durch ein Plus im Boxplot dargestellt, die waagrechte Linie kennzeichnet den Median. Es gibt eine Reihe von Optionen, um die grafische Darstellung des Boxplots zu verändern, diese sind in Tabelle 2.9 angeführt.

Option	Bedeutung
BOXSTYLE=SKELETAL	zeichnet horizontale Linien vom Boxrand zu den Extremen
BOXSTYLE=SCHEMATIC	extreme Ausreißer werden durch Symbole sichtbar
BOXWIDTH	setzt die Breite der Boxen fest
CBOXES	setzt die Farbe der Boxen fest
IDSYMBOL	bestimmt die Form des Symbols von Ausreißern

Tabelle 2.9. Optionen für die Prozedur Boxplot

PROC G3D

Dreidimensionale Grafiken werden in SAS mittels PROC G3D erzeugt.

```
PROC G3D [Optionen];
  PLOT <y-Var)>*<x-Var>=<z-Var> [Optionen];
  SCATTER <y-Var>*<x-Var>=<z-Var> [Optionen];
RUN;
```

Die Anweisung PLOT bewirkt, dass eine dreidimensionale Fläche gezeichnet wird, die Anweisung SCATTER gibt hingegen ein dreidimensionales Streudiagramm aus, wobei eine dieser Anweisungen zwingend anzugeben ist.

Mithilfe von Optionen können diese grafischen Darstellungen beeinflusst werden. GRID zum Beispiel bietet die Möglichkeit, Gitterlinien für jede Achse zu zeichnen. Zusätzlich kann man mit TILT=<Winkel> den Winkel festlegen, um den die Grafik dem Betrachter zugedreht wird, die Standardeinstellung beträgt 70 Grad.

2.6.3 Grafiken gestalten und exportieren

Für die Gestaltung und Ausgabe von Grafiken stellt SAS Anweisungen bereit, die in allen Prozeduren verwendet werden können. Eine der wichtigsten Anweisungen ist dabei

```
TITLE<n> [Optionen] 'Überschrift'
```

zur Festlegung einer oder mehrerer Überschrift(en). Die Beschriftung der Grafik mit dem Namen Überschrift erfolgt dabei zentriert. Diese Anweisung wird in allen nachstehenden Prozeduren beibehalten, auch wenn diese nichts mit der Grafik erzeugenden Prozedur zu tun haben. Nur durch eine neuerliche TITLE<n>-Anweisung kann die Überschrift wieder geändert werden oder durch fehlende Angabe einer neuen Überschrift gelöscht werden.

Fußnoten werden mit der Anweisung

```
FOOTNOTE<n> [Optionen] 'Fußnote'
```

erzeugt und erscheinen ebenfalls zentriert, die Anweisung

```
NOTE [Optionen] 'Bemerkung'
```

ermöglicht das (linksbündige) Einfügen von Textzeilen in eine Grafik und muss innerhalb der Grafik erzeugenden Prozedur angegeben werden.

Die Anweisungen TITLE<n>, FOOTNOTE<n> und NOTE lassen sich durch Optionen näher spezifizieren. Mit ANGLE=<Winkel> können die Textzeilen beliebig von -90 bis 90 Grad gedreht werden, wobei die Standardeinstellung bei 0° liegt. COLOR=<Farbe> gibt die Farbe des Textes an, wobei die Farben in englischer Sprache anzugeben sind, FONT=<Schriftart> legt die Schriftart fest. Die Textausrichtung kann über die Option JUSTIFY=L|R|C linksbündig, rechtsbündig oder zentriert eingestellt werden. Die Angabe der Optionen kann auch in Kurzform erfolgen, so steht A für ANGLE, C für COLOR, F für FONT und J für JUSTIFY.

Das Erscheinungsbild der Grafik selbst kann mit den Anweisungen AXIS<n>, LEGEND, PATTERN oder SYMBOL verändert werden.

Mit der Anweisung

```
AXIS<1...99> [Optionen]
```

können die Achsen formatiert werden. Dabei ist zu beachten, dass in der Grafik erzeugenden Prozedur auf die definierte Achse Bezug genommen werden muss. Wird die Anweisung ohne weitere Option aufgerufen, werden alle vorher eingestellten Eigenschaften unwirksam und gelöscht. Die Option LABEL='Text' gibt Text als Achsenbeschriftung aus und LABEL=NONE unterbindet die Beschriftung.

```
LEGEND<1...99> [Optionen]
```

verändert die Legende einer Grafik. Die zugehörige Option `LABEL='Text'` spezifiziert den Text oder unterbindet die Legende (`LABEL=NONE`).

Die Anweisung

```
PATTERN<1...99> [Optionen]
```

fixiert die Füllmuster und Farben der Grafik. Optionen bleiben bei der Neuzuweisung eines Musters bestehen, außer wenn sie explizit geändert bzw. gelöscht werden (`PATTERN` „besitzt ein Gedächtnis"). Mit der Option `COLOR=<Farbe>` wird die Farbe für das Muster eingestellt und `VALUE=<Muster>` legt das Muster fest.

Innerhalb einer Grafik können darzustellende Symbole mit `SYMBOL` verändert werden. Die Anweisung bestimmt die Darstellung der Werte, die durch die Prozeduren `GPLOT` und `GCONTOUR` entstanden sind. Die Syntax dafür ist gegeben durch:

```
SYMBOL<1...99> [Optionen]
```

Sie bestimmt Gestalt, Größe und Farbe der darzustellenden Symbole, aber auch die Grafiktypen und besitzt wie `PATTERN` ein Gedächtnis. Besonders erwähnenswert ist hier die Option `INTERPOLATION=<Bezeichnung>` (kurz `I=<Bezeichnung>`), mit der beispielsweise durch `I=BOX[J][T]` ein Boxplot entsteht.

Deutsche Umlaute

Deutsche Umlaute stellen in der Grafikausgabe ein Problem dar, daher ist es empfehlenswert statt Umlauten die zugehörige Codierung (vgl. Tabelle 2.10) zu verwenden.

Umlaut	Codierung
Ä	'8E'X
Ö	'99E'X
Ü	'9A'X
ä	'84'X
ö	'94'X
ü	'81'X
ß	'B8'X

Tabelle 2.10. Codierung deutscher Umlaute

Globale Grafikeinstellungen

Wenn gewisse Grafikeinstellungen für alle nachfolgenden Grafikprozeduren gelten sollen, kann man dies mit der Anweisung `GOPTIONS` erreichen. Mit

```
PROC GOPTIONS;
RUN;
```

lassen sich die Grafikoptionen abfragen und im Log-Fenster ausgeben. Im Folgenden ist ein kleiner Überblick über die wichtigsten Anweisungen gegeben:

- `GOPTIONS RESET=ALL;` Zurücksetzen aller Einstellungen
- `GOPTIONS ROTATE=LANDSCAPE|PORTRAIT;` Wechsel zwischen Hochformat (`PORTRAIT`) und Querformat (`LANDSCAPE`), jedoch nur bei Grafiken, die als Datei exportiert werden.
- `HSIZE=<Größe>[CM bzw. IN];` Angabe der Grafikbreite am Bildschirm und für den Export.
- `VSIZE=<Größe>[CM bzw. IN];` Angabe der Grafikhöhe am Bildschirm und für den Export.

Sollen Grafiken exportiert werden, ist es nicht empfehlenswert, dies durch Markieren, Kopieren und Einfügen zu machen, da hierbei die Qualität der Grafik meist schlecht ist. Besser ist es den Export über das `SAS`-Ausgabegerät (`DEVICE`) zu steuern. Die Standardeinstellung für die Ausgabe ist der Bildschirm (Schlüsselwort `WIN`), mit der Option `DEVICE=<Gerät>` kann das Ausgabegerät verändert werden, mögliche Geräte sind in Tabelle 2.11 aufgelistet.

Gerät	Name	Dateiendung
BMP	Bitmap-Format	.bmp
IMGGIF	Graphics Interchange Format	.gif
JPEG	Joint Photographic Format	.jpg
PSLEPSFC	Encapsulated Postscript	.eps
TIFFP	Tag Image File Format	.tif
WIN	Bildschirmausgabe	

Tabelle 2.11. Schlüsselwörter (Geräte) für den Grafikexport

Die Angabe des Ausgabegerätes genügt noch nicht für einen Grafikexport. Zusätzlich sind die Optionen `GSFNAME=<Name>` und `GSFMODE=APPEND|REPLACE` festzulegen. Dabei verweist `GSFNAME=<Name>` auf die Grafik, der acht Zeichen lange Name ist dabei frei wählbar. Mit `REPLACE` wird die Grafik neu erzeugt und mit `APPEND` einer bestehenden Datei angefügt. Innerhalb der Grafik erzeugenden Prozedur ist die Anweisung

```
FILENAME <Name> 'Dateiname'
```

anzugeben.

2.6.4 Das Output-Delivery-System (ODS)

Mithilfe des Output-Delivery-Systems (ODS) besteht die Möglichkeit, den Output in einem anderen Format, wie zum Beispiel als RTF-, PDF-, PS- oder HTML-Datei auszugeben. Dabei ist eine individuelle Handhabung des Outputs möglich. Außerdem kann der Output in Form und Gestalt beeinflusst werden. Die allgemeine ODS-Syntax ist dabei gegeben durch

```
ODS <Datei-Typ> FILE='<Name der Datei>';
 [PROC-Steps];
ODS <Datei-Typ> CLOSE;
```

Diese Syntax schreibt die gesamte Ausgabe in die vorgegebene Datei. Für HTML-Formate ist das Schlüsselwort FILE durch BODY zu ersetzen. Die erste Zeile der Anweisung lautet demnach ODS HTML BODY='<Name der Datei>';. Das Output-Delivery-System lässt aber auch eine normale Textausgabe zu, die mit ODS LISTING beginnt und den Output mit ODS LISTING CLOSE abschließt.

2.7 Grundlagen der Statistik mit SAS

Um einen Überblick über einen Datensatz zu erhalten, beginnen die meisten statistischen Analysen mit einer Linearauswertung, gefolgt von Kreuztabellierungen für einen ersten Eindruck über das Zusammenspiel zweier (oder mehrerer) Merkmale.

2.7.1 Eindimensionale Merkmale

Für Linearauswertungen stehen insbesondere die Prozeduren UNIVARIATE und MEANS zur Verfügung.
Die Prozedur UNIVARIATE ist eine der umfangreichsten Prozeduren in SAS. Mit dieser Prozedur können Lage- und Streuungsmaße berechnet werden, aber auch Konfidenzintervalle und verschiedene Tests können angefordert werden. Die allgemeine Syntax der Prozedur UNIVARIATE lautet:

```
PROC UNIVARIATE [Optionen];
 BY <Variablen>;
 CLASS <Variable>;
 FREQ <Variable>;
 HISTOGRAM [Variablen];
 OUTPUT [OUT=SAS-data-set] [Schlüsselwort=Name];
 PROBPLOT [Variablen];
 QQPLOT [Variablen];
 VAR <Variablen>;
 WEIGHT <Variable>;
 RUN;
```

Wichtige Anweisungen sind dabei

- BY <Variablen>; Getrennte Analyse für jede durch Variable definierte Gruppe. Bei mehreren Variablen wird für jede Merkmalskombination eine Gruppe gebildet. Der Datensatz muss dabei aufsteigend sortiert sein. Durch ein vorangestelltes DESCENDING wird auf eine absteigend sortierte Variable verwiesen, ein nachgestelltes NOTSORTED verweist auf einen unsortierten Datensatz.
- CLASS <Variable>; Gruppierungsvariable, in der Hierarchie niedriger als BY. Für jeden BY-Wert entsteht eine getrennte Ausgabe (neue Seite), für jedes CLASS-Element eine Spalte bzw. Zeile in einer Tabelle.
- FREQ <Variable>; Häufigkeitsvariable, jede Datenzeile wird mit der angegebenen Häufigkeit in die Analyse einbezogen.
- HISTOGRAM; Erstellt ein Histogramm, wenn keine Variable explizit angegeben ist wird für alle Variablen ein Histogramm erstellt.
- OUTPUT; Legt einen Datensatz mit den gewünschten Kennzahlen an. Mögliche Schlüsselwörter sind in den Tabellen 2.12, 2.13 und 2.14 angeführt.
- PROBPLOT; QQPLOT; Erzeugt Wahrscheinlichkeitsplots oder Q-Q-Plots.
- VAR <Variablen>; Auswahl einzelner Variablen, ohne diese Anweisung werden alle numerischen Variablen analysiert.
- WEIGHT <Variable>; Beobachtungen werden gewichtet, die verwendeten Formeln können der Hilfe entnommen werden. Beobachtungen mit einem Gewicht kleiner oder gleich null erhalten das Gewicht null, werden aber bei der Anzahl der Beobachtungen mitgezählt. Beobachtungen ohne Gewicht fallen gänzlich aus der Berechnung.

Schlüsselwort	Bedeutung
MAX	Maximum
MIN	Minimum
MEAN	arithmetisches Mittel
MODE	häufigster Wert
VAR	Varianz
STD	Standardabweichung
RANGE	Spannweite
SKEWNESS	Schiefe
KURTOSIS	Wölbung
CV	Variationskoeffizient
N	Stichprobenumfang
NMISS	Anzahl der fehlenden Werte
NOBS	Anzahl der Beobachtungen
SUM	Summe der Werte

Tabelle 2.12. Schlüsselwörter der beschreibenden Statistik

Schlüsselwort	Bedeutung
P1	1-Prozent-Quantil
P5	5-Prozent-Quantil
P10	10-Prozent-Quantil
Q1	Unteres Quartil (25-Prozent-Quantil)
MEDIAN	Median
Q3	Oberes Quartil (75-Prozent-Quantil)
P90	90-Prozent-Quantil
P95	95-Prozent-Quantil
P99	99-Prozent-Quantil
QRANGE	Interquartilsdistanz (Q3 - Q1)

Tabelle 2.13. Schlüsselwörter zur Quantilsberechnung

Schlüsselwort	Test, Ausgabe
MSIGN	Vorzeichentest, Statistik
NORMALTEST	Normalverteilungstest, Statistik
SIGNRANK	Vorzeichen-Rangtest, Statistik
T	Student's t Test, Statistik
PROBM	Vorzeichentest, p-Wert
PROBN	Normalverteilungstest, p-Wert
PROBS	Vorzeichen-Rangtest, p-Wert
PROBT	Student's t test, p-Wert

Tabelle 2.14. Schlüsselwörter für Hypothesentests (Auszug)

Die Prozedur MEANS ermöglicht neben der Prozedur UNIVARIATE ebenfalls die Berechnung von Mittelwerten und Streuungsmaßen.

```
PROC MEANS [Optionen] [Statistik-Schlüsselwörter];
  BY <Variablen>;
  CLASS <Variable>;
  FREQ <Variable>;
  OUTPUT [OUT=SAS-data-set] [Schlüsselwort=Name];
  VAR <Variablen>;
  WEIGHT <Variable>;
RUN;
```

Im Unterschied zu UNIVARIATE werden ohne Angabe von Optionen nur das arithmetische Mittel, die Standardabweichung und die Extremwerte berechnet. Die Anweisungen BY, CLASS, FREQ, OUTPUT, VAR oder WEIGHT sind wie gewohnt zu verwenden.

Die Anweisung HISTOGRAM

Das HISTOGRAM-Statement erstellt Histogramme und kann optional die (parametrisch oder nichtparametrisch) geschätzte Dichte ergänzen. Die allgemeine Form des Statements lautet:

HISTOGRAM [Variablen] [/ Optionen];

Die Optionen beginnen mit einem Slash (/) und können in drei Arten von Optionen unterteilt werden: Primäroptionen für die Dichteschätzung, Sekundäroptionen für die Dichteschätzung und allgemeine Optionen.

Die **Primäroptionen** spezifizieren die Dichteschätzung, wobei diese prinzipiell parametrisch oder nichtparametrisch erfolgen kann (vgl. Tabelle 2.15)

Option	Bedeutung
BETA(Beta-Optionen)	Anpassen einer Betaverteilung
EXPONENTIAL(Exponential-Optionen)	Anpassen einer Exponentialverteilung
GAMMA(Gamma-Optionen)	Anpassen einer Gammaverteilung
LOGNORMAL(Lognormal-Optionen)	Anpassen einer Lognormalverteilung
NORMAL(Normal-Optionen)	Anpassen einer Normalverteilung
WEIBULL(Weibull-Optionen)	Anpassen einer Weibullverteilung
KERNEL(Kernel-Optionen)	Nichtparametrische Dichteschätzung

Tabelle 2.15. Primäroptionen für die Histogram-Anweisung

Sekundäroptionen beschreiben die anzupassende Verteilung näher, beispielsweise durch Angabe von Parametern. Sind keine Parameter angegeben, so werden diese aus den Daten geschätzt. Tabelle 2.16 listet die wichtigsten Sekundäroptionen für die parametrische Dichteschätzung auf, für die Optionen der nichtparametrische Dichteschätzung wird auf Kapitel 10 verwiesen.

Option	Bedeutung
COLOR=	Farbe der Dichtefunktion
PERCENTS=	Empirische und theoretische Quantile
W=	Strichbreite der Dichtefunktion
Optionen für Normalverteilung	
MU=	Mittelwert
SIGMA=	Standardabweichung

Tabelle 2.16. Sekundäroptionen für die Histogram-Anweisung

Die allgemeinen Optionen werden zur Anpassung der Grafiken oder des Outputs verwendet und können in der Online-Dokumentation nachgelesen werden.

2.7.2 Kontingenztafeln und Zusammenhangsmaße

Die Prozedur **FREQ** erstellt eindimensionale Häufigkeitstabellen und mehrdimensionale Kreuztabellen. Daneben können auch verschiedene Maßzahlen für den Zusammenhang zweier nominaler Merkmale berechnet werden und die zugehörigen Tests auf Zusammenhang durchgeführt werden. Die allgemeine Syntax ist

```
PROC FREQ [Optionen];
 TABLES <Anweisung> [Optionen];
 WEIGHT <Variable>;
 BY <Variable>;
 RUN;
```

Für die Anweisungen im **TABLES**-Statement gibt es verschiedene Möglichkeiten:

- **TABLES a b c**: Erstellt für jede Variable eine Häufigkeitstabelle mit den absoluten, relativen, kumulierten absoluten und kumulierten relativen Häufigkeiten. Alternativ dazu kann die Anweisung **TABLES a--c** verwendet werden.
- **TABLES a*b**: Erstellt zweidimensionale Tabelle mit Zeilenvariable a und Spaltenvariable b.
- **TABLES a*b*c**: Erstellt für jede Ausprägung von a eine Seite mit zweidimensionale Tabelle mit Zeilenvariable b und Spaltenvariable c.
- **TABLES a*(b c)**: Erzeugt die Tabellen $a * b$ und $a * c$.
- **TABLES (a--c)*d**: Erzeugt die Tabellen $a * d$, $b * d$ und $c * d$.

Die Optionen in der Tabellenanweisung ermöglichen die Ausgabe von Zusammenhangsmaßen und -tests. Einige wichtige Optionen sind:

Schlüsselwort	Beschreibung
ALL	Tests und Maßzahlen aus CHISQ, MEASURES und CMH
ALPHA	Signifikanzniveau, Voreinstellung 0.05
BINOMIAL	Konfidenzintervalle für Anteile
BINOMIALC	wie BINOMIAL, mit Stetigkeitskorrektur
CHISQ	Chi-Quadrat-Test und Ähnliches
CL	Konfidenzintervalle für MEASURES-Statistiken
CMH	Cochran-Mantel-Haenszel Statitik
FISHER	Fisher's Exact Test
JT	Jonckheere-Terpstra Test
MEASURES	Assoziationsmaße, z.B. Korrelation, Rangkorrelation
EXPECTED	bei Unabhängigkeit erwartete Häufigkeiten
MISSPRINT	Häufigkeiten für fehlende Werte werden ausgegeben

Tabelle 2.17. Optionen für TABLES-Anweisung

Der Korrelationskoeffizient (metrische Merkmale) und die Rangkorrelations-koeffizienten nach Spearman, Kendall und Hoeferding können mit der Prozedur CORR berechnet werden:

```
PROC CORR [Optionen];
  VAR <Variablen>;
  WITH <Variablen>;
  PARTIAL <Variablen>;
  WEIGHT <Variablen>;
  FREQ <Variablen>;
  BY <Variablen>;
RUN;
```

Als Optionen für die Prozedur stehen unter anderem folgende Möglichkeiten zur Verfügung:

Schlüsselwort	Beschreibung
ALPHA	Kronbach's Alpha
COV	Ausgabe der Varianz-Kovarianzmatrix
FISHER	Konfidenzintervall und p-Werte
HOEFFDING	Hoeffding's Abhängigkeitsmaß
KENDALL	Kendall's tau-b
PEARSON	Korrelationskoeffizient
SPEARMAN	Rangkorrelation nach Spearman

Tabelle 2.18. Optionen für die Prozedur CORR

Die Option FISHER kann durch weitere Optionen näher spezifiziert werden:

- RHO0=<Wert>: Festlegen des Vergleichswertes für die Nullhypothese, Voreinstellung ist RHO0=0

- ALPHA: Signifikanzniveau, Voreinstellung ist ALPHA=0.05

- TYPE=LOWER|UPPER|TWOSIDED: Einseitige oder zweiseitige Konfidenzintervalle, Voreinstellung ist ein zweiseitiges Konfidenzintervall.

3

Einführung in R

R ist eine kostenlose Programmierumgebung, die speziell für statistische Analysen konzipiert wurde. R ist auf verschiedenen UNIX-Plattformen, sowie für MacOS und Windows verfügbar (http://www.r-project.org/). Die Ausführungen in diesem Buch beschränken sich auf das Betriebssystem Windows. Installationsanleitungen und Besonderheiten anderer Plattformen sind auf der R-Website nachzulesen.

Die Einführung in diesem Buch vermittelt die Grundlagen und ermöglicht den LeserInnen, die verwendeten Codes zu verstehen und selbst kleinere Programme zu schreiben. Interessierte LeserInnen finden auf der R-Website umfangreiche Handbücher und Literaturhinweise.

3.1 Installation und Konfiguration

Die zur Installation benötigten Dateien werden von CRAN, einem weltweiten Servernetz, zur Verfügung gestellt. Auf http://cran.r-project.org/ findet man eine Liste aller Spiegelserver, von denen man den geografisch nächsten Server wählen sollte.

Unter dem Link Windows werden die kompilierte Basis-Version und zusätzliche Pakete zum Herunterladen angeboten. Durch Anklicken von base kommt man auf die Seite mit dem Setup-Programm R-2.7.0-win32.exe (derzeitige Version, Stand 5.5.2008) und weiteren Informationen. Nach dem Herunterladen und Anklicken von R-2.7.0-win32.exe führt ein Setup-Assistent durch die Installation von R, alle Standardeinstellungen können übernommen werden.

Danach kann R durch die Verknüpfung im Windows-Startmenü oder durch einen Doppelklick auf das neue Icon am Desktop aufgerufen werden.

Für einen effizienten Gebrauch von R ist es empfehlenswert einige Konfigurationen vorzunehmen. Klickt man mit der rechten Maustaste auf das Desktop-Icon, so erscheint ein Kontextmenü, aus dem man den Punkt Eigenschaften auswählt. Es erscheint folgende Dialogbox:

Abb. 3.1. Eigenschaften von R

In der Zeile „Ausführen in" kann das gewünschte Arbeitsverzeichnis eingegeben werden (C:\Eigene Dateien). In der Zeile „Ziel" kann man die Optionen --sdi und --no-save ergänzen.
Die erste Option (Voraussetzung für RWinEdt, vgl. Abschnitt 3.9) bewirkt, dass alle Fenster eigenständig verwaltet werden (im Gegensatz zur Standardeinstellung mdi), die zweite gibt an, dass der Workspace beim Beenden nicht gesichert werden soll (vgl. Abschnitt 3.2.2).

3.2 Grundlagen

Als erstes kleines Beispiel soll das arithmetische Mittel von 13, 27 und 8 berechnet werden. Nach dem Promptzeichen (>) in der Konsole wird dazu folgender Code eingegeben und mit der Return-Taste bestätigt. Das Resultat wird automatisch in der nächsten Zeile ausgegeben:

```
> (13 + 27 + 8)/3    # Berechnung des arithmetischen Mittels
[1] 16
```

Sollen mehrere Anweisungen in einer Zeile ausgeführt werden, so sind diese mit einem Strichpunkt zu trennen. Bei mehrzeiligen Anweisungen ändert sich das Promptzeichen in der Fortsetzungszeile (+). Mit den Cursortasten (Pfeil nach oben bzw. nach unten) kann man schrittweise durch sämtliche in der Konsole eingegebenen Anweisungen blättern (History). Kommentare beginnen mit dem Rautezeichen (#) und reichen bis zum Ende der Zeile. In Tabelle 3.1 sind die wichtigsten arithmetischen Operatoren angegeben.

Operator	Beschreibung	
+	Addition	$x + y$
–	Subtraktion	$x - y$
*	Multiplikation	$x \cdot y$
/	Division	x/y
^	Potenz	x^y
%%	Modulo Division	$x \bmod y$
%/%	Ganzzahlige Division	$\lfloor x/y \rfloor$

Tabelle 3.1. Arithmetische Operatoren in R

3.2.1 Zuweisungen

Möchte man mit dem Resultat weitere Berechnungen durchführen, so ist es sinnvoll das Ergebnis einer Variable zuzuweisen. Dazu stehen in R mehrere Möglichkeiten zur Verfügung, wobei eine der beiden folgenden empfohlen wird:

```
> y <- 16          # Zuweisungen
> y = 16
```

Bei einer Zuweisung wird die Variable nicht automatisch auf der Konsole ausgegeben. Ist dies gewünscht, ist entweder der Variablenname neu einzugeben oder die Zuweisung zu umklammern:

```
> y = 16
> y                # Ausgabe durch explizite Angabe von y
[1] 16
> (y = 16)         # Ausgabe durch Umklammerung der Zuweisung
[1] 16
```

In Variablennamen sind alle alphanumerischen Symbole, sowie Punkt und Unterstrich (_) erlaubt, wobei das erste Zeichen weder eine Ziffer noch ein Unterstrich sein darf. Beginnt der Name mit einem Punkt, so darf das zweite Zeichen keine Ziffer sein. Bei der Wahl von Variablennamen sollte stets auf die Lesbarkeit geachtet werden. R unterscheidet Groß- und Kleinschreibung, demnach sind y und Y unterschiedliche Variablen. In R sind einige Konstanten definiert, die ebenfalls nicht als Variablennamen in Frage kommen. Ein Auszug der wichtigsten Konstanten zeigt Tabelle 3.2.

Konstante	Beschreibung
Inf	unendlich
NA	fehlender Wert
NaN	undefinierter Wert (not a number)
NULL	leere Menge
pi	Zahl π
T	TRUE $(= 1)$
F	FALSE $(= 0)$

Tabelle 3.2. Konstanten in R

Der Wert einiger Konstanten kann mit Zuweisungen überschrieben werden, wie das folgende Beispiel zeigt:

```
> pi              # Wert von pi ausgeben
[1] 3.141593
> pi = 1          # pi den Wert 1 zuweisen
> pi
[1] 1             # pi ist überschrieben
```

Der Unterschied zwischen NA und NaN besteht darin, dass bei letzterem der Wert fehlt, weil eine Berechnung nicht möglich war.

```
> 0/0             # undefiniert
[1] NaN
> pi/0            # unendlich
[1] Inf
```

3.2.2 Objekte und Workspace

In R werden alle Variablen, Daten, Funktionen etc. als Objekte angesehen. Alle in einer R-Sitzung erzeugten Objekte werden im so genannten Workspace gespeichert. Mit ls() bzw. objects() werden die Objekte im aktuellen Workspace angezeigt. In längeren R-Sitzungen werden oft Objekte angelegt, die nicht mehr verwendet werden. Mit rm() werden Objekte aus dem Workspace entfernt. Mit rm(list=ls(all=TRUE)) werden alle Objekte gleichzeitig gelöscht (oder Menüpunkt *Verschiedenes - Entferne alle Objekte*).

Mit save.image() wird der Workspace in der Datei .RData für eine spätere R-Sitzung gespeichert. Mit load() bzw. Doppelklick auf die Datei wird der gespeicherte Workspace wieder geladen, wobei der gespeicherte mit dem aktuellen Workspace zusammengefügt wird. Bei identischen Objektnamen wird das Objekt im gespeicherten Workspace verwendet. Beim Beenden einer R-Sitzung mit q() wird gefragt, ob der Workspace gesichert werden soll (außer man hat die Konfiguration zum Speichern geändert, vgl. Abschnitt 3.1). Bei Bestätigung wird neben dem Workspace auch die History, das ist die gesamte in der Konsole eingegebene Befehlsfolge, in der Datei .RHistory im aktuellen Arbeitsverzeichnis gespeichert. Im Menü Datei stehen zum Speichern und Laden von Workspace und History ebenfalls Menüpunkte zur Verfügung. Mit Datei - Öffne Skript kann .RHistory auch als Textdatei geöffnet werden.

Funktion	Beschreibung
ls(), objects()	Anzeigen der aktuellen Objekte
rm()	Löschen eines Objektes
rm(list=ls(all=TRUE))	Löschen aller aktuellen Objekte
save.image()	Workspace speichern
load()	Workspace laden
q(), quit()	Programm beenden

Tabelle 3.3. Funktionen zur Verwaltung des Workspace

3.2.3 Datentypen

Die verfügbaren Datentypen sind in Tabelle 3.4 angegeben. Standardmäßig werden Daten als reelle Zahlen interpretiert.

Logische Werte sind T, F, TRUE und FALSE, Zeichenketten werden mit Hochkomma "" angegeben. Mit den Funktionen is.logical(), is.numeric(), is.integer() etc. kann der Datentyp einer Variablen überprüft werden.

Datentyp (Speichermodus)	Beschreibung
logical	logische Werte
numeric (integer, double)	(ganze, reelle) Zahlen
complex	komplexe Zahlen
character	Zeichenketten

Tabelle 3.4. Datentypen in R

Die Umwandlung in einen bestimmten Datentyp erfolgt durch Ersetzen von
is mit as. Mit mode() kann der Datentyp eines Objekts, mit typeof() der
Speichermodus von numerischen Variablen (integer oder double) abgefragt
werden.

```
> x = 4
> is.numeric(x)
[1] TRUE

> mode(x)
[1] "numeric"

> x = as.character(x)
> mode(x)
[1] "character"
```

3.2.4 Hilfesystem

Im integrierten Hilfesystem findet man zu jeder Funktion Informationen zur
Syntax und Verwendung. Mit help() bzw. ? wird die zugehörige Hilfeseite geöffnet. So wird etwa mit ?rm, ?rm(), help(rm) oder help("rm") die
Hilfeseite für die Funktion rm() aufgerufen. Oft findet man hier auch Beispiele, die vor allem beim Erlernen neuer Funktionen sehr hilfreich sind. Durch
Markieren einer oder mehrerer Anweisungen der Beispiele auf der Hilfeseite und Strg-V wird der markierte Programmcode an die Konsole geschickt
und zeilenweise abgearbeitet. Kennt man den Funktionsnamen nicht, so kann
mit help.search() das gesamte Hilfesystem nach einem Schlagwort durch-
sucht werden. Mit apropos() werden alle Objektnamen angezeigt, welche
die gesuchte Zeichenfolge enthalten. Die Funktionen help(), help.search()
und apropos() können auch direkt über das Menü Hilfe aufgerufen werden.
Zusätzlich stellt R auch einige Demos zur Verfügung. Mit demo() werden die
verfügbaren Demos aufgelistet. Eine Vorführung der grafischen Möglichkeiten
kann etwa mit demo(graphics) aufgerufen werden.

3.2.5 Pakete

Sämtliche Funktionen und Datensätze werden bei R in Paketen zur Verfügung gestellt. Bevor man den Inhalt eines installierten Paketes verwenden kann, muss es geladen werden. In der Installation von R sind bereits die wichtigsten Basispakete für grundlegende statistische Anwendungen enthalten.

Mit library() werden die Pakete aufgelistet, die bereits lokal installiert wurden. Mit search() werden die bereits geladenen Pakete angezeigt. Informationen zu installierten Paketen erhält man mit library(help=Paketname).

Installierte Pakete können mit library() oder require() geladen und mit detach() wieder aus den geladenen Paketen entfernt werden. Sollen zusätzliche Pakete installiert werden, so geschieht dies mit install.packages(). Zur Aktualisierung einzelner Pakete wird der Befehl update.package() verwendet.

Funktion	*Beschreibung*
library()	Installierte Pakete anzeigen
library(stats)	Paket stats laden
library(help = stats)	Informationen zum Paket stats
search()	Geladene Pakete anzeigen
detach("package:stats")	Paket stats aus geladenen Paketen entfernen
install.packages()	Pakete installieren
update.package()	Aktualisierung (Download) von Paketen

Tabelle 3.5. Funktionen zur Verwaltung von Paketen

Die Befehle zum Laden, Installieren und Aktualisieren von Paketen können auch direkt über den Menüpunkt *Pakete* aufgerufen werden. Zusätzlich kann hier auch der gewünschte CRAN-Spiegelserver gewählt werden (vgl. Abschnitt 3.1).

3.3 Datenstrukturen

Es werden folgende Datenstrukturen unterschieden: Vektoren, Matrizen, Arrays, Datensätze und Listen. Die Datenstruktur eines Objektes kann mit der Funktion str() abgefragt werden.

3.3.1 Vektoren

Vektoren werden mit der Funktion c() erzeugt. Weitere nützliche Funktionen sind length() zur Angabe der Vektorlänge und t() zum Transponieren eines Vektors. Bei der Erzeugung von Vektoren ist darauf zu achten, dass alle Elemente eines Vektors vom selben Datentyp sind. Ist dies nicht der Fall, wird allen Elementen der niedrigste Datentyp zugeordnet. Um einzelne Elemente eines Vektors aufzurufen, verwendet man hinter dem Namen des Vektors eckige Klammern [] mit dem entsprechenden Index. Beim Rechnen mit Vektoren wird in R komponentenweise gerechnet. Bei unterschiedlicher Vektorlänge wird der kürzere Vektor wiederholt und im Bedarfsfall eine Warnmeldung generiert.

```
> x = c(2,3,4,6,8)
> y = c(5,4,8)
> z = c(7,2,1,6,9)
> x + z              # Komponentenweises Addieren
[1]  9  5  5 12 17
> x + y              # Kürzerer Vektor wird wiederholt
[1]  7  7 12 11 12
        Warnmeldung: Länge des längeren Objektes ist kein
        Vielfaches der Länge des kürzeren Objektes in: x + y
```

Die wichtigsten Funktionen und Operatoren für Vektoren sind in Tabelle 3.6 zusammengefasst.

Funktion	Beschreibung
c()	Vektor durch Verknüpfung erzeugen
str()	Datenstruktur anzeigen
length()	Länge des Vektors
t()	Transponieren

Operation	Beschreibung
+, -	komponentenweises Addieren und Subtrahieren
*, /	komponentenweises Multiplizieren und Dividieren
%*%	Skalarprodukt

Tabelle 3.6. Funktionen und Operatoren für Vektoren

Einzelne Elemente eines Vektors können benannt werden:

```
> u = c(Vorname="Udo", Nachname="Mayr", Alter=35)
> u
  Vorname   Nachname    Alter
   "Hans"     "Mayr"     "35"
```

3.3.2 Matrizen

Matrizen werden mit folgender Funktion erzeugt:

```
matrix(data, nrow, ncol, ...)
```

Im ersten Argument wird der Datenvektor übergeben. Zusätzlich sollte man entweder die Zahl der Reihen `nrow` oder die Zahl der Spalten `ncol` angeben. Durch die Anweisung `byrow = TRUE` wird die Matrix zeilenweise aufgebaut, ansonsten spaltenweise.

```
> data = c(1, 2, 3, 4, 5, 6)
> x = matrix(data, ncol=3)            # spaltenweise
> y = matrix(data, ncol=3, byrow=TRUE)  # zeilenweise
> x
     [,1]  [,2]  [,3]
[1,]   1     3     5
[2,]   2     4     6
> y
     [,1]  [,2]  [,3]
[1,]   1     2     3
[2,]   4     5     6
```

Matrizen können genauso wie Vektoren durch einen Index in eckigen Klammern [] angesprochen werden. Man muss jedoch den Index der Zeile und der Spalte angeben, wobei die erste Zahl der Zeile entspricht.

```
> x[1,2]        # Element in 1. Zeile und 2. Spalte
> x[,2]         # 2. Spalte
```

Die wichtigsten Funktionen und Operatoren für Matrizen zeigt Tabelle 3.7.

Funktion bzw. Operator	Beschreibung
eigen()	Eigenwerte und Eigenvektoren
kappa()	Konditionszahl
solve(x)	Matrixinvertierung x^{-1}
dim(x)	Anzahl der Zeilen und Spalten
crossprod(x,y)	Matrixmultiplikation $x^T y$
t(x) %*% y	Matrixmultiplikation $x^T y$

Tabelle 3.7. Funktionen und Operatoren für Matrizen

Bei der Matrixmultiplikation `crossprod()` wird $x^T y$ berechnet, diese Funktion liefert daher dasselbe Ergebnis wie `t(X)%*%Y`.

3.3.3 Arrays

Durch `array()` werden Arrays mit beliebiger Dimension erzeugt. Die Dimensionen können durch die Option `dim` angegeben werden. Die Funktion zur Erzeugung eines Arrays ist folgendermaßen aufgebaut:

```
array(data_vector, dim_vector)
```

Zur Erzeugung eines 3-dimensionales Array mit den Zahlen 1 bis 8 bedeutet dies:

```
> a = array(1:8, dim = c(2, 2, 2))
```

Die Belegung der Elemente erfolgt auch hier „spaltenweise", d.h. die Elemente werden in folgender Reihenfolge belegt:

```
a[1,1,1]=1
a[2,1,1]=2
a[1,2,1]=3
a[2,1,1]=4
a[1,1,2]=5
a[2,1,2]=6
a[1,2,2]=7
a[2,1,2]=8
```

Die Elemente eines Arrays können ebenso wie bei Vektoren und Matrizen mit eckigen Klammern [] und dem entsprechenden Index angesprochen werden.

```
> a[1,1,1]        # Zugriff auf Elemente
> a[,1,2]         # Zugriff auf 1-dimensionale Spalte
> a[,,2]          # Zugriff auf 2-dimensionale Matrix
```

Auch bei Arrays gilt, dass im Fall von Elementen mit verschiedenen Datentypen der niedrigste Typ für alle Einträge übernommen wird.

3.3.4 Listen

Listen werden mittels der Funktion `list()` erzeugt. Der Vorteil der Listen liegt darin, dass unterschiedliche Elemente auch andere Datentypen haben können. Der Zugriff auf die Elemente einer Liste erfolgt mit doppelten eckigen Klammern [[]].

```
> (list1 = list(c(1, 2, 3), matrix(c(2, 4, 6, 8), 2, 2),
+ TRUE, "Hallo"))
[[1]] [1] 1 2 3

[[2]]
     [,1] [,2]
[1,]   2    6
[2,]   4    8

[[3]]
[1] TRUE

[[4]]
[1] "Hallo"

> list1[[1]]        # Zugriff auf erstes Element
[1] 1 2 3
> is.vector(list1[[2]])
[1] FALSE
```

Hier wurde zunächst eine Liste mit verschiedenen Datentypen erzeugt. Das erste Element ist ein Vektor mit drei Einträgen, anschließend folgt eine Matrix, dann der logische Wert TRUE und eine Zeichenkette Hallo. Durch die Funktion is.vector() wird TRUE oder FALSE geliefert, je nach dem ob das Element ein Vektor ist oder nicht. Auch in Listen können die einzelnen Elemente mit Namen versehen werden, was den späteren Zugriff vereinfacht.

```
> Liste = list(Zeichen="Charakter", Wahrheitswert=TRUE)
> Liste$Wahrheitswert
[1] TRUE
```

3.3.5 Data Frames, Datensätze

Listen, bei denen die einzelnen Elemente Vektoren gleicher Länge sind, nennt man Data Frames oder Datensätze. Diese werden mit der Funktion data.frame() erzeugt.

```
> Pruefung = data.frame(LVA = c("Betriebswirtschaft",
+ "Mathematik", "Informatik", "Wahrscheinlichkeitsrechnung"),
+ Datum = c("15.06.", "30.06.", "24.06.", "13.06."),
+ Note = c(1, 3, 2, 1))
```

```
> Pruefung
                            LVA  Datum Note
1              Betriebswirtschaft 15.06.    1
2                      Mathematik 30.06.    3
3                      Informatik 24.06.    2
4 Wahrscheinlichkeitsrechnung 13.06.    1
```

Mit der Funktion `subset()` besteht die Möglichkeit bestimmte Elemente aus dem gesamten Datensatz auszuwählen, beispielsweise all jene Prüfungen die mit der Note Eins absolviert wurden.

```
> subset(Pruefung, Note == 1)
                            LVA  Datum Note
1              Betriebswirtschaft 15.06.    1
4 Wahrscheinlichkeitsrechnung 13.06.    1
```

Wichtige Funktionen für das Arbeiten mit Datensätzen sind in Tabelle 3.8 aufgelistet. Die Indizierung in Datensätzen kann entweder wie bei Listen oder wie bei Matrizen erfolgen. Daher greifen `Pruefung$Note[2]`, `Pruefung[[3]][2]` und `Pruefung[2,3]` auf das selbe Element zu.

Funktion	Beschreibung
`data.frame()`	Erzeugung eines Datensatzes
`subset()`	Auswählen von Elementen
`str()`	Struktur des Datensatzes
`select()`	Auswählen bestimmter Spalten
`A %in% B`	`TRUE`, wenn `A` in `B` enthalten ist
`split()`	Aufteilen eines Datensatzes
`merge()`	Zusammenfügen mehrerer Datensätze

Tabelle 3.8. Funktionen für Datensätze

3.4 Konstrukte für den Programmablauf

Um den Ablauf eines Programms zu steuern werden so genannte Konstrukte verwendet. Mit Verzweigungen können Fallunterscheidungen programmiert werden, Schleifen dienen zur wiederholten Ausführung eines Programmteils. Basis jedes Konstruktes ist eine logische Abfrage, die mit Vergleichsoperatoren und logischen Operatoren gebildet wird (Tabelle 3.9).

Operator	Beschreibung
==	gleich
!=	ungleich
>, >=	größer, größer gleich
<, <=	kleiner, kleiner gleich
!	nicht
&&	und
&	vektorwertiges und
||	oder
|	vektorwertiges oder
xor()	entweder oder (ausschließend)

Tabelle 3.9. Vergleichsoperatoren und Logische Operatoren

Ein Beispiel zeigt den Unterschied zwischen vektorwertigen und nicht vektorwertigen Verknüpfungen:

```
> x = c(TRUE, TRUE)
> y = c(TRUE, FALSE)
> x & y            # vektorwertig
[1]  TRUE FALSE
> x && y           # nicht vektorwertig
[1] TRUE
```

Beim vektorwertigen Operator wird jedes Element aus dem ersten Vektor mit dem entsprechenden Element des zweiten Vektors verknüpft. Die Anzahl der resultierenden Wahrheitswerte entspricht der Länge des längeren Vektors, der kürzere Vektor wird im Bedarfsfall wiederholt. Vergleichsoperatoren werden ebenfalls vektorwertig (= komponentenweise) verarbeitet.

Beim nicht vektorwertigen Operator wird lediglich das jeweils erste Element der beiden Vektoren verglichen und ein einzelner Wahrheitswert ausgegeben. Der Vorteil von nicht vektorwertigen Operatoren besteht darin, dass nur so viele Logik-Verknüpfungen ausgeführt werden, wie notwendig sind um einen Wahrheitswert zu erhalten.

```
> (3==4) && (3==3)
[1] FALSE
```

Da die erste Aussage (3==4) bereits den Wert FALSE liefert und damit das Gesamtergebnis bereits feststeht wird der zweite Ausdruck (3==3) nicht mehr ausgewertet.

Interessant ist die dadurch gebotene Möglichkeit einer bedingten Zuweisung:

```
> x = 0
> FALSE || (x = 3)
[1] TRUE
> x
[1] 3
```

3.4.1 Verzweigungen

Für Verzweigungen bzw. bedingte Anweisungen steht in R folgende Möglichkeiten zur Verfügung: if, ifelse und switch.

if (Bedingung) {Anweisungen1} else {Anweisungen2}

Ist der Wert von Bedingung TRUE, so wird Anweisungen1 ausgeführt, sonst wird Anweisungen2 ausgeführt. Die Bedingung darf nicht vektorwertig sein (vgl. Seite 67). Wird dennoch eine vektorwertige Bedingung angegeben, so verwendet R nach einem Warnhinweis nur das erste Element. Der else-Zweig ist optional und kann entfallen. Die geschwungenen Klammern müssen verwendet werden, wenn mehrere Anweisungen ausgeführt werden sollen, ansonsten reicht die Anweisung ohne Klammer.

```
> x = -16            # Wert zuweisen
> if (x < 0) {       # wenn x < 0, dann
+ im = 0i            # Imaginärteil
+ y = sqrt(x + im)   # y die imaginäre Quadratwurzel zuweisen
+ } else
+ y = sqrt(x)        # y die reelle Quadratwurzel zuweisen
> y
```

Für mehrere Fallunterscheidungen können die if(){}else{}-Statements auch verschachtelt werden.

ifelse(Bedingung, Anweisung1, Anweisung2)

Der wesentliche Unterschied zum if(){}else{}-Statement liegt darin, dass nun Bedingung und Anweisungen vektorwertig sind, wobei nur einfache Anweisungen möglich sind. Wie bei vektorwertigen Operatoren üblich werden Elemente von kürzeren Vektoren im notwendigen Ausmaß wiederholt. Ein einfaches Beispiel illustriert die Arbeitsweise des Statements:

```
> x=2
> ifelse(x == c(0,2), c("Then1","Then2"), c("Else1","Else2"))
[1] "Else1" "Then2"
```

Zuerst wird der Wert x mit der ersten Komponente (0) verglichen, aufgrund der Ungleichheit verzweigt die Anweisung in die erste Komponente des else-Zweiges. Danach erfolgt der Vergleich von x mit der zweiten Komponente (2) und dem entsprechend erfolgt die Ausgabe der zweiten Komponente des then-Zweiges.

switch(Anweisung, Liste)

Anstelle von verschachtelten if-Anweisungen kann in manchen Fällen diese Alternative zur Fallunterscheidung verwendet werden. Liefert **Anweisung** eine Zahl zwischen 1 und der Länge von **Liste**, so wird das entsprechende Listenelement ausgewertet. Liefert **Anweisung** einen String, so wird das entsprechend benannte Listenelement ausgegeben. In allen anderen Fällen wird NULL zurückgegeben.

```
> switch(3,"Badesachen","Schirm","Schlitten")
[1] "Schlitten"
> switch("Regen", Sonne = "Badesachen", Regen = "Schirm",
+ Schnee = "Schlitten")
[1] "Schirm"
```

3.4.2 Schleifen

R bietet drei Möglichkeiten der Schleifenprogrammierung, daneben werden oft Kontrollbefehle benötigt, die in Tabelle 3.10 zusammengefasst sind.

Schleife	*Beschreibung*
repeat{Anweisungen}	Wiederholung der Anweisungen
while(Bedingung){Anweisungen}	Wiederholung, solange Bedingung erfüllt
for(i in Vektor){Anweisungen}	Wiederholung, solange i in Vektor
Kontrollbefehl	*Beschreibung*
next	Sprung in den nächsten Iterationsschritt
break	Sprung aus der Schleife

Tabelle 3.10. Schleifen und zugehörige Kontrollbefehle

repeat{Anweisungen}

Für diese Schleifenkonstruktion ist die Verwendung des Kontrollbefehls `break` obligat, weil sonst die Schleife endlos laufen würde. Der Block `Anweisungen` wird solange wiederholt, bis die Schleife durch `break` - sinnvollerweise unter einer Bedingung - beendet wird. Durch `next` ist es möglich an den Schleifenanfang zurückzuspringen. Dies ist besonders dann sinnvoll, wenn nicht bei jedem Durchlauf der gesamte Anweisungsblock abgearbeitet werden soll, sondern nur unter gewissen Bedingungen.

```
> i = 1                      # bei i = 1 starten
> repeat {                   # wiederhole
+       i = i + 1            # i um 1 erhöhen
+       if (i < 4)  next     # falls i < 4 Sprung zu Anfang
+       print(i^2)           # Quadrat ausgeben
+       if (i == 6) break    # wenn i == 6 dann Ende
+ }
[1] 16
[1] 25
[1] 36
```

while(Bedingung){Anweisungen}

Beim `while`-Statement steht die Abbruchbedingung nicht innerhalb der Schleife, sondern zu Beginn. Der Block `Anweisungen` wird solange wiederholt, bis `Bedingung` nicht mehr erfüllt ist und den Wert `FALSE` liefert.

Die Schleife aus obigen Beispiel kann auch folgendermaßen umgesetzt werden:

```
> i = 1                      # bei i = 1 starten
> while(i <= 6) {            # solange i <= 6
+ if(i >= 4) print(i^2)      # falls i >= 4 Quadrat ausgeben
+ i = i + 1                  # i um 1 erhöhen
+ }
[1] 16
[1] 25
[1] 36
```

Auch in `while`-Schleifen können die Kontrollbefehle `next` und `break` verwendet werden.

for(i in Vektor){Anweisungen}

In dieser Schleife wird der Block `Anweisungen` solange wiederholt, wie die Schleifenvariable `i` in `Vektor` liegt.

```
> for (i in 4:6)      # solange i in 4:6
+ print(i^2)          # Inhalt ausgeben
[1] 16
[1] 25
[1] 36
```

Auch hier können die Anweisungen `next` und `break` verwendet werden.

3.5 Funktionen

In R besteht die Möglichkeit, Funktionen selbst zu definieren. Dies ist dann sinnvoll, wenn man einen Programmcode öfter verwendet. Der grundlegende Aufbau besteht aus einer Zuweisung des Objekts `function`:

```
Funktionsname = function(Argumente) {Body}
```

Durch `Argumente` werden Parameter an die Funktion übergeben, die im Anweisungsteil, dem `Body` der Funktion, verwendet werden. Diese Argumente können auch mit Voreinstellung versehen werden.

Der Aufruf erfolgt über den Namen der Funktion:

```
Funktionsname(Argument1 = Wert1, Argument2 = Wert2)
```

Beim Aufruf der Funktion müssen entweder die Parameter in der vorgegebenen Reihenfolge übergeben werden, oder man bezeichnet die Parameter beim Funktionsaufruf mit den definierten Argumentnamen.

Aus Gründen der Lesbarkeit sollte man bei mehreren Parametern beim Aufruf stets die Parameternamen verwenden. Die Funktion gibt standardmäßig das in der letzten Zeile (im Body) erzeugte Objekt zurück. Mit `return()` oder `invisible()` kann ein anderer Rückgabewert festgelegt werden.

Folgende Funktion berechnet die n-te Wurzel der Zahl x:

```
sqrtn = function (x, n = 2) {y = x ^ (1/n)}
```

Mit **n = 2** wird der default-Wert festgelegt. Wird also beim Funktionsaufruf für n kein Wert übergeben, so wird standardmäßig die Quadratwurzel berechnet. Der default-Wert wird ignoriert, wenn n beim Aufruf explizit angegeben wird:

```
> (sqrtn(16, 4))
[1] 2

> (sqrtn(n = 4, x = 16))
[1] 2

> (sqrtn(16))
[1] 4

> (sqrtn(x = 125, n = 3))
[1] 5
```

Hier werden die Funktionswerte durch die Umklammerung direkt ausgegeben.

Durch Zuweisung beim Funktionsaufruf können die Funktionswerte zur späteren Verwendung gespeichert werden. Alle Objekte, die innerhalb einer Funktion erzeugt wurden, sind nach Ende des Funktionsauswertung nicht mehr verfügbar.

Sollen mehrere Werte zurückgegeben werden, so fasst man diese zu einer Liste zusammen und gibt sie mit **return(list(Wert1, Wert2, ...))** zurück.

3.6 Datenimport und -export

R bietet zahlreiche Möglichkeiten für den Datenimport und -export.

Um Daten in Tabellenform einzulesen, wie etwa aus **.txt**-Dateien oder **.csv**-Dateien kann eine der nachfolgenden Funktionen genutzt werden.

```
read.table()
read.csv()
read.csv2()
```

Alle drei Funktionen sind geeignet für das Einlesen von Daten in Tabellenform, die Argumente und Voreinstellungen sind vielfältig, daher wird an dieser Stelle auf die Informationen im Hilfesystem verwiesen (**?read.table**).

Die wichtigsten Argumente sind `file`, `header`, `sep` und `dec`:

- Unter `file` ist der Name (und Pfad) der Datei als string anzugeben.
- Mit `header` = TRUE wird die erste Zeile als Spaltenüberschrift interpretiert.
- Mit `sep` = "" kann das Trennzeichen angegeben werden.
- Mit `dec` = "" wird das Dezimalzeichen bestimmt.

In `read.table` ist die Voreinstellung für das Trennzeichen " ", demnach wird jeder Leerraum (Leerzeichen, Tabulator) als Trennzeichen interpretiert. Die Voreinstellungen der `read`-Anweisungen unterschieden sich und sind in folgender Tabelle zusammengefasst:

Anweisung	header	sep	dec
read.table()	FALSE	" "	.
read.csv()	TRUE	,	.
read.csv2()	TRUE	;	,

Tabelle 3.11. Funktionen zum Datenimport und Voreinstellungen

Als Gegenstück zum Einlesen von Dateien kann man Datensätze auch exportieren. Die verschiedenen Optionen sind jenen zum Importieren sehr ähnlich.

```
write.table()
write.csv()
write.csv2()
```

Auch für andere Dateiformate, wie zum Beispiel aus SAS, Excel oder SPSS werden in verschiedenen Paketen Funktionen angeboten. Die wichtigsten Funktionen sind in Tabelle 3.12 aufgelistet.

Funktion	Beschreibung	Paket
read.fwf()	Einlesen von Dateien mit fixer Spaltenbreite	utils
read.ssd()	Einlesen von SAS-Dateien	foreign
read.spss()	Einlesen von SPSS-Dateien	foreign
read.xls()	Einlesen von Excel-Dateien	gdata

Tabelle 3.12. Datenimport für fremde Formate

3.7 Statistik mit R

R stellt für statistische Anwendungen zahlreiche Funktionen bereit. Für die wichtigsten Verteilungen sind Funktionen zur Berechnung von Dichtefunktion, Verteilungsfunktion und Quantilen sowie zur Erzeugung von Pseudozufallszahlen bereits implementiert.

Der Funktionsname setzt sich aus dem R-Namen der Verteilung und einem vorangestellten Buchstaben (d für die Dichte, p für die Verteilungsfunktion, q für Quantile und r für die Erzeugung von Pseudozufallszahlen) zusammen. Tabelle 3.13 gibt eine Übersicht der in der Basisinstallation enthaltenen Verteilungen.

Funktion	Anfangsbuchstabe	Argument
Dichtefunktion	d	x
Verteilungsfunktion	p	q
Quantil	q	p
Pseudo-Zufallszahl	r	n

Verteilung	Ergänzung	Argumente
Beta-	beta()	shape1, shape2, ncp
Binomial-	binom()	size, prob
Cauchy-	cauchy()	location, scale
Chi-Quadrat-	chisq()	df, ncp
Exponential-	exp()	rate
F-	f()	df1, df2, ncp
Gamma-	gamma()	shape, scale
Geometrische-	geom()	prob
Hypergeometrische-	hyper()	m, n, k
Log-Normal-	lnorm()	meanlog, sdlog
Logistische-	logis()	location, scale
Multinomial-	multinom()[1]	size, prob
Negative Binomial-	nbinom()	size, prob
Normal-	norm()	mean, sd
Poisson-	pois()	lambda
Student t-	t()	df, ncp
Gleich-	unif()	min, max
Weibull-	weibull()	shape, scale
Wilcoxon-	wilcox()	m, n (zwei Stichproben)
Wilcoxon-	signrank()	n (eine Stichprobe)

Tabelle 3.13. Verteilungen in R

---

[1] nur rmultinom() und dmultinom()

Ein Beispiel illustriert die Verwendung der Funktionen anhand einer Binomialverteilung mit den Parametern $n = 4$ und $p = 0.2$.

```
> # Dichte an der Stelle x=2
> dbinom(x=2,size=4,prob=0.2)
[1] 0.1536

> # Verteilungsfunktion an der Stelle x=2
> pbinom(q=2,size=4,prob=0.2)
[1] 0.9728

> # 0.5-Quantil (=Median)
> qbinom(p=0.5, size=4, prob=0.2)
[1] 1

> # Erzeugung von 5 Zufallszahlen
> rbinom(n=5, size=4, prob=0.2)
[1] 1 1 1 3 0
```

Mit `set.seed()` und einer beliebigen Integer-Zahl kann der Zufallszahlen-Generator zur Reproduzierbarkeit der Pseudozufallszahlen initialisiert werden.

```
> # neuer Aufruf erzeugt andere Zahlen
> rbinom(n=5, size=4, prob=0.2)
[1] 0 1 0 1 1

> # Initialisierung
> set.seed(10)
> rbinom(n=5, size=4, prob=0.2)
[1] 1 0 1 1 0

> # neuer Aufruf erzeugt andere Zahlen
> rbinom(n=5, size=4, prob=0.2)
[1] 0 0 0 1 1

> # gleiche Initialisierung ermöglicht Reproduktion
> set.seed(10)
> rbinom(n=5, size=4, prob=0.2)
[1] 1 0 1 1 0
```

In Tabelle 3.14 sind die wichtigsten statistischen und mathematischen Funktionen zusammengefasst. Für weitere Informationen zu den Funktionen wird auf die entsprechenden Hilfeseiten verwiesen.

Funktion	Beschreibung
min(), max()	Minimum, Maximum
range()	Minimum und Maximum
mean()	Arithmetisches Mittel
median()	Median
quantile()	Quantile
IQR()	Interquartilsdistanz
summary(), table()	Übersicht, Häufigkeitstabelle
sd()	Standardabweichung
var()	Varianz (unverzerrt)
cor()	Korrelationskoeffizient
cov()	Kovarianz
mad()	Absolute Abweichung vom Median
density()	Kerndichteschätzer
acf()	Autokorrelationsfunktion
pacf()	Partielle Autokorrelationsfunktion
ccf()	Kreuzkorrelation
rank()	Ränge
sort()	Sortieren
choose()	Binomialkoeffizient
factorial()	Fakultät
sample()	Ziehen von Zufallsstichproben
aov()	Anpassung eines Varianzanalyse-Modells
anova()	Varianzanalyse
lm()	Anpassung eines linearen Modells
glm()	Anpassung generalisiertes lin. Modell
loglin()	Anpassung eines log-linearen Modells
predict()	Modellvorhersage
resid()	Residuen
coef()	Modellkoeffizienten
confint()	Konfidenz-Intervalle für Modellparameter
abs()	Absolutbetrag
diff()	Differenz
sqrt()	Quadratwurzel
log(), exp()	Logarithmus, Exponentialfunktion
cos(), sin(), tan(),	trigonometrische Funktionen
acosh(x), asinh(), atanh()	hyperbolische Funktionen
sum(), prod()	Summe, Produkt
round(), floor(), ceiling()	Runden, Abrunden, Aufrunden
cumsum(), cumprod()	kumulierte Summe bzw. Produkt

Tabelle 3.14. Statistische und mathematische Funktionen

3.8 Grafiken in R

Eine einfache Grafik wird mit der Funktion `plot()` erzeugt. Diese Funktion eignet sich beispielsweise für Streudiagramme, Treppenfunktionen oder Zeitreihen. Man kann der Funktion `plot()` verschiedene Argumente übergeben, zum Beispiel ob Punkte gezeichnet werden sollen oder die Grafik in Form von Linien dargestellt werden soll. Auch für Achsenbeschriftungen und Titel stehen Argumente zur Verfügung. Die Befehle für die verschiedenen Optionen können der Hilfe (`?plot`) entnommen werden.

Für bestimmte Grafiktypen sind in R spezielle Funktionen vorhanden, die wichtigsten sind in Tabelle 3.15 angeführt.

Funktion	Beschreibung
hist()	Histogramm
barplot()	Stabdiagramm
boxplot()	Boxplot
curve()	Zeichnen von Funktionen
qqplot()	QQ-Plot

Tabelle 3.15. Grafikfunktionen

Im folgenden Beispiel wird ein Histogramm für die Höhe von Kirschbäumen des Datensatzes `trees` erstellt, der in der Standardinstallation automatisch zur Verfügung steht (vgl. Abbildung 3.2). Unterschiedliche Optionen zum Verändern und Anpassen des Histogramms stehen zur Verfügung.

```
> data(trees)              # Laden der Datensatzes
> hist(trees$Height,
+ main = "Höhe von Kirschbäumen",
+ xlab = "Höhe", ylab = "Häufigkeit",
+ col = "grey")
```

In manchen Anwendungsfällen sollen empirische und theoretische Verteilungsfunktionen miteinander verglichen werden. Die empirische Verteilungsfunktion wird mit dem Befehl `plot(ecdf(data))` erstellt. Die theoretische Verteilungsfunktion mit der Anweisung `curve(...,add = TRUE)` ergänzt werden (vgl. Abbildung 3.3).

```
> x = rexp(20, 1)
> plot(ecdf(x), verticals = TRUE,
+ main = "Empirische und theoretische
+ Verteilungsfunktion von Exp(1)")
> curve(pexp(x, 1), from = 0, to = 7, add = TRUE,
+ col = "red", lty="dotted")
```

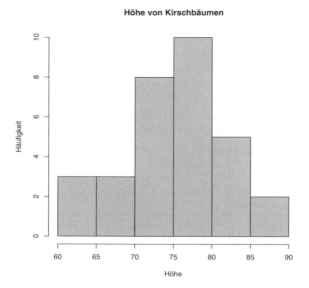

Abb. 3.2. Histogramm der Höhe von Kirschbäumen

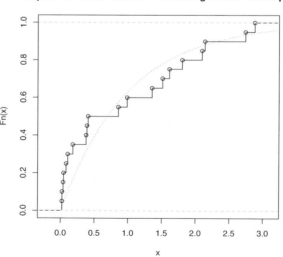

Abb. 3.3. Empirische und theoretische Verteilungsfunktion für $Exp(1)$-Daten

Erwähnenswert sind auch die Möglichkeiten der Erzeugung dreidimensionaler Grafiken. Diese basieren auf einem Punktegitter und können durch verschiedene Funktionen, wie zum Beispiel `persp()` oder `scatterplot3d()` erstellt werden.

Um die erzeugten Grafiken zu speichern, stehen unterschiedliche Dateitypen zur Verfügung. Zunächst muss jedoch ein 'Device' (Gerät) gewählt werden, als Voreinstellung ist die Bildschirmausgabe `X11()` verfügbar. Die unterschiedlichen Devices werden im Package `grDevices` angeboten.

Die Grafik kann mit folgendem Funktionsaufruf gespeichert werden:

```
savePlot(filename = "", type = c("wmf", "png", "jpeg",
         "jpg", "bmp", "ps", "pdf"), device = dev.cur())
```

Nach dem Speichern sollten alle geöffneten Devices mit `graphics.off()` geschlossen werden. Für das Speichern und Schließen der Grafik stehen entsprechende Befehle auch in den Menüpunkten im Grafikfenster bzw. im Kontextmenü zur Verfügung.

3.9 Editoren und grafische Benutzeroberflächen (GUIs)

Für einen längeren Programmcode ist es sinnvoll anstatt der Eingabe auf der Konsole einen Editor zu verwenden. Einerseits kann so das Skript gespeichert und für eine spätere Durchführung wieder geöffnet werden, andererseits fällt die Fehlersuche meist wesentlich leichter. Mit `Datei - Neues Skript` wird der R-Editor geöffnet, in dem man die Anweisungen eingibt. Durch Markieren einer oder mehrerer Anweisungen und `Strg-R` wird der markierte Programmcode an die Konsole geschickt und zeilenweise abgearbeitet. Mit `Datei - Speichern` wird der Code als Textdatei abgespeichert und kann in einer späteren R-Sitzung mit `Datei - Öffne Skript...` im R-Editor wieder geöffnet werden. Mit Eingabe von `source()` in der Konsole kann ein gespeichertes Skript direkt ausgeführt werden.

Der R-Editor ist allerdings wenig komfortabel, da er praktisch keine Programmierunterstützung bietet. Aus diesem Grund ist es ratsam auf alternative Editoren zurückzugreifen. Hier wird empfohlen R im `SDI`-Modus auszuführen (für `RWinEdt` zwingend notwendig).

RWinEdt

`RWinEdt` ist ein Plug-In, das von Uwe Ligges für den kommerziellen Editor `WinEdt` entwickelt wurde. Zunächst muss mit `install.packages("RWinEdt")` das zugehörige Paket `RWinEdt_1.7-9.zip` von einem `CRAN`-Spiegelserver installiert werden.

Durch die Eingabe von `library(RWinEdt)` wird das Plug-In gestartet. Neben Syntax-Highlighting kann der Programmcode aus `RWinEdt` direkt an die R-Konsole geschickt werden. Mit `Alt+l` wird die aktuelle Zeile und mit `Alt+p` der zuvor markierte Bereich in der R-Konsole ausgeführt. Mit `Alt+s` wird die aktuelle Datei gespeichert und anschließend mit `source()` in der R-Konsole geladen.

R Commander

Der `R Commander` ist eine graphische Benutzeroberfläche für R und vor allem für Anfänger empfehlenswert. Im *Journal of Statistical Software* findet man unter `http://www.jstatsoft.org/v14/i09/v14i09.pdf` eine Einführung von John Fox. Zunächst muss mit `install.packages("Rcmdr")` das zugehörige Paket `Rcmdr_1.1-7.zip` von einem `CRAN`-Spiegelserver installiert werden. Beim erstmaligen Laden des Pakets mit `library(Rcmdr)` wird gefragt, ob zusätzliche Pakete für den vollen Funktionsumfang installiert werden sollen. Durch Bestätigung werden automatisch alle benötigten Pakete installiert. Der `R Commander` ermöglicht dem Anwender ohne Kenntnisse der R-Syntax statistische Analysen, Grafiken, etc. über Menüs und Dialogboxen zu erstellen. Der zugehörige Code wird automatisch im `Script Window` angegeben.

JGR

`JGR`[2] ist eine graphische Benutzeroberfläche, die von Markus Helbig, Simon Urbanek and Martin Theus in `Java` entwickelt wurde. Unter der URL `http://www.rosuda.org/JGR/down.shtml` findet man die aktuelle Binärdatei zum Herunterladen. Durch Starten von `JGR` werden sämtliche benötigten Pakete automatisch installiert. `JGR` bietet eine gute Programmierumgebung mit integriertem Editor, Syntax-Highlighting, Autovervollständigung von Anweisungen, Objekten und Dateinamen, mehrzeilige Anweisungen und History in der Konsole, integriertes Hilfesystem, Paket-Manager, Quick Hints für Funktionen, Drag & Drop zwischen Konsole und Editor, Brace Matching etc. Ein kurze Einführung ist unter `http://www.rosuda.org/JGR/JGR.pdf` abrufbar.

---

[2] http://www.rosuda.org/JGR/

Geordnete Statistiken und Rangstatistiken

Nichtparametrische Verfahren benötigen oft nur sehr allgemeine Annahmen, für dieses Kapitel müssen lediglich folgende **Voraussetzungen** erfüllt sein:

1. Die Stichprobe $x_1, \ldots, x_n$ entspricht der Realisierung einer n-dimensionalen stetigen Zufallsvariablen $X_1, \ldots, X_n$ (mit zumindest ordinalem Messniveau).

2. Die Zufallsvariablen $X_1, \ldots, X_n$ sind unabhängig und identisch verteilt („iid-Bedingung").

Durch geeignete Statistiken soll nun möglichst viel Information aus einer Stichprobe extrahiert werden. Die geordneten Statistiken bzw. Ordnungsstatistiken und die damit eng in Verbindung stehenden Rangstatistiken dienen diesem Zweck.

Geordnete Statistik oder Ordnungsstatistik

Ordnet man die einzelnen Beobachtungen der Stichprobe $(x_1, \ldots, x_n)$ der Größe nach, dann erhält man die so genannte **geordnete Statistik** oder **Ordnungsstatistik** $(x_{(1)}, \ldots, x_{(n)})$.

$x_{(j)}$ wird dann die **j-te Ordnungsstatistik** genannt.

Beispiel 4.1. Ordnungsstatistik
Die Zufallsvariable X entspreche der Dicke einer Lackschicht in der Mitte eines Bleches nach der Lackierung in μm und $(1.2, 5.4, 6.3, 2.3, 0.1)$ sei eine Stichprobe dieser Variablen. (Die einzelnen Beobachtungen sind unabhängig voneinander.)

Die entsprechenden Ordnungsstatistiken sind dann $(0.1, 1.2, 2.3, 5.4, 6.3)$.

> **Rang**
>
> Der Rang eines Wertes x_i einer Stichprobe entspricht dem Index j, welche dieser Wert als Ordnungsstatistik $x_{(j)}$ einnimmt. j entspricht also der Platzierung des Stichprobenwertes in den geordneten Statistiken.

Dafür wird $Rang(X_i) = R(X_i) = R_i = j$ als Funktion der Zufallsvariable X_i und daher auch als Zufallsvariable „Rang der i-ten Beobachtung" definiert. Die Realisierung des Ranges der i-ten Beobachtung wird durch $r(x_i) = r_i = j$ angegeben.

Beispiel 4.2. Rang
Das Beispiel mit den lackierten Blechen wird hier fortgesetzt. Die Stichprobe enthielt die Beobachtungen $(1.2, 5.4, 6.3, 2.3, 0.1)$.

Die Stichprobenwerte werden in ihrer beobachteten Reihenfolge angegeben und durch deren Ränge und die entsprechenden Bezeichnung der Ordnungsstatistik ergänzt:

Beobachtung	i	1	2	3	4	5
Stichprobenwert	x_i	1.2	5.4	6.3	2.3	0.1
Ordnungsstatistik	$x_{(j)}$	$x_{(2)}$	$x_{(4)}$	$x_{(5)}$	$x_{(3)}$	$x_{(1)}$
Rang	r_i	2	4	5	3	1

Es gilt zu beachten, dass bei der Bildung der Ränge bzw. bereits bei der Bildung der Ordnungsstatistiken immer Information verloren geht. Liegen nur noch die Ordnungsstatistiken vor, d.h. die geordnete Stichprobe, dann lässt sich nicht mehr feststellen, in welcher Reihenfolge die Werte beobachtet wurden. Wenn hingegen nur noch die Ränge vorliegen, dann sind nicht einmal die Stichprobenwerte, welche zu den beobachteten Rängen geführt haben, bekannt. Diese Informationen sind aber bei den jeweiligen nichtparametrischen Verfahren nicht von Interesse und auch nicht von Bedeutung.

> **Spezielle Ordnungsstatistiken**
>
> Zu den speziellen Ordnungsstatistiken zählen das **Minimum** $x_{(1)}$, also der kleinste Wert der Stichprobe, das **Maximum** $x_{(n)}$, also der größte Wert der Stichprobe, und der **Median** $\widetilde{x}_{0,5}$, welcher dem mittleren Wert der geordneten Stichprobe entspricht.
> Die **Spannweite** ist definiert als die Differenz zwischen Maximum und Minimum, also $d = x_{(n)} - x_{(1)}$.

Bei einer geraden Anzahl n von Beobachtungen ist eine Bestimmung des Medians als „mittlerer" Wert der geordneten Stichprobe nicht möglich, da es keinen derartigen Wert gibt.

Daher wird der Median meist wie folgt definiert:

Median

Der Wert

$$\widetilde{x}_{0,5} = \begin{cases} x_{\left(\frac{n+1}{2}\right)} & \text{wenn } n \text{ ungerade} \\ \frac{1}{2}\left(x_{\left(\frac{n}{2}\right)} + x_{\left(\frac{n}{2}+1\right)}\right) & \text{wenn } n \text{ gerade} \end{cases}$$

der geordneten Stichprobe vom Umfang n heißt Median des Merkmals X.

Mindestens 50% der Objekte haben eine Ausprägung, die mindestens so groß ist wie der Median und mindestens 50% der Objekte haben eine Ausprägung, die höchstens so groß ist wie der Median.

Beispiel 4.3. Spezielle Ordnungsstatistiken
Das Beispiel mit den lackierten Blechen wird hier fortgesetzt. Die Ordnungsstatistiken waren $(0.1, 1.2, 2.3, 5.4, 6.3)$.

Damit entsprechen die speziellen Ordnungsstatistiken:

$$x_{(1)} = 0.1 \qquad \text{dem Minimum}$$

$$x_{(n)} = x_{(5)} = 6.3 \quad \text{dem Maximum}$$

$$\widetilde{x}_{0,5} = x_{(3)} = 2.3 \quad \text{dem Median (weil } n \text{ ungerade)}$$

Die kleinste festgestellte Dicke betrug $0.1\mu m$, die größte gemessene Dicke betrug $6.3\mu m$. Mindestens 50% der Bleche haben eine Lackschicht von mindestens $2.3\mu m$ und mindestens 50% der Bleche haben eine Lackschicht von höchstens $2.3\mu m$.

Beispiel 4.4. Berechnung von Ordnungsstatistiken mit R
Um einen Vektor von Zahlen aufsteigend zu sortieren, also die Ordnungsstatistik zu erzeugen, steht die Funktion `sort(x)` zur Verfügung, dabei lautet die Zuweisung `Ordnungsstatistik=sort(x)`, wobei `x` für die Originalstichprobe und `Ordnungsstatistik` für den Vektor der Ordnungsstatistiken steht. Danach kann aus dem resultierenden Vektor jede beliebige Ordnungsstatistik durch Indizierung referenziert werden. Das Minimum ergibt sich beispielsweise aus `Ordnungsstatistik[1]`, kann aber auch mit der Funktion `min(x)` angefordert werden. Das Maximum wird über die Funktion `max(x)` berechnet, der Median mit `median(x)`. Die Funktion `range(x)` gibt nicht die Spannweite aus, sondern Minimum und Maximum getrennt. Über die Differenz kann die Spannweite berechnet werden, z.B. mit `Spannweite=diff(range(x))`.

Ein möglicher R-Code wäre daher:

```
> x = c(1.2, 5.4, 6.3, 2.3, 0.1)    # Daten als Vektor
> Ordnungsstatistik = sort(x);
> Minimum=min(x);
> Maximum=max(x);
> Median=median(x);
> Spannweite=Maximum-Minimum;
```

Beispiel 4.5. Berechnung von Ordnungsstatistiken mit SAS
Die Daten werden im DATA-Step eingegeben, mit der Prozedur UNIVARIATE
werden die gewünschten Statistiken berechnet und im (temporären) Daten-
file ordered gespeichert. Die Prozedur SORT sortiert den Datensatz, wobei
die ursprüngliche Reihenfolge verloren geht, die Prozedur PRINT wird für die
Ausgabe verwendet. Der vollständige SAS-Code lautet:

```
DATA example;
 INPUT x;
 DATALINES;
 1.2
 5.4
 6.3
 2.3
 0.1
 ;
RUN;

PROC UNIVARIATE data=example;
  VAR x;
  OUTPUT OUT=ordered
         MEDIAN=Median MIN=Minimum
         MAX=Maximum RANGE=Spannweite;
  RUN;

PROC PRINT DATA=ordered NOOBS;
  RUN;

PROC SORT DATA=example;
  BY x;
  RUN;

PROC PRINT DATA=example;
  RUN;
```

4.1 Bindungen

Aufgrund der Annahme, dass die untersuchten Zufallsvariablen stetig verteilt sind, dürften sich einzelne Realisierungen dieser Variable in einer Stichprobe niemals gleichen (d.h. $Pr(X_i = X_j) = 0$ für alle $i \neq j$). Es kann in der Praxis aber durchaus vorkommen, dass ein Wert in einer Stichprobe mehrfach auftritt. Dies liegt vor allem an der vorgegebenen Messgenauigkeit (bspw. nur bis auf cm genau gemessene Körpergröße) und ungenauen Messinstrumenten.

Bindungen

Enthält eine Stichprobe $(x_1, \ldots, x_n)$ k gleiche Stichprobenwerte, ist also $x_{j_1} = x_{j_2} = \ldots = x_{j_k}$, so spricht man von **gebundenen Beobachtungen** oder **Bindungen** (= ties).

Die Werte $x_{j_1} = x_{j_2} = \ldots = x_{j_k}$ werden zu einer so genannten **Bindungsgruppe** zusammengefasst.

Es handelt sich dabei um eine **(k − 1)-fache Bindung**.

Als Folge der gleichen Stichprobenwerte lassen sich die Ränge eine Stichprobe mit Bindungen nicht mehr eindeutig ermitteln. Bei einer $(k-1)$-fachen Bindung gibt es k undefinierte bzw. unklare Ränge. Es gibt also $k!$ Möglichkeiten (durch Permutation) die Ränge auf die k unklaren Stellen zu verteilen.

Beispiel 4.6. Bindungen
Eine Umfrage über die monatlichen Ausgaben für Telefon und Internet ergab folgende Stichprobe:

Befragte/r	1	2	3	4	5	6	7	8	9
Ausgaben in Euro	80	75	50	50	55	75	45	25	50
Rang	9	?	?	?	6	?	2	1	?

In diesem Fall sind die Ränge der Beobachtungen 3, 4 und 9 nicht eindeutig vorgegeben, die Ränge 3, 4, 5 können nicht zugeordnet werden. Für die beiden Beobachtungen 2 und 6 verhält es sich ebenso. Es handelt sich dabei um eine 2-fache Bindung der Beobachtungen 3, 4 und 9 und eine einfache Bindung der Beobachtungen 2 und 6.

Beispiel 4.7. Bindungen beim paarweisen Vergleich von Stichproben
In diesem Beispiel handelt es sich um eine Stichprobe des monatlichen Netto-verdienstes von Lebensgemeinschaften, in denen beide Teile voll erwerbstätig sind. Es soll untersucht werden, ob der Verdienst der Frauen niedriger als jener der zugehörigen Männer ist.

| Paar | Nettoverdienst | | Vorzeichen der |
i	der Frau x_i	des Mannes y_i	Differenz der Verdienste
1	790	1120	−
2	1500	1500	?
3	1230	1120	+
4	800	800	?
5	730	1410	−
6	500	1240	−
7	630	990	−
8	1340	1890	−
9	1430	1430	?
10	650	950	−
11	760	1010	−
12	1090	950	+

Auch in einem solchen Fall sollte bei stetigen Zufallsvariablen X_i und Y_i die Wahrscheinlichkeit, dass beide Variablen den selben Wert annehmen, null sein, also $Pr(X_i = Y_i) = 0$. Der Grund für das Auftreten von Bindungen könnte hier in der ungenauen Erfassung bzw. Angabe der Einkommen der Personen sein, zudem ist das Merkmal Einkommen lediglich quasistetig. Es liegen hier drei gebundene Beobachtungen bzw. eine zweifache Bindung vor. Eine Berechnung von Statistiken ist ohne zusätzliche Annahme nicht möglich.

Methoden zur Behandlung von Bindungen

1. Methode: Fälle ausschließen
Es werden solange Beobachtungen aus der Stichprobe entfernt, bis alle Bindungen aufgehoben sind. Falls der Anteil der gebundenen Beobachtungen im Vergleich zum Stichprobenumfang sehr gering ist, ist der Informationsverlust nicht von Bedeutung, ansonsten ist von dieser Methode abzuraten.

2. Methode: Zufällige Ränge bilden
Den gebundenen Beobachtungen werden zufällig die (geeigneten) Ränge bzw. Vorzeichen zugeordnet.

3. Methode: Durchschnittsränge bilden
Jeder der gebundenen Beobachtungen wird das arithmetische Mittel aus den (zugehörigen) Rängen bzw. Rangzahlen zugeordnet. Durch diese oft angewendete Methode wird aber die Verteilung der Rangstatistiken beeinflusst, so dass diese im Fall von Bindungen adaptiert werden muss.

4. Methode: Alle möglichen Rangzuordnungen untersuchen
Es wird die Teststatistik für alle möglichen Verteilungen der Ränge berechnet bzw. der Test für alle möglichen Verteilungen durchgeführt. Ist

das Ergebnis dabei eindeutig, liefert also der Test bzw. die Teststatistik für alle Möglichkeiten das selbe Ergebnis (Hypothese wird immer angenommen oder immer verworfen), dann endet die Methode hier. Ansonsten muss eine der anderen drei Methoden gewählt werden, um zu einem eindeutigen Ergebnis zu gelangen.

Methoden zur Behandlung von Bindungen

- Fälle ausschließen
- Zufällige Ränge zuordnen
- Durchschnittsränge bilden
- Alle möglichen Rangzuordnungen untersuchen

4.2 Empirische und theoretische Verteilungsfunktion

Die empirische Verteilungsfunktion besitzt in der nichtparametrischen Statistik einen sehr hohen Stellenwert, da sie wichtige Rückschlüsse über die theoretische bzw. „reale" Verteilung F_X bzw. deren Typ zulässt. Es lassen sich daraus Punkt- und Bereichschätzer für die theoretische bzw. „reale" Verteilung F_X bestimmen und daraus Teststrategien für Hypothesen über diese Verteilung ableiten. Bei den in diesem Abschnitt betrachteten Zufallsvariablen X_i handelt es sich um stetig **oder** diskret verteilte eindimensionale Variablen.

Empirische Verteilungsfunktion

Für eine Stichprobe $(x_1, \ldots, x_n)$ nennt man die Funktion

$$F_n(x) = \frac{\text{Anzahl der } x_i, \text{ die } x \text{ nicht übertreffen}}{n}$$

die empirische Verteilungsfunktion.

Mit Hilfe der Ordnungsstatistiken lässt sich die empirische Verteilungsfunktion auch folgendermaßen anschreiben:

$$F_n(x) = \begin{cases} 0 & \text{wenn } x < x_{(1)} \\ j/n & \text{wenn } x_{(j)} \leq x < x_{(j+1)} \\ 1 & \text{wenn } x \geq x_{(n)} \end{cases}$$

Beispiel 4.8. Empirische Verteilungsfunktion
Das Beispiel mit den lackierten Blechen (Beispiel 4.1) wird hier fortgesetzt. Die Stichprobe enthielt die Werte $(1.2, 5.4, 6.3, 2.3, 0.1)$. Dem entsprechend ergibt sich die empirische Verteilungsfunktion $F_n(x)$:

Stichprobe	x_i	1.2	5.4	6.3	2.3	0.1
empirische Verteilungsfunktion	$F_n(x_i)$	$\dfrac{2}{5}$	$\dfrac{4}{5}$	1	$\dfrac{3}{5}$	$\dfrac{1}{5}$

Dem entsprechend lautet die vollständige Verteilungsfunktion:

$$F_n(x) = \begin{cases} 0 & \text{wenn } x < 0.1 \\ 1/5 & \text{wenn } 0.1 \leq x < 1.2 \\ 2/5 & \text{wenn } 1.2 \leq x < 2.3 \\ 3/5 & \text{wenn } 2.3 \leq x < 5.4 \\ 4/5 & \text{wenn } 5.4 \leq x < 6.3 \\ 1 & \text{wenn } x \geq 6.3 \end{cases}$$

Beispiel 4.9. Empirische Verteilungsfunktion mit R
Für die Berechnung der empirischen Verteilungsfunktion wird mit der Anweisung `table(x)` die Tabelle mit den absoluten Häufigkeiten erstellt, die danach als Datensatz `tab` gespeichert wird. Daraus werden die relativen und die kumulierten relativen Häufigkeiten berechnet und ausgegeben. Zum Zeichnen der empirische Verteilungsfunktion steht in R die Funktionen `plot.ecdf` zur Verfügung, wobei ecdf für „empirical cumulative distribution function" steht. Im Paket `grDevices` werden Möglichkeiten zur Formatierung von Grafiken bereitgestellt.

```
> library(grDevices);
> x=c(1.2, 5.4, 6.3, 2.3, 0.1);
> tab=as.data.frame(table(x));
> Auspraegung=as.numeric(levels(tab$x));
> absH=as.numeric(tab$Freq);
> relH=absH/length(x);
> kumH=cumsum(relH);
> plot.ecdf(x,main="Empirische Verteilungsfunktion",
+           xlab="x", ylab = expression(F[n](x)));
```

Die erzeugte Grafik ist in Abbildung 4.1 dargestellt.

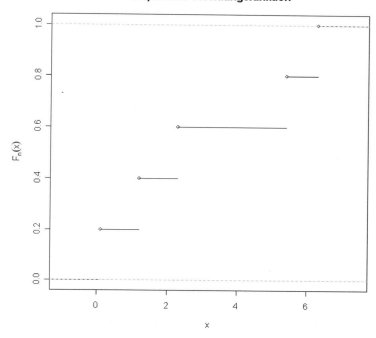

Abb. 4.1. Die empirische Verteilungsfunktion aus R für Beispiel 4.8

Beispiel 4.10. Empirische Verteilungsfunktion mit SAS
Zuerst werden die Daten mit Hilfe eines DATA-Steps nach SAS übertragen und
mit der Prozedur PROC SORT sortiert. Die Prozedur PROC CAPABILITY mit der
Option CDFPLOT zeichnet die empirische Verteilungsfunktion.

```
DATA bleche;
 INPUT dicke;
 DATALINES;
 1.2
 5.4
 6.3
 2.3
 0.1
 ;
RUN;
PROC FREQ; RUN;
PROC SORT DATA=bleche; BY dicke; RUN;
PROC CAPABILITY DATA=bleche; CDFPLOT; VAR dicke; RUN;
```

Das Ergebnis der Prozedur CAPABILITY kann der Abbildung 4.2 entnommen werden.

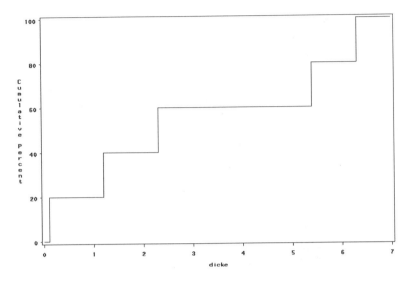

Abb. 4.2. Die empirische Verteilungsfunktion aus SAS für Beispiel 4.8

Eigenschaften der empirischen Verteilungsfunktion

Die empirische Verteilungsfunktion muss die allgemeinen Eigenschaften von Verteilungsfunktionen besitzen. Insbesondere gilt dies für die **Monotonie**, damit ist auch die empirische Verteilungsfunktion **monoton steigend**.
Zwei weitere wichtige Eigenschaften für jede Verteilungsfunktion sind die **Grenzwerte an den Extremwerten** $-\infty$ und $+\infty$ **des Trägers**, für die $\lim_{x \to -\infty} F_n(x) = 0$ und $\lim_{x \to \infty} F_n(x) = 1$ gelten muss.

Die empirische Verteilungsfunktion **entspricht einer diskreten Verteilung** und ist **rechtsstetig**. $F_n(x)$ ist selbst auch eine **Zufallsvariable** und daher lässt sich eine Verteilung dafür ableiten. Die empirische Verteilungsfunktion ist unter der Beschränkung des gegebenen Modells (stetige oder diskrete Zufallsvariable) der **Maximum-Likelihood-Schätzer der theoretischen Verteilungsfunktion** F_X der Zufallsvariablen.

Die **Verteilung der empirischen Verteilungsfunktion** $F_n(x)$ entspricht einer skalierten Binomialverteilung mit den Parametern n und $p = F(x)$. Eine skalierte Binomialverteilung besitzt nicht die Ausprägungen $0, 1, 2, \ldots, n$ sondern die Ausprägungen $0, \frac{1}{n}, \frac{2}{n}, \ldots, 1$. Das bedeutet, dass $F_n(x)$ genau dann einer skalierten Binomialverteilung entspricht, wenn $nF_n(x)$ einer Binomialverteilung genügt. Der Parameter $p = F(x)$ hängt von der (unbekannten) theoretischen Verteilungsfunktion ab.

Eigenschaften der empirischen Verteilungsfunktion

- Monoton steigend

- $\lim\limits_{x \to -\infty} F_n(x) = 0$ und $\lim\limits_{x \to \infty} F_n(x) = 1$

- Diskrete, rechtsstetige Verteilung

- Selbst Zufallsvariable

- Maximum-Likelihood-Schätzer der Verteilungsfunktion

- $nF_n(x) \sim \mathbf{B}(n, p = F(x))$ Binomialverteilung

- $F_n(x) \sim \mathbf{B}^{skaliert}(n, p = F(x))$ skalierte Binomialverteilung

---

Daraus lässt sich die Wahrscheinlichkeit $Pr\left(F_n(x) = \frac{i}{n}\right)$ berechnen.

$$nF_n(x) \sim \mathbf{B}(n, p = F(x))$$

$$Pr\left(F_n(x) = \tfrac{i}{n}\right) = \binom{n}{i}(F(x))^i(1 - F(x))^{n-i}$$

Aus der Verteilung für die empirische Verteilungsfunktion lassen sich der Erwartungswert und die Varianz berechnen.

$$E(nF_n(x)) = nF(x) = nE(F_n(x)) \Rightarrow E(F_n(x)) = F(x)$$

$$V(nF_n(x)) = nF(x)(1 - F(x)) = n^2V(F_n(x))$$

$$\Rightarrow V(F_n(x)) = \frac{F(x)(1 - F(x))}{n}$$

Damit ist die empirische Verteilungsfunktion $F_n(x)$ ein **erwartungstreuer und konsistenter Schätzer** für die Verteilungsfunktion $F(x)$. Da die Ordnungsstatistiken gemeinsam eine suffiziente und vollständige Statistik für das gegebene Modell sind, handelt es sich zusätzlich um den minimal varianten, erwartungstreuen Schätzer von $F(x)$.

Eine weitere wichtige Aussage liefert der Satz von Gliwenko und Cantelli, der auch „Fundamentalsatz der Statistik" genannt wird. Demnach konvergiert mit wachsender Stichprobengröße die empirische Verteilungsfunktion $F_n(x)$ gleichmäßig gegen die theoretische Verteilung $F(x)$.

Fundamentalsatz der Statistik

$$Pr\left(\lim_{n\to\infty} \sup_{x\in\mathbb{R}} |F_n(x) - F(x)| = 0\right) = 1$$

Die empirische Verteilungsfunktion $F_n(x)$ konvergiert mit wachsender Stichprobengröße gleichmäßig gegen die theoretische Verteilung $F(x)$.

In unserem Modell ist F_X die Verteilungsfunktion einer stetigen Zufallsvariablen X. Sei nun weiters t eine bijektive, streng monoton wachsende Transformation der Zufallsvariablen, also $Y = t(X)$. Die Verteilungsfunktion F_Y von Y lässt sich einfach berechnen, da gelten muss $F_Y(y = t(x)) = F_X(x)$. Damit gilt für die Ordnungsstatistiken und die empirische Verteilungsfunktion:

$$y_{(i)} = t(x_{(i)}) \quad \forall\, i = 1, \ldots, n$$
$$F_{Y,n}(y = t(x)) = F_{X,n}(x)$$

In diesen Formeln stehen $F_{X,n}(x)$ für die empirische Verteilungsfunktion der Originalstichprobe $x_1, \ldots, x_n$ und $F_{Y,n}(y)$ für die empirische Verteilungsfunktion der transformierten Stichprobe $y_1 = t(x_1), \ldots, y_n = t(x_n)$. Es gelten weiterhin die oben angeführten Eigenschaften für die empirische Verteilungsfunktion $F_{Y,n}$ der transformierten Variable Y. Insbesondere soll hier noch einmal hervorgehoben werden, dass es sich um einen erwartungstreuen und konsistenten Schätzer für die Verteilungsfunktion F_Y handelt.

Verwendet man nun die Verteilungsfunktion F_X selbst als (umkehrbar eindeutige) streng monoton wachsende Transformation $Y = t(X) = F_X(X)$, dann ist $Y = F_X(X)$ gleichverteilt auf dem Intervall $[0, 1]$. Wichtig ist hier die Unterscheidung von:

- $p = F_X(x) = Pr(X \leq x)$ entspricht also der (festen) Wahrscheinlichkeit dafür, dass die Zufallsvariable $X \leq x$ ist.

- $Y = F_X(X)$ entspricht der neu definierten Zufallsvariable Y, welche aus der monotonen Transformation der Zufallsvariable X entsteht.

Damit sind auch die transformierten Zufallsvariablen $F_X(X_1), \ldots, F_X(X_n)$ gleichverteilt und die transformierte Stichprobe $F_X(x_1), \ldots, F_X(x_n)$ ist eine Realisierung dieser Zufallsvariablen. Zusätzlich entsprechen die transformierten Ordnungsstatistiken $F_X(X_{(1)}), \ldots, F_X(X_{(n)})$ einer Ordnungsstatistik der auf dem Intervall $[0, 1]$ gleichverteilten Zufallsvariable $Y = F_X(X)$. Für viele nichtparametrische Tests (z.B. Kolmogorov-Smirnov) stellt dies eine wichtige Grundlage dar.

Verteilung von $F_X(X)$

X habe die stetige Verteilungsfunktion F_X. Dann ist $F_X(X)$ gleichverteilt auf dem Intervall $[0, 1]$.

Folgerungen:

- $F_X(X_1), \ldots, F_X(X_n)$ können als Stichprobenvariable einer gleichverteilten Zufallsvariable aufgefasst werden.
- $F_X(X_{(1)}), \ldots, F_X(X_{(n)})$ kann als Ordnungsstatistik einer gleichverteilten Zufallsvariablen aufgefasst werden.

4.3 Verteilung der Ränge

Der Rang $R_i = R(X_i)$ einer Variable X_i in einer Stichprobe ist selbst eine Zufallsvariable. Der Definitionsbereich der Variable ist dabei das Intervall der ganzen Zahlen von 1 bis n. Die Variable R_i zählt die Anzahl aller Variablen X_j die X_i nicht übertreffen (also auch X_i selbst). Damit ergibt sich für die Verteilung von R_i, dass diese Variable diskret gleichverteilt zwischen 1 und n ist und alle Ränge gemeinsam der Verteilung bei einer Ziehung aus einer Urne ohne Zurücklegen entsprechen. Für diese Verteilung gilt:

$$Pr(R_i = j) = \frac{1}{n} \qquad \forall \, i, j = 1, \ldots, n$$

$$Pr(R_i = k, R_j = l) = \frac{1}{n(n-1)} \qquad \forall \, i, j, k, l = 1, \ldots, n, i \neq j, k \neq l$$

$$Pr(R_1 = r_1, \ldots, R_n = r_n) = \frac{1}{n!}$$

$$E(R_i) = \frac{n+1}{2} \qquad \forall \, i = 1, \ldots, n$$

$$V(R_i) = \frac{n^2-1}{12} \qquad \forall \, i = 1, \ldots, n$$

$$Cov(R_i, R_j) = -\frac{n+1}{12} \qquad \forall \, i, j = 1, \ldots, n, i \neq j$$

$$Corr(R_i, R_j) = -\frac{1}{n-1} \qquad \forall \, i, j = 1, \ldots, n, i \neq j$$

4.4 Verteilung der Ordnungsstatistiken

Die Dichte der Zufallsvariablen X ist definiert als $f_X(x)$. Da wir von unabhängige Realisierungen derselben Zufallsvariablen ausgehen, kann die gemeinsame Dichte der Stichprobenvariablen $X_1, \ldots, X_n$ wie folgt definiert werden:

$$f_{X_1,\ldots,X_n}(x_1,\ldots,x_n) = f_X(x_1)\cdot\ldots\cdot f_X(x_n)$$

Wir verwenden in diesem Abschnitt für die Ordnungsstatistiken $x_{(i)}$ die vereinfachte Schreibweise $y_i = x_{(i)}$.

Gemeinsame Dichte der Ordnungsstatistiken

Die Dichte der Zufallsvariablen X ist definiert als $f_X(x)$. Im Falle der Unabhängigkeit der einzelnen Stichprobenvariablen besitzen die Ordnungsstatistiken $X_{(1)},\ldots,X_{(n)}$ die folgende gemeinsame Dichte:

$$f_{X_{(1)},\ldots,X_{(n)}}(y_1,\ldots,y_n) = \begin{cases} n!\, f_X(y_1)\cdot\ldots\cdot f_X(y_n) & \text{wenn } y_1 < \ldots < y_n \\ 0 & \text{sonst} \end{cases}$$

Daraus ist unmittelbar ersichtlich, dass die geordneten Stichprobenvariablen $X_{(1)},\ldots,X_{(n)}$ nicht unabhängig sind.

Die Multiplikation mit dem Faktor $n!$ liegt an der Tatsache, dass die Umkehrung der Ordnungsstatistik nicht eindeutig ist. Kennt man nur die Werte einer Ordnungsstatistik $y_1,\ldots,y_n$, so ist nicht mehr eindeutig in welcher Reihenfolge diese Werte ursprünglich gezogen wurden. Es gibt genau $n!$ Permutationen die zu einer derartigen Ordnungsstatistik geführt haben können. Ein einfaches Beispiel soll dies illustrieren.

Beispiel 4.11. Verteilung der Ordnungsstatistiken und der Ränge
Eine Stichprobe mit 3 Beobachtungen x_1, x_2, x_3 wurde gezogen. Es liegen jedoch nur noch die Ordnungsstatistiken y_1, y_2, y_3 vor. Wie viele und vor allem welche Stichproben können zu dieser Ordnungsstatistik geführt haben.

Die möglichen Stichproben bzw. daraus resultierenden Ränge sollen durch die folgende Tabelle illustriert werden.

mögliche Realisierung	Ordnungsstatistik y_1	y_2	y_3	Rang r_1	r_2	r_3
1	x_1	x_2	x_3	1	2	3
2	x_1	x_3	x_2	1	3	2
3	x_2	x_1	x_3	2	1	3
4	x_2	x_3	x_1	2	3	1
5	x_3	x_1	x_2	3	1	2
6	x_3	x_2	x_1	3	2	1

Es gibt also 3! = 6 mögliche Realisierungen von Stichproben x_1, x_2, x_3, welche zu den angeführten Ordnungsstatistiken geführt haben können. Gleichzeitig ist auch leicht zu erkennen, dass die Ränge jeweils diskret gleichverteilt zwischen den Zahlen 1, 2 und 3 sind.

Beispiel 4.12. Exponentialverteilung
$X_1, \ldots, X_n$ seien unabhängige Stichprobenvariablen aus einer exponentialverteilten Grundgesamtheit mit der Dichte

$$f(x) = \begin{cases} \lambda e^{-\lambda x} \text{ falls } x \geq 0 \\ 0 \qquad \text{sonst} \end{cases}$$

Dann lautet die gemeinsame Dichte von $X_{(1)}, \ldots, X_{(n)}$

$$f_{X_{(1)}, \ldots, X_{(n)}}(y_1, \ldots, y_n) = n! \; \lambda e^{-\lambda y_1} \cdot \ldots \cdot \lambda e^{-\lambda y_n}$$
$$= n! \; \lambda^n e^{-\lambda(y_1 + \ldots + y_n)}$$

für $y_1 < \ldots < y_n$, sonst verschwindet die Dichte.

Beispiel 4.13. Gleichverteilung
$X_1, \ldots, X_n$ seien unabhängige Stichprobenvariablen aus einer auf dem Intervall $[0, 1]$ gleichverteilten Grundgesamtheit mit der Dichte

$$f(x) = \begin{cases} 1 \text{ falls } x \in [0, 1] \\ 0 \text{ sonst} \end{cases}$$

Dann lautet die gemeinsame Dichte von $X_{(1)}, \ldots, X_{(n)}$

$$f_{X_{(1)}, \ldots, X_{(n)}}(y_1, \ldots, y_n) = n!$$

für $y_1 < \ldots < y_n$, sonst verschwindet die Dichte.

Unabhängigkeit der Ordnungsstatistiken und der Ränge

Sind die unabhängigen Stichprobenvariablen $\mathbf{X} = (X_1, \ldots, X_n)$ stetig und identisch verteilt und entsprechen die Variablen

$\mathbf{X}_{()} = (X_{(1)}, \ldots, X_{(n)})$ den Ordnungsstatistiken und

$\mathbf{R} = (R_1, \ldots, R_n)$ den Rängen dieser Stichprobe $\mathbf{X}$,

dann sind $\mathbf{X}_{()}$ und $\mathbf{R}$ unabhängig.

Nach dem Theorem von Bayes gilt allgemein für die bedingte Randdichte von zwei Variablen a und b:

$$f_{a|b}(a \mid b) = \frac{f_{a,b}(a,b)}{f_b(b)}$$

Sind die zwei Variablen a und b unabhängig so muss gelten:

$$f_{a,b}(a,b) = f_a(a)f_b(b)$$

Also gilt für unabhängige Variablen a und b folgender Zusammenhang:

$$f_{a|b}(a \mid b) = \frac{f_{a,b}(a,b)}{f_b(b)} = \frac{f_a(a)f_b(b)}{f_b(b)} = f_a(a)$$

Aus den beiden Vektoren der Zufallsvariablen $\mathbf{X}_{()}$ und $\mathbf{R}$ lässt sich die Stichprobe selbst wieder eindeutig reproduzieren und umgekehrt. Die gemeinsame Verteilung der Ordnungsstatistik und der Ränge entspricht daher der Verteilung der Stichprobe.

$$f_{\mathbf{X}_{()},\mathbf{R}}(\mathbf{X}_{()},\mathbf{R}) = f_{\mathbf{X}}(\mathbf{X}) = f_X(X_1) \ldots f_X(X_n)$$

Mit Hilfe der Regel von oben kann nun die Unabhängigkeit auf folgende Weise gezeigt werden:

$$f_{\mathbf{X}_{()}|\mathbf{R}}(\mathbf{X}_{()} \mid \mathbf{R}) = \frac{f_{\mathbf{X}_{()},\mathbf{R}}(\mathbf{X}_{()},\mathbf{R})}{f_{\mathbf{R}}(\mathbf{R})} = \frac{f_{\mathbf{X}}(\mathbf{X})}{\frac{1}{n!}} = n!f_{\mathbf{X}}(\mathbf{X}) =$$

$$= n!f_X(X_1) \ldots f_X(X_n) = f_{\mathbf{X}_{()}}(\mathbf{X}_{()})$$

Im Gegensatz dazu sind $\mathbf{X} = (X_1, \ldots, X_n)$ und $\mathbf{R} = (R_1, \ldots, R_n)$ natürlich nicht unabhängig.

Dichte und Verteilungsfunktion einzelner Ordnungsstatistiken

Die Dichte $f_{X_{(j)}}$ der j-ten Ordnungsstatistik $(1 \leq j \leq n)$ lautet:

$$f_{X_{(j)}}(y_j) = j\binom{n}{j}(1 - F(y_j))^{(n-j)}(F(y_j))^{(j-1)}f(y_j)$$

Die Verteilungsfunktion $F_{X_{(j)}}$ der j-ten Ordnungsstatistik $(1 \leq j \leq n)$ lautet:

$$F_{X_{(j)}}(y_j) = \sum_{k=j}^{n}\binom{n}{k}(1 - F(y_j))^{(n-k)}(F(y_j))^k$$

Zuerst definieren wir eine Zählvariable und damit eine neue Zufallsvariable deren Verteilung man kennt. Die Zählvariable Y_t ist wie folgt definiert:

$$Y_t = Y_t(X_1, \ldots, X_n) = \text{Anzahl der } X_i \leq t$$

Daraus folgt für die Ordnungsstatistik $X_{(j)}$ folgende Äquivalenz:

$$X_{(j)} \leq t \Leftrightarrow Y_t(X_1, \ldots, X_n) \geq j \qquad \Rightarrow$$

$$F_{X_{(j)}}(t) = Pr(X_{(j)} \leq t) = Pr(Y_t(X_1, \ldots, X_n) \geq j)$$

In Worten bedeutet dies, dass die beiden Aussagen „die j-te Ordnungsstatistik ist höchstens t" und „die Anzahl der Beobachtungen, die höchstens so groß wie t sind, ist mindestens j" äquivalent sind. Da die beiden Ereignisse äquivalent sind, sind die Wahrscheinlichkeiten für beide Ereignisse gleich.

Die Zählvariable Y_t ist binomialverteilt mit den Parametern n und $p = F(t)$. Dabei ist F die Verteilungsfunktion einer einzelnen Beobachtung in der Stichprobe also $F(t) = F_X(t)$. Damit erhalten wir

$$F_{X_{(j)}}(y_j) = Pr(X_{(j)} \leq y_j) = Pr(Y_{y_j}(X_1, \ldots, X_n) \geq j) =$$

$$\sum_{k=j}^{n} \binom{n}{k} (1 - F(y_j))^{(n-k)} (F(y_j))^k$$

Die Dichte $f_{X_{(j)}}$ ergibt sich durch das Differenzieren der Verteilungsfunktion.

$$f_{X_{(j)}}(y_j) = \frac{\partial F_{X_{(j)}}}{\partial y_j}(y_j) = j \binom{n}{j} (1 - F(y_j))^{(n-j)} f(y_j) (F(y_j))^{(j-1)}$$

Daraus ergibt sich für das Minimum bzw. das Maximum, also die beiden speziellen Ordnungsstatistiken mit $j = 1$ bzw. $j = n$.

$$F_{X_{(1)}}(y) = 1 - (1 - F(y))^n$$

$$f_{X_{(1)}}(y) = n(1 - F(y))^{(n-1)} f(y)$$

$$F_{X_{(n)}}(y) = (F(y))^n$$

$$f_{X_{(n)}}(y) = n f(y) (F(y))^{(n-1)}$$

Beispiel 4.14. Gleichverteilung
$X_1, \ldots, X_n$ seien unabhängige Stichprobenvariablen aus einer auf dem Intervall $[0, 1]$ gleichverteilten Grundgesamtheit mit der Dichte

$$f(x) = \begin{cases} 1 \text{ falls } x \in [0, 1] \\ 0 \text{ sonst} \end{cases}$$

Die Randdichte $f_{X_{(j)}}$ der j-ten Ordnungsstatistik der Gleichverteilung lautet:

$$f_{X_{(j)}}(y_j) = \frac{n!}{(j-1)!(n-j)!} y_j^{(j-1)} (1 - y_j)^{(n-j)} \quad \text{wenn } 0 \le y_j \le 1$$

Dies entspricht der Betaverteilung mit Parametern $(\alpha = j, \beta = n + 1 - j)$. Die Betaverteilung zeigt also die Verteilung der j-ten Ordnungsstatistik im Gleichverteilungsfall. Da die empirische Verteilungsfunktion eine Ordnungsstatistik in diesem Sinne ist, könnte man sich fragen, wie ist das 0.6-Quantil in Abhängigkeit von der Stichprobengröße verteilt. Die Antwort liefert hier die Betaverteilung und kann für die Stichprobenumfänge $n = 10$ und $n = 100$ aus der Abbildung 4.3 entnommen werden.

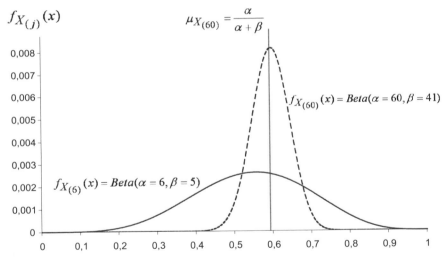

Abb. 4.3. Die Betaverteilung der Ordnungsstatistik $X_{(60)}$ bei $n = 100$ bzw. $X_{(6)}$ bei $n = 10$ im Gleichverteilungsfall

Dichte von zwei Ordnungsstatistiken

Die gemeinsame Dichte $f_{X_{(j)},X_{(k)}}$ der j-ten und k-ten Ordnungsstatistik $(1 \leq j < k \leq n)$ lautet:

$$f_{X_{(j)},X_{(k)}}(y_j, y_k) =$$

$$= \begin{cases} \dfrac{n!}{(j-1)!(k-j-1)!(n-k)!}(F(y_j))^{(j-1)} \\ \quad \times f(y_k)(F(y_k) - F(y_j))^{(k-j-1)}f(y_j) \\ \quad \times (1 - F(y_k))^{(n-k)} & \text{wenn } y_j < y_k \\[2mm] 0 & \text{sonst} \end{cases}$$

Beispiel 4.15. Gleichverteilung
$X_1, \ldots, X_n$ seien unabhängige Stichprobenvariablen aus einer auf dem Intervall $[0,1]$ gleichverteilten Grundgesamtheit mit der Dichte

$$f(x) = \begin{cases} 1 \text{ falls } x \in [0,1] \\ 0 \text{ sonst} \end{cases}$$

Die gemeinsame Dichte $f_{X_{(j)},X_{(k)}}$ der j-ten und k-ten Ordnungsstatistik der Gleichverteilung lautet:

$$f_{X_{(j)},X_{(k)}}(y_j, y_k) =$$

$$= \frac{n!}{(j-1)!(k-j-1)!(n-k)!} \, y_j^{(j-1)}(y_k - y_j)^{k-j-1}(1 - y_k)^{(n-k)}$$

$$\text{wenn } 0 \leq y_j < y_k \leq 1$$

4.5 Verteilung des Medians

Für die Verteilung des Medians $\widetilde{X}_{0.5}$ gibt es **zwei Fälle**. Im Fall einer **ungeraden Anzahl von Beobachtungen** $n = 2m - 1$ ist der Median einfach definiert durch $\widetilde{X}_{0.5} = X_{(m)}$. Im Fall einer **geraden Anzahl von Beobachtungen** $n = 2m$ ist die Berechnung der Dichte bzw. Verteilung viel komplexer. Der Median entspricht dem arithmetischen Mittel der m-ten und $(m+1)$-ten Ordnungsstatistiken und muss daher aus der gemeinsamen Randdichte entwickelt werden.

Damit entspricht die Dichte bzw. die Verteilung des Median im **ungeraden Fall** $n = 2m - 1$ einfach der Dichte bzw. der Verteilung der m-ten Ordnungsstatistik.

$$f_{\widetilde{X}_{0.5}}(y) = f_{X_{(m)}}(y) = m\binom{n}{m}(1 - F(y))^{(n-m)}f(y)(F(y))^{(m-1)}$$

$$F_{\widetilde{X}_{0.5}}(y) = F_{X_{(m)}}(y) = \sum_{k=m}^{n}\binom{n}{k}(1 - F(y))^{(n-k)}(F(y))^{k}$$

Für den **geraden Fall** $n = 2m$ erhält man nach der Integration aus der Randdichte der beiden Ordnungsstatistiken $X_{(m)}$ und $X_{(m+1)}$ folgende Dichte:

$$f_{\widetilde{X}_{0.5}}(y) = 2\frac{(2m)!}{((m-1)!)^2}\int_{y}^{\infty}(F(2y - x))^{(m-1)}(1 - F(x))^{(m-1)}f(2y - x)f(x)dx$$

Beispiel 4.16. Verteilung des Medians im Gleichverteilungsfall
Um die Verteilung des Median zu illustrieren soll hier der Gleichverteilungsfall auf dem Intervall $[0, 1]$ als Beispiel dienen. Die Stichprobengröße beträgt $n = 101$ bzw. $n = 11$, damit wir den einfacheren, ungeraden Fall hier aufzeigen können. Die Dichte und Verteilungsfunktion der Gleichverteilung lautet $f_X(x) = 1$ bzw. $F_X(x) = x$. Damit erhalten wir für die Verteilung des Median für eine allgemeine ungerade Stichprobengröße n:

$$f_{\widetilde{X}_{0.5}}(y) = f_{X_{(m)}}(y) = m\binom{n}{m}(1 - y)^{(n-m)}(y)^{(m-1)}$$

$$F_{\widetilde{X}_{0.5}}(y) = F_{X_{(m)}}(y) = \sum_{k=m}^{n}\binom{n}{k}(1 - y)^{(n-k)}(y)^{k}$$

Für $n = 11$ ergibt sich der Median aus der 6-ten Ordnungsstatistik. Die Dichte und Verteilungsfunktion lauten daher:

$$f_{\widetilde{X}_{0.5}}(y) = f_{X_{(6)}}(y) = 6\binom{11}{6}(1 - y)^{(5)}(y)^{(5)}$$

$$F_{\widetilde{X}_{0.5}}(y) = F_{X_{(6)}}(y) = \sum_{k=6}^{11}\binom{11}{k}(1 - y)^{(11-k)}(y)^{k}$$

Und für $n = 101$ ist der Median die 51-te Ordnungsstatistik, also:

$$f_{\widetilde{X}_{0.5}}(y) = f_{X_{(51)}}(y) = 51\binom{101}{51}(1 - y)^{(50)}(y)^{(50)}$$

$$F_{\widetilde{X}_{0.5}}(y) = F_{X_{(51)}}(y) = \sum_{k=51}^{101}\binom{101}{k}(1 - y)^{(101-k)}(y)^{k}$$

Es handelt sich dabei, wie bereits erwähnt, um die Betaverteilung mit den Parametern $(m, n + 1 - m) = (m, m)$. Die Varianz nimmt mit zunehmendem Stichprobenumfang ab. Das Aussehen der Dichte kann der Abbildung 4.4 entnommen werden. Es handelt sich um die Darstellung der beiden Dichten des Medians für $n = 11$ und $n = 101$.

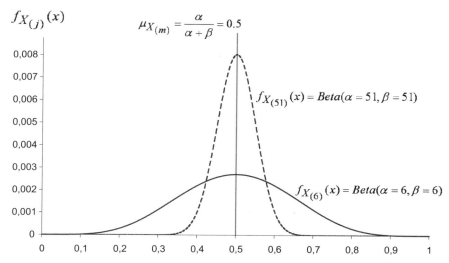

Abb. 4.4. Die Betaverteilung des Median bei $n = 11$ bzw. $n = 101$ im Gleichverteilungsfall

4.6 Konfidenzintervalle für Quantile

Unter der Annahme, dass die Verteilungsfunktion F streng monoton steigend ist, kann das p-Quantil X_p eindeutig bestimmt werden und es gilt:

$$Pr(X \leq X_p) = F(X_p) = p$$

Für ein Konfidenzintervall $[X_{(j)}, X_{(k)}]$ muss demnach gelten

$$Pr(X_p \in [X_{(j)}, X_{(k)}]) \geq 1 - \alpha$$

Zu bestimmen sind demnach die Indizes j und k, die diese Ungleichung erfüllen. Das Gleichheitszeichen wird normalerweise nicht erfüllbar sein, und auch die Indizes j und k werden im Allgemeinen nicht eindeutig sein, aber die zusätzliche Anforderung, dass das Intervall zudem möglichst kurz sein soll, erleichtert die Bestimmung der Indizes. Nach dem Satz der totalen Wahrscheinlichkeit gilt

$$Pr(X_{(j)} \leq X_p) = \quad Pr([X_{(j)} \leq X_p] \wedge [X_{(k)} \geq X_p]) +$$
$$+ \quad Pr([X_{(j)} \leq X_p] \wedge [X_{(k)} < X_p])$$

Weil aus $X_{(k)} < X_p$ sofort $X_{(j)} \leq X_p$ folgt, kann dieser Zusammenhang angeschrieben werden als

$$Pr(X_{(j)} \leq X_p) = Pr(X_{(j)} \leq X_p \leq X_{(k)}) + Pr(X_{(k)} < X_p)$$

Daher gilt

$$Pr(X_{(j)} \leq X_p \leq X_{(k)}) = Pr(X_{(j)} \leq X_p) - Pr(X_{(k)} < X_p)$$

$$= \sum_{i=j}^{n} \binom{n}{i} p^i (1-p)^{n-i} - \sum_{i=k}^{n} \binom{n}{i} p^i (1-p)^{n-i}$$

$$= \sum_{i=j}^{k-1} \binom{n}{i} p^i (1-p)^{n-i}$$

$$= F\left((k-1)|\mathbf{B}(n,p)\right) - F\left((j-1)|\mathbf{B}(n,p)\right)$$

Konfidenzintervall für X_p

$[X_{(j)}, X_{(k)}]$ ist ein Konfidenzintervall für das Quantil X_p mit der Sicherheit $1 - \alpha$

$$S = Pr(j \leq Y < k) = 1 - \alpha \quad \Rightarrow \quad Pr(X_p \in [X_{(j)}, X_{(k)}]) = 1 - \alpha$$

wobei Y binomialverteilt mit den Parametern (n, p) ist.

Dieses Konfidenzintervall ist unabhängig von der zugrunde liegenden Verteilung von X.

Eine Besonderheit stellt die Bereichschätzung des Medians dar, also ein Konfidenzintervall für das Quantil $X_{0.5}$. Es wird hierfür ein „gleichschenkeliges" Konfidenzintervall geschätzt, d.h. nicht mehr zwei (j,k) sondern nur noch ein Parameter ist offen. Man wählt $k = n + 1 - j$ und damit bleibt nur noch j zu schätzen.

$$S = Pr(j \leq Y < n + 1 - j) = 1 - \alpha$$

wobei Y binomialverteilt mit den Parametern $(n, 0.5)$ ist.

Praxistipp

Das vorgegebene Konfidenzniveau lässt sich normalerweise nicht exakt einhalten. Man sollte daher auch die Überdeckungswahrscheinlichkeiten der Intervalle berechnen, die sich aus den Indizes $j-1, j+1, k-1, k+1$ ergeben.

Ausgewählt wird jenes Intervall, welches das vorgegebene Konfidenzniveau erreicht und gleichzeitig möglichst klein ist.

Beispiel 4.17. Konfidenzintervall für Quantile
Ausgangspunkt ist eine Stichprobe vom Umfang $n = 10$ von normalverteilten Zufallsvariablen mit $\mu = 10$ und $\sigma^2 = 900$ (der Zufallszahlengenerator soll zur Vergleichbarkeit mit 5108 initialisiert werden). Das Konfidenzintervall $[X_{(j)}, X_{(k)}]$ für das 0.25-Quantil $\widetilde{X}_{0.25}$ soll die Sicherheit $S = (1 - \alpha) = 0.90$ aufweisen. Diese Sicherheit kann insbesondere bei kleinen Stichproben nicht exakt erreicht werden. Ein Konfidenzintervall zur Sicherheit $S \geq 0.90$ wird bestimmt, indem zuerst für die gegebene Stichprobengröße die beiden $\frac{\alpha}{2}$ bzw. $(1 - \frac{\alpha}{2})$-Quantile der Binomialverteilung mit den Parametern $(n, p = 0.25)$ gesucht werden. Ein p-Quantil Y_p ist (aufgrund der Definitionen in R) definiert als der erste Wert für den gilt $Pr(Y \leq Y_p) \geq p$.
Für die Stichprobengröße $n = 10$ berechnet man mit Hilfe der Binomialverteilung

i	0	1	2	3	4	5
$Pr(x \leq i \mid B(10, 0.25))$	0.056	0.244	0.526	0.776	0.922	0.980

Die Wahl des Konfidenzintervalls fällt auf jenes Intervall, das die gewünschte Sicherheitswahrscheinlichkeit zumindest erreicht. Die Indizes für die Intervallgrenzen sind somit durch $Pr(j-1) = Pr(0) = 0.056$ und $Pr(k-1) = Pr(5) = 0.980$ gegeben. Das Konfidenzintervall $[X_{(1)}, X_{(6)}]$ überdeckt das 0.25-Quantil mit einer Sicherheit von $Pr(X_{0.25} \in [X_{(1)}, X_{(6)}]) = 0.980 - 0.056 = 0.924$. Auf die konkrete Stichprobe bezogen ist das Konfidenzintervall gegeben durch $[-63.05; 23.22]$.

Beispiel 4.18. Konfidenzintervall für Quantile mit R
(Fortsetzung von Beispiel 4.17)
In R gibt es die Funktion qbinom(q, size, prob) zum Ermitteln eines Quantils der Binomialverteilung. Dabei entsprechen die Parameter size und prob den Parametern (n, p) der Binomialverteilung. Der Parameter q steht für die Wahrscheinlichkeit des Quantils, für das ein Konfidenzintervall bestimmt werden soll. Die Indizes der Ordnungsstatistiken für das Konfidenzintervall sind daher j=qbinom(alpha/2,n,p)+1 und k=qbinom(1-alpha/2,n,p)+1 mit den Werten ($alpha = 0.1, n = 10, p = 0.25$). Die exakte Sicherheit des so ermittelten Intervalls wird über die Verteilungsfunktion der Binomialverteilung pbinom(q, size, prob) ermittelt. Die Differenz der Werte der Verteilungsfunktion S=pbinom(k-1,n,prob)-pbinom(j-1,n,prob) entspricht der exakten Sicherheit.

Jetzt wird eine Zufallsstichprobe aus den normalverteilten Zufallsvariablen x mit der Funktion x = mu + rnorm(n)*sqrt(varianz) erstellt. Durch diese Anweisung werden n normalverteilte Zufallszahlen mit den Parametern ($\mu = mu, \sigma^2 = varianz$) gezogen. Die Ordnungsstatistiken o werden mit o=sort(x) erzeugt. Damit ergibt sich das Konfidenzintervall für das 0.25-Quantil durch die Zahlen o[j] bzw. o[k]. In konkreten Zahlen bedeutet das $[-63.05; 23.22]$.

Übungsaufgaben

Aufgabe 4.1. Prüfungsdauer

Entspreche die stetig verteilte Zufallsvariable X der Dauer einer mündlichen Prüfung von Studierenden und sei

$$(12, 13.5, 18, 18, 19, 15, 16, 20)$$

eine Stichprobe dieser Variablen. (Die einzelnen Beobachtungen sind unabhängig voneinander.)

a) Bestimmen Sie die Ordnungsstatistiken und insbesondere den Median.

b) Wie viele Bindungen liegen vor, welche Werte sind dies?

c) Bestimmen Sie die Ränge.

d) Zeichnen Sie mit R die empirische Verteilungsfunktion.

e) Berechnen Sie mit R die speziellen Ordnungsstatistiken (Minimum, Maximum, Median) und ein Konfidenzintervall für den Median mit der Sicherheit $S = (1 - \alpha) \approx 0.9$!

Aufgabe 4.2. Gleichverteilung

Die Gleichverteilung spielt im Rahmen der nichtparametrischen Verfahren eine wichtige Rolle. Daher ist es wichtig die Verteilung der Ordnungsstatistiken und insbesondere die der speziellen Ordnungsstatistiken zu kennen. Sei $X = (X_1, \ldots, X_n)$ eine Stichprobe von unabhängig gezogenen, auf dem Intervall $[0, 1]$ gleichverteilten Zufallsvariablen. Berechnen Sie den Erwartungswert, Varianz und Dichte bzw. Verteilungsfunktion der folgenden Statistiken:

a) Den Mittelwert $\bar{X}$ (für 2 Beobachtungen exakt und ansonsten asymptotisch).

b) Die Ordnungsstatistik $X_{(j)}$.

c) Das Minimum $X_{(1)}$.

d) Das Maximum $X_{(n)}$.

e) Den Median $\widetilde{X}$ für gerade und ungerade Stichprobengrößen n (im ungeraden Fall nur Erwartungswert und Varianz).

Aufgabe 4.3. Exponentialverteilung

X_1, X_2, X_3 seien unabhängige Stichprobenvariablen aus einer exponentialverteilten Grundgesamtheit mit der Dichte

$$f(x) = \begin{cases} \lambda e^{-\lambda x} \text{ falls } x \geq 0 \\ \\ 0 \qquad \text{sonst} \end{cases}$$

a) Bestimmen Sie die Dichte aller Ordnungsstatistiken.

b) Bestimmen Sie alle gemeinsamen Dichten von je 2 Ordnungsstatistiken.

Aufgabe 4.4. Dichte von zwei Ordnungsstatistiken

Beweisen Sie: Die gemeinsame Dichte $f_{X_{(j)}, X_{(k)}}$ der j-ten und k-ten Ordnungsstatistik $(1 \leq j < \leq n)$ lautet:

$$f_{X_{(j)}, X_{(k)}}(y_j, y_k) =$$

$$= \begin{cases} \frac{n!}{(j-1)!(k-j-1)!(n-k)!} (F(y_j))^{(j-1)} \\ \times f(y_k)(F(y_k) - F(y_j))^{(k-j-1)} f(y_j) \\ \times (1 - F(y_k))^{(n-k)} \qquad \text{wenn } y_j < y_k \\ \\ 0 \qquad\qquad\qquad\qquad\qquad \text{sonst} \end{cases}$$

Aufgabe 4.5. Dichte von Ordnungsstatistiken

Die Verteilungsfunktion $F_{X_{(j)}}$ der j-ten Ordnungsstatistik $(1 \leq j \leq n)$ lautet:

$$F_{X_{(j)}}(y_j) = \sum_{k=j}^{n} \binom{n}{k} (1 - F(y_j))^{(n-k)} (F(y_j))^k$$

Bestimmen Sie daraus die Dichte $f_{X_{(j)}}(y_j)$ der j-ten Ordnungsstatistik

Aufgabe 4.6. Verteilung der Ränge

Die auf Seite 93 angeführten Funktionen für den Erwartungswert, die Varianz, die Kovarianz und die Korrelation sind herzuleiten.

5

Einstichprobenprobleme

Im diesem Kapitel werden wesentliche Tests beschrieben, die auf Informationen über ein einziges Merkmal beruhen. Ein wichtiger Bereich bilden dabei die Tests auf Verteilungsanpassung (im Englischen als Goodness-of-fit-test bezeichnet), mit denen man überprüfen kann, ob Daten einer gewünschten Verteilung entsprechen. In diesem Buch werden der Kolmogorov-Smirnov-Test, der Lilliefors-Test, der X^2-Test, der Anderson-Darling-Test, der Shapiro-Wilk-Test und der Cramér-von-Mises-Test näher erläutert.

Ein zweiter Bereich beschäftigt sich mit dem Testen von Hypothesen über einen Anteil. Diese Tests werden auch als Binomialtests bezeichnet, weil die zugrunde liegende Teststatistik einer Binomialverteilung genügt. Der Anwendungsbereich für Binomialtests ist sehr umfassend, beispielsweise können damit auch Quantile getestet werden.

Nichtparametrische Tests für Lageparameter bilden die verteilungsfreie Ergänzung zum t-Test und basieren auf Rangstatistiken. Neben dem allgemeinen Prinzip der Rangstatistiken werden in diesem Kapitel auch spezielle Tests, wie z.B. der Vorzeichen-Test (Sign-Test) oder der Wilcoxon-Vorzeichen-Rang-Test (Wilcoxon-Signed-Rank-Test) beschrieben.

Ein Zufälligkeitstest überprüft, ob eine Stichprobe tatsächlich voneinander unabhängige Ziehungen enthält. Nachdem diese Zufälligkeit bei vielen Verfahren vorausgesetzt wird rundet dieser Test die wesentlichen Tests zu eindimensionalen Fragestellungen ab.

Neben allfälligen Tests sind auch Konfidenzintervalle immer von besonderem Interesse, daher werden in diesem Abschnitt Konfidenzbereiche für Verteilungsfunktionen und Konfidenzintervalle für Anteile beschrieben.

5.1 Tests auf Verteilungsanpassung

In der Statistik setzt man sehr oft eine bestimmte theoretische Verteilung der Daten voraus, viele Anwendungen basieren beispielsweise auf der Annahme, dass die Daten aus einer Normalverteilung stammen. Folgen die Daten tatsächlich einer bekannten Verteilung, kann diese Verteilung zudem mit wenigen Kenngrößen (Lage-, Skalen- und Formparametern) beschrieben werden.

Das Prinzip der Anpassungstests beruht auf dem Vergleich zwischen empirischer und theoretischer Verteilung. Sind die Abweichungen zu groß, so ist davon auszugehen, dass die Daten nicht der angenommenen Wahrscheinlichkeitsverteilung entsprechen. Die verschiedenen Tests unterscheiden sich in der Art wie diese Abstände ermittelt werden und hinsichtlich der empfohlenen Anwendungsbereiche.

5.1.1 Kolmogorov-Smirnov-Test

Der Kolmogorov-Smirnov-Test (K-S-Test) überprüft, ob Daten aus einer vollständig bestimmten stetigen Wahrscheinlichkeitsverteilung stammen, zum Beispiel aus einer Standardnormalverteilung.

Für den Test werden folgende Annahmen getroffen:

Voraussetzungen Kolmogorov-Smirnov-Test

1. Die Stichprobe $x_1, \ldots, x_n$ entspricht der Realisierung einer n-dimensionalen Zufallsvariablen $X_1, \ldots, X_n$ mit unbekannter Verteilungsfunktion F.

2. Die Zufallsvariablen $X_1, \ldots, X_n$ sind unabhängig und identisch verteilt („iid-Bedingung").

3. Die unbekannte Verteilungsfunktion F ist stetig.

4. Die Daten haben metrisches Skalenniveau.

Sind die beiden letzten Voraussetzungen verletzt, so verliert der Test an Trennschärfe, der Test wird konservativer. Liegen also diskrete bzw. ordinale Merkmale vor, so wird die Nullhypothese seltener verworfen als im stetigen Fall.

Der Test überprüft, ob die Verteilungsfunktion der Daten einer vollkommen spezifizierten theoretischen Verteilungsfunktion F_0 entspricht. Die zu prüfenden Hypothesen können dabei einseitig oder zweiseitig formuliert werden:

Hypothesen Kolmogorov-Smirnov-Test

- **Zweiseitiger Test**
  H_0: $F(x) = F_0(x)$ für alle $x \in \mathbb{R}$
  H_1: $F(x) \neq F_0(x)$ für mindestens ein $x \in \mathbb{R}$

- **Einseitiger Test, Unterschreitung der Verteilungsfunktion**
  H_0: $F(x) \geq F_0(x)$ für alle $x \in \mathbb{R}$
  H_1: $F(x) < F_0(x)$ für mindestens ein $x \in \mathbb{R}$

- **Einseitiger Test, Überschreitung der Verteilungsfunktion**
  H_0: $F(x) \leq F_0(x)$ für alle $x \in \mathbb{R}$
  H_1: $F(x) > F_0(x)$ für mindestens ein $x \in \mathbb{R}$

Als Teststatistik wird das Supremum (= kleinste obere Schranke) der Differenzen zwischen empirischer Verteilungsfunktion F_n und theoretischer Verteilungsfunktion F_0 verwendet, wobei im zweiseitigen Fall das Supremum des Betrages der Differenzen verwendet wird, im einseitigen Fall hingegen das Supremum der Differenzen selbst.

Die exakte Verteilung der Teststatistik ist nur mit viel Aufwand herzuleiten, interessant ist aber die Tatsache, dass diese Verteilung nur vom Untersuchungsumfang n abhängt und nicht von der theoretischen Verteilung F_0. Man bezeichnet daher die K-S-Teststatistik als verteilungsfrei.

Die Testentscheidung wird getroffen, in dem die Teststatistik mit dem entsprechenden kritischen Wert verglichen wird. Ist die Teststatistik größer als der kritische Wert, so ist die Nullhypothese abzulehnen.

Zweiseitiger Test auf Verteilungsanpassung (Kolmogorov-Smirnov-Test)

Hypothesen
H_0: $F(x) = F_0(x)$ für alle $x \in \mathbb{R}$
H_1: $F(x) \neq F_0(x)$ für mindestens ein $x \in \mathbb{R}$

Entscheidungsregel

Teststatistik $\qquad K_n = \sup_{x \in \mathbb{R}} |F_0(x) - F_n(x)|$

Kritischer Wert $\qquad k_{1-\alpha}$ (vgl. Tabelle 11.4, Seite 354)

Bei $K_n \geq k_{1-\alpha}$ wird die Nullhypothese verworfen.

Als Teststatistik wird das Supremum der Abweichungen zwischen empirischer und theoretischer Verteilungsfunktion verwendet, weil möglicherweise das Maximum der Abweichungen nicht angenommen wird. Dies liegt an der Tatsache, dass die empirische Verteilungsfunktion eine rechtsstetige Treppenfunktion ist und daher an den Sprungstellen (= bei den Beobachtungen) die rechtsseitigen und linksseitigen Grenzwerte unterschiedlich sind. Für die praktische Berechnung der Teststatistik bedeutet das, dass für alle Beobachtungen die Differenzen zu den rechtsseitigen und den linksseitigen Grenzwerten berechnet werden müssen um das Supremum zu finden.

Beispiel 5.1. Kolmogorov-Smirnov-Test
Gegeben seien folgende Daten:

$$0.1111 \quad 0.3937 \quad 0.8854 \quad -0.1299 \quad -0.4475 \quad 0.0205 \quad 0.5707 \quad -0.8954$$
$$-0.1551 \quad -0.9964 \quad 0.4752 \quad -0.0677 \quad 2.4784 \quad -1.2827 \quad 0.0904$$

Mittels K-S-Test ist auf dem Niveau $\alpha = 0.05$ zu testen, ob diese Daten standardnormalverteilt sind.

Lösungsschritte: (vgl. Seite 111)

1. Die Daten aufsteigend sortieren.

2. Bestimmen der theoretischen Verteilungsfunktion $F_0(x_i) = \Phi(x_i)$ für alle Datenpunkte x_i.

3. Berechnung der linksseitigen Grenzwerte $F_n^-(x_i)$ und der rechtsseitigen Grenzwerte $F_n^+(x_i)$ der empirischen Verteilung.

4. Bildung der Differenzen zwischen den Grenzwerten und der theoretischen Verteilungsfunktion.

5. Die Teststatistik $K_n = \sup_{x \in \mathbb{R}} |F_0(x) - F_n(x)|$ bestimmen.

6. Die Teststatistik mit dem kritischen Wert $k_{1-\alpha}$ vergleichen, entscheiden und das Ergebnis interpretieren.

In diesem Fall ist das Supremum der Differenzen somit $K_n = 0.1717$. Dieses Supremum ist übrigens kein Maximum, weil diese Differenz nicht explizit auftreten kann, sondern nur als Grenzwert. Der kritische Wert $k_{1-\alpha}$ zur Sicherheit $p = 1 - \alpha = 0.95$ ist aus der Tabelle 11.4 zu entnehmen (n = Stichprobenumfang = 15) $k_{0.95} = 0.338$. Nachdem die Teststatistik kleiner ist als der kritische Wert, wird die Nullhypothese, dass die Daten aus einer Standardnormalverteilung stammen, beibehalten. Es konnte nicht nachgewiesen werden, dass die Daten nicht standardnormalverteilt sind.

i	x_i	$\Phi(x_i)$	$F_n^-(x_i)$	$F_n^+(x_i)$	$|F_n^-(x_i) - \Phi(x_i)|$	$|F_n^+(x_i) - \Phi(x_i)|$
1	-1.2827	0.0998	0	1/15	0.0998	0.0331
2	-0.9964	0.1595	1/15	2/15	0.0929	0.0262
3	-0.8953	0.1853	2/15	3/15	0.0520	0.0147
4	-0.4475	0.3273	3/15	4/15	0.1273	0.0606
5	-0.1551	0.4384	4/15	5/15	**0.1717**	0.1050
6	-0.1299	0.4483	5/15	6/15	0.1150	0.0483
7	-0.0677	0.4730	6/15	7/15	0.0730	0.0063
8	0.0205	0.5082	7/15	8/15	0.0415	0.0252
9	0.0904	0.5360	8/15	9/15	0.0027	0.0640
10	0.1111	0.5442	9/15	10/15	0.0558	0.1224
11	0.3937	0.6531	10/15	11/15	0.0136	0.0802
12	0.4752	0.6827	11/15	12/15	0.0507	0.1173
13	0.5707	0.7159	12/15	13/15	0.0841	0.1508
14	0.8854	0.8120	13/15	14/15	0.0546	0.1213
15	2.4783	0.9934	14/15	1	0.0601	0.0066

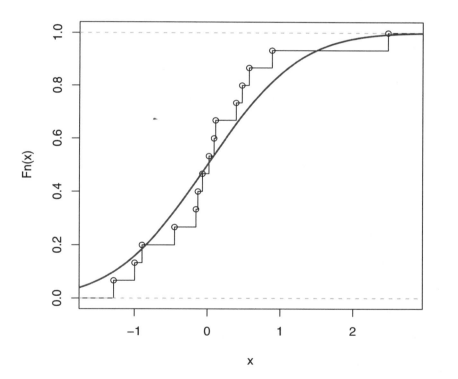

Abb. 5.1. Theoretische und empirische Verteilungsfunktion

Einseitiger Test auf Verteilungsanpassung (Kolmogorov-Smirnov-Test)

Hypothesen
H_0: $F(x) \geq F_0(x)$ für alle $x \in \mathbb{R}$
H_1: $F(x) < F_0(x)$ für mindestens ein $x \in \mathbb{R}$

Entscheidungsregel
Teststatistik $K_n = \sup_{x \in \mathbb{R}} (F_0(x) - F_n(x))$

Kritischer Wert $k_{1-2\alpha}$ (Tabelle 11.4)

Bei $K_n \geq k_{1-2\alpha}$ wird die Nullhypothese verworfen.

Einseitiger Test auf Verteilungsanpassung (Kolmogorov-Smirnov-Test)

Hypothesen
H_0: $F(x) \leq F_0(x)$ für alle $x \in \mathbb{R}$
H_1: $F(x) > F_0(x)$ für mindestens ein $x \in \mathbb{R}$

Entscheidungsregel
Teststatistik $K_n = \sup_{x \in \mathbb{R}} (F_n(x) - F_0(x))$

Kritischer Wert $k_{1-2\alpha}$ (Tabelle 11.4)

Bei $K_n \geq k_{1-2\alpha}$ wird die Nullhypothese verworfen.

Bindungen sind für den K-S-Test kein Problem, die empirische Verteilungsfunktion hat dann Sprungstellen unterschiedlicher Höhe. Auf den Test selbst haben diese Bindungen sonst keine Auswirkungen. Der K-S-Test ist besonders für kleine Stichproben geeignet.

5.1.2 Lilliefors-Test

Der Lilliefors-Test ist eine Erweiterung des Kolmogorov-Smirnov-Tests auf den Fall, dass von der theoretischen Verteilung nur der Verteilungstyp, nicht aber die konkreten Parameter vorliegen. Dieser Test wird auch als K-S-Test mit Lilliefors-Schranken bezeichnet oder auch einfach als K-S-Test. Die Teststatistik ist wie beim K-S-Test durch das Supremum der Verteilungsdifferenzen bestimmt. Lediglich die kritischen Werte, mit denen die Teststatistik verglichen wird, ändern sich, dabei ist zu beachten dass der Lilliefors-Test für jeden Verteilungstyp eine eigene Tabelle mit kritischen Werten benötigt (z.B. in

D'Agostino (1986)). Um die theoretische Verteilung an den Beobachtungs-
stellen berechnen zu können, werden die für die Verteilung notwendigen Parameter (für die Normalverteilung z.b. Mittelwert und Standardabweichung)
aus der Stichprobe geschätzt.

Beispiel 5.2. Lilliefors-Test auf Normalverteilung
(vgl. Beispiel 5.1) Die Daten aus Beispiel 5.1 sind mit einem Lilliefors-Test
auf Normalverteilungsannahme zu überprüfen.

Lösungsschritte:

1. Für die theoretische Verteilung F_0 sind Mittelwert und Standardabwei-
   chung aus der Stichprobe mit $\widehat{\mu} = \overline{x}$ und $\widehat{\sigma} = s = \sqrt{\frac{1}{n-1} \sum_{i=1}^{n} (x_i - \overline{x})^2}$
   zu schätzen
2. Weitere Vorgehensweise analog zum K-S-Test

Aus den Daten erhält man $\widehat{\mu} = 0.0700$ und $\widehat{\sigma} = 0.8970$, damit ergibt sich
folgende Berechnung zur Ermittlung des Supremums:

i	x_i	F_0	$F_n^-(x_i)$	$F_n^+(x_i)$	$|F_n^-(x_i) - F_0|$	$|F_n^+(x_i) - F_0|$
1	-1.2827	0.0658	0	1/15	0.0658	0.0009
2	-0.9964	0.1172	1/15	2/15	0.0506	0.0161
3	-0.8953	0.1409	2/15	3/15	0.0076	0.0591
4	-0.4475	0.2820	3/15	4/15	0.0820	0.0153
5	-0.1551	0.4009	4/15	5/15	0.1342	0.0676
6	-0.1299	0.4118	5/15	6/15	0.0785	0.0118
7	-0.0677	0.4390	6/15	7/15	0.0390	0.0277
8	0.0205	0.4780	7/15	8/15	0.0113	0.0554
9	0.0904	0.5091	8/15	9/15	0.0243	0.0909
10	0.1111	0.5183	9/15	10/15	0.0817	0.1484
11	0.3937	0.6409	10/15	11/15	0.0258	0.0925
12	0.4752	0.6742	11/15	12/15	0.0591	0.1258
13	0.5707	0.7116	12/15	13/15	0.0884	**0.1550**
14	0.8854	0.8183	13/15	14/15	0.0484	0.1150
15	2.4783	0.9964	14/15	1	0.0630	0.0036

In diesem Fall ist das Supremum der Differenzen somit $K_n = 0.1550$. Der kritische Wert $k_{1-\alpha}$ zur Sicherheit $p = 1 - \alpha = 0.95$ ist aus der Tabelle 11.5 zu
entnehmen $k_{0.95} = 0.220$. Nachdem die Teststatistik kleiner ist als der kritische Wert wird die Nullhypothese, dass die Daten aus einer Normalverteilung
stammen, beibehalten. Es konnte nicht nachgewiesen werden, dass die Daten
nicht normalverteilt sind.

5.1.3 Chi-Quadrat-Test

Der χ^2-Test wird für zwei verschiedene Zwecke verwendet. Zum einen kann mit diesem Test die stochastische (Un-)Abhängigkeit von Merkmalen getestet werden (siehe Abschnitt 9.2) und zum anderen kann er als Anpassungstest verwendet werden. Dabei testet man, ob die beobachteten Häufigkeiten signifikant von den (bei Vorliegen der theoretisch angenommenen Verteilung) erwarteten Häufigkeiten abweichen. Der Vorteil des χ^2-Tests besteht darin, dass er sich für Merkmale mit ordinalem oder nominalem Messniveau eignet. Bei metrischem Skalenniveau müssen die Daten in Klassen zusammengefasst werden. Die Güte des χ^2-Tests ist im Vergleich zu anderen Anpassungstests nicht so hoch, da die Wahl der Klasseneinteilung das Ergebnis beeinflusst. Die Teststatistik des χ^2-Tests ist, wie der Name schon sagt, asymptotisch χ^2-verteilt. Diese Annäherung gilt jedoch nur, wenn die erwarteten Häufigkeiten pro Klasse mindestens 5 sind.

Chi-Quadrat-Test auf Verteilungsanpassung

Voraussetzung

Die erwartete Häufigkeit in jeder Kategorie muss mindestens 5 betragen. Ist diese Voraussetzungen nicht erfüllt, so kann man sich damit behelfen, dass man Klassen zusammenfasst. Dies führt zu einer entsprechenden Reduktion von r (Anzahl der Kategorien).

Hypothesen
$$H_0: F(x) = F_0(x) \qquad (\Leftrightarrow \chi^2 = 0)$$
$$H_1: F(x) \neq F_0(x) \qquad (\Leftrightarrow \chi^2 > 0)$$

Teststatistik
$$\chi^2 = \sum_{i=1}^{r} \frac{(h_i^o - h_i^e)^2}{h_i^e}$$

h_i^e ... erwartete Häufigkeiten
h_i^o ... empirische, beobachtete Häufigkeiten

Die Teststatistik ist annähernd χ^2-verteilt mit $Fg = r - k - 1$ Freiheitsgraden, wobei r die Anzahl der Klassen (Kategorien) und k die Anzahl der zu schätzenden Parameter bezeichnet. Soll beispielsweise getestet werden, ob Daten einer diskreten Gleichverteilung genügen, müssen keine Parameter geschätzt werden und daher wäre k in diesem Fall gleich 0. Der Wert der Teststatistik χ^2 wird mit dem kritischen Wert, dem $(1 - \alpha)$-Quantil der χ^2-Verteilung mit den entsprechenden Freiheitsgraden Fg und Niveau verglichen ($\chi^2_{Fg, 1-\alpha}$).

χ^2-**Test auf Verteilungsanpassung**

Ausgangspunkt ist ein Merkmal mit r Ausprägungen oder Kategorien

Hypothesen

H_0: $\chi^2 = 0$ Verteilung entspricht theoretischer Verteilung

H_1: $\chi^2 > 0$ Verteilung entspricht nicht theoretischer Verteilung

Entscheidungsregel

Gilt

$$\chi^2 = \sum_{i=1}^{r} \frac{(h_i^o - h_i^e)^2}{h_i^e} \quad \geq \quad \chi^2_{r-k-1,1-\alpha}$$

dann wird die Nullhypothese verworfen (Tabelle 11.3).

Beispiel 5.3. χ^2-Test

Ein Statistiker pendelt täglich zwischen Wohnort und Arbeitsort und notiert sich 100 Tage lang die Zeit in Minuten, die er für diese Strecke benötigt. Sind diese Daten normalverteilt? Verwenden Sie für Ihre Entscheidung den χ^2-Test.

48 26 51 32 28 47 16 46 46 41 48 35 54 40 32 41 56 39 34 41 45 50 33 38 32
51 33 32 66 28 45 49 50 32 40 42 56 29 42 29 43 38 38 47 39 31 40 39 30 48
48 26 51 32 28 47 16 46 46 41 48 35 54 40 32 41 56 39 34 41 45 50 33 38 32
51 33 32 66 28 45 49 50 32 40 42 56 29 42 29 43 38 38 47 39 31 40 39 30 48

Lösungsschritte:

1. Mittelwert und Stichprobenvarianz bestimmen.

2. Daten in Klassen zusammenfassen. Damit der Test seine Gültigkeit nicht verliert, muss die erwartete Häufigkeit in jeder Klasse mindestens 5 sein. Wenn dies nicht der Fall ist, muss man die Klassen nochmals zusammenfassen.

3. Beobachtete Häufigkeitsverteilung ermitteln.

4. Erwartete Häufigkeiten aufgrund der theoretischen Verteilung ermitteln: $N(\hat{\mu} = \overline{x}, \hat{\sigma}^2 = s^2)$, $\overline{x}=$ Mittelwert der Daten, s = Standardabweichung der Daten.

5. $\dfrac{(h_i^o - h_i^e)^2}{h_i^e}$ für jede Klasse ausrechnen.

6. Durch Aufsummieren die Teststatistik bestimmen.

Mit den obigen Daten errechnet sich der Mittelwert $\bar{x} = 40.32$ und die (korrigierte) Standardabweichung $s = 9.33$ und damit als Teststatistik $\chi^2 = 6.58$:

Klasse	Intervall	h_i^o	h_i^e	$\dfrac{(h_i^o - h_i^e)^2}{h_i^e}$
1	bis 25	2	5	1.80
2	über 25 - 35	32	23	3.52
3	über 35 - 45	34	41	1.20
4	über 45 - 55	26	25	0.04
5	über 55	6	6	0.00
	Summe	100	100	6.56

Der kritische Wert, das $(1 - \alpha)$-Quantil der χ^2-Verteilung mit (5-2-1) Freiheitsgraden und $\alpha = 0.05$ beträgt $\chi^2_{2,0.95} = 5.99$ (vgl. Tabelle 11.3). Da die Teststatistik den kritischen Wert überschreitet, ist die Nullhypothese abzulehnen. Demnach sind die Daten mit 95%iger Sicherheit nicht normalverteilt.

5.1.4 Anderson-Darling-Test

Der Anderson-Darling-Test ist ein spezieller K-S-Test. Dieser Test setzt wieder voraus, dass das untersuchte Merkmal metrisch und stetig ist. Die kritischen Werte sind von der konkreten theoretischen Verteilung abhängig, der Test ist daher nur für einige Verteilungsfamilien (Normalverteilung, Log-Normalverteilung, Weibullverteilung, Exponentialverteilung, logistische Verteilung) möglich. Weil die Differenzen an den Randbereichen höher gewichtet werden, ist der Anderson-Darling Test im Vergleich zum Kolmogorov-Smirnov Test dort genauer.

Anderson-Darling-Test

Hypothesen

H_0: $F(x) = F_0(x)$

H_1: $F(x) \neq F_0(x)$

Teststatistik

$$AD^2 = n \int_{-\infty}^{+\infty} \frac{(F_n(x) - F_0(x))^2}{F_0(x)(1 - F_0(x))} f_0(x) dx$$

Kritischer Wert $AD^2_{n,1-\alpha}$ (Tabelle 5.1)

Für die praktische Berechnung der Teststatistik verwendet man:

$$AD^2 = -n - \frac{1}{n} \sum_{i=1}^{n} (2i-1) \Big[\ln(F_0(x_i)) + \ln(1 - F_0(x_{n-i+1})) \Big]$$

In der folgenden Tabelle sind einige kritische Werte für einen Anderson-Darling-Test auf eine vollkommen spezifizierte Normalverteilung angegeben.

n	1	2	3	4	5	6	7	8	$n \to \infty$
$1-\alpha = 0.90$	2.05	1.98	1.97	1.95	1.94	1.95	1.94	1.94	1.933
$1-\alpha = 0.95$	2.71	2.60	2.55	2.53	2.53	2.52	2.52	2.52	2.492
$1-\alpha = 0.99$	4.30	4.10	4.00	4.00	3.95	3.95	3.95	3.95	3.857

Tabelle 5.1. Kritische Werte $AD^2_{n,1-\alpha}$ Anderson-Darling-Test vollkommen spezifizierte Normalverteilung

Es gibt für jede Verteilung eine eigene Tabelle mit kritischen Werten, daneben muss auch berücksichtigt werden, ob die Verteilung vollkommen spezifiziert ist oder ob Parameter aus der Stichprobe geschätzt werden. Für weitere Tabellen sei auf weiterführende Literatur verwiesen (z.B. Lewis (1961) oder D'Agostino (1986)).

Für den Anpassungstest einer Normalverteilung mit geschätzten Parametern zum Niveau $\alpha = 0.05$ gilt annähernd folgender kritischer Wert in Abhängigkeit vom Stichprobenumfang:

$$AD^2_{n,0.95} = A^*_{0.95} \cdot \left[1 + \frac{3}{4n} + \frac{9}{4n^2} \right]^{-1} = 0.752 \cdot \left[1 + \frac{3}{4n} + \frac{9}{4n^2} \right]^{-1}$$

p	0.01	0.025	0.05	0.10	0.15	0.25	0.50
A^*	.119	.139	.160	.188	.226	.249	.341

p	0.75	0.85	0.90	0.95	0.975	0.99	0.995
A^*	.470	.561	.631	.752	.873	1.035	1.159

Tabelle 5.2. Kritische Werte A^* Anderson-Darling-Test Normalverteilung mit geschätzten Parametern

---

Entscheidungsregel:

Bei $AD^2 \geq AD^2_{n,1-\alpha}$ wird die Nullhypothese verworfen (Tabelle 5.1).

Beispiel 5.4. Anderson-Darling-Test

Gegeben seien die Daten aus Beispiel 5.1. Prüfen Sie mit dem Anderson-Darling-Test, ob diese Daten normalverteilt sind.

0.1111	0.3937	0.8854	-0.1299	-0.4475	0.0205	0.5707	-0.8954
-0.1551	-0.9964	0.4752	-0.0677	2.4784	-1.2827	0.0904	

Lösungsschritte:

1. Die Daten aufsteigend sortieren, Mittelwert und Standardabweichung berechnen
2. Die theoretische Verteilungsfunktion und deren Logarithmen für jeden Wert x_i bestimmen
3. Die Teststatistik AD^2 berechnen
4. AD^2 mit dem kritischen Wert der Tabelle vergleichen

i	x_i	$F1 = \ln(F_0(x_i))$	$F2 = \ln(1 - F_0(x_{n-i+1}))$	$S = F1 + F2$	$S(2i-1)$
1	-1,2827	-2,722	-5,619	-8,340	-8,340
2	-0,9964	-2,143	-1,705	-3,849	-11,547
3	-0,8954	-1,960	-1,244	-3,203	-16,015
4	-0,4475	-1,266	-1,122	-2,388	-16,713
5	-0,1551	-0,914	-1,024	-1,938	-17,443
6	-0,1299	-0,887	-0,730	-1,618	-17,793
7	-0,0677	-0,823	-0,711	-1,535	-19,951
8	0,0205	-0,738	-0,650	-1,388	-20,824
9	0,0904	-0,675	-0,578	-1,253	-21,305
10	0,1111	-0,657	-0,531	-1,188	-22,572
11	0,3937	-0,445	-0,512	-0,957	-20,103
12	0,4752	-0,394	-0,331	-0,725	-16,685
13	0,5707	-0,340	-0,152	-0,492	-12,303
14	0,8854	-0,201	-0,125	-0,325	-8,781
15	2,4784	-0,004	-0,068	-0,072	-2,079
				$\sum$	-232,451

Kritischer Wert zum Signifikanzniveau $\alpha = 0.05$ und $n = 15$ für die Normalverteilung mit zwei geschätzten Parametern $AD^2_{n,0.95} = 0.709$ (aus Tabelle 5.2 mit $0.752 \cdot \left[1 + \frac{3}{60} + \frac{9}{900}\right]^{-1} = 0.709$).

Da die Teststatistik $AD^2 = -15 - (-232,451)/15 = 0.497$ den kritischen Wert nicht überschreitet, muss die Nullhypothese beibehalten werden. Es konnte nicht nachgewiesen werden, dass die Daten nicht normalverteilt sind.

5.1.5 Cramér-von-Mises-Test

Der Cramér-von-Mises-Test ist dem K-S-Test sehr ähnlich, allerdings dient nicht das Supremum der Abweichungen als Teststatistik, sondern die quadrierten Abweichungen werden als Basis herangezogen. Die exakte Verteilung der Teststatistik hängt wie die K-S-Teststatistik nicht von der speziellen Gestalt der theoretischen Verteilung ab.

Cramér-von-Mises-Test

Hypothesen

H_0: $F(x) = F_0(x)$
H_1: $F(x) \neq F_0(x)$

Teststatistik

$$C^2 = n \int_{-\infty}^{+\infty} (F_n(x) - F_0(x))^2 f_0(x) dx$$

Für die Berechnung

$$C^2 = \frac{1}{12n} + \sum_{i=1}^{n} \left(F_0(x_i) - \frac{2i-1}{2n} \right)^2$$

Beim Ablesen der kritischen Werte muss berücksichtigt werden, ob die Verteilung vollkommen spezifiziert ist oder ob Parameter aus der Stichprobe geschätzt werden (weitere Tabellen in D'Agostino (1986)).

p	0.01	0.025	0.05	0.10	0.15		
C_p^*	.025	.030	.037	.046	.054		
p	0.75	0.85	0.90	0.95	0.975	0.99	0.995
C_p^*	.209	.284	.347	.461	.581	.743	.869

Tabelle 5.3. Kritische Werte Cramér-von-Mises-Test
Normalverteilung mit bekannten Parametern

p	0.01	0.025	0.05	0.10	0.15	0.25	0.50
C^{**}	.017	.019	.022	.026	.029	.036	.051
p	0.75	0.85	0.90	0.95	0.975	0.99	0.995
C^{**}	.074	.091	.104	.126	.148	.179	.201

Tabelle 5.4. Kritische Werte Cramér-von-Mises-Test
Normalverteilung mit geschätzten Parametern

Für den Anpassungstest einer Normalverteilung mit bekannten Parametern zum Niveau α gilt annähernd folgender kritische Wert (vgl. Tabelle 5.3)

$$C^2_{n,1-\alpha} = C^*_{1-\alpha} \cdot \left[1 + \frac{1}{n}\right]^{-1} + 0.4/n - 0.6/n^2$$

und mit geschätzten Parametern annähernd (vgl. Tabelle 5.4)

$$C^2_{n,1-\alpha} = C^{**}_{1-\alpha} \cdot \left[1 + \frac{1}{n}\right]^{-1}$$

Entscheidungsregel

Bei $C^2 \geq C^2_{n,1-\alpha}$ wird die Nullhypothese verworfen
(Tabelle 5.3 bzw. Tabelle 5.4).

Beispiel 5.5. Cramér-von-Mises-Test
Gegeben seien die Daten aus Beispiel 5.1 (Seite 110). Testen Sie auf Normalverteilung mit Hilfe eines Cramér-von-Mises-Tests.

i	x_i	$F1 = F_n(x_i)$	$F2 = \dfrac{2i-1}{2n}$	$S1 = |F1 - F2|$	$S2 = S1^2$
1	-1.283	0.066	1/30	0.032	0.001
2	-0.996	0.117	3/30	0.017	0.000
3	-0.895	0.141	5/30	0.026	0.001
4	-0.448	0.282	7/30	0.049	0.002
5	-0.155	0.401	9/30	0.101	0.010
6	-0.130	0.412	11/30	0.045	0.002
7	-0.068	0.439	13/30	0.006	0.000
8	0.021	0.478	15/30	0.022	0.001
9	0.090	0.509	17/30	0.058	0.003
10	0.111	0.518	19/30	0.115	0.013
11	0.394	0.641	21/30	0.059	0.004
12	0.475	0.674	23/30	0.092	0.009
13	0.571	0.712	25/30	0.122	0.015
14	0.885	0.818	27/30	0.082	0.007
15	2.478	0.996	29/30	0.030	0.001
				$\sum$	0.068

Der kritischer Wert zum Signifikanzniveau $\alpha = 0.05$ und $n = 15$ für die Normalverteilung mit zwei geschätzten Parametern ist $C^2_{n,0.05} = 0.122$. Da die Teststatistik $C^2 = 0.068 + 1/(12 * 15) = 0.074$ den kritischen Wert nicht überschreitet, muss die Nullhypothese beibehalten werden. Es konnte nicht nachgewiesen werden, dass die Daten nicht normalverteilt sind.

5.1.6 Shapiro-Wilk-Test

Der Shapiro-Wilk-Test überprüft, ob Daten aus einer Normalverteilung stammen, und ist gleichzeitig der Anpassungstest mit der höchsten Güte unabhängig von der Stichprobengröße. Allerdings ist dieser Test sehr rechenintensiv und ausschließlich zur Überprüfung auf Normalverteilung geeignet.

Shapiro-Wilk-Test

Hypothesen

H_0: $F(x) = F_0(x)$

H_1: $F(x) \neq F_0(x)$

Teststatistik

$$W^2 = \frac{\left(\sum\limits_{i=1}^{n} a_i x_{(i)} \right)^2}{\sum\limits_{i=1}^{n} (x_i - \bar{x})^2}$$

$x_{(i)}$ ... i-te Element der geordneten Stichprobe

a_i ... tabellierte Gewichte (aus z.B. Shapiro und Wilk (1965))

Die händische Berechnung der Teststatistik ist sehr aufwändig, daher werden für diesen Test die Tabellen der Gewichte bzw. der kritischen Werte nicht angeführt. Diese können dem Artikel von Shapiro und Wilk (1965) entnommen werden.

Bei Verletzung der Nullhypothese würden kleine Werte für die Teststatistik resultieren, daher wird beim Shapiro-Wilk-Test die Teststatistik mit dem unteren Quantil des kritischen Wertes verglichen. Ist die Teststatistik kleiner oder gleich dem unteren Quantil, so wird die Nullhypothese abgelehnt.

Entscheidungsregel

Bei $W^2 \leq W_\alpha^2$ wird die Nullhypothese verworfen.

Beispiel 5.6. Shapiro-Wilk-Test

Gegeben seien die Daten aus Beispiel 5.1 (vgl. Seite 110). Testen Sie auf Normalverteilung mit Hilfe eines Shapiro-Wilk-Tests.

Lösungsweg:

1. Die Daten aufsteigend sortieren
2. Die Teststatistik berechnen (Gewichte a_i aus Shapiro und Wilk (1965))
3. W^2 mit dem kritischen Wert laut Tabelle vergleichen

i	x_i	a_i	$x_i \cdot a_i$	$(x_i - \overline{x})^2$
1	-1.283	-0.5150	0.6606	1.8299
2	-0.996	-0.3306	0.3294	1.1373
3	-0.895	-0.2495	0.2234	0.9319
4	-0.448	-0.1878	0.0840	0.2679
5	-0.155	-0.1353	0.0210	0.0507
6	-0.130	-0.0880	0.0114	0.0400
7	-0.068	-0.0433	0.0029	0.0190
8	0.021	0.0000	0.0000	0.0025
9	0.090	0.0433	0.0039	0.0004
10	0.111	0.0880	0.0098	0.0017
11	0.394	0.1353	0.0533	0.1048
12	0.475	0.1878	0.0892	0.1641
13	0.571	0.2495	0.1424	0.2507
14	0.885	0.3306	0.2927	0.6648
15	2.478	0.5150	1.2763	5.7997
$\sum$			3.2004	11.2652

Damit erhält man als Teststatistik den Wert $W^2 = 3.2004^2/11.2652 = 0.9092$. Aus der Tabelle kann der kritische Wert für $n = 15$ und zum Niveau $\alpha = 0.05$ abgelesen werden mit $W_\alpha^2 = 0.881$. Auch hier kann die Nullhypothese nicht abgelehnt werden, es konnte nicht nachgewiesen werden, dass die Verteilung nicht einer Normalverteilung entstammt.

5.1.7 Übersicht Tests auf Verteilungsanpassung

Kolmogorov-Smirnov-Test

- Voraussetzung: stetige Merkmale
- Bei Verletzung der Voraussetzung wird Test konservativ (geringe Güte)
- Für kleine Stichproben geeignet
- Verteilungsfrei
- Parameter der hypothetischen Verteilung sind gegeben
- Bei geschätzten Parametern ist der Test konservativ
- An den Randbereichen ungenau
- Einseitiges Testen möglich
- Vorliegen von Bindungen unproblematisch
- Konsistenter Test
- Einseitiger Test unverfälscht, zweiseitiger Test verfälscht

Lilliefors-Test

- Spezieller Kolmogorov-Smirnov-Test
- Voraussetzung: stetige Merkmale
- Parameter der hypothetischen Verteilung werden geschätzt
- Trennschärfer als der Kolmogorov-Smirnov-Test
- Eigene Tabelle für kritische Werte für jede Verteilung
- Mögliche Verteilungen: Normalverteilung, Exponentialverteilung, ...
- Einseitiges Testen möglich

Chi-Quadrat-Test

- Geeignet für stetige und diskrete (ordinale, nominale) Merkmale
- Merkmale mit vielen Ausprägungen müssen gruppiert werden
- Durch Gruppierung entsteht gewisse Willkür
- Parameter der hypothetischen Verteilung gegeben oder geschätzt
- Quadratische Teststatistik
- Teststatistik asymptotisch χ^2 - verteilt
- Für kleine Stichproben ungeeignet
- Erwartete Häufigkeiten pro Klasse müssen ≥ 5 sein
- Nur zweiseitiges Testen möglich
- Vorliegen von Bindungen unproblematisch

Anderson-Darling-Test

- Voraussetzung: stetige Merkmale
- Modifizierter K-S-Test
- Mögliche Verteilungen: Normalverteilung, Log-Normalverteilung, Weibullverteilung, Exponentialverteilung, logistische Verteilung
- Quadratische Teststatistik
- Eigene Tabelle für kritische Werte für jede Verteilung
- An den Randbereichen genauer als der allgemeine K-S-Test
- Test auf Normalverteilung: sehr hohe Güte

Cramér-von-Mises-Test

- Voraussetzung: stetige Merkmale
- Quadratische Teststatistik
- Test auf Normalverteilung: höhere Güte als K-S-Test (empirisch, nicht bewiesen)

Shapiro-Wilk-Test

- Test auf Normalverteilung
- Parameter der hypothetischen Verteilung werden geschätzt
- Test mit der höchsten Güte
- Sehr rechenintensiv

5.1.8 Test auf Verteilungsanpassung in SAS

Es gibt in SAS zwei Prozeduren mit denen Anpassungstests durchgeführt werden können:

- PROC UNIVARIATE (vgl. Abschnitt 2.7.1, Seite 48)
- PROC CAPABILITY (vgl. Abschnitt 2.6.2, Seite 43)

Die zusätzlich benötigte HISTOGRAM-Anweisung wurde in Abschnitt 2.7.1, Seite 51 beschrieben.

Beispiel 5.7. Test auf Verteilungsanpassung in SAS
Gegeben seien die Daten aus Beispiel 5.1. Prüfen Sie zum Niveau $\alpha = 0.05$, ob diese Daten normalverteilt sind.

0.1111	0.3937	0.8854	-0.1299	-0.4475	0.0205	0.5707	-0.8954
-0.1551	-0.9964	0.4752	-0.0677	2.4784	-1.2827	0.0904	

```
DATA Stichprobe;
 INPUT x;
 DATALINES;
 0.1111
 ...
 0.0904
RUN;

PROC UNIVARIATE DATA = Stichprobe;
    /* Test auf Normalverteilung */
    HISTOGRAM/normal(color=red w=2);
    /* Test auf Standardnormalverteilung */
    HISTOGRAM/normal(MU=0 SIGMA=1 COLOR=red W=2);
RUN;

PROC CAPABILITY DATA=stichprobe;
    VAR x;
    HISTOGRAM/normal(COLOR=red W=2);
    CDFPLOT/normal(COLOR=red W=2);
    HISTOGRAM/normal(COLOR=red MU=0 SIGMA=1 W=2);
    CDFPLOT/normal(COLOR=red MU=0 SIGMA=1 W=2);
    RUN;

PROC UNIVARIATE DATA=stichprobe NORMAL;
RUN;
```

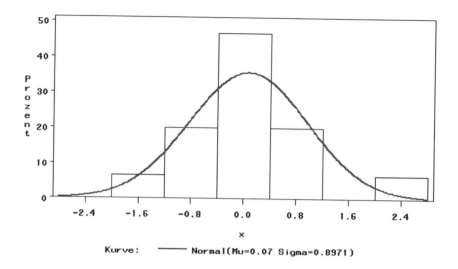

Abb. 5.2. Histogramm

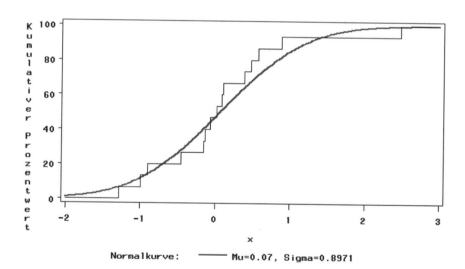

Abb. 5.3. Empirische und theoretische Verteilungsfunktion

Test	Teststatistik	p-Wert
Kolmogorov-Test	$K_n = D = 0.1551$	> 0.1500
Cramér von Mises-Test	$C^2 = W - Sq = 0.0736$	0.2376
Anderson-Darling-Test	$AD^2 = A - Sq = 0.4968$	0.1879
Shapiro-Wilk-Test	$W = 0.9092$	0.1316
χ^2-Test	$\chi^2 = 4.9831 \qquad df = 3$	0.173

Da alle p-Werte das Signifikanzniveau α übersteigen, kann die Nullhypothese nicht verworfen werden. Es kann nicht nachgewiesen werden, dass die Daten nicht aus einer Normalverteilung stammen.

Für den Test auf Standardnormalverteilung sind die Ergebnisse ähnlich:

Test	Teststatistik	p-Wert
Kolmogorov-Test	$K_n = D = 0.1717$	> 0.250
Cramér von Mises-Test	$C^2 = W - Sq = 0.0905$	> 0.250
Anderson-Darling-Test	$AD^2 = A - Sq = 0.5798$	> 0.250
χ^2-Test	$\chi^2 = 4.3813 \qquad df = 5$	0.496

Da alle p-Werte das Signifikanzniveau α übersteigen, kann die Nullhypothese nicht verworfen werden. Es kann nicht nachgewiesen werden, dass die Daten nicht aus einer Standardnormalverteilung stammen.

5.1.9 Test auf Verteilungsanpassung in R

Der Kolmogorov-Smirnov-Test kann in R zum Testen von allen implementierten Verteilungen (mit Ausnahme der Multinomialverteilung) verwendet werden (vgl. Tabelle 3.13, Seite 74). Verteilungen mit Voreinstellungen für die Parameter können mit oder ohne Angabe der Parameter getestet werden (z.B. Normalverteilung), Verteilungen ohne Voreinstellungen benötigen zwingend die Angabe der notwendigen Parameter (z.B. Chi-Quadrat-Verteilung).

```
ks.test(Daten, "Verteilung", Parameter)
ks.test(Daten, "Verteilung")
```

Ausgegeben wird der Wert der Teststatistik und der p-Wert, sowie die Information ob einseitig oder zweiseitig getestet wurde. Die Nullhypothese wird verworfen, falls der p-Wert höchstens α ($p \leq \alpha$) ist.

Um die empirische und die theoretische Verteilungsfunktion zu plotten kann man diesen Befehl verwenden:

```
plot(ecdf(Daten),
+ main = "empirische und theoretische Verteilungsfunktion",
+ verticals = TRUE)
curve(Verteilung(x, Parameter 1, ... , Parameter k),
+ add=TRUE, col="red", lwd=2)
```

mit

`ecdf`	die empirische Verteilungsfunktion
`main=""`	der Titel der Grafik
`verticals=TRUE`	um eine Treppenfunktion zu erhalten
`add=TRUE`	fügt die Kurve zur letzten Grafik hinzu
`col="red"`	plottet die Grafik in Rot
`lwd=`	Linienstärke

Beispiel 5.8. Kolmogorov-Smirnov-Test

Gegeben seien die Daten aus Beispiel 5.1. Prüfen Sie zum Niveau $\alpha = 0.05$, ob diese Daten standardnormalverteilt sind.

$$
\begin{array}{cccccccc}
0.1111 & 0.3937 & 0.8854 & -0.1299 & -0.4475 & 0.0205 & 0.5707 & -0.8954 \\
-0.1551 & -0.9964 & 0.4752 & -0.0677 & 2.4784 & -1.2827 & 0.0904
\end{array}
$$

Die zugehörige Syntax lautet:

```
Stichprobe=c(0.1111,0.3937,0.8854,-0.1299,-0.4475,
+    0.0205, 0.5707,-0.8954,-0.1551,-0.9964,0.4752,
+    -0.0677,2.4784,-1.283,0.0904)
ks.test(Stichprobe,"pnorm")
plot(ecdf(Stichprobe), main="",verticals=TRUE)
curve(pnorm(x), add=TRUE, col="red",lwd=2)
```

Neben der Grafik wird der Wert der Kolmogorov-Smirnov-Teststatistik ausgegeben ($D = 0.1717$) und der p-Wert ($p = 0.7067$). Der p-Wert ist größer als α, also wird die Nullhypothese ("Die Daten stammen aus einer Standardnormalverteilung") nicht abgelehnt.

Weitere Tests auf Verteilungsanpassung bietet das Paket **nortest**. Nach dem Installieren und laden des Paketes kann man mit Lilliefors-Test, Anderson-Darling-Test, Shapiro-Test, Cramér-von-Mises-Test und dem Chi-Quadrat-Test die Normalverteilungsannahme testen. Andere Verteilungsannahmen können mit diesem Paket nicht getestet werden. Das Paket **truncgof** bietet mit der Anweisung `ad2.test` den Anderson-Darling-Test auch für andere Verteilungen an.

Tests auf Normalverteilung in R (im Paket „nortest")

lillie.test(Daten)

pearson.test(Daten, Anzahl der Klassen)

ad.test(Daten)

shapiro.test(Daten)

cvm.test(Daten)

Bei diesen Tests auf Anpassung einer Normalverteilung wird in R die Teststatistik und der p-Wert ausgegeben. Für p-Wert $\leq \alpha$ wird die Nullhypothese einer Normalverteilung abgelehnt.

Beispiel 5.9. Tests auf Normalverteilung in R

(Fortsetzung von Beispiel 5.1) Überprüfen Sie, ob die Daten aus einer Normalverteilung stammen.

Nach der Installation des Paketes `nortest` kann folgende Syntax verwendet werden:

```
Stichprobe=c(0.1111,0.3937,0.8854,-0.1299,-0.4475,
+       0.0205,0.5707,-0.8954,-0.1551,-0.9964,
+       0.4752,-0.0677,2.4784,-1.283,0.0904)
library(nortest)
ad.test(Stichprobe)
cvm.test(Stichprobe)
shapiro.test(Stichprobe)
lillie.test(Stichprobe)
pearson.test(Stichprobe,3, adjust=FALSE)
```

Man erhält folgende Ergebnisse:

Test	Teststatistik	p-Wert
Anderson-Darling-Test	$AD^2 = A = 0.4968$	0.1794
Cramér von Mises-Test	$C^2 = W = 0.0736$	0.2329
Shapiro-Wilk-Test	$W^2 = W = 0.9092$	0.1316
Lilliefors-Test	$K_n = D = 0.1551$	0.4297
Chi-Quadrat-Test	$\chi^2 = P = 1.2$	0.5488

Der χ^2-Test ist in diesem Fall nicht geeignet, da die Stichprobe zu klein ist. Die Gruppierung der Daten für den Chi-Quadrat-Test übernimmt R in der Weise, dass alle Klassen möglichst gleich viele Elemente umfassen.

Die Nullhypothese kann nicht abgelehnt werden, somit gibt es keine Hinweise darauf, dass die Daten nicht normalverteilt sind.

5.2 Binomialtest

Der Binomialtest kann für jedes Testproblem verwendet werden, das als Test auf Anteile formuliert werden kann. Ausgangspunkt ist die Behauptung, dass ein Anteil (an Objekten, die eine bestimmte Eigenschaft aufweisen) einen Referenzwert p_0 annimmt. Als Alternative wird formuliert, dass der Anteil den Wert p_0 nicht annimmt (zweiseitiger Test) oder diesen über- bzw. unterschreitet (einseitige Tests). Jedes Skalenniveau ist zugelassen, die Merkmale müssen allerdings dichotomisiert werden.

Hypothesen (zweiseitig)

$$H_0: p = p_0 \qquad H_1: p \neq p_0$$

Beispiel 5.10. Münzwurf
Man möchte eine Münze auf Fairness überprüfen. Unter der Nullhypothese (faire Münze) wäre der Anteil der Würfe mit dem Ergebnis Kopf genau 50%. Demnach lauten die Hypothesen:

$$H_0: p = 0.5 \qquad H_1: p \neq 0.5$$

Als **Teststatistik** wird die Anzahl der Beobachtungen mit der gewünschten Eigenschaft herangezogen. Diese Anzahl ist unter Annahme der Nullhypothese binomialverteilt mit den Parametern n und $p = p_0$ und damit gilt:

$$Pr(T \leq t) = \sum_{i=0}^{t} \binom{n}{i} p_0^i (1 - p_0)^{n-i}$$

Daraus lässt sich folgende **Entscheidungsregel** ableiten:

Man bestimmt die Quantile $t_{\alpha/2}$ und $t_{1-\alpha/2}$ so, dass $Pr(T \leq t_{\alpha/2}) \geq \alpha/2$ und $Pr(T \leq t_{1-\alpha/2}) \geq 1 - \alpha/2$. Die Nullhypothese ist abzulehnen, wenn die Teststatistik $T < t_{\alpha/2}$ oder $T > t_{1-\alpha/2}$ ist.

Beispiel 5.11. Münzwurf
(Fortsetzung von Beispiel 5.10). Bei 10 Würfen kam neunmal Kopf und einmal Zahl. Es soll auf einem Niveau von $\alpha = 0.1$ die Fairness der Münze getestet werden. Aus der Verteilungsfunktion der Binomialverteilung

t	0	1	2	3	4	5
$Pr(T \leq t \mid B(10, 0.5))$	0.001	0.011	0.055	0.172	0.377	0.623

t	6	7	8	9	10
$Pr(T \leq t \mid B(10, 0.5))$	0.828	0.945	0.989	0.999	1.000

bestimmt man die Quantile $t_{\alpha/2} = 2$ und $t_{1-\alpha/2} = 8$, weil $Pr(T \leq 2) = 0.055$ und $Pr(T \leq 8) = 0.989$. Die Nullhypothese ist abzulehnen, wenn die Teststatistik $T < 2$ oder $T > 8$ ist. Bei neunmal Kopf kann mit 90% Sicherheit nachgewiesen werden, dass die Münze nicht fair ist.

Testen von zweiseitigen Hypothesen über Anteile
Binomialtest

Hypothesen
$$H_0\colon p = p_0 \qquad H_1\colon p \neq p_0$$

Entscheidungsregel
Bestimme Quantile

$t_{\alpha/2}$ mit $Pr(T \leq t_{\alpha/2}) \geq \alpha/2$ und

$t_{1-\alpha/2}$ mit $Pr(T \leq t_{1-\alpha/2}) \geq 1 - \alpha/2$.

Für $T \in [t_{\alpha/2}; t_{1-\alpha/2}]$ wird die Nullhypothese beibehalten, andernfalls verworfen.

Da die Binomialverteilung eine diskrete Verteilung ist, können die Quantile im Normalfall nicht so bestimmt werden, dass das gewünschte Testniveau α exakt eingehalten wird. Verwendet man zur Bestimmung der Quantile die angegebenen Formeln, so erhält man einen konservativen Test, dessen tatsächliches Testniveau $\widetilde{\alpha}$ aus der Binomialverteilung berechnet werden kann.

Einseitige Hypothesen behandeln die Fragestellung, ob sich nachweisen lässt, dass ein Parameter einen bestimmten Referenzwert unter- oder überschreitet. Wir betrachten zuerst die Frage, ob ein Parameter einen bestimmten Sollwert überschreitet.

Hypothesen einseitiger Test (Überschreitung)

$$H_0\colon p \leq p_0 \qquad H_1\colon p > p_0$$

Als Teststatistik wird wieder die Anzahl der Beobachtungen mit der gewünschten Eigenschaft herangezogen. Für den einseitigen Test bestimmt man das Quantil $t_{1-\alpha}$ so, dass $Pr(T \leq t_{1-\alpha}) \geq 1 - \alpha$. Die Nullhypothese ist abzulehnen, wenn die Teststatistik $T > t_{1-\alpha}$ ist.

Beispiel 5.12. Münzwurf
(Fortsetzung von Beispiel 5.10). Bei 10 Würfen kam neunmal Kopf und einmal Zahl. Es soll auf einem Niveau von $\alpha = 0.1$ getestet werden, ob die Mehrheit der Würfe mit dem Ergebnis Kopf endeten. Aus der Verteilungsfunktion der

Binomialverteilung bestimmt man das Quantil $t_{1-\alpha} = 7$, weil $Pr(T \leq 7) = 0.945$. Die Nullhypothese ist abzulehnen, wenn die Teststatistik $T > 7$ ist. Bei neunmal Kopf kann mit 90% Sicherheit nachgewiesen werden, dass die Münze mehrheitlich Kopf-Ergebnisse zeigt.

Testen von einseitigen Hypothesen über Anteile
Binomialtest - Nachweis einer Überschreitung

Hypothesen
$$H_0: p \leq p_0 \qquad H_1: p > p_0$$

Entscheidungsregel

Bestimme das Quantil

$$t_{1-\alpha} \qquad \text{mit} \quad Pr(T \leq t_{1-\alpha}) \geq 1 - \alpha$$

Für $T > t_{1-\alpha}$ wird die Nullhypothese verworfen.

Testen von einseitigen Hypothesen über Anteile
Binomialtest - Nachweis einer Unterschreitung

Hypothesen
$$H_0: p \leq p_0 \qquad H_1: p < p_0$$

Entscheidungsregel

Bestimme das Quantil

$$t_{\alpha} \qquad \text{mit} \quad Pr(T \leq t_{\alpha}) \geq \alpha$$

Für $T < t_{\alpha}$ wird die Nullhypothese verworfen.

Für den Fall, dass der Stichprobenumfang n „hinreichend groß" wird, kann die Binomialverteilung nach dem Satz von Moivre-Laplace durch die Normalverteilung mit Mittel $\mu = np$ und Varianz $\sigma^2 = np(1-p)$ angenähert werden. Mit dieser asymptotischen Verteilung verändern sich dann auch die Grenzwerte. Anstelle der $\alpha/2$ bzw. $1 - \alpha/2$ Quantile der Binomialverteilung werden nun die $\alpha/2$ bzw. $1 - \alpha/2$ Quantile der korrespondierenden Normalverteilung verwendet (vgl. Tabelle 11.1). Für großes n sind die Unterschiede zwischen den Quantilen der Binomial- bzw. der Normalverteilung wegen der Asymptotik (beinahe) Null. In der Literatur werden unterschiedliche Kriterien für einen *hinreichend großen* Stichprobenumfang angegeben, ein Kriterium ist die Erfüllung der beiden Ungleichungen

$$n \cdot p > 10 \qquad \text{und} \qquad n \cdot (1-p) > 10$$

Beispiel 5.13. Münzwurf, Binomialtest in R
(Fortsetzung von Beispiel 5.10 bzw. 5.11). R stellt für exakte Binomialtests die Funktion binom.test(x,n,p,alternative, conf.level) zur Verfügung, wobei die Funktionsparameter folgende Bedeutung haben:

- x ist die Anzahl der Erfolge
- n ist die Anzahl der Versuche
- p ist die Wahrscheinlichkeit für einen Erfolg unter der Nullhypothese
- alternative steht für Alternativhypothese und kann die Werte two.sided, less und greater haben, wobei die Angabe der ersten Buchstaben der Schlüsselwörter unter Anführungszeichen ausreicht.
- conf.level bestimmt die gewünschte Sicherheit $1 - \alpha$ für das Konfidenzintervall, Voreinstellung ist $1 - \alpha = 0.95$

Im Falle von Beispiel 5.11 würde der gesamte Test durch den Befehl

```
binom.test(x=9,n=10,p=0.5,alternative="t",conf.level=0.90)
```

durchgeführt werden. Diese Routine berechnet den p-Wert, den Punkt- und Bereichschätzer für den Anteil der Erfolge. Ist der p-Wert $\leq \alpha$ wird die Nullhypothese verworfen. In diesem Fall lässt sich auch leicht nachrechnen, dass der p-Wert die Wahrscheinlichkeit dafür ist, unter der Nullhypothese dieses oder ein noch selteneres Ergebnis zu erhalten: Der (zweiseitige) p-Wert ist somit die Summe der Wahrscheinlichkeiten für die Ereignisse 0,1,9,10 einer Binomialverteilung mit $n = 10$ und $p_0 = 0.5$.

Da der p-Wert (0.02148) kleiner als das vorgegebene α-Niveau ist, muss die Nullhypothese verworfen werden. Die Münze ist nicht fair.

Beispiel 5.14. Münzwurf mit SAS
In SAS erfolgt der exakte Binomialtest in der PROC FREQ (vgl. Abschnitt 2.7.2). Zuerst werden die Daten in einem DATA-STEP in SAS eingelesen. Zu beachten ist, dass SAS den kleineren Wert als Realisierung des interessierenden Ereignisses („Kopf") und den größeren Wert als Realisierung des Komplementärereignisses („Zahl") wertet. Die Häufigkeit der jeweiligen Ereignisse kann in der Variablen Anzahl eingetragen werden.

```
DATA Beispiel;
 INPUT Kopf Zahl Anzahl;
 DATALINES;
 1 2 9   # Anzahl der Würfe mit Ergebnis Kopf
 2 1 1   # Anzahl der Würfe mit Ergebnis Zahl
 ;
RUN;
```

```
PROC FREQ;
  WEIGHT Anzahl;
  TABLES Kopf /binomial(p=0.5) alpha=0.1;
RUN;
```

SAS liefert als Ergebnis das approximative und das exakte Konfidenzintervall für den Anteil der Würfe mit Kopf. Liegt der getestete Anteil p_0 im Intervall, so entscheidet man zugunsten der Nullhypothese, ansonsten für die Alternativhypothese. Zudem wird der p-Wert ausgegeben, allerdings wird für die Berechnung durch die Normalverteilung approximiert.

Auch hier wird mit $p = 0.0114$ zugunsten der Alternativhypothese entschieden, d.h. die Münze ist nicht fair.

Testen von Quantilen

In der nichtparametrischen Statistik spielen Quantile eine außerordentlich wichtige Rolle. Besonders der Median wird gerne als Ersatz für den Mittelwert verwendet. Neben der Unempfindlichkeit gegenüber Ausreißern in der Stichprobe weist der Median (wie jedes andere Quantil) auch andere Vorteile gegenüber dem Mittelwert auf: Er ist auch bei ordinalem Skalenniveau verwendbar und man kann - im Gegensatz zum Mittelwert - eine exakte Verteilung der Teststatistik angeben. Diese Verteilung ist die Binomialverteilung, denn unter der Nullhypothese, dass Θ_0 der Median ist, ist die Anzahl der Stichprobenelemente, die größer/kleiner als Θ_0 sind, binomialverteilt $B_{n,0.5}$ mit den Parametern n und 0.5. Das ist einsichtig, denn wenn Θ_0 tatsächlich der unbekannte Median ist, dann ist die Wahrscheinlichkeit 0.5, dass man einen Wert zufällig zieht, der größer/kleiner als der Median Θ_0 ist.

Verallgemeinert man den Test für den Median auf alle möglichen Quantile, dann ist klar, dass diese Tests wiederum eine Binomialverteilung haben müssen. Testet man zum Beispiel das 10%-Quantil, dann beträgt die Wahrscheinlichkeit einen Wert kleiner als dieses Quantil zu ziehen 10%, *wenn* die Hypothese tatsächlich stimmt. Auch hier haben wir wieder die Nullhypothese, dass das zu testende Quantil tatsächlich dem unbekannten, aber wahren 10%-Quantil entspricht. Die Verteilung im Fall des 10%-Quantils ist also die Binomialverteilung $B_{n,0.1}$. Allgemein ist die Verteilung des p-Quantils die Binomialverteilung $B_{n,p/100}$.

5.3 Lineare Rangtests

Tests, die auf Ordnungs- bzw. Rangstatistiken basieren, spielen in der nicht-parametrischen Statistik eine wichtige Rolle. Die hier angeführten Rangtests basieren auf metrischem Skalenniveau. Durch die Vergabe von Rängen entsteht daher ein Informationsverlust, der aber von geringer Bedeutung ist.

5.3.1 Das allgemeine Prinzip linearer Rangstatistiken

Lineare Rangstatistiken gehen von einer Stichprobe von unabhängigen, identisch und stetig verteilten Zufallsvariablen $(X_1, \ldots, X_n)$ aus, deren Verteilung zwar unbekannt ist, von der wir aber folgende wichtige Eigenschaften **voraussetzen**:

- Es handelt sich um eine stetige Verteilungsfunktion $F(X)$

- **Symmetrie** der Verteilungsfunktion um den Lageparameter Θ

Besonders die zweite Voraussetzung schränkt die durch lineare Rangstatistiken analysierbaren Probleme stark ein. Mit Rangstatistiken können nur Aussagen über den Lageparameter Θ getestet werden, die Güte dieser Tests ist aber ausgesprochen hoch. Sogar im Fall von normalverteilten Daten sind einige verteilungsfreie Tests mit Rangstatistiken annähernd so effizient in der Erkennung des wahren Lageparameters $\Theta = \mu$ wie der optimale t-Test.

Um einen Test durchführen zu können, benötigen wir zunächst eine sinnvolle Teststatistik $L = t(X_1, \ldots, X_n)$. Ausgangspunkt für lineare Rangstatistiken sind die Ränge der Differenzbeträge zum hypothetischen Lageparameter Θ_0, also $R_i^+ = R(D_i)$ mit $D_i = |X_i - \Theta_0|$. In einer Indikatorvariablen Z_i wird zudem vermerkt, ob die Differenz $(X_i - \Theta)$ positiv ($Z_i = 1$) oder negativ ($Z_i = 0$) ist. Zusammen mit einer Gewichtsfunktion $g\left(R_i^+\right)$ lautet damit die allgemeine Form einer linearen Rangstatistik:

$$L = \sum_{i=1}^{n} g\left(R_i^+\right) \cdot Z_i$$

Nach Ordnen der Differenzbeträge bzw. deren Ränge kann die Teststatistik in vereinfachter Form angeschrieben werden als:

$$L = \sum_{i=1}^{n} g(i) \cdot Z_i$$

Zum Testen benötigt man die Verteilung der Teststatistik unter der Nullhypothese. Da die Ränge von 1 bis n fix vorgegeben sind, ist nur mehr die Variable Z_i eine Zufallsvariable, und zwar mit dem Wert 1, wenn die Differenz $X_i - \Theta_0$ positiv ist, und mit dem Wert 0, wenn die Differenz negativ ist. Die Wahrscheinlichkeit, dass Z_i einen der beiden Werte annimmt ist wegen der Symmetrie der Verteilungsfunktion 0.5. Wegen der Unabhängigkeit der Stichprobenziehungen ist die Wahrscheinlichkeit, dass alle n Ziehungen die 0-1-Folge $(Z_1, \ldots, Z_n)$ ergeben, gleich 0.5^n.

Die exakte Verteilung der Teststatistik unter der Nullhypothese kann dann angeschrieben werden als

$$Pr(L = k) = \frac{a(k)}{2^n}$$

$a(k) \ldots$ Anzahl der Permutationen, die den Wert k ergeben

Die kritischen Werte werden mit Hilfe von Simulationen ermittelt, für große Stichprobenumfänge kann die Verteilung approximiert werden. Für die Approximation benötigt man Erwartungswert und Varianz, die gegeben sind durch:

$$E(L) = \frac{1}{2} \cdot \sum_{i=1}^{n} g(i)$$

$$Var(L) = \frac{1}{4} \cdot \sum_{i=1}^{n} (g(i))^2$$

Je nach Gewichtsfunktion $g(i)$ erhält man unterschiedliche Tests, von denen nun der Vorzeichentest und der Wilcoxon-Vorzeichen-Rangtest näher beschrieben werden.

5.3.2 Der Vorzeichentest (Sign-Test)

Für diesen Test gelten die **Voraussetzungen** für lineare Rangstatistiken (Unabhängigkeit, Stetigkeit, Symmetrie). Die Voraussetzung der Stetigkeit erleichtert die theoretische Betrachtung, ist aber für die praktische Durchführung nicht zwingend erforderlich. Die Voraussetzung stetiger Variablen kann zudem kaum durchgehalten werden, weil durch Messfehler oder Rundungen eine gewisse Diskretisierung erfolgt. Somit können in der Praxis Bindungen auftreten, die meist mit Vergabe von Durchschnittsrängen behandelt werden (vgl. Abschnitt 4.1).

Die Teststatistik des Vorzeichentests erhält man, wenn man als Gewichtsfunktion der linearen Rangstatistik die Funktion $g(i) = 1$ wählt:

$$L = \sum_{i=1}^{n} g(i) \cdot Z_i = \sum_{i=1}^{n} Z_i$$

Die Verteilung unter der Nullhypothese ist wegen der Symmetrie eine Binomialverteilung mit $p = 0.5$, denn die Teststatistik L beinhaltet die Anzahl der Werte, die größer als der zu testende Parameter Θ_0 sind. Damit ist der Vorzeichentest ein Spezialfall des allgemeinen Binomialtests und weist die gleichen Eigenschaften wie dieser auf. Er ist konsistent und unverfälscht und erfüllt somit die wichtigsten Voraussetzungen für einen guten Test. Im Vergleich zum t-Test ist er (unter Voraussetzung von normalverteilten Daten) klar unterlegen, sollte aber im Fall von Daten, die nicht normalverteilt sind, bevorzugt werden.

Vorzeichentest

- Zweiseitige Hypothesen
  $H_0 : \theta = \theta_0$
  $H_1 : \theta \neq \theta_0$

- Einseitige Hypothesen, Fall A
  Überschreitung des Lageparameters θ_0
  $H_0 : \theta = \theta_0$
  $H_1 : \theta > \theta_0$

- Einseitige Hypothesen, Fall B
  Unterschreitung des Lageparameters θ_0
  $H_0 : \theta = \theta_0$
  $H_1 : \theta < \theta_0$

Testentscheidung
(kritische Werte: Quantile t_p der Binomialverteilung (vgl. Abschnitt 5.2))

- Zweiseitiger Test: H_0 ablehnen, falls $L < t_{\alpha/2}$ oder $L > t_{1-\alpha/2}$

- Einseitiger Test, Fall A: H_0 ablehnen, falls $L < t_\alpha$

- Einseitiger Test, Fall B: H_0 ablehnen, falls $L > t_{1-\alpha}$

Beispiel 5.15. Schulklasse Vorzeichentest
Von 15 zufällig ausgewählten SchülerInnen wurde die Mathematik-Note erhoben (1, 1, 2, 2, 2, 3, 3, 3, 3, 3, 4, 4, 4, 5, 5). Es soll getestet werden, ob der Median Θ der Mathematik-Noten 2 ist oder davon abweicht.

Für die Teststatistik L ist die Anzahl jener SchülerInnen zu erheben, die eine schlechtere Note als 2 hatten, weil dann die Differenz $D_i = X_i - \Theta_0$ ein positives Vorzeichen ausweist. SchülerInnen mit der Note 2 führen zu einer Differenz von 0 und werden in weiterer Folge ausgeschlossen. Das sind 3 Personen und somit reduziert sich n auf 12.

Die Teststatistik nimmt den Wert $L = 10$ an, die Verteilung unter der Nullhypothese ist die Binomialverteilung mit $n = 12$ und $p = 0.5$. Für den zweiseitigen Test ($\alpha = 0.05$) ermittelt man die Quantile der Binomialverteilung $t_{\alpha/2} = 3$ und $t_{1-\alpha/2} = 9$ (vgl. Abschnitt 5.2). Da die Teststatistik größer als der obere kritische Wert ist, entscheidet man zugunsten der Alternativhypothese: Mit (mindestens) 95%iger Sicherheit weicht der Median (die mittlere Note) vom Wert 2 ab, der p-Wert (und damit das tatsächliche Niveau $\tilde{\alpha}$) beträgt $p = 0.0386$).

In diesem Beispiel wurden Fälle mit Nulldifferenzen aus der Analyse ausgeschlossen. Diese in Praxis gängige Vorgehensweise ist in diesem Beispiel allerdings problematisch, weil dadurch ein erheblicher Teil der Beobachtungen (3 von 15) ausgeschlossen wird. In solchen Fällen könnte man folgende alternative Vorgehensweise wählen: Durch Münzwurf wird entschieden, ob die Nulldifferenz als positive Differenz ($z_i = 1$) oder als negative Differenz ($z_i = 0$) in die Teststatistik eingeht.

Beispiel 5.16. Schulklasse Vorzeichentest in SAS
(Fortsetzung von Beispiel 5.15) Nach der Dateneingabe kann über die Prozedur UNIVARIATE der Vorzeichentest angefordert werden. Wird kein Referenzwert θ_0 angegeben, so wird der Test mit $\theta_0 = 0$ durchgeführt. Für unser Beispiel lautet die Syntax nach der Dateneingabe:

```
PROC UNIVARIATE mu0=2;
RUN;
```

Die Teststatistik von SAS weicht von $L = 10$ ab. Bezeichnet man mit n^+ die Anzahl der positiven Differenzen D_i ($n^+ = L$) und mit n^- die Anzahl der negativen Differenzen, dann verwendet SAS als Teststatistik $M = (n^+ - n^-)/2$. In unserem Fall ist daher die Teststatistik $M = (10 - 2)/2 = 4$. Der p-Wert stimmt mit der händischen Berechnung überein.

Beispiel 5.17. Schulklasse Vorzeichentest in R
(Fortsetzung von Beispiel 5.15) Der Vorzeichentest selbst ist in R nicht implementiert. Nachdem aber der Vorzeichentest ein spezieller Binomialtest ist kann der p-Wert über die Anweisung

```
binom.test(x=10,n=12,p=0.5,alternative="t",conf.level=0.95)
```

angefordert werden. Aus dem p-Wert (0.03857) ist ersichtlich, dass die Nullhypothese abzulehnen ist, der Median der Schulnoten ist nicht 2.

5.3.3 Wilcoxon-Vorzeichen-Rangtest

Dieser Test hat die gleichen Voraussetzungen wie der Vorzeichen-Test, der entscheidende Unterschied liegt in der Gewichtsfunktion, die nun $g(i) = i$ ist.

Daraus ergibt sich die **Teststatistik** des Wilcoxon-Vorzeichen-Rangtests als:

$$W_n^+ = \sum_{i=1}^{n} i \cdot Z_i$$

Der Vorteil des Vorzeichen-Rang-Tests von Wilcoxon ist, dass die Abweichung zwischen den Ausprägungen der Variablen X und dem zu testenden Lageparameter Θ in die Teststatistik eingeht, daher schneidet dieser Test im Vergleich zum herkömmlichen Vorzeichen-Test in der Regel besser ab und sollte bevorzugt werden.

Die Verteilung dieser Teststatistik stammt aus keiner der bekannten univariaten Verteilungsfamilien. Die Momente der Verteilung sind aber einfach zu bestimmen. Da Z_i wieder die einzige Zufallsvariable ist, welche die Zustände 0 und 1 jeweils mit Wahrscheinlichkeit 0.5 annimmt, folgt für den Erwartungswert und die Varianz (vgl. Aufgabe 5.7, Seite 149):

$$E(W_n^+) = \frac{1}{2} \cdot \sum_{i=1}^{n} i = \frac{n(n+1)}{4}$$

$$Var(W_n^+) = \frac{1}{4} \cdot \sum_{i=1}^{n} i^2 = \frac{1}{4} n(n+1)(2n+1)$$

Die exakte Verteilung der Teststatistik W_n^+ von Wilcoxon kann durch Abzählen aller möglichen Kombinationen an n-Tupel $(z_1, \ldots, z_n)$ mit dem Wert k (kurz mit $a(k)$ bezeichnet) erreicht werden. Da die Anzahl aller möglichen Permutationen 2^n ist, erhält man die Wahrscheinlichkeit den Wert k zu erhalten mit:

$$Pr(W_n^+ = k) = \frac{a(k)}{2^n}$$

Dieses Auszählen müsste man für jedes n wiederum durchführen.

Um die kritischen Werte der Teststatistik zu erhalten, kann man in R die Routine `qsignrank(p,n)` mit dem Vektor der gesuchten Quantile `p` und dem Stichprobenumfang `n` aufrufen, die Ergebnisse sind für $4 \leq n \leq 20$ in Tabelle 11.6 angeführt.

Für große Stichproben $(n > 20)$ kann die Verteilung durch eine Normalverteilung approximiert werden.

Wilcoxon-Vorzeichen-Rangtest

- Zweiseitige Hypothesen
  $H_0 : \theta = \theta_0$
  $H_1 : \theta \neq \theta_0$

- Einseitige Hypothesen, Fall A
  Überschreitung des Lageparameters θ_0
  $H_0 : \theta = \theta_0$
  $H_1 : \theta > \theta_0$

- Einseitige Hypothesen, Fall B
  Unterschreitung des Lageparameters θ_0
  $H_0 : \theta = \theta_0$
  $H_1 : \theta < \theta_0$

Testentscheidung (kritische Werte in Tabelle 11.6)

- Zweiseitiger Test: H_0 ablehnen, falls $W_N^+ \leq w_{\alpha/2}^+$ oder $W_N^+ \geq w_{1-\alpha/2}^+$

- Einseitiger Test, Fall A: H_0 ablehnen, falls $W_N^+ \leq w_{\alpha}^+$

- Einseitiger Test, Fall B: H_0 ablehnen, falls $W_N^+ \geq w_{1-\alpha}^+$

Beispiel 5.18. Schulklasse Wilcoxon-Vorzeichen-Rangtest
(vgl. Beispiel 5.15) Eine Schulklasse will überprüfen, ob der Median Θ ihrer Mathematik-Noten 2 ist oder davon abweicht. Die (sortierten) Noten der Klasse sind 1, 1, 2, 2, 2, 3, 3, 3, 3, 3, 4, 4, 4, 5, 5.

Auch für den Wilcoxon-Vorzeichen-Rangtest werden Elemente mit Nulldifferenzen aus der Stichprobe entfernt und der Stichprobenumfang entsprechend reduziert. Da für die Beträge der Differenzen $|D_i|$ Bindungen vorliegen, müssen Durchschnittsränge (für die Beträge der Differenzen) vergeben werden:

Note	Durchschnittsrang
1, 3	$(1 + \ldots + 7)/7 = 4$
4	$(8 + 9 + 10)/3 = 9$
5	$(11 + 12)/2 = 11.5$

Die Teststatistik nimmt den Wert $W_n^+ = 5 \cdot 4 + 3 \cdot 9 + 2 \cdot 11.5 = 70$ an. Für den zweiseitigen Test ($\alpha = 0.05$, $n = 12$) ermittelt man aus Tabelle 11.6 die Quantile $w_{\alpha/2}^+ = 14$ und $w_{1-\alpha/2}^+ = 78 - 14 = 64$. Da die Teststatistik größer als der obere kritische Wert ist, entscheidet man zugunsten der Alternativhypothese: Mit (mindestens) 95%iger Sicherheit weicht der Median der Noten vom Wert 2 ab.

Beispiel 5.19. Schulklasse Wilcoxon-Vorzeichen-Rangtest in R
(Fortsetzung Beispiel 5.18) Die folgende Syntax zeigt zwei Möglichkeiten für einen Wilcoxon-Vorzeichen-Rangtest in R:

```
Noten=c(1,1,2,2,2,3,3,3,3,3,4,4,4,5,5)
wilcox.test(Noten, alternative="t", exact=TRUE, mu=2)

library(exactRankTests)
wilcox.exact(Noten, alternative="t", exact=TRUE, mu=2)
```

`wilcox.test` kann exakte p-Werte nur für den Fall ohne Bindungen angeben, im Paket `exactRankTests` liefert der Aufruf `wilcox.exact()` auch im Fall von Bindungen einen exakten p-Wert.

Die Ausgabe enthält den Wert der Teststatistik ($V = 70$) und den (exakten) p-Wert (0.01416). Die Nullhypothese ist demnach abzulehnen, der Median der Schulnoten ist nicht 2. Wie aus den Ergebnissen ersichtlich, streicht R automatisch die Fälle der Nulldifferenzen aus der Stichprobe.

Beispiel 5.20. Schulklasse Wilcoxon-Vorzeichen-Rangtest in SAS
(Fortsetzung Beispiel 5.18) Die Lösung in SAS ist völlig analog zu Beispiel 5.16, weil mit der Prozedur UNIVARIATE automatisch Vorzeichentest und Wilcoxon-Vorzeichen-Rangtest durchgeführt werden.

Als Teststatistik in SAS wird nicht W_n^+ ausgegeben, sondern die zentrierte (um den Erwartungswert korrigierte) Teststatistik. In unserem Fall ist das Ergebnis in SAS somit

$$S = W_n^+ - E(W_n^+) = W_n^+ - \frac{n(n+1)}{4} = 70 - \frac{12 \cdot 13}{2} = 31$$

SAS berechnet die p-Werte für Stichprobenumfänge $n < 20$ exakt und für größere Stichproben über die Approximation mit der Normalverteilung. Auch in SAS werden Fälle mit Nulldifferenzen automatisch aus der Stichprobe entfernt.

Wegen der Berücksichtigung der Ränge in der Teststatistik ist dieser Test in der Regel besser als der einfachere Vorzeichentest. Selbst bei normalverteilten Daten ist der optimale t-Test nur wenig besser als der Wilcoxon-Vorzeichen-Rangtest. Sind die Daten nicht normalverteilt, ist der Wilcoxon-Vorzeichen-Rangtest dem t-Test an Effizienz überlegen.

5.4 Test auf Zufälligkeit - Wald-Wolfowitz-Test

In der klassischen wie auch der nichtparametrischen Statistik werden häufig Verfahren verwendet, welche die Unabhängigkeit der zu Grunde liegenden Daten voraussetzen. Meist ist diese Voraussetzung durch eine saubere Datenerhebung a priori gegeben, aber die Unabhängigkeit der Ziehungen kann auch getestet werden.

Die Nullhypothese ist die Zufälligkeit (Unabhängigkeit der Ziehungen) und die Anzahl der so genannten **Runs** dient als Teststatistik. Die Anzahl der Runs (Iterationen, Sequenzen) bezeichnet die Anzahl der Folgen von gleichen Merkmalsausprägungen, die Reihenfolge (A, B, B, B, A, A, B) hat somit vier Runs. Vorausgesetzt wird eine dichotome Variable, deren Anordnung an Ausprägungen eindeutig sein muss. Beim zweiseitigen Testen lautet die Alternativhypothese „nicht zufällige Ziehung", einseitig kann getestet werden, ob auffällig viele oder auffällig wenig Iterationen vorkommen. Beides spricht gegen die Annahme, dass die Anordnung zufällig ist.

Beispiel 5.21. Münzwurf
Bei 10 Würfen wurden folgende Ergebnisse erzielt: K K K K Z Z Z Z Z K. Es soll auf einem Niveau von $\alpha = 0.05$ die Fairness der Münze getestet werden (genauer gesagt soll getestet werden, ob dieses Ergebnis aus zufälligen Würfen entstanden ist).

Der Test auf Zufälligkeit benötigt nur sehr wenige Voraussetzungen. Die Variablen müssen dichotom sein oder dichotomisiert werden, beispielsweise mit dem Mittelwert oder Median als Trennwert. Werte, die exakt dem Trennwert entsprechen, werden aus der Betrachtung ausgeklammert. Durch das Dichotomisieren und Entfernen von Werten entsteht natürlich ein Informationsverlust, der die Qualität des Tests vermindert.

Die Verteilung der Teststatistik lässt sich durch kombinatorische Überlegungen herleiten. Allgemein liegt eine Stichprobe mit $N = n + m$ Elementen vor, wobei n Elemente eine bestimmte Ausprägung (z.b. Kopf) und m Elemente die andere Ausprägung (z.B. Zahl) besitzen. Bei zufälliger Ziehung sollte die Anzahl R der Iterationen nicht zu groß und nicht zu klein sein. Eine Wurf mit den Ergebnissen K K K K K Z Z Z Z Z (2 Iterationen) ist sehr ungewöhnlich bei zufälligen Würfen, aber auch die „perfekte Abwechslung" K Z K Z K Z K Z K Z (10 Iterationen) erscheint verdächtig.

Teststatistik
Die zu Grunde liegende Teststatistik R ist die Anzahl der Runs. Die Verteilung dieser Teststatistik leitet sich aus Anzahl aller Möglichkeiten der Anordnung her:

$$A = \binom{m+n}{m} = \binom{m+n}{n}$$

Mit diesem Ansatzpunkt kann die Wahrscheinlichkeit r Iterationen zu beobachten hergeleitet werden:

- r ist eine gerade Zahl ($k = \frac{r}{2}$)

$$Pr(R = r) = \frac{1}{\binom{m+n}{m}} 2 \binom{m-1}{k-1}\binom{n-1}{k-1}$$

- r ist eine ungerade Zahl ($k = \frac{r-1}{2}$)

$$Pr(R = r) = \frac{1}{\binom{m+n}{m}} \left[\binom{m-1}{k}\binom{n-1}{k-1} + \binom{m-1}{k-1}\binom{n-1}{k} \right]$$

Ab $(n, m) > 20$ kann die Verteilung der Runs durch eine Normalverteilung approximiert werden, mit den Parametern ($n + m = N$):

$$E(R) = \frac{2nm}{N} + 1$$

$$Var(R) = \frac{2nm(2nm - N)}{N^2(N-1)}$$

Wald-Wolfowitz-Test
(= Iterationstest, Runs-Test, Test auf Zufälligkeit)

- Zweiseitige Hypothesen
  H_0 : Zufällige Reihenfolge der Ziehungen
  H_1 : Keine zufällige Reihenfolge der Ziehungen

- Einseitige Hypothesen, Fall A
  H_0 : Zufällige Reihenfolge der Ziehungen
  H_1 : zu wenig Iterationen

- Einseitige Hypothesen, Fall B
  H_0 : Zufällige Reihenfolge der Ziehungen
  H_1 : zu viele Iterationen

Testentscheidung (kritische Werte in Tabelle 11.7)

- Zweiseitiger Test: H_0 ablehnen, falls $R < r_{\alpha/2}$ oder $R > r_{1-\alpha/2}$

- Einseitiger Test, Fall A: H_0 ablehnen, falls $R < r_\alpha$

- Einseitiger Test, Fall B: H_0 ablehnen, falls $R > r_{1-\alpha}$

Beispiel 5.22. Münzwurf
Bei 10 Würfen wurden folgende Ergebnisse erzielt: K K K K Z Z Z Z Z K.
Es ist auf einem Niveau von $\alpha = 0.05$ zu testen, ob zu wenige Iterationen für
eine Zufälligkeit vorliegen (Fall A).

Es liegen $r = 3$ Iterationen vor, der kritische Werte aus der Tabelle 11.7 ist
$r_{0.05} = 4$, demnach ist die Nullhypothese der Zufälligkeit abzulehnen, es liegen
zu wenige Iterationen vor.

Alternativ dazu führt auch folgende Überlegung zum gleichen Testergebnis:
Der exakte p-Wert wird berechnet als Wahrscheinlichkeit, unter der Nullhypothese dieses oder ein noch selteneres Ergebnis zu erhalten und beträgt damit:

$$Pr(R \leq 3) = \sum_{r=2}^{3} Pr(R = r) = 0.00794 + 0.03175 = 0.0317$$

Da dieser Wert kleiner ist als das vorher festgelegte Signifikanzniveau von
$\alpha = 0.05$ wird die Nullhypothese abgelehnt.

Der Iterationstest ist in SAS nicht implementiert.

Beispiel 5.23. Münzwurf in R
(Fortsetzung von Beispiel 5.22) Der Iterationstest von Wald-Wolfowitz ist im
Paket lawstat implementiert.

```
Muenze=c(0,0,0,0,1,1,1,1,1,0)
library(lawstat)
runs.test(Muenze, alternative="positive.correlated")
```

Die Daten müssen in numerischer Form eingegeben werden, die Kodierung
selbst ist aber unerheblich, d.h. man hätte mit der Kodierung Kopf = 1 und
Zahl = 0 das gleiche Ergebnis erhalten.

Die einseitige Alternative positive.correlated entspricht unabhängig von
der Kodierung immer dem Fall A (zu wenig Iterationen). Es werden nur die
mit der Normalverteilung approximierten Werte ausgegeben, in unserem Fall
$Z = -2.0125$ und als p-Wert 0.02209. Auch mit den approximierten Werten
kann die Nullhypothese der Zufälligkeit verworfen werden.

5.5 Übersicht Tests für Einstichprobenprobleme

In dieser Übersicht werden die vorgestellten Tests für Einstichprobenprobleme zusammengefasst, mit Ausnahme der Tests auf Verteilungsanpassung, die in Abschnitt 5.1.7 bereits zusammengefasst wurden.

Binomialtest

Voraussetzungen:

    dichotomisierte, unabhängige und identisch verteilte Daten

Testproblem:

    Anteile bzw. Wahrscheinlichkeiten

Teststatistik:

    Anzahl interessierender, eingetretener Ereignisse

Eigenschaften:

    Teststatistik binomialverteilt $B_{n,p}$

    Teststatistik für große Stichproben approximativ normalverteilt

    Güte für jede Alternativhypothese exakt berechenbar

    konsistent (Kendall, M.G. und Stuart, 1979)

    einseitige Tests: gleichmäßig beste Tests (Witting, H., 1974)

Spezialfall: Test von Quantilen

    Teststatistik: Anzahl Stichprobenelemente $\leq p$-Quantil q_p

Vorzeichentest

Voraussetzungen:

    unabhängige und identisch verteilte Daten

    metrische Daten (in Praxis ordinale Daten)

    stetige Verteilungsfunktion (in Praxis nicht zwingend)

    symmetrische Verteilungsfunktion

Testproblem:

    Einstichprobentest Lage

Teststatistik:

    Anzahl der positiven Abweichungen (vom Lageparameter θ_0)

Eigenschaften:

    Linearer Rangtest, Spezialfall des Binomialtests

    Eigenschaften wie Binomialtest

    konsistent und unverfälscht

    einseitige Tests: gleichmäßig beste Tests

    zweiseitiger Test: gleichmäßig bester unverfälschter Test

    (vgl. Hettmansperger, T.P. (1991), Büning, H. und Trenkler (1994))

Wilcoxon-Vorzeichen-Rangtest
Voraussetzungen:
    unabhängige und identisch verteilte Daten
    metrische Daten
    symmetrische stetige Verteilungsfunktion
Testproblem:
    Einstichprobentest Lage
Teststatistik:
    Rangsumme der positiven Abweichungen von Θ_0
Eigenschaften:
    Linearer Rangtest
    Spezielle Verteilung (Tabelle 11.6)
    Teststatistik für große Stichproben approximativ normalverteilt
    konsistent für gewisse Alternativen (Gibbons, J. D. und Chakraborti
    (1992), Noether, G.E. (1967))
    einseitiger Test unverfälscht für bestimmte Alternativen (Lehmann, E.L.
    und D'Abrera (1975))
    dem Vorzeichentest vorzuziehen, Ausnahme: Starke Tails

Wald-Wolfowitz-Test
Voraussetzungen:
    dichotomes oder dichotomisiertes Merkmal
    jedes Skalenniveau zulässig
Testproblem:
    Test auf Zufälligkeit
Teststatistik:
    Anzahl der Sequenzen
Eigenschaften:
    Spezielle Verteilung
    Teststatistik für große Stichproben approximativ normalverteilt

5.6 Konfidenzbereiche

Üblicherweise wird der zentrale Grenzwertsatz und damit die Normalverteilung zur Ermittlung eines Konfidenzintervalls eines unbekannten Parameters herangezogen. In diesem Abschnitt werden verteilungsfreie Alternativen vorgestellt.

Ein Konfidenzbereich überdeckt einen (unbekannten) Parameter (bzw. die theoretische Verteilungsfunktion) der Grundgesamtheit mit der Wahrscheinlichkeit $1 - \alpha$. Nichtparametrische zweiseitige Konfidenzbereiche werden hier für die Verteilungsfunktion und für Anteile bzw. Wahrscheinlichkeiten p von dichotomen Merkmalen angegeben. Für die Bestimmung eines Konfidenzintervalls für den Median sei auf Abschnitt 4.6 verwiesen.

5.6.1 Konfidenzbereich für die Verteilungsfunktion

Ein Konfidenzband für die Verteilungsfunktion kann mit Hilfe der Kolmogorov-Smirnov-Statistik angegeben werden. Man geht so vor, dass man von der empirischen Verteilungsfunktion das $(1 - \alpha)$-Quantil der Kolmogorov-Smirnov-Statistik subtrahiert beziehungsweise addiert, unter der Nebenbedingung dass das Band immer noch zwischen 0 und 1 liegt (Definitionsbereich einer Verteilungsfunktion).

Konfidenzbereich für die Verteilungsfunktion

$$Pr\left(U_n(x) \leq F(x) \leq O_n(x)\right) = 1 - \alpha$$

$$U_n(x) = \max\left(0, F_n(x) - k_{1-\alpha}\right)$$
$$O_n(x) = \min\left(1, F_n(x) + k_{1-\alpha}\right)$$

Das Quantil der K-S-Statistik $k_{1-\alpha}$ ist dabei definiert als

$$Pr\left(K_n = \sup|F(x) - F_n(x)| \leq k_{1-\alpha}\right) = 1 - \alpha$$

und kann aus Tabelle 11.4 entnommen werden.

Beispiel 5.24. Konfidenzbereich für die Verteilungsfunktion
Bei einem Stichprobenumfang von $n = 15$ und einer erwünschten Überdeckungswahrscheinlichkeit von $1 - \alpha = 0.90$ ist aus der Tabelle das Quantil $k_{1-\alpha} = 0.304$ abzulesen. Mit 90%iger Sicherheit überdeckt der Bereich $[F_n(x) - 0.304; F_n(x) + 0.304]$ die Verteilungsfunktion der Grundgesamtheit.

5.6.2 Konfidenzintervall für einen Anteil (bzw. Wahrscheinlichkeit)

Gegeben sei eine Stichprobe vom Umfang n, dabei gehören a Elemente einer bestimmten Gruppe an („markiert") und die restlichen $n-a$ Elemente gehören dieser Gruppe nicht an. Ziel ist es aufgrund dieser Stichprobe ein Konfidenzintervall $[p_u, p_o]$ zum Niveau $1 - \alpha$ für den Anteil p der markierten Objekte in der Grundgesamtheit zu berechnen (bzw. für die Wahrscheinlichkeit p).

Konfidenzintervall für einen Anteil

$$Pr\,(p_u \leq p \leq p_o) = 1 - \alpha$$

mit p_u (Untergrenze) und p_o (Obergrenze) so, dass

$$\sum_{i=a}^{n} \binom{n}{i} p_u^i (1 - p_u)^{n-i} = \alpha_1$$

$$\sum_{i=0}^{a} \binom{n}{i} p_o^i (1 - p_o)^{n-i} = \alpha_2$$

$$\alpha_1 + \alpha_2 = \alpha$$

Die beiden Gleichungen zur Bestimmung der Intervallgrenzen sind eindeutig lösbar, allerdings ist in fast allen Fällen die Lösung nicht als Formel darstellbar, so dass man hier auf numerische Verfahren zurückgreifen muss. Für kleine Stichprobenumfänge sind Intervallgrenzen für den Spezialfall $\alpha_1 = \alpha_2 = \alpha/2$ z.b. bei Hald (1952) tabelliert, für große Stichprobenumfänge ($n\hat{p} > 10$ und $n(1 - \hat{p}) > 10$ mit $\hat{p} = a/n$) kann die Binomialverteilung durch eine Normalverteilung approximiert werden:

Konfidenzintervall für einen Anteil
Normalverteilungsapproximation

$$p_u = \hat{p} - z_{1-\alpha/2} \sqrt{\frac{\hat{p}(1 - \hat{p})}{n}}$$

$$p_o = \hat{p} + z_{1-\alpha/2} \sqrt{\frac{\hat{p}(1 - \hat{p})}{n}}$$

$z_{1-\alpha/2}$ Quantil der Standardnormalverteilung (Tabelle 11.1)

Beispiel 5.25. Konfidenzintervall für einen Anteil (mit R)
In einer 10 Personen umfassenden Stichprobe wurde unter anderem das Geschlecht erhoben: 4 Personen waren weiblich, 6 Personen männlich. Bestimmen Sie ein 90%iges Konfidenzintervall für den Frauenanteil der Grundgesamtheit.

Mit $a = 4$ und $n - 4 = 6$ kann aus der Tabelle in Hald (1952) das Intervall [0.122, 0.738] abgelesen werden.

In R kann im Paket `binom` die Funktion `binom.confint(4,10)` verwendet werden. Mit der Option `methods="exact"` erhält man das angegebene Intervall. Wählt man als Option `methods="all"` (Voreinstellung) sieht man, dass in R insgesamt 11 verschiedene Methoden zur Bestimmung von Konfidenzintervallen implementiert sind.

Übungsaufgaben

Aufgabe 5.1. Arbeitslosigkeit

Durch eine Befragung von 10 arbeitslosen Personen wurde die Dauer ihrer Arbeitslosigkeit in Monaten mit folgendem Ergebnis festgestellt: 2 20 15 2 48 6 4 14 3 7

- a) Testen Sie, ob das Merkmal Dauer der Arbeitslosigkeit (in Monaten) exponentialverteilt mit Erwartungswert = 1 Jahr ist.
- b) Erstellen Sie eine Grafik mit der empirischen und theoretischen Verteilung.
- c) Berechnen Sie einen Konfidenzbereich für die Verteilungsfunktion in der Grundgesamtheit.
- d) Testen Sie, ob das Merkmal Dauer der Arbeitslosigkeit (in Monaten) normalverteilt ist.

Aufgabe 5.2. Würfel

Ein Würfel wurde 42mal geworfen und die Augenzahlen mit folgendem Ergebnis notiert: 6 Einser, 5 Zweier, 8 Dreier, 10 Vierer, 6 Fünfer, 7 Sechser.

- a) Testen Sie die Fairness des Würfels.
- b) Erstellen Sie eine Grafik mit der empirischen und theoretischen Verteilung.
- c) Testen Sie, ob das Merkmal Augenzahl normalverteilt ist.

Aufgabe 5.3. Experiment

Im Rahmen eines Experimentes wurden 50 Messwerte in cm erhoben. Prüfen Sie, ob die Daten normalverteilt sind. Stellen Sie außerdem die theoretische und empirische Verteilungsfunktion grafisch mit R und SAS dar.

40	110	50	140	115	190	10	215	90	175
125	145	65	75	70	125	80	60	70	185
240	140	120	40	90	135	130	160	185	250
160	90	160	50	690	125	220	360	280	145
115	85	80	20	110	235	60	220	160	55

Aufgabe 5.4. WählerInnenanteil

Bei der letzten Wahl betrug der Anteil p der XPÖ-WählerInnen 35%. In der vergangenen Legislaturperiode wurde intensiv gearbeitet. Vor dem finalen Wahlkampf möchte die Partei wissen, ob der Anteil ihrer WählerInnen gestiegen ist. Von 15 befragten Personen gaben 40% an, dass sie bei der nächsten Wahl die Stimme der XPÖ geben werden.

Aufgabe 5.5. Induktion
Beweisen Sie durch Induktion:

$$\sum_{i=0}^{n} i = n(n+1)/2$$

$$\sum_{i=0}^{n} i^2 = n(n+1)(2n+1)/6$$

Aufgabe 5.6. Vorzeichentest
Führen Sie das Beispiel mit den Noten der SchülerInnen (Beispiel 5.15) erneut durch, ignorieren Sie aber dieses Mal die Personen mit der Note 2 nicht. Verwenden Sie statt dessen eine Zufallszahl, um zu entscheiden, ob jemand mit der Note 2 besser oder schlechter als der zu testende Median 2 ist.

Aufgabe 5.7. Wilcoxon-Vorzeichen-Rangtest
Simulieren Sie in R und SAS 20 normalverteilte Zufallszahlen $N(3,1)$ und führen Sie einen zweiseitigen Wilcoxon-Vorzeichen-Rangtest zu folgenden Nullhypothesen durch und vergleichen Sie die Ergebnisse.

- H_0: $\mu = 2$
- H_0: $\mu = 2.5$
- H_0: $\mu = 3$

Führen Sie die Aufgabe mit 100 (500) Zufallszahlen noch einmal durch und vergleichen Sie wieder die Ergebnisse.

Führen Sie auch alle Aufgabenstellungen mit einem t-Test durch und vergleichen Sie die Ergebnisse.

Aufgabe 5.8. Fairness einer Münze
Werfen Sie eine Münze 20mal. Testen Sie auf einem Niveau von $\alpha = 0.05$, ob die Münze fair ist. Führen Sie danach das gleiche Experiment mit einer anderen Münze durch. Wiederholen Sie beide Experimente mit unterschiedlichen Stichprobenumfängen. Verwenden Sie für diese Fragestellung folgende Tests:

a) Test auf Zufälligkeit - Wald-Wolfowitz-Test.

b) Chi-Quadrat-Test.

d) Binomialtest.

6

Zweistichprobenprobleme für unabhängige Stichproben

Ausgangspunkt sind zwei unabhängige Stichprobenvariablen $X_1, \ldots, X_m$ und $Y_1, \ldots, Y_n$ mit unbekannten stetigen Verteilungsfunktionen F und G.

$$F(z) = Pr(X_i \leq z) \qquad \text{für} \qquad i = 1, \ldots, m$$

$$G(z) = Pr(Y_j \leq z) \qquad \text{für} \qquad j = 1, \ldots, n$$

In diesem Kapitel werden Tests vorgestellt, die überprüfen, ob diese beiden Verteilungsfunktionen gleich sind oder nicht. Damit ergeben sich folgende Fragestellungen in allgemeiner Form

- **Zweiseitiger Test**
  H_0: $F(z) = G(z)$ für alle $z \in \mathbb{R}$
  H_1: $F(z) \neq G(z)$ für mindestens ein $z \in \mathbb{R}$

- **Einseitiger Test, Fall A: X stochastisch größer als Y**
  H_0: $F(z) \geq G(z)$ für alle $z \in \mathbb{R}$
  H_1: $F(z) < G(z)$ für mindestens ein $z \in \mathbb{R}$

- **Einseitiger Test, Fall B: Y stochastisch größer als X**
  H_0: $F(z) \leq G(z)$ für alle $z \in \mathbb{R}$
  H_1: $F(z) > G(z)$ für mindestens ein $z \in \mathbb{R}$

Im Fall, dass F und G Normalverteilungen sind, würde man die Erwartungswerte bei gleichen Varianzen mit einem t-Test vergleichen und die Homogenität der Varianzen mit einem F-Test untersuchen. Dieses Kapitel stellt damit unter anderem die nichtparametrischen Gegenstücke zu einem Zweistichproben-t-Test und zum F-Test vor.

Die allgemeinen Fragestellungen können genauer spezifiziert werden, je nach dem, was genau verglichen wird:

- Verteilungsfunktionen
  - Iterationstest von Wald-Wolfowitz
  - Kolmogorov-Smirnov-Test
  - Cramér-von-Mises-Test
- Lageparameter
  - Wilcoxon-Rangsummentest
  - Mann-Whitney-U-Test
  - van der Waerden X_N-Test
  - Median-Test
- Variabilitätsparameter
  - Siegel-Tukey-Test
  - Mood-Test
  - Ansari-Bradley-Test
  - Moses-Test

6.1 Tests auf Verteilungsanpassung

In diesem Abschnitt werden eher unspezifische Signifikanztests beschrieben, die nur ein Urteil darüber erlauben, ob zwei Verteilungen gleich sind oder nicht. Solche allgemeinen Tests werden als **Omnibus-Tests** bezeichnet, sollten aber nur dann verwendet werden, wenn keine speziellen Vermutungen (z.B. Unterschiede bezüglich Lage oder Variabilität) vorliegen.

6.1.1 Iterationstest von Wald-Wolfowitz

Der Iterationstest von Wald-Wolfowitz ist das Analogon für zwei unabhängige Stichproben zum Wald-Wolfowitz-Test auf Zufälligkeit, der in Kapitel 5.4 beschrieben wurde. Getestet wird die Nullhypothese, dass zwei Stichproben aus der gleichen Verteilung stammen, gegen die Alternativhypothese, dass sich die beiden Stichproben unterscheiden. Von welcher Art dieser Unterschied (Lage, Variabilität, Schiefe) konkret ist, darüber liefert dieser Test keine Aussage. Dieser Test wird auch als Run-Test, Runs-Test, Sequenztest, Wald-Wolfowitz-Test oder Iterationstest bezeichnet.

Voraussetzungen Iterationstest

1. Daten besitzen mindestens ordinales Messniveau.
2. Die Stichprobenvariablen sind unabhängig.
3. Die Stichprobenvariablen haben stetige Verteilungsfunktionen.

Ausgangspunkt sind zwei unabhängige Stichprobenvariablen $X_1, \ldots, X_m$ und $Y_1, \ldots, Y_n$ mit unbekannten stetigen Verteilungsfunktionen F und G.

$$F(z) = Pr(X_i \leq z) \qquad \text{für} \qquad i = 1, \ldots, m$$

$$G(z) = Pr(Y_j \leq z) \qquad \text{für} \qquad j = 1, \ldots, n$$

Hypothesen Iterationstest

H_0: F(z) = G(z) für alle $z \in \mathbb{R}$

H_1: F(z) $\neq$ G(z) für mindestens ein $z \in \mathbb{R}$

Seien nun zwei unabhängige Stichproben X und Y vom Stichprobenumfang m und n gegeben, so ist der erste Schritt die Bildung einer gemeinsamen geordneten Stichprobe. Die Datenpunkte werden ersetzt durch x und y, je nachdem, aus welcher konkreten Stichprobe der Datenpunkt stammt. Danach wird die Anzahl r der Iterationen (runs) in dieser geordneten Reihe festgestellt.

Beispiel 6.1. Bestimmung der Iterationszahl

Für Gruppe A wurden folgende Werte beobachtet: 13, 7, 6, 15

Für Gruppe B wurden folgende Werte beobachtet: 12, 3, 5

Bildung der gemeinsamen geordneten Stichprobe:

Beobachtung	3	5	6	7	12	13	15
Gruppe	B	B	A	A	B	A	A

Es sind 4 Sequenzen (Iterationen) in der geordneten Stichprobe vorhanden.

Wenn die beiden Stichproben aus einer Verteilung stammen (also unter der Nullhypothese), sollten die Ränge der beiden Stichproben gut durchmischt und daher die Anzahl R der Iterationen relativ hoch sein. Stammen die beiden Stichproben aus Grundgesamtheiten mit unterschiedlichen Medianen, wobei der Median in der Gruppe B höher ist als der Median in der Gruppe A, so wird am Anfang der geordneten gemeinsamen Rangreihe eine lange Sequenz von Werten aus der Gruppe A sein und eine lange Sequenz von Werten aus der Gruppe B am Ende der Rangreihe. Die Anzahl R der Iterationen ist dann entsprechend gering. Ähnliches gilt auch, wenn die beiden Stichproben aus Grundgesamtheiten mit unterschiedlicher Varianz, Schiefe, usw. gezogen worden sind.

Teststatistik Iterationstest

Die zu Grunde liegende Teststatistik R ist die Anzahl der Sequenzen.

Die Verteilung dieser Teststatistik leitet sich aus Anzahl aller möglichen Permutationen der Stichproben m und n her:

$$A = \binom{m+n}{m} = \binom{m+n}{n}$$

Mit diesem Ansatzpunkt kann die Wahrscheinlichkeit r Iterationen zu beobachten hergeleitet werden:

- r ist eine gerade Zahl ($k = \frac{r}{2}$)

$$Pr(R = r) = \frac{1}{\binom{m+n}{m}} 2 \binom{m-1}{k-1}\binom{n-1}{k-1}$$

- r ist eine ungerade Zahl ($k = \frac{r-1}{2}$)

$$Pr(R = r) = \frac{1}{\binom{m+n}{m}} \left[\binom{m-1}{k}\binom{n-1}{k-1} + \binom{m-1}{k-1}\binom{n-1}{k} \right]$$

Ist m oder n größer als 20, kann durch die Normalverteilung approximiert werden, der Wert z ist asymptotisch standardnormalverteilt:

$$\mu_r = \frac{2mn}{m+n} + 1 \qquad \sigma_r = \sqrt{\frac{2mn(2mn - m - n)}{(m+n)^2(m+n-1)}}$$

$$z = \frac{r - \mu_r}{\sigma_r}$$

Testentscheidung Iterationstest

Die Nullhypothese wird abgelehnt, wenn die Teststatistik R kleiner als der kritische Wert r_a ist (vgl. Tabelle 11.7).

Da eine stetige Verteilung unterstellt ist, können **Bindungen** theoretisch nicht auftreten. In der Praxis kann man aber das Auftreten von Bindungen nicht immer ausschließen. Treten die Bindungen nur innerhalb der Gruppen auf, spielen sie keine Rolle. Treten sie aber zwischen den beiden Gruppen auf, spielen sie sehr wohl eine Rolle. In diesem Fall müssen alle möglichen Permutationen der gemeinsamen Rangreihe gebildet werden und für jede einzelne Permutation wird die Anzahl r der Iterationen berechnet. Nur wenn alle Werte für die Teststatistik R signifikant sind, wird die Nullhypothese abgelehnt. Diese Vorgehensweise führt zu einem konservativen Test. Ist die Anzahl der Bindungen größer als die Anzahl der Iterationen darf der Wald-Wolfowitz-Test nicht verwendet werden.

Beispiel 6.2. Motivation für das Erlernen einer Fremdsprache
Es wurden 2 Gruppen von jeweils 8 Personen gebeten, ihre Motivation für
das Erlernen einer Fremdsprache auf einer 10stufigen Skala anzugeben. Das
Alter der Gruppe J bewegte sich zwischen 20 und 25 Jahren, während in der
anderen Gruppe A das Alter in einem Rahmen zwischen 30 und 35 Jahren
lag. Die Fragestellung ist nun, ob sich diese beiden Personengruppen bezüglich
ihrer Motivation zu einem vorgegebenem Signifikanzniveau von $\alpha = 0.05$ unterscheiden.

Gruppe J	8	6	6	6	10	6	10	4
Gruppe A	3	3	2	9	1	9	9	1

Da die Bindungen nur innerhalb der einzelnen Gruppen vorliegen, spielen sie
für die weitere Vorgehensweise keine Rolle. Zuerst bildet man die geordnete
Stichprobe und weist die Gruppenbezeichnungen zu

Beobachtung	1	1	2	3	3	4	6	6	6	6	8	9	9	9	10	10
Gruppe	A	A	A	A	A	J	J	J	J	J	J	A	A	A	J	J

Es liegen 4 Iterationen vor. Nach dem Vergleich mit dem Tabellenwert
$r_{0.05} = 6$ (Tabelle 11.7, $m = n = 8$) ist daher die Nullhypothese abzulehnen, die Motivation der Gruppen ist unterschiedlich.

Alternativ dazu führt auch folgende Überlegung zum gleichen Testergebnis:
Der exakte p-Wert wird berechnet als Wahrscheinlichkeit, unter der Nullhypothese dieses oder ein noch selteneres Ergebnis zu erhalten und beträgt damit:

$$Pr(R \leq 4) = \sum_{r=2}^{4} Pr(R = r) = 0.0002 + 0.0011 + 0.0076 = 0.0089$$

Da dieser Wert kleiner ist als das vorher festgelegte Signifikanzniveau von
$\alpha = 0.05$ wird die Nullhypothese abgelehnt.

Der Wald-Wolfowitz-Test ist in SAS nicht implementiert.

Beispiel 6.3. Motivation für das Erlernen einer Fremdsprache in R
(Fortsetzung von Beispiel 6.3) Der Iterationstest kann analog zum Einstichprobenfall durchgeführt werden sofern die gemeinsam geordnete Stichprobe
vorliegt (vgl. Beispiel 5.23). Es werden nur die mit der Normalverteilung approximierten Werte ausgegeben, in unserem Fall $Z = -2.5877$ und als p-Wert
0.00483. Auch mit den approximierten Werten kann die Nullhypothese (gleiche Verteilung) verworfen werden.

6.1.2 Kolmogorov-Smirnov-Test

Der Kolmogorov-Smirnov-Test ist ein weiterer Omnibus-Test, der überprüft, ob zwei unabhängige Stichproben aus der gleichen Grundgesamtheit bzw. aus Grundgesamtheiten mit gleicher Verteilung stammen oder nicht. Ähnlich wie beim Einstichprobenfall wird die maximale Differenz der Verteilungsfunktionen als Teststatistik verwendet, allerdings dienen nun die beiden empirischen Verteilungsfunktionen als Grundlage.

Voraussetzungen

1. Daten besitzen mindestens ordinales Messniveau.
2. Die Stichprobenvariablen sind unabhängig.
3. Die Stichprobenvariablen haben stetige Verteilungsfunktionen.

Ausgangspunkt sind zwei unabhängige Stichprobenvariablen $X_1, \ldots, X_m$ und $Y_1, \ldots, Y_n$ mit unbekannten stetigen Verteilungsfunktionen F und G.

$$F(z) = Pr(X_i \leq z) \qquad \text{für} \qquad i = 1, \ldots, m$$

$$G(z) = Pr(Y_j \leq z) \qquad \text{für} \qquad j = 1, \ldots, n$$

Im Gegensatz zum Iterationstest von Wald-Wolfowitz kann nun auch einseitig getestet werden:

Zweiseitige Hypothesen
H_0: F(z) = G(z) für alle $z \in \mathbb{R}$
H_1: F(z) $\neq$ G(z) für mindestens ein $z \in \mathbb{R}$

Einseitiger Test, Fall A: X stochastisch größer als Y
H_0: $F(z) \geq G(z)$ für alle $z \in \mathbb{R}$
H_1: $F(z) < G(z)$ für mindestens ein $z \in \mathbb{R}$

Einseitiger Test, Fall B: Y stochastisch größer als X
H_0: $F(z) \leq G(z)$ für alle $z \in \mathbb{R}$
H_1: $F(z) > G(z)$ für mindestens ein $z \in \mathbb{R}$

Die Teststatistik beruht auf der Differenz der beiden empirischen Verteilungsfunktionen. Daher werden zunächst die empirischen Verteilungsfunktionen F_m und G_n der beiden Stichproben zu jedem Wert aus der Stichprobe bestimmt.

$$F_m(z) = \begin{cases} 0 & \text{für } z < x_{(1)} \\ i/m & \text{für } x_{(i)} \leq z < x_{(i+1)} \\ 1 & \text{für } z \geq x_{(m)} \end{cases} \qquad i = 1, 2, \ldots, m-1$$

$$G_n(z) = \begin{cases} 0 & \text{für } z < y_{(1)} \\ j/n & \text{für } y_{(j)} \le z < y_{(j+1)} \qquad j = 1, 2, \ldots, n-1 \\ 1 & \text{für } z \ge y_{(n)} \end{cases}$$

Im nächsten Schritt werden die Differenzen der Verteilungsfunktionen gebildet. Als Teststatistik K wird die maximale Differenz der beiden empirischen Verteilungsfunktionen verwendet. Je nach Test verwendet man:

Teststatistik K-S-Test

Je nach Alternativhypothese

- $H_1 : F(z) \ne G(z)$ $K = \max |F_m(z) - G_n(z)|$

- $H_1: F(z) < G(z)$ $K = \max (G_n(z) - F_m(z))$ (Fall A)

- $H_1: F(z) > G(z)$ $K = \max (F_m(z) - G_n(z))$ (Fall B)

Die Testentscheidung wird mittels der tabellierten Quantile der Verteilung der Kolmogorov-Smirnov-Teststatistik (= kritische Werte k_p) getroffen (vgl. Tabelle 11.8 für $m = n$ und Tabelle 11.9 für $m \ne n$). Unter der Nullhypothese sind kleine Werte der Teststatistik zu erwarten.

Kritische Werte k_p (Tabelle 11.8 ($m = n$) und 11.9 ($m \ne n$))

Je nach Testproblem verwendet man als kritischen Wert

- $k_p = k_{1-\alpha}$ im zweiseitigen Fall
- $k_p = k_{1-2\alpha}$ in den beiden einseitigen Fällen

Testentscheidung

H_0 wird abgelehnt, wenn die Teststatistik K größer als der kritische Wert k_p ist.

Beispiel 6.4. Länge von Bambuspflanzen

An zwei verschiedenen Orten X und Y wurden die Längen von Bambuspflanzen (in Zentimeter) gemessen. Sind die Verteilungen der Längen dieser Bambuspflanzen zu einem Signifikanzniveau von $\alpha = 0.05$ identisch oder nicht?

Ort X	121	122	124	126	127	129		
Ort Y	113	114	116	117	118	119	120	123

Es müssen zuerst die empirischen Verteilungsfunktionen und die absoluten Differenzen zwischen den Verteilungsfunktionen gebildet werden.

Intervalle	F_m	G_n	Absolute Differenz
$(\infty; 113]$	0	0.125	0.125
$(113; 114]$	0	0.250	0.250
$(114; 116]$	0	0.375	0.375
$(116; 117]$	0	0.500	0.500
$(117; 118]$	0	0.625	0.625
$(118; 119]$	0	0.750	0.750
$(119; 120]$	0	0.875	**0.875**
$(120; 121]$	0.167	0.875	0.708
$(121; 122]$	0.333	0.875	0.542
$(122; 123]$	0.333	1.000	0.667
$(123; 124]$	0.500	1.000	0.500
$(124; 126]$	0.667	1.000	0.333
$(126; 127]$	0.833	1.000	0.167
$(127; 129]$	1.000	1.000	0.000

Die maximale Differenz beträgt 0.875 und der tabellierte kritische Wert (zweiseitig) lautet $k_{0.95} \approx 0.667$ (Tabelle 11.9, $m = 6$, $n = 8$). Aus diesem Grund muss die Nullhypothese verworfen werden und man kann schließen, dass die Längen der Bambuspflanzen aus unterschiedlichen Verteilungen stammen.

Der Kolmogorov-Smirnov-Test weist eine höhere Güte als der Iterationstest von Wald-Wolfowitz auf. Liegt aber eine Vermutung bezüglich eines Lage- oder Skalenunterschiedes vor, gibt es bessere Testverfahren (vgl. Abschnitt 6.3 und 6.4). Die Berechnung der empirischen Verteilungsfunktion und die Bestimmung der maximalen Differenz sind auch beim Auftreten von Bindungen wohl definiert. Der Test verliert jedoch an Güte und wird konservativer.

Beispiel 6.5. Länge von Bambuspflanzen in SAS
(Fortsetzung von Beispiel 6.4) Der Kolmogorov-Smirnov-Test wird in SAS mit der Prozedur NPAR1WAY durchgeführt.

Zunächst werden die Daten des obigen Beispiels in SAS eingegeben:

```
DATA Bambus;
INPUT Ort$ Laenge;
DATALINES;
   X    121
   ..   ...
   Y    123
   ;
RUN;
```

Danach wird die Prozedur aufgerufen, die Gruppierungsvariable wird im CLASS-Statement angegeben. Durch die Option EDF werden nur Tests auf Basis der empirischen Verteilungsfunktion durchgeführt. Durch die Option EXACT KS; wird der exakte p-Wert der Teststatistik K angefordert.

```
PROC NPAR1WAY DATA=Bambus EDF;
   CLASS Ort;
   VAR Laenge;
   EXACT KS;
RUN;
```

Im Ergebnis findet man die Teststatistik unter der Bezeichnung D.

```
Kolmogorov-Smirnov Zwei-Stichprobentest
   D = max |F1 - F2|        0.8750
   Asymptotische Pr >  D    0.0105
   Exakte      Pr >= D      0.0047
```

Da der exakte p-Wert kleiner als das verwendete Signifikanzniveau von 0.05 ist, wird die Nullhypothese verworfen.

Fügt man im Prozeduraufruf die Option D hinzu, so werden auch die beiden einseitigen Teststatistiken (D^-, D^+) und deren p-Werte berechnet. D^- ist die einseitige Teststatistik im Fall A (X stochastisch größer als Y), D^+ im Fall B (Y stochastisch größer als X). Auch im einseitigen Fall wird für die Testentscheidung der p-Wert mit dem Signifikanzniveau verglichen.

Da im Fall A $p = 0.0023 < 0.05$ ist, wird die Nullhypothese verworfen. Vereinfacht formuliert sind am Ort X die Bambuspflanzen länger als am Ort Y (X stochastisch größer als Y).

Beispiel 6.6. Länge von Bambuspflanzen in R
(Fortsetzung von Beispiel 6.4)
Der Kolmogorov-Smirnov-Test wird in R mit dem Befehl ks.test durchgeführt. Mit der Option alternative='two.sided|less|greater' kann der Test zweiseitig oder einseitig durchgeführt werden (less entspricht Fall A).

Die Syntax lautet somit:

```
x=c(121,122,124,126,127,129)
y=c(113,114,116,117,118,119,120,123)
ks.test(x, y, alternative="two.sided", exact = TRUE)
```

Bei den Ergebnissen ist zu beachten, dass der einseitige Test nur die approximierten p-Werte berechnet, der zweiseitige Test kann auch exakt gerechnet werden. Die Nullhypothese wird auch hier abgelehnt ($p = 0.004662$).

6.1.3 Cramér-von-Mises-Test

Der Cramér-von-Mises-Test überprüft wie der Kolmogorov-Smirnov-Test, ob zwei unabhängige Stichproben aus der gleichen Grundgesamtheit (bzw. aus Grundgesamtheiten mit gleicher Verteilung) stammen oder nicht.

Voraussetzungen

1. Daten besitzen mindestens ordinales Messniveau.
2. Die Stichprobenvariablen sind unabhängig.
3. Die Stichprobenvariablen haben stetige Verteilungsfunktionen.

Ausgangspunkt sind zwei unabhängige Stichprobenvariablen $X_1, \ldots, X_m$ und $Y_1, \ldots, Y_n$ mit unbekannten stetigen Verteilungsfunktionen F und G.

$$F(z) = Pr(X_i \leq z) \qquad \text{für} \qquad i = 1, \ldots, m$$

$$G(z) = Pr(Y_j \leq z) \qquad \text{für} \qquad j = 1, \ldots, n$$

Hypothesen

H_0: F(z) = G(z) für alle $z \in \mathbb{R}$
H_1: F(z) $\neq$ G(z) für mindestens ein $z \in \mathbb{R}$

Die Teststatistik beruht wieder auf einem Vergleich der empirischen Verteilungsfunktionen der beiden Stichproben. Im Gegensatz zum Kolmogorov-Smirnov-Test ist die Teststatistik C die Summe der quadrierten Differenzen.

Teststatistik

$$C = \frac{mn}{(m+n)^2} \left(\sum_{i=1}^{m} \Big(F_m(x_i) - G_n(x_i) \Big)^2 + \sum_{j=1}^{n} \Big(F_m(y_j) - G_n(y_j) \Big)^2 \right)$$

Zur praktischen Berechnung der Teststatistik dient:

$$C = \frac{1}{mn(m+n)^2} \cdot \sum_{j=1}^{m+n} d_j^2$$

mit gemeinsam geordneter Stichprobe $Z_{()}$ und

$$d_j = d(z_{(j)}) = m \cdot \sum_{i=1}^{j} \zeta_i - n \cdot \sum_{i=1}^{j} (1 - \zeta_i) \qquad \text{für} \qquad j = 1, \ldots, m+n$$

$$\zeta_j = \begin{cases} 0 & \text{für } z_{(j)} \text{ aus Stichprobe } X \\ 1 & \text{für } z_{(j)} \text{ aus Stichprobe } Y \end{cases}$$

Testentscheidung

H_0 wird abgelehnt, wenn die Teststatistik C größer als der kritische Wert C_α ist (Tabelle 11.10).

Beispiel 6.7. Länge von Bambuspflanzen - Cramér-von-Mises-Test
(Fortsetzung von Beispiel 6.4)
Es müssen zuerst die Ordnungsreihe der Längen und die Werte d_j und d_j^2 berechnet werden.

j	geordnete Längen $z_{(j)}$	ζ_j	d_j	d_j^2
1	113	1	6	36
2	114	1	12	144
3	116	1	18	324
4	117	1	24	576
5	118	1	30	900
6	119	1	36	1296
7	120	1	42	1764
8	121	0	34	1156
9	122	0	26	676
10	123	1	32	1024
11	124	0	24	576
12	126	0	16	256
13	127	0	8	64
14	129	0	0	0

Damit erhalten wir als Teststatistik C:

$$C = \frac{1}{6 \cdot 8 \cdot (6+8)^2} \cdot 8792 = 0.935$$

Der tabellierte kritische Wert ist $C_{0.05} \approx 0.469$ ($m = 6$, $n = 8$), der p-Wert ist ebenfalls tabelliert und beträgt zur konkreten Stichprobe $p \approx 0.002$. Die Nullhypothese kann daher abgelehnt werden, die Daten stammen nicht aus den gleichen Verteilungen.

Die Berechnung der empirischen Verteilungsfunktion und die Bestimmung der maximalen Differenz sind auch beim Auftreten von Bindungen möglich, daher sind Bindungen kein Problem. Da in die Teststatistik die quadrierte Differenz der Verteilungsfunktionen eingeht, kann mit dem Cramér-von-Mises-Test nur zweiseitig getestet werden.

Beispiel 6.8. Länge von Bambuspflanzen
Cramér-von-Mises-Test in SAS

(Fortsetzung von Beispiel 6.4)

Der Cramér-von-Mises-Test wird in SAS mit der Prozedur NPAR1WAY und der Option EDF durchgeführt, die Syntax kann daher aus Beispiel 6.5, Seite 158 übernommen werden. Im SAS-Output findet man als Ergebnis folgende Tabelle:

```
        Cramer-von-Mises-Test für Variable Laenge
           Klassifiziert nach Variable Ort


                                  Summierte Abweichung
        Ort          N               von Mittelwert
        x            6                  0.534014
        y            8                  0.400510


        Cramer-von-Mises-Statistiken (Asymptotisch)
            CM  0.066752        CMa  0.934524
```

SAS berechnet die Teststatistik CM mit einer Bindungskorrektur. Diese Korrektur ist nicht unbedingt notwendig, wird in SAS aber trotzdem durchgeführt. Die asymptotische Teststatistik CMa erhält man durch die Transformation $CMa = CM \cdot (m+n)$. Diese Teststatistik entspricht der händisch berechneten Teststatistik C. Leider gibt SAS keinen p-Wert an, daher muss die Testentscheidung mittels der tabellierten kritischen Werte getroffen werden.

Beispiel 6.9. Länge von Bambuspflanzen
Cramér-von-Mises-Test in R

(Fortsetzung von Beispiel 6.4)

Der Cramér-von-Mises-Test selbst ist in R nicht implementiert, aber der ähnliche Cramér-Test mit der Teststatistik

$$T_{m,n} = \frac{mn}{m+n} \int_{-\infty}^{\infty} [F_m(t) - G_n(t)]^2 dt$$

kann in R mit dem Befehl cramer.test durchgeführt werden. Zuvor muss noch das Paket cramer installiert und geladen werden.

Die vollständige Syntax (nach Installation des Paketes) lautet:

```
x=c(121,122,124,126,127,129)
y=c(113,114,116,117,118,119,120,123)
library(cramer)
cramer.test(x,y)
```

Als Ergebnis erhält man folgende Ausgabe:

```
1-dimensional nonparametric Cramer-Test with kernel phiCramer
     (on equality of two distributions)

   x-sample:  6  values           y-sample:  8  values

   critical value for confidence level  95 % :  6.988095
   observed statistic  14.25 , so that
       hypothesis ("x is distributed as y") is  REJECTED.
   estimated p-value =  0.000999001
```

Die Testentscheidung wird mittels *estimated $p - value$* ≈ 0.001 getroffen. Da dieser Wert kleiner als das im Beispiel verwendete Signifikanzniveau von 0.05 ist, wird die Nullhypothese verworfen.

6.2 Die Lineare Rangstatistik (Zweistichprobenfall)

Bevor im nächsten Abschnitt auf statistische Tests für Lage- und Variabilitätsunterschiede eingegangen wird, definieren wir zunächst den Begriff der linearen Rangstatistik für den Zweistichprobenfall.

Es liegen 2 unabhängige Stichproben $X = x_1, \ldots, x_m$ und $Y = y_1, \ldots, y_n$ aus Grundgesamtheiten mit stetigen Verteilungsfunktionen $F(z)$ und $G(z)$ vor. Unter der Nullhypothese wird von der Gleichheit dieser beiden Verteilungsfunktionen ausgegangen. Man kann daher auch sagen das die $m + n = N$ Stichprobenvariablen aus einer gemeinsamen - aber unbekannten - Verteilung stammen. Diesen ordnet man nun die Ränge von 1 bis N zu. Da von stetigen Verteilungen ausgegangen wird, kommen Bindungen unter den N Stichprobenvariablen nur mit der Wahrscheinlichkeit null vor.

Die Ränge der gemeinsamen Stichprobe lauten:

$$R(X_i) = \sum_{k=1}^{m} T(X_i - X_k) + \sum_{k=1}^{n} T(X_i - Y_k) \quad \text{mit} \quad i = 1, \ldots, m$$

$$R(Y_j) = \sum_{k=1}^{m} T(Y_j - X_k) + \sum_{k=1}^{n} T(Y_j - Y_k) \quad \text{mit} \quad j = 1, \ldots, n$$

mit

$$T(U) = \begin{cases} 0 & \text{für } U < 0 \\ 1 & \text{für } U \geq 0 \end{cases}$$

Der Rang $R(X_i)$ entspricht also der Anzahl aller Werte aus der gemeinsamen Stichprobe, die kleiner oder gleich x_i sind (analog $R(Y_j)$).

Der gemeinsamen geordneten Stichprobe $x_1, \ldots, x_m, y_1, \ldots, y_n$ wird somit der eindeutige Rangvektor $r_1, \ldots, r_m, s_1, \ldots, s_n$ zugeordnet, wobei r_i bzw. s_j den Realisierungen von $R(X_i)$ und $R(Y_j)$ entsprechen. Man kann die gemeinsame geordnete Stichprobe auch durch den Vektor $(V_1, \ldots, V_N)$ beschreiben, wobei $V_i = 1$ ist, falls die i-te Variable der gemeinsamen, geordneten Stichprobe aus der Stichprobe X stammt und $V_i = 0$ ist, falls die Variable aus der Stichprobe Y stammt.

Lineare Rangstatistik

Die lineare Rangstatistik L_N ist als Linearkombination des Vektors $(V_1, \ldots, V_N)$ definiert ($N = m + n$):

$$L_N = \sum_{i=1}^{N} g(i) V_i \quad \text{mit} \quad g(i) \text{ als Gewichtungsfaktor}$$

Beispiel 6.10. Lineare Rangstatistik
Gegeben seien die beiden Stichproben $x = (x_1, x_2, x_3) = (4, 8, 3)$ und $y = (y_1, y_2) = (1, 7)$. Zur Bestimmung der linearen Rangstatistik wird die gemeinsame geordnete Stichprobe $(z_{(1)}, z_{(2)}, z_{(3)}, z_{(4)}, z_{(5)}) = (1, 3, 4, 7, 8)$ gebildet. Die Indikatorvariable V_i gibt an, ob das i-te Element der Stichprobe aus der Stichprobe x ($V_i = 1$), oder aus der Stichprobe y stammt ($V_i = 0$). In unserem Beispiel ergibt sich $(V_1, V_2, V_3, V_4, V_5) = (0, 1, 1, 0, 1)$.

Zur Bestimmung der Momente der linearen Rangstatistik betrachtet man zunächst die Momente des Vektors $(V_1, \ldots, V_N)$ mit $N = m + n$ unter der Annahme, dass die Verteilungsfunktion von $F(z)$ mit der Verteilungsfunktion $G(z)$ übereinstimmt.

$$E(V_i) = 1 \cdot \frac{m}{N} + 0 \cdot \frac{n}{N} = \frac{m}{N} \qquad i = 1, \ldots, N$$

$$Var(V_i) = E(V_i^2) - (E(V_i))^2 = \frac{m}{N} - \frac{m^2}{N^2} = \frac{mn}{N^2} \qquad i = 1, \ldots, N$$

Aus diesen Momenten erhält man nun die Momente der linearen Rangstatistik L_N ebenfalls unter der Annahme, dass die Verteilungsfunktion von $F(z)$ mit der Verteilungsfunktion $G(z)$ übereinstimmt.

$$E(L_N) = \frac{m}{N} \sum_{i=1}^{N} g(i)$$

$$Var(L_N) = \frac{mn}{N^2(N-1)} \left(N \sum_{i=1}^{N} g^2(i) - \left(\sum_{i=1}^{N} g(i) \right)^2 \right)$$

Die Bestimmung der exakten Verteilung der linearen Rangstatistik ist nur numerisch möglich. Auf Grund des enormen Rechenaufwandes ist dies nur für kleine Stichprobenumfänge in überschaubarer Zeit möglich.

Unter relativ allgemeinen Voraussetzungen nähert sich die Verteilung der linearen Rangstatistik für große Stichprobenumfänge einer Normalverteilung an.

$$\frac{L_N - E(L_N)}{\sqrt{Var(L_N)}} \sim N(0,1)$$

$$\text{für } m, n \to \infty , \frac{m}{n} \neq 0, \frac{m}{n} \neq \infty$$

Für $m = n$ ist die lineare Rangstatistik L_N um $E(L_N)$ symmetrisch.

6.3 Lineare Rangtests für Lagealternativen

In diesem Abschnitt ist die Fragestellung schon genauer spezifiziert. Die Verteilungen F und G der beiden Grundgesamtheiten haben nun gleiche Gestalt, sind aber möglicherweise in ihrer Lage verschoben und weisen somit unterschiedliche Lageparameter auf.

6.3.1 Wilcoxon-Rangsummentest

Der Wilcoxon-Rangsummentest ist der am häufigsten verwendete verteilungsfreie Test zur Überprüfung von Hypothesen über die Lage zweier statistischer Verteilungen. Dieser Test ist das nichtparametrische Gegenstück zum t-Test.

Voraussetzungen

1. Das Messniveau der Beobachtungen $x_1, \ldots, x_m, y_1, \ldots, y_n$ ist metrisch oder ordinal.

2. Die Variablen $X_1, \ldots, X_m, Y_1, \ldots, Y_n$ sind unabhängig.

3. $X_1, \ldots, X_m, Y_1, \ldots, Y_n$ haben stetige Verteilungsfunktionen F bzw. G.

Wilcoxon-Rangsummentest

- Zweiseitige Hypothesen
  $H_0 : F(z) = G(z)$
  $H_1 : F(z) = G(z + \theta)$ für alle $z \in \mathbb{R}$, $\theta \neq 0$

- Einseitige Hypothesen, Fall A, $F < G$, X stochastisch größer als Y
  $H_0 : F(z) = G(z)$
  $H_1 : F(z) = G(z + \theta)$ für alle $z \in \mathbb{R}$, $\theta < 0$

- Einseitige Hypothesen, Fall B, $F > G$, X stochastisch kleiner als Y
  $H_0 : F(z) = G(z)$
  $H_1 : F(z) = G(z + \theta)$ für alle $z \in \mathbb{R}$, $\theta > 0$

Betrachtet man zufällig je einen Wert aus der ersten Stichprobe x_i und eine Wert aus der zweiten Stichprobe y_i könnte man die Nullhypothese auch folgendermaßen anschreiben:

$$Pr(x_i < y_i) = Pr(y_i < x_i) \text{ bzw. } Pr(x_i < y_i) = 0.5$$

Die Wahrscheinlichkeit, dass ein Wert der ersten Stichprobe größer/kleiner ist als ein Wert der zweiten Stichprobe beträgt 0.5.

In Anlehnung an Abschnitt 6.2 und mit Gewichtsfunktion $g(i) = i$ ist die Teststatistik wie folgt definiert:

Teststatistik

$$W_N = \sum_{i=1}^{N} i V_i = \sum_{i=1}^{m} R(X_i)$$

Das Minimum und das Maximum von W_N erhält man für die Fälle, dass die x-Werte die ersten m Plätze bzw. die letzten m Plätze belegen:

$$\min(W_N) = \frac{m(m+1)}{2}$$

$$\max(W_N) = \frac{m(2n+m+1)}{2}$$

Hat man keine Tabelle mit kritischen Werten zur Verfügung, so kann die Verteilung von W_N auch exakt berechnet werden. Da der Rechenaufwand mit wachsendem m und n schnell ansteigt, ist dies nur bei sehr kleinen Stichproben empfehlenswert. Die $m + n$ Beobachtungen der beiden Stichproben aus Gruppe 1 und Gruppe 2 können auf $\binom{m+n}{m} = \frac{(m+n)!}{m! \cdot n!}$ verschiedene Arten angeordnet werden. Diese Anordnungen sind unter der Nullhypothese gleich wahrscheinlich mit $Pr(A) = [\binom{m+n}{m}]^{-1}$. Damit kann für jeden möglichen Wert der Teststatistik die zugehörige Wahrscheinlichkeit berechnet werden. Aus der Verteilung können die kritischen Werte als Quantile abgelesen werden.

Testentscheidung (Tabelle 11.11)

- Zweiseitiger Test: H_0 ablehnen, falls $W_N \leq w_{\alpha/2}$ oder $W_N \geq w_{1-\alpha/2}$

- Einseitiger Test, Fall A: H_0 ablehnen, falls $W_N \geq w_{1-\alpha}$

- Einseitiger Test, Fall B: H_0 ablehnen, falls $W_N \leq w_\alpha$

In der Tabelle für den Wilcoxon-Rangsummentest (Tabelle 11.11) findet man nur die Werte für w_α im Fall $m \leq n$. Die Werte für $w_{1-\alpha}$ erhält man durch die Gleichung $w_{1-\alpha} = m(N + 1) - w_\alpha$. Für das einseitige Testen mit $m > n$ wird der Austausch der Bezeichnungen (X, Y) empfohlen, um problemlos mit den kritischen Werten aus der Tabelle arbeiten zu können.

Die Teststatistik erhält man durch das Aufsummieren der Ränge der X_i der gemeinsamen geordneten Stichprobe. Gibt es keinen Unterschied in der Lage der beiden Stichproben (bzw. in den Populationen), werden die $N = n + m$ Untersuchungseinheiten gut durchmischt sein. Wie die geordnete Stichprobe in so einem Fall aussehen könnte, zeigt Tabelle 6.1.

Rang	1	2	3	4	5	6	7	8	9	10
Einheit	y_1	x_1	y_2	y_3	x_2	y_4	x_3	y_5	x_4	y_6

Tabelle 6.1. Gemeinsame Stichprobe - ohne Lageunterschied

Im Gegensatz dazu zeigt Tabelle 6.2 eine geordnete Stichprobe, die Unterschiede in der zentralen Tendenz vermuten lässt. In beiden Tabellen besteht die Stichprobe der 1. Gruppe aus $m = 4$ Einheiten, die 2. Gruppe aus $n = 6$ Einheiten.

Rang	1	2	3	4	5	6	7	8	9	10
Einheit	x_1	x_2	x_3	y_1	x_4	y_2	y_3	y_4	y_5	y_6

Tabelle 6.2. Gemeinsame Stichprobe - mit Lageunterschied

Die Abfolge aus Tabelle 6.1 ist ein Indiz für die Beibehaltung der Nullhypothese. Die Werte der 1. Gruppe und die Werte der 2. Gruppe scheinen sich nicht wesentlich zu unterscheiden. Bei Tabelle 6.2 würde man eher zur Hypothese H_1 - es gibt einen signifikanten Unterschied - tendieren. Die Werte aus der ersten Stichprobe sind hier tendenziell kleiner als die Werte aus der zweiten Stichprobe.

Im nächsten Schritt wird die Teststatistik W_N ermittelt. Aus Tabelle 6.1 ergeben sich dabei die Ränge 2 (x_2 befindet sich an zweiter Stelle), 5, 7 und 9. Addiert man diese Werte erhält man die Teststatistik $W_N = 23$. Bei Tabelle 6.2 erhält man nach dem Aufsummieren den Wert $W_N = 11$. Wählt man als Signifikanzniveau $\alpha = 0.05$, kann man aus einer Tabelle für den Wilcoxon-Rangsummentest für $m = 4$ und $n = 6$ den Wert $w_{\alpha/2} = 12$ ablesen. Wie oben angegeben erhält man den Wert $w_{1-\alpha/2}$ durch die Gleichung $w_{1-\alpha/2} = m(N + 1) - w_{\alpha/2}$ sehr einfach. Im vorliegenden Beispiel ergibt sich $w_{1-\alpha/2} = 4 \cdot (10 + 1) - 12 = 32$.

Im letzten Schritt muss festgestellt werden, ob die Teststatistik im jeweiligen Intervall liegt. Im Falle von Tabelle 6.1 liegt der Wert 23 im Intervall $[12, 37]$, die Nullhypothese muss beibehalten werden. Da bei einer gemeinsamen Stichprobe wie Tabelle 6.2 der Wert 11 nicht im Intervall $[12, 37]$ liegt, wird H_0 abgelehnt.

Im Falle des oben angeführten Beispieles gibt es $A = \binom{10}{4} = 210$ verschiedene Anordnungsmöglichkeiten. In der folgenden Tabelle sind die 11 extremsten Möglichkeiten aufgelistet, das sind jene, in denen die addierten Rangzahlen der x_i die geringsten Summen aufweisen.

Nr.	Ränge der X_i	W_N	$P(W_N = w)$
1	(1,2,3,4)	10	1/210
2	(1,2,3,5)	11	1/210
3	(1,2,4,5)	12	1/210
4	(1,2,3,6)	12	1/210
5	(1,2,4,6)	13	1/210
6	(1,3,4,5)	13	1/210
7	(1,2,3,7)	13	1/210
8	(1,3,4,6)	14	1/210
9	(2,3,4,5)	14	1/210
10	(1,2,3,8)	14	1/210
11	(1,2,4,7)	14	1/210

Tabelle 6.3. Mögliche Anordnungen der x_i (Auszug)

Man kann leicht ablesen, dass die Teststatistik $W_N = 10$ einmal vorkommt, genauso die Teststatistik $W_N = 11$, $W_N = 12$ kommt zweimal vor, usw.

Für die Tabelle 6.2 wurde die Teststatistik $W_N = 11$ berechnet. Aus Tabelle 6.3 kann entnommen werden, dass die Wahrscheinlichkeit die Teststatistik 11 oder eine noch kleinere zu beobachten bei $Pr(W_N \leq 11) = 2/210 \approx 0.0095$ liegt. Der p-Wert kann somit aufgrund der Symmetrie beim zweiseitigen Testen mit $p = 0.019$ angegeben werden. Auch so wäre man zur gleichen Entscheidung gelangt, dass für $\alpha = 0.05$ die Nullhypothese abzulehnen ist. Es gibt einen signifikanten Unterschied hinsichtlich der Lage der beiden Verteilungen aus Tabelle 6.2.

Bindungen innerhalb einer Gruppe sind für die Auswertung unwesentlich, Bindungen zwischen den Gruppen werden mit Durchschnittsrängen versehen.

Beispiel 6.11. Klausurnoten
Es soll untersucht werden, ob sich Studierende aus 2 verschiedenen Kursen hinsichtlich der Leistung bei einer Klausur signifikant unterscheiden. Die Stichprobe in beiden Kursen ergibt folgende Noten ($m = 5, n = 6$).

Kurs 1 (x_i)	1	2	3	3	5	
Kurs 2 (y_i)	1	3	3	4	5	5

Die gemeinsame geordnete Stichprobe sieht wie folgt aus:

Gruppe	x_1	y_1	x_2	x_3	x_4	y_2	y_3	y_4	x_5	y_5	y_6
Note	1	1	2	3	3	3	3	4	5	5	5
Rang	1.5	1.5	3	5.5	5.5	5.5	5.5	8	10	10	10

Daraus ergeben sich die Ränge der x_i (Durchschnittsränge):

$R(x_i)$	1.5	3	5.5	5.5	10
Einheit	x_1	x_2	x_3	x_4	x_5

Durch das Aufsummieren der Ränge erhält man die Teststatistik $W_N = 25.5$. Für $m = 5$, $n = 6$ und $\alpha = 0.05$ ist $w_{\alpha/2} = 18$ und nach weiterer Berechnung $w_{1-\alpha/2} = 42$. Da der Wert 25.5 im Intervall $[18, 42]$ liegt, wird die Nullhypothese beibehalten. Ein Unterschied zwischen den Studierenden der beiden Kurse kann nach dem Wilcoxon-Rangsummentest nicht nachgewiesen werden.

Für Stichproben mit $m \geq 25$ oder $n \geq 25$ kann die Teststatistik durch eine Normalverteilung approximiert werden. Unter $H_0 : G(z) = F(z)$ gilt:

$$E(W_N) = \frac{m(N+1)}{2}$$

$$Var(W_N) = \frac{mn(N+1)}{12}$$

Für $m, n \to \infty$ mit $m/n \to \lambda \neq 0$ gilt asymptotisch:

$$Z = \frac{W_N - m(N+1)/2}{\sqrt{m \cdot n(N+1)/12}} \quad \sim N(0,1)$$

Testentscheidung Wilcoxon-Rangsummentest

(Approximation durch die Normalverteilung, Tabelle 11.1)

- Zweiseitiger Test: H_0 ablehnen, falls $Z \leq z_{\alpha/2}$ oder $Z \geq z_{1-\alpha/2}$
- Einseitiger Test, Fall A: H_0 ablehnen, falls $Z \geq z_{1-\alpha}$
- Einseitiger Test, Fall B: H_0 ablehnen, falls $Z \leq z_{\alpha}$

Gibt es Bindungen zwischen beiden Stichproben, bleibt der Erwartungswert von W_N gleich. Die Varianz verringert sich wie folgt:

$$Var(W_N^*) = \frac{mn(N+1)}{12} - \frac{mn}{12N(N-1)} \sum_{j=1}^{r}(b_j^3 - b_j)$$

Die Summe bezieht sich auf die Bindungen, dabei ist im Falle einer 2er Bindung $b_j = 2$, bei einer 3er Bindung ist $b_j = 3$, usw., mit r wird die Anzahl der Bindungsgruppen bezeichnet. Als Teststatistik in Beispiel 6.11 wurde die Teststatistik $W_N = 25.5$ errechnet. Die einzelnen b_j lauten:

j	1	2	3	4	5
b_j	2	1	4	1	3

Daraus ergibt sich für die korrigierte Varianz ($m = 5$, $n = 6$):

$$Var(W_N^*) = 30 - \frac{30}{1320} \cdot \left[(2^3 - 2) + (1^3 - 1) + (4^3 - 4) + (1^3 - 1) + (3^3 - 3)\right]$$

$$= 30 - 2.05 = 27.95$$

Es sei allerdings darauf hingewiesen, dass der Stichprobenumfang ($N = 11$) nicht groß genug für eine Approximation ist. Dieses einfache Beispiel soll lediglich die Vorgehensweise illustrieren.

Beispiel 6.12. Klausurnoten Wilcoxon-Rangsummentest in SAS
(Vgl. Beispiel 6.11) In SAS wird der Wilcoxon-Rangsummentest mit der Prozedur NPAR1WAY und der Option WILCOXON durchgeführt.
Der Mann-Whitney-U-Test (vgl. Abschnitt 6.3.2) führt zu den gleichen p-Werten wie der Wilcoxon-Rangsummentest, aber die Teststatistik für den Mann-Whitney-U-Test wäre unterschiedlich, wird aber in SAS nicht angegeben.

Mit dem Statement EXACT WILCOXON werden die exakten p-Werte berechnet. Wie bereits erwähnt, steigt bei der exakten Berechnung der Rechenaufwand mit größer werdendem N sehr schnell an, was natürlich zu erheblich mehr Rechenzeit führt. Daher wird empfohlen, ab einer mittelgroßen Stichprobe mit der Monte-Carlo-Schätzung zu rechnen. Diese erhält man mit der Option MC. Zusätzlich kann noch zwischen den Optionen MAXTIME (Maximale Zeit zur Berechnung des exakten p-Wertes) und ALPHA (Konfidenzniveau für Monte-Carlo-Schätzung) gewählt werden. Standardmäßig rechnet SAS beim Wilcoxon-Rangsummentest mit einem Signifikanzniveau von $\alpha = 0.05$.

```
DATA Noten;
  INPUT Gruppe Noten;
  DATALINES;
  1     1
  1     2
  ..    ...
  2     5
  ;
RUN;


PROC NPAR1WAY DATA=noten WILCOXON;
  CLASS Gruppe;
  EXACT WILCOXON;
  VAR Noten;
RUN;
```

Als Ausgabe erhält man den Wert der Teststatistik vom Rangsummentest von Wilcoxon und die einseitigen und zweiseitigen p-Werte exakt, sowie approximiert durch die Normalverteilung und die t-Verteilung. Alle p-Werte führen dazu, dass die Nullhypothese beibehalten werden muss.

Im Fall der Monte-Carlo-Schätzung werden die Punktschätzer und die Bereichschätzer für die einseitigen und zweiseitigen p-Werte berechnet. Vergleicht man die Werte der Überschreitungswahrscheinlichkeit der einseitigen bzw. zweiseitigen Tests, stellt man fest, dass die approximierten Werte kaum vom exakten Wert abweichen.

Beispiel 6.13. Klausurnoten Wilcoxon-Rangsummentest in R
(Vgl. Beispiel 6.11) In R wird für den Wilcoxon-Rangsummentest die Funktion
`wilcox.test` verwendet.

```
kurs1=c(1,2,3,3,5)
kurs2=c(1,3,3,4,5,5)
wilcox.test(kurs1,kurs2,alternative="two.sided",
+  paired = FALSE, correct=T)
```

Die Option `paired = FALSE` steht für unabhängige Stichproben und mit
`correct = T` wird bei der Approximation eine Stetigkeitskorrektur verwendet. Als Ausgabe erhält man:

```
data:    kurs1 and kurs2 W = 10.5, p-value = 0.4493
         alternative hypothesis: true mu is not equal to 0
```

Gibt es - wie im vorliegenden Beispiel - zwischen den beiden Stichproben
Bindungen, kann mit der Funktion `wilcox.test()` der exakte p-Wert nicht
berechnet werden, sondern nur der asymptotische p-Wert. Für die Berechnung des exakten p-Wertes wird die Funktion `wilcox.exact()` aus dem Paket `exactRankTests` verwendet. Sämtliche Optionen, welche für die Funktion `wilcox.test()` ausgewählt werden können, gelten auch für die Funktion `wilcox.exact()`. Nach Installation des Paketes lautet die Syntax:

```
library(exactRankTests)
wilcox.exact(kurs1,kurs2,alternative="two.sided",
+            paired=FALSE,correct=T)
```

Es fällt auf, dass die von R berechnete Teststatistik 10.5 beträgt, hingegen
sowohl mit der obigen Berechnung als auch mit SAS der Wert 25.5 bestimmt
wurde. Der Unterschied liegt darin, dass R von der Teststatistik W_N das Minimum abzieht:

$$W_N^R = W_N - \frac{m(m+1)}{2}$$

Dies führt dazu, dass der kleinstmögliche Wert der Teststatistik immer 0 ist.
Da im Beispiel $m = 5$ ist, ergibt sich als Teststatistik in R der Wert 10.5.
Der Mann-Whitney-U-Test (vgl. Abschnitt 6.3.2) führt zu den gleichen p-Werten wie der Wilcoxon-Rangsummentest, aber die Teststatistik für den
Mann-Whitney-U-Test wäre unterschiedlich, wird aber in R nicht angegeben.

Für die **einseitigen Fragestellungen** stehen die Alternativen **greater** für
den Fall A (X stochastisch größer als Y, $F < G$) und **less** für den Fall
B zur Verfügung. Dabei ist zu beachten, dass in diesem Buch mit Fall A
der Fall „X stochastisch größer als Y" bezeichnet wird, was in R bei den
Tests auf Verteilungsanpassung mit der Alternative **less**, bei den Tests auf
Lagealternativen aber mit **greater** umzusetzen ist.

6.3.2 Mann-Whitney-U-Test

Die Voraussetzungen und Hypothesen sind identisch zum Rangsummentest von Wilcoxon, und auch die Testentscheidung ist äquivalent. Allerdings wird die Teststatistik anders berechnet, weist aber einen einfachen Zusammenhang mit der Teststatistik W_N vom Wilcoxon-Rangsummentest auf.

Zweiseitige Hypothesen

$H_0 : F(z) = G(z)$

$H_1 : F(z) = G(z + \theta)$ für alle $z \in \mathbb{R}$, $\theta \neq 0$

Einseitige Hypothesen, Fall A $F < G$, X stochastisch größer als Y

$H_0 : F(z) = G(z)$

$H_1 : F(z) = G(z + \theta)$ für alle $z \in \mathbb{R}$, $\theta < 0$

Einseitige Hypothesen, Fall B $F > G$, X stochastisch kleiner als Y

$H_0 : F(z) = G(z)$

$H_1 : F(z) = G(z + \theta)$ für alle $z \in \mathbb{R}$, $\theta > 0$

Die Teststatistiken im Mann-Whitney-U-Test sind

$$U_{F>G} = mn + \frac{n(n+1)}{2} - \sum_{i=1}^{n} R(Y_i)$$

und

$$U_{F<G} = mn + \frac{m(m+1)}{2} - \sum_{i=1}^{m} R(X_i)$$

und es gilt

$$U_{F>G} = m \cdot n - U_{F<G}$$

wobei im Fall von Bindungen wieder Durchschnittsränge verwendet werden.

Testentscheidung

- Zweiseitiger Test: H_0 ablehnen, falls $\min(U_{F>G}, U_{F<G}) \leq U_{\alpha/2}$
- Einseitiger Test, Fall A: H_0 ablehnen, falls $U_{F<G} \leq U_\alpha$
- Einseitiger Test, Fall B: H_0 ablehnen, falls $U_{F>G} \leq U_\alpha$

In Milton (1964) findet man Tabellen für verschiedene Signifikanzniveaus und $m \leq 40$, $n \leq 20$ und $n \leq m$. Beim einseitigen Testen im Fall von $n > m$ sollten die Bezeichnungen X, Y für den einfachen Gebrauch der kritischen Werte aus der Tabelle getauscht werden.

Beispiel 6.14. Klausurnoten Mann-Whitney-U-Test
(Vgl. Beispiel 6.11) Es soll untersucht werden, ob sich Studierende aus 2 verschiedenen Kursen hinsichtlich der Leistung bei einer Klausur signifikant unterscheiden. Die Stichprobe in beiden Kursen ergibt folgende Noten ($m = 5, n = 6$).

Kurs 1 (x_i)	1	2	3	3	5	
Kurs 2 (y_i)	1	3	3	4	5	5

Die gemeinsame geordnete Stichprobe sieht wie folgt aus:

Gruppe	x_1	y_1	x_2	x_3	x_4	y_2	y_3	y_4	x_5	y_5	y_6
Note	1	1	2	3	3	3	3	4	5	5	5

Für X wurde die Rangsumme bereits in Beispiel 6.11 berechnet, die Ränge der y_i sind

Einheit	y_1	y_2	y_3	y_4	y_5	y_6
$R(y_i)$	1.5	5.5	5.5	8	10	10

Die beiden Teststatistiken betragen somit

$$U_{F>G} = 5 \cdot 6 - \frac{6(6+1)}{2} - 40.5 = 10.5$$

und

$$U_{F<G} = 5 \cdot 6 - \frac{5(5+1)}{2} - 25.5 = 19.5 \qquad (= 5 \cdot 6 - 10.5)$$

Für den zweiseitigen Test beträgt die Teststatistik daher 10.5 und der kritische Wert zum Niveau α beträgt $U_{\alpha/2} = 3$, somit kann die Nullhypothese nicht verworfen werden. Es konnte kein Unterschied in den Noten nachgewiesen werden.

Der Zusammenhang mit der Teststatistik des Rangsummentests von Wilcoxon kann ebenfalls an diesem Beispiel abgelesen werden:

$$W_N = U + \frac{m(m+1)}{2}$$

$$25.5 = 10.5 + \frac{5 \cdot 6}{2}$$

6.3.3 Van der Waerden-Test

Der X_N-Test von van der Waerden ist kein reiner nichtparametrischer Test. Es ist zwar der erste Schritt bei der Durchführung dieses Tests analog zum Rangsummentest von Wilcoxon, aber als Gewichtungsfaktoren der linearen Rangstatistik (vgl. Seite 164) werden Quantile der Standardnormalverteilung verwendet.

$$L_N = \sum_{i=1}^{N} g(i)V_i = \sum_{i=1}^{N} \Phi^{-1}\left(\frac{i}{N+1}\right)V_i$$

Voraussetzungen

1. Das Messniveau der Beobachtungen $x_1, \ldots, x_m, y_1, \ldots, y_n$ ist metrisch oder ordinal.

2. Die Variablen $X_1, \ldots, X_m, Y_1, \ldots, Y_n$ sind unabhängig.

3. $X_1, \ldots, X_m$ und $Y_1, \ldots, Y_n$ haben stetige Verteilungsfunktionen F bzw. G.

Hypothesen

- Zweiseitige Hypothesen
  $H_0 : F(z) = G(z)$
  $H_1 : F(z) = G(z + \theta)$ für alle $z \in \mathbb{R}$, $\theta \neq 0$

- Einseitige Hypothesen, Fall A, $F < G$, X stochastisch größer als Y
  $H_0 : F(z) = G(z)$
  $H_1 : F(z) = G(z + \theta)$ für alle $z \in \mathbb{R}$, $\theta < 0$

- Einseitige Hypothesen, Fall B, $F > G$, X stochastisch kleiner als Y
  $H_0 : F(z) = G(z)$
  $H_1 : F(z) = G(z + \theta)$ für alle $z \in \mathbb{R}$, $\theta > 0$

Teststatistik
Die Teststatistik ist gegeben durch

$$X_N = \sum_{i=1}^{N} \Phi^{-1}\left(\frac{i}{N+1}\right)V_i = \sum_{i=1}^{m} \Phi^{-1}\left(\frac{R(X_i)}{N+1}\right)$$

Zur Durchführung des Tests werden die Werte der beiden Stichproben in eine gemeinsame geordnete Stichprobe überführt. Danach werden die einzelnen

Ränge jeweils durch $N + 1$ dividiert. Für diese Werte k werden die Quantile der Standardnormalverteilung bestimmt $(\Phi^{-1}(k))$. Durch Aufsummieren der Quantile der X-Stichprobe erhält man die gewünschte Teststatistik.

Testentscheidung Van der Waerden-Test (Tabelle 11.12)

- Zweiseitiger Test: H_0 ablehnen, falls $|X_N| \geq x_{1-\alpha/2}$

- Einseitiger Test, Fall A, $F < G$: H_0 ablehnen, falls $X_N \geq x_{1-\alpha}$

- Einseitiger Test, Fall B, $F > G$: H_0 ablehnen, falls $X_N \leq x_\alpha$
  (gleichbedeutend mit $X_N \leq -x_{1-\alpha}$)

Beispiel 6.15. Klausurnoten - Van der Waerden-Test
(Vgl. Beispiel 6.11 und 6.14)
Die Berechnung der Ränge von X wurde bereits durchgeführt (Seite 169). Damit erhält man

Element	x_1	x_2	x_3	x_4	x_5
Note	1	2	3	3	5
Rang (R)	1.5	3	5.5	5.5	10
$k = R_i/(N+1)$	0.125	0.250	0.458	0.458	0.833
$\Phi^{-1}(k)$	-1.150	-0.674	-0.105	-0.105	0.967

Als Teststatistik erhält man $X_N = \sum \Phi^{-1}(k) = -1.067$. In Tabelle 11.12 findet man für $\alpha = 0.05$, $N = 11$ und $|m-n| = 1$ den kritischen Wert $x_{1-\alpha/2} = 2.72$. Da $1.067 = |-1.067| \leq 2.72$ wird die Nullhypothese beibehalten. Es konnte kein signifikanter Unterschied festgestellt werden.

Bei obigem Beispiel wurde für **Bindungen** die Methode der Durchschnittsränge angewendet. Van der Waerden selbst empfiehlt, die Teststatistiken X_N für alle möglichen Rang-Permutationen zu berechnen und in weiterer Folge den Mittelwert der X_N als Teststatistik zu verwenden.

Große Stichproben

Ab einer Stichprobengröße von $N > 50$ kann durch die Normalverteilung approximiert werden. Für diese Approximation werden der Erwartungswert und die Varianz von X_N benötigt.

$$E(X_N) = 0$$

$$V(X_N) = \frac{mn}{N(N-1)} \sum_{i=1}^{N} \left(\Phi^{-1} \left(\frac{i}{N+1} \right) \right)^2$$

$$Z = \frac{X_N}{\sqrt{\frac{mn}{N(N-1)} \sum_{i=1}^{N} \left(\Phi^{-1} \left(\frac{i}{N+1} \right) \right)^2}}$$

Für $N \to \infty$ ist Z unter H_0 asymptotisch standardnormalverteilt. Die Testentscheidung lautet dann:

Testentscheidung Van der Waerden-Test
(Approximation durch Normalverteilung, Tabelle 11.1)

- Zweiseitiger Test: H_0 ablehnen, falls: $|Z| \geq z_{1-\alpha/2}$
- Einseitiger Test, Fall A, $F < G$: H_0 ablehnen, falls: $Z \geq z_{1-\alpha}$
- Einseitiger Test, Fall B, $F > G$: H_0 ablehnen, falls: $Z \leq z_\alpha$

Beispiel 6.16. Klausurnoten - v.d. Waerden-Test in SAS
(Vgl. Beispiel 6.15)
In SAS kann der v.d.Waerden Test mit der Option VW aufgerufen werden.

```
PROC NPAR1WAY DATA=noten VW;
   CLASS Gruppe;
   VAR Noten;
RUN;
```

Der Output zu dieser Prozedur sieht etwa folgendermaßen aus:

```
Van der Waerden Zwei-Stichprobentest
Statistik   -1.0568 Z   -0.7938
Einseitige Pr <  Z       0.2137
Zweiseitige Pr > |Z|     0.4273
```

SAS geht im Fall von Bindungen anders vor, als man es erwarten würde. Im Falle von Bindungen wird für alle möglichen Ränge das jeweilige Quantil $\phi^{-1}(k/(N+1))$ bestimmt.
In die Teststatistik geht der jeweilige Durchschnitt der Quantile ein.

Beispiel 6.17. Klausurnoten - Van der Waerden-Test in R
(Vgl. Beispiel 6.15) Die Teststatistik für den v.d.Waerden Test kann in R mit folgender Syntax berechnet werden:

```
library(exactRankTests)
Datensatz=data.frame(
+    Noten  =c(1,2,3,3,5,1,3,3,4,5,5),
+    Gruppen=factor(c(1,1,1,1,1,2,2,2,2,2,2)))
sc = cscores(Datensatz$Noten, type="NormalQuantile")
X = sum(sc[Datensatz$Gruppen == 1])
library(coin)
normal_test(Noten ~ Gruppen, data = Datensatz,
+ distribution = "exact")
```

Die exakte Teststatistik wird in der Variable X gespeichert, der Test selbst wird mit der Anweisung `normal_test` und der Option `distribution="exact"` aus dem Paket `coin` angefordert. Wir erhalten als Ergebnis der Anweisung die approximierte Teststatistik -0.8031 mit dem zweiseitigen p-Wert 0.4372, daher muss die Nullhypothese beibehalten werden.

6.3.4 Median-Test

Ein sehr einfacher Test zum Vergleich der zentralen Tendenz zweier Stichproben ist der Mediantest. Der Mediantest kann auch zum Vergleich von mehr als zwei Stichproben angewendet werden (Vgl. Kapitel 8.1.2).

Die Voraussetzungen des Mediantests sind äquivalent zu jenen des Wilcoxon-Rangsummentest. Die Zufallsvariablen müssen somit wieder unabhängig sein und mindestens ordinales Skalenniveau aufweisen.

Man fasst zunächst die beiden Stichproben zusammen, ordnet diese und bestimmt den Median der gepoolten Stichprobe. Im nächsten Schritt bestimmt man je Stichprobe die Anzahl der Messwerte, die größer (bzw. kleiner/gleich) als der gemeinsame Median sind. Mit diesen Informationen kann folgende Vierfeldertafel erstellt werden:

	$\leq \tilde{z}_{0.5}$	$> \tilde{z}_{0.5}$
Gruppe 1	z_{11}	z_{12}
Gruppe 2	z_{21}	z_{22}

Mit z_{ij} wird die Anzahl der Werte in der jeweiligen Kategorie bezeichnet. Die Nullhypothese geht davon aus, dass in jeder der beiden Stichproben 50% der Daten größer als der Median sind und 50% der Daten kleiner oder gleich dem Median sind.

Obige Vierfeldertafel wird nun auf einen signifikanten Zusammenhang überprüft. Ist $N \leq 20$ sollte dies mit dem exakten Test nach Fisher geschehen
(vgl. Abschnitt 9.3), sonst kann der klassische χ^2-Test verwendet werden.

Beispiel 6.18. Klausurnoten - Median-Test

(Vgl. Beispiel 6.11, 6.14 und 6.15) Die Noten der jeweiligen Studierendengrup-
pen waren

Kurs 1 (x_i)	1	2	3	3	5	
Kurs 2 (y_i)	1	3	3	4	5	5

Der Median ist der sechste Wert der geordneten gemeinsamen Stichprobe und
somit $\tilde{z}_{0.5} = 3$.

Gemäß obiger Beschreibung ergibt sich daraus folgende Vierfeldertafel:

	$\leq \tilde{z}_{0.5}$	$> \tilde{z}_{0.5}$
Kurs 1	4	1
Kurs 2	3	3

Für den zweiseitigen Test nach Fisher erhält man den p-Wert 0.545, somit
muss auch in diesem Fall die Nullhypothese, dass sich die Gruppen nicht
unterscheiden, beibehalten werden.

Beispiel 6.19. Klausurnoten - Median-Test in SAS

(Vgl. Beispiel 6.18) Die Vierfeldertafel wird eingegeben und mit dem Fisher's
Exact Test ausgewertet.

```
DATA notenm;
  INPUT Gruppe mediangrkl anzahl;
  DATALINES;
  1 1 1
  1 2 4
  2 1 3
  2 2 3
RUN;

PROC FREQ data=notenm;
  TABLES gruppe*mediangrkl/CHISQ;
  EXACT FISHER;
  WEIGHT anzahl;
RUN;
```

Der Output zu obiger Prozedur sieht folgendermaßen aus:

```
Exakter Test von Fisher
Zelle (1,1) Häufigkeit (F)              4
Linksseitige Pr <= F            0.9545
Rechtsseitige Pr >= F           0.3485
Tabellenwahrscheinlichkeit (P)  0.3030
Zweiseitige Pr <= P 0.5455    Stichprobengröße = 11
```

Die Vierfeldertafel kann natürlich auch mit Hilfe von SAS erstellt werden. Die Ergebnisse entsprechen den selbst berechneten, die Nullhypothese der Notengleichheit muss beibehalten werden.

Beispiel 6.20. Klausurnoten - Median-Test in R
(Vgl. Beispiel 6.18) Bei vorliegender Vierfeldertafel lautet die Eingabe für den zweiseitigen Fisher's Exact Test in R:

```
fisher.test(matrix(c(1,4,3,3),nrow=2))
```

Auch mit R erhält man den Wert $p = 0.5455$ für den zweiseitigen Fisher's Exact Test.

Auch der Median-Test entspricht dem Konzept der linearen Rangstatistik. Verwendet man die lineare Rangstatistik (vgl. Seite 164)

$$L_N = \sum_{i=1}^{N} g(i)V_i$$

mit der Gewichtsfunktion

$$g(i) = \begin{cases} 1 & \text{für } i > (N+1)/2 \\ 0 & \text{für } i \leq (N+1)/2 \end{cases}$$

dann entspricht die lineare Rangstatistik der Anzahl der Werte aus der Stichprobe X, die größer sind als der Median der gemeinsamen Stichprobe.

6.4 Lineare Rangtests für Variabilitätsanalysen

In diesem Kapitel werden mit dem Siegel-Tukey-Test, dem Mood-Test und dem Ansari-Bradley-Test drei Tests für Variabilitätsalternativen vorgestellt. Das Ziel dieser Tests ist festzustellen, ob ein signifikanter Unterschied hinsichtlich der Variabilität zwischen zwei Gruppen vorliegt.

Voraussetzungen

1. Das Messniveau der Beobachtungen $x_1, \ldots, x_m$, $y_1, \ldots, y_n$ ist metrisch oder ordinal.

2. Die Variablen $X_1, \ldots, X_m$, $Y_1, \ldots, Y_n$ sind unabhängig.

3. $X_1, \ldots, X_m$ und $Y_1, \ldots, Y_n$ haben stetige Verteilungsfunktionen F bzw. G mit gleichem (unbekannten) Median.

Tests für Variabilitätsanalysen

- Zweiseitige Hypothesen
  $H_0 : F(z) = G(z)$
  $H_1 : F(z) = G(\theta z)$ für alle $z \in \mathbb{R}$, $\theta \neq 1, \theta > 0$

- Einseitige Hypothesen, Fall A, X streut stärker als Y
  $H_0 : F(z) = G(z)$
  $H_1 : F(z) = G(\theta z)$ für alle $z \in \mathbb{R}$, $0 < \theta < 1$

- Einseitige Hypothesen, Fall B, Y streut stärker als X
  $H_0 : F(z) = G(z)$
  $H_1 : F(z) = G(\theta z)$ für alle $z \in \mathbb{R}$, $\theta > 1$

Unter H_1 haben die Variablen θX und Y dieselbe Verteilung und es gilt $\theta \, \mu_X = \mu_Y$ und $\theta^2 \sigma_X^2 = \sigma_Y^2$. Daraus kann abgelesen werden, dass Unterschiede in der Variabilität Unterschiede der Erwartungswerte **und** der Varianzen umfassen können. Nur wenn die beiden Erwartungswerte gleich sind (bei $\theta \neq 1$ nur möglich für $\mu_X = \mu_Y = 0$), können Tests auf Variabilitätsunterschiede als Tests auf Varianzunterschiede aufgefasst werden. In weiterer Folge gehen wir davon aus, dass zumindest die Mediane der beiden Verteilungen gleich sind.

Das parametrische Äquivalent zu den Tests auf Variabilitätsunterschiede (bei Vorliegen einer Normalverteilung) ist der F-Test, der aber ohne die Annahme $\mu_X = \mu_Y = 0$ auskommt.

6.4.1 Siegel-Tukey-Test

Die Anwendung des Siegel-Tukey-Tests entspricht der Vorgehensweise beim Wilcoxon-Rangsummentest.

Die Teststatistik für den Siegel-Tukey-Test ist die lineare Rangstatistik

$$S_N = \sum_{i=1}^{N} g(i)V_i$$

mit Gewichtsfunktion

$$g(i) = \begin{cases} 2i & \text{für } i \text{ gerade und } 1 < i \leq N/2 \\ 2(N-i)+2 & \text{für } i \text{ gerade und } N/2 < i \leq N \\ 2i-1 & \text{für } i \text{ ungerade und } 1 \leq i \leq N/2 \\ 2(N-i)+1 & \text{für } i \text{ ungerade und } N/2 < i < N \end{cases}$$

Diese Teststatistik ist für gerades N konzipiert, für ungerades N wird die mittlere Beobachtung aus der gemeinsamen geordneten Stichprobe gestrichen.

Beim Wilcoxon-Rangsummentest wurden in der gemeinsamen Stichprobe den kleinen Beobachtungswerten niedrige Rangzahlen und großen Beobachtungswerten hohe Rangzahlen zugeordnet. Beim Siegel-Tukey-Test ist die allgemeine Vorgangsweise ähnlich, allerdings erfolgt die Zuordnung der Rangwerte in anderer Form. Dem kleinsten Beobachtungswert wird - wie gehabt - der kleinste Rang zugeordnet. Es wird nun allerdings dem größten Beobachtungswert der zweite Rang zugewiesen. Der zweitgrößte Beobachtungswert erhält den dritten Rang, der zweite Beobachtungswert den vierten Rang, der dritte Beobachtungswert den fünften Rang. Man vergibt die Ränge - vereinfacht gesagt - abwechselnd von außen nach innen. Eine gemeinsame geordnete Stichprobe mit 8 Elementen würde somit folgende Gewichte erhalten

Beobachtung	x_1	x_2	x_3	x_4	x_5	x_6	x_7	x_8
Gewicht $g(i)$	1	4	5	8	7	6	3	2

Im Falle von Bindungen wird in Praxis die Methode der Durchschnittsränge angewendet. Es sei darauf hingewiesen, dass es bei einer großen Anzahl von Bindungen zu einer veränderten Verteilung der Prüfgröße unter der Nullhypothese kommen kann.

Die Verteilung der Teststatistik S_N ist unter der Nullhypothese gleich der Verteilung der Wilcoxon-Statistik W_N (vgl. Abschnitt 6.3.1). Liegt kein Unterschied in der Variabilität vor, werden die Stichproben gut durchmischt sein. Streut die Verteilung von X mehr als die von Y (bei gleichem Median), so werden die X-Ränge eher an den Enden der gemeinsamen Stichprobe liegen und somit niedrige Gewichtungsfaktoren erhalten. Eine zu kleine Teststatistik S_N weist damit auf die Hypothese hin, dass X mehr streut als Y.

Testentscheidung (kritische Werte in Tabelle 11.11)

- Zweiseitiger Test: H_0 ablehnen, falls $S_N \leq w_{\alpha/2}$ oder $S_N \geq w_{1-\alpha/2}$
- Einseitiger Test, Fall A (X streut mehr): H_0 ablehnen, falls $S_N \leq w_\alpha$
- Einseitiger Test, Fall B: H_0 ablehnen, falls $S_N \geq w_{1-\alpha}$

Beispiel 6.21. Laufleistung - Siegel-Tukey-Test
Die SchülerInnen von 2 Schulklassen sollten unabhängig voneinander einen 100 m Lauf absolvieren. Man ist an der Homogenität der Leistungen interessiert, das heißt, es interessiert, ob die Streuung der Leistung in der ersten Schulklasse größer ist als in der zweiten Klasse. Die Hypothesen dafür lauten $H_0 : F(z) = G(z)$ und $H_1 : F(z) = G(\theta z)$, $\theta > 1$.

Die Stichprobe ergibt folgende Zeiten in Sekunden ($m = 4, n = 6$).

Klasse 1 (x_i)	12	13	29	30		
Klasse 2 (y_i)	15	17	18	24	25	26

Die gemeinsame geordnete Stichprobe sieht wie folgt aus:

Wert	x_1	x_2	y_1	y_2	y_3	y_4	y_5	y_6	x_3	x_4
Zeit	12	13	15	17	18	24	25	26	29	30
Gewicht g(i)	1	4	5	8	9	10	7	6	3	2

Als Teststatistik erhält man $S_N = 1 + 4 + 3 + 2 = 10$, da $w_{0.05} = 21$ wird H_0 abgelehnt. Die Streuung in der Klasse 1 ist größer als in der Klasse 2.

Beispiel 6.22. Laufleistung - SAS
(vgl. Beispiel 6.21) Der Programmcode in SAS lautet:

```
DATA lauf;
   INPUT Gruppe zeit;
   DATALINES;
   1       12
   ..      ..
   2       26
   ;
RUN;
```

```
PROC NPAR1WAY DATA=lauf ST;
  CLASS Gruppe;
  VAR zeit;
  EXACT ST;
RUN;
```

Der Output zu dieser Prozedur sieht etwa folgendermaßen aus:

```
Siegel-Tukey Zwei-Stichprobentest
Statistik (S)                    10.0000
Normale Approximation Z          -2.4518
Einseitige Pr < Z                 0.0071
Zweiseitige Pr > |Z|              0.0142
Exakter Test Einseitige Pr <= S       0.0048
Zweiseitige Pr >= |S - Mittelwert| 0.0095
```

Es gibt sowohl bei einseitiger ($p = 0.0048$) als auch bei zweiseitiger ($p = 0.0095$) Fragestellung signifikante Unterschiede in der Streuung.

Große Stichproben

Da die Verteilung von S_N unter der Nullhypothese der Verteilung der Wilcoxon-Statistik W_N entspricht, kann auch beim Siegel-Tukey-Test in gleicher Weise mit der Normalverteilungsapproximation gerechnet werden.

6.4.2 Mood-Test

Ein weiterer Test zur Überprüfung von Variabilitätsunterschieden ist der Mood-Test, die Voraussetzungen aus Abschnitt 6.4 gelten auch hier.

Tests für Variabilitätsanalysen

- Zweiseitige Hypothesen
  $H_0 : F(z) = G(z)$
  $H_1 : F(z) = G(\theta z)$ für alle $z \in \mathbb{R}$, $\theta \neq 1, \theta > 0$

- Einseitige Hypothesen, Fall A, X streut stärker als Y
  $H_0 : F(z) = G(z)$
  $H_1 : F(z) = G(\theta z)$ für alle $z \in \mathbb{R}$, $0 < \theta < 1$

- Einseitige Hypothesen, Fall B, Y streut stärker als X
  $H_0 : F(z) = G(z)$
  $H_1 : F(z) = G(\theta z)$ für alle $z \in \mathbb{R}$, $\theta > 1$

Beim Mood-Test werden die quadrierten Abweichungen der Ränge i von der mittleren Rangzahl $(N+1)/2$ als Gewichte $g(i)$ verwendet.

Die Teststatistik für den Mood-Test ist die lineare Rangstatistik

$$M_N = \sum_{i=1}^{N} \left(i - \frac{N+1}{2} \right)^2 V_i$$

Falls X mehr als Y streut, wären die Abweichungen der Ränge der x_i zum Durchschnittsrang groß, und man würde einen großen Wert für die Teststatistik erwarten.

Testentscheidung (kritische Werte in Tabelle 11.11)

- Zweiseitiger Test: H_0 ablehnen, falls $M_N \leq c_{\alpha/2}$ oder $M_N \geq c_{1-\alpha/2}$

- Einseitiger Test, Fall A (X streut mehr): H_0 ablehnen, falls $M_N \geq c_{1-\alpha}$

- Einseitiger Test, Fall B (Y streut mehr): H_0 ablehnen, falls $M_N \leq c_\alpha$

Treten Bindungen auf, so wird auch beim Mood-Test die Methode der Durchschnittsränge angewendet.

Beispiel 6.23. Laufleistung - Mood-Test
(vgl. Beispiel 6.21) Die Problemstellung und die Hypothesen sind identisch zu Beispiel 6.21.

Wert	x_1	x_2	y_1	y_2	y_3	y_4	y_5	y_6	x_3	x_4
Zeit	12	13	15	17	18	24	25	26	29	30
Rang	1	2	3	4	5	6	7	8	9	10

Es ist $(N+1)/2 = 5.5$, daraus lässt sich mit einfacher Rechnung die Teststatistik M_N berechnen:

$$M_N = (1 - 5.5)^2 + (2 - 5.5)^2 + (9 - 5.5)^2 + (10 - 5.5)^2 = 65.00$$

Für $\alpha = 0.05$ ist $c_{0.95} \approx 13$ ($m = 4$, $n = 6$). Die Nullhypothese wird daher abgelehnt, auch mit dem Mood-Test konnte nachgewiesen werden, dass die Laufleistung der ersten Klasse mehr streut als die der zweiten Klasse.

Bei einer Gesamtstichprobengröße von $N > 20$ kann mit der Normalverteilungsapproximation gearbeitet werden, mit

$$E(M_N) = \frac{m(N^2 - 1)}{12}$$

$$V(M_N) = \frac{mn(N + 1)(N^2 - 4)}{180}$$

erhält man

$$Z = \frac{M_N - m(N^2 - 1)/12}{\sqrt{mn(N + 1)(N^2 - 4)/180}}$$

Z ist für $N \to \infty$ asymptotisch standardnormalverteilt.

Beispiel 6.24. Laufleistung - Mood-Test in SAS
(vgl. Beispiel 6.23)
Die Dateneingabe wurde bereits vorgenommen

```
PROC NPAR1WAY DATA=lauf MOOD;
  CLASS Gruppe;
  VAR zeit;
  EXACT MOOD;
RUN;
```

Als Ausgabe erhält man den Wert der Teststatistik, sowie die einseitigen und zweiseitigen p-Werte, beide jeweils exakt und mittels Normalverteilungsapproximation. Auch mit dem Mood-Test erhält man sowohl bei einseitiger ($p = 0.0048$) als auch bei zweiseitiger Fragestellung ein signifikantes Ergebnis.

Beispiel 6.25. Laufleistung - Mood-Test in R
(vgl. Beispiel 6.23)

```
klasse1=c(12,13,29,30)
klasse2=c(15,17,18,24,25,26)
mood.test(klasse1,klasse2, alternative="greater")
```

Die Alternative `greater` ist genau jene einseitige Fragestellung, an der wir interessiert sind (X streut mehr als Y, Fall A). Die Nullhypothese, dass die Streuung der Laufzeiten in beiden Klassen gleich ist, wird abgelehnt (approximierter p-Wert 0.0035).

6.4.3 Ansari-Bradley-Test

Ein weiterer Test zur Überprüfung von Variabilitätsunterschieden ist der Ansari-Bradley-Test, wobei auch hier wieder die Voraussetzungen aus Abschnitt 6.4 gelten.

Tests für Variabilitätsanalysen

- Zweiseitige Hypothesen
  $H_0 : F(z) = G(z)$
  $H_1 : F(z) = G(\theta z)$ für alle $z \in \mathbb{R}$, $\theta \neq 1, \theta > 0$

- Einseitige Hypothesen, Fall A, X streut stärker als Y
  $H_0 : F(z) = G(z)$
  $H_1 : F(z) = G(\theta z)$ für alle $z \in \mathbb{R}$, $0 < \theta < 1$

- Einseitige Hypothesen, Fall B, Y streut stärker als X
  $H_0 : F(z) = G(z)$
  $H_1 : F(z) = G(\theta z)$ für alle $z \in \mathbb{R}$, $\theta > 1$

Beim Ansari-Bradley-Test basiert die Teststatistik auf den Absolutbeträgen der Abweichungen der Ränge i von der mittleren Rangzahl $(N+1)/2$.

Die Teststatistik für den Ansari-Bradley ist die lineare Rangstatistik

$$A_N = \sum_{i=1}^{N} \left(\frac{N+1}{2} - \left| i - \frac{N+1}{2} \right| \right) V_i = \frac{m(N+1)}{2} - \sum_{i=1}^{N} \left| i - \frac{N+1}{2} \right| V_i$$

Falls X mehr als Y streut, wären die Abweichungen der Ränge der x_i zum Durchschnittsrang groß, und man würde insgesamt einen kleinen Wert für die Teststatistik A_N erwarten.

Die Gewichte können der geordneten gemeinsamen Stichprobe einfach zugeordnet werden: Der kleinste und der größte Wert erhalten den Rang 1, der zweitgrößte und zweitkleinste den Rang 2 und so weiter. Bei geradem Stichprobenumfang N erhalten somit die beiden mittleren Werte jeweils den Rang $N/2$, bei ungeradem Stichprobenumfang erhält der mittlere Wert den Rang $(N+1)/2$.

Testentscheidung
Kritische Werte für die Testentscheidung findet man in
Ansari und Bradley (1960) oder in Hollander und Wolfe (1999).

Beispiel 6.26. Laufleistung - Ansari-Bradley-Test
(vgl. Beispiel 6.21) Die Problemstellung und die Hypothesen sind identisch zu
Beispiel 6.21.

Wert	x_1	x_2	y_1	y_2	y_3	y_4	y_5	y_6	x_3	x_4
Zeit	12	13	15	17	18	24	25	26	29	30
Rang	1	2	3	4	5	5	4	3	2	1

Die Teststatistik A_N berechnet sich als $A_N = 1 + 2 + 2 + 1 = 6.00$. Die
Nullhypothese wird daher abgelehnt, die Laufleistung der ersten Klasse streut
mehr als die der zweiten Klasse.

Beispiel 6.27. Laufleistung - Ansari-Bradley-Test in SAS
(vgl. Beispiel 6.26) Die Dateneingabe wurde bereits vorgenommen.

```
PROC NPAR1WAY DATA=lauf AB;
  CLASS Gruppe;
  VAR zeit;
  EXACT AB;
RUN;
```

Als Ausgabe erhält man den Wert der Teststatistik, sowie einen einseitigen
(den kleineren) und den zweiseitigen p-Wert, beide jeweils exakt und mittels
Normalverteilungsapproximation. Auch mit dem Ansari-Bradley-Test erhält
man sowohl bei einseitiger ($p = 0.004762$) als auch bei zweiseitiger Fragestellung ein signifikantes Ergebnis. Hinweis: SAS bestimmt beim einseitigen
Testen nur den „sinnvolleren“ (= kleineren) p-Wert. Sinnvoll ist in unserem
Beispiel die Frage, ob X (signifikant) mehr streut als Y. Bei dieser konkreten
Datensituation wäre es unsinnig zu fragen, ob X weniger als Y streut, weil
dies offensichtlich nicht der Fall ist.

Beispiel 6.28. Laufleistung - Ansari-Bradley-Test in R
(vgl. Beispiel 6.26)

```
klasse1=c(12,13,29,30)
klasse2=c(15,17,18,24,25,26)
ansari.test(klasse1,klasse2, alternative="greater")
```

Die Alternative greater ist genau jene einseitige Fragestellung, an der wir
interessiert sind (X streut mehr als Y, Fall A). Die Nullhypothese, dass die
Streuung der Laufzeiten in beiden Klassen gleich ist, wird abgelehnt (approximierter p-Wert $p = 0.0035$).

Praxistipp

Einseitige Fragestellungen sind in SAS und R unterschiedlich implementiert: In SAS wird der „sinnvollere" (weil kleinere) p-Wert ausgegeben und man muss bei der Interpretation der Ergebnisse aufmerksam sein. In R wird bei Testaufruf mit der Option alternative=less|greater|two.sided der genau spezifizierte Test durchgeführt. Dabei steht die Alternative greater bei

- Tests auf Verteilungsanpassung für den Fall A
  (X stochastisch kleiner als Y, $X < Y$, $F_X > F_Y$)

- Tests auf Lageunterschied für den Fall B
  (X stochastisch größer als Y, $X > Y$, $X - Y > 0$)

- Tests auf Variabilitätsunterschied für den Fall A (X streut mehr als Y)

6.5 Konfidenzintervalle

In diesem Abschnitt werden zuerst Konstruktionsmethoden für Konfidenzintervalle für den Lageparameter θ betrachtet. Da die dazu verwendeten Statistiken W_N von Wilcoxon bzw. die U-Statistik von Mann-Whitney diskrete Zufallsvariablen sind, können im Allgemeinen keine exakten Konfidenzgrenzen für ein vorgegebenes Konfidenzniveau $S = 1 - \alpha$ angegeben werden. Stattdessen werden die Konfidenzgrenzen so gewählt, dass das Konfidenzniveau mindestens $1 - \alpha$ beträgt.

6.5.1 Konfidenzintervall für die Lageverschiebung θ

Unser Ausgangspunkt sind zwei beliebige stetige Verteilungen $F(z)$ und $G(z)$, die sich nur durch den Lageparameter θ unterscheiden.

Modell: $X \sim F(z)$ und $Y \sim G(z)$ mit $F(z) = G(z + \theta)$

Daten: $X = x_1, \ldots, x_m$ und $Y = y_1, \ldots, y_n$

Die Stichprobenvariablen $X = x_1, \ldots, x_m$ und $Y = y_1 - \theta, \ldots, y_n - \theta$ kommen unter den obigen Voraussetzungen aus Grundgesamtheiten mit identischen Verteilungen.

Betrachtet man zunächst einen zweiseitigen Test H_0: $\theta = \theta_0$ zum Signifikanzniveau α, dann erhält man das Konfidenzintervall für θ zum Konfidenzniveau $1 - \alpha$ durch Dualisierung des zweiseitigen Tests. Das Konfidenzintervall besteht aus allen Werten θ, die zum vorgegebenem Signifikanzniveau nicht zur

Ablehnung von H_0 führen. Als Teststatistik wird die W_n Statistik von Wilcoxon bzw. die U-Statistik von Mann-Whitney verwendet (vgl. Abschnitt 6.3.1).

$$W_N = U + \frac{m(m+1)}{2}$$

Aus Symmetriegründen gilt für die Quantile $w_{\alpha/2}$ und $w_{1-\alpha/2}$ der Verteilung von W_n folgende Beziehung:

$$w_{1-\alpha/2} = 2 \cdot E(W_N) - w_{\alpha/2} = m(N+1) - w_{\alpha/2}$$

Als Annahmebereich für die Nullhypothese des oben erwähnten zweiseitigen Tests wird folgender Bereich definiert:

$$W_N \in (w_{\alpha/2};\ m(N+1) - w_{\alpha/2}) \quad \text{mit N} = \text{m} + \text{n}$$

Aus diesem Annahmebereich erhält man durch Dualisierung:

$$Pr(w_{\alpha/2} < W_N < m(N+1) - w_{\alpha/2}) = 1 - \alpha$$

Unter Verwendung von $r = u_{\alpha/2} = w_{\alpha/2} - m(m+1)/2$,
dem $u_{\alpha/2}$-Quantil der U-Verteilung (Tabelle 11.11) gilt:

$$Pr\left(\frac{m(m+1)}{2} + r < W_N < \frac{m(2n+m+1)}{2} - r\right) = 1 - \alpha$$

Es wird also zu einem vorgegebenem α zunächst das Quantil $w_{\alpha/2}$ und dann das Quantil $r = w_{\alpha/2} - m(m+1)/2$ bestimmt. Mit dem Quantil r kann ein Konfidenzintervall für den Lageunterschied θ konstruiert werden.

Vorgehensweise

- Bildung der mn Differenzen $Y_j - X_i$ für $j = 1, \ldots, n$ und $i = 1, \ldots, m$

- Ordnung sämtlicher mn Differenzen nach Größe

- Bezeichnung der geordneten Differenzen mit $D_{(1)}, \ldots, D_{(mn)}$

- Bestimmung von $r = w_{\alpha/2} - m(m+1)/2$

- Untere Grenze des Konfidenzintervalls: $g_u = D_{(r+1)}$

- Obere Grenze des Konfidenzintervalls: $g_o = D_{(mn-r)}$

- Konfidenzintervall: $Pr(D_{(r+1)} < \theta < D_{(mn-r)}) \approx 1 - \alpha$

6.5.2 Konfidenzintervall für den Variabilitätsunterschied θ

Zur Berechnung des Konfidenzintervalls für den Lageunterschied θ wurde ein Test auf Lageunterschied verwendet. Dem entsprechend werden nun für die Berechnung von Konfidenzintervallen für den Variabilitätsunterschied θ Tests auf Variabilitätsunterschiede verwendet. Ein geeigneter Ausgangstest ist der Moses-Test, der kurz beschrieben werden soll.

Modell: $X \sim F(z)$ und $Y \sim G(z)$ mit $F(z) = G(\theta z)$

$F(z)$ und $G(z)$ sind beliebige stetige Verteilungen, die sich nur durch den Variabilitätsparameter θ unterscheiden.

Daten: $X = x_1, \ldots, x_m$ und $Y = y_1, \ldots, y_n$

Die Stichprobenvariablen $X = \theta x_1, \ldots, \theta x_m$ und $Y = y_1, \ldots, y_n$ kommen unter den genannten Voraussetzungen aus Grundgesamtheiten mit identischen Verteilungen.

Das entsprechende Konfidenzintervall gewinnt man wieder durch Dualisierung des zweiseitigen Test H_0: $\theta = \theta_0$ auf dem Signifikanzniveau α. Das Konfidenzintervall für θ zum Konfidenzniveau $1 - \alpha$ besteht dann aus dem Annahmebereich des zweiseitigen Tests.

Die Beobachtungen der Stichprobenvariablen $X = x_1, \ldots, x_m$ bzw. $Y = y_1, \ldots, y_n$ werden zufällig auf m_1 bzw. n_1 Subgruppen vom Umfang $k \geq 2$ aufgeteilt. Sind m oder n nicht durch k teilbar, bleiben die restlichen Beobachtungen unberücksichtigt.

Man definiert

$$\overline{X}_i = \frac{1}{k} \sum_{v=1}^{k} X_{vi} \qquad \text{für } 1 \leq i \leq m_1$$

$$\overline{Y}_j = \frac{1}{k} \sum_{w=1}^{k} X_{wj} \qquad \text{für } 1 \leq j \leq n_1$$

und erhält

$$A_i = \sum_{v=1}^{k} \left(X_{vi} - \overline{X}_i \right)^2 \qquad \text{für } 1 \leq i \leq m_1$$

$$B_j = \sum_{w=1}^{k} \left(Y_{wi} - \overline{Y}_j\right)^2 \quad \text{für } 1 \leq j \leq n_1$$

Die Testprozedur des Moses-Tests ist analog zum Wilcoxon-Rangsummentest, statt der ursprünglichen Variablen X bzw. Y werden nun die Variablen A und B verwendet. Daher müssen die Ränge der A_i der gemeinsamen geordneten Stichprobe (vom Umfang $m_1 + n_1 = N_1$) bestimmt und aufsummiert werden. Streut X mehr als Y, so erwartet man eine große Rangsumme W_{N_1}.

Analog zum Konfidenzintervall für Lageunterschiede kann nun wieder über Dualisierung des Testproblems eine geeignete Vorgehensweise zur Bestimmung von Konfidenzintervallen für Variabilitätsunterschiede empfohlen werden:

Vorgehensweise

- Bildung aller $m_1 n_1$ möglichen Quotienten $Q = A_i/B_j$ für $i = 1, \ldots, m_1$ und $j = 1, \ldots, n_1$

- Ordnung sämtlicher $m_1 n_1$ Quotienten nach Größe

- Bezeichnung der geordneten Quotienten mit $Q_{(1)}, \ldots, Q_{(m_1 n_1)}$

- Bestimmung des $w_{\alpha/2}$-Quantils der W_{N_1}-Verteilung zu einem vorgegebenem Signifikanzniveau α

- Bestimmung von $r = w_{\alpha/2} - m_1(m_1 + 1)/2$

- Untere Grenze des Konfidenzintervalls für θ^2: $g_u = Q_{(r+1)}$

- Obere Grenze des Konfidenzintervalls für θ^2: $g_o = Q_{(m_1 n_1 - r)}$

- Konfidenzintervall: $Pr(Q_{(r+1)} < \theta^2 < Q_{(m_1 n_1 - r)}) \approx 1 - \alpha$

Da für die Berechnung des Konfidenzintervalls die quadrierten Statistiken A_i und B_j verwendet werden, erhält man das Konfidenzintervall für den quadrierten Variabilitätsparameter. Die Grenzen des Konfidenzintervalls für den Variabilitätsparameter θ lauten:

- Untere Grenze des Konfidenzintervalls für θ : $g_u = \sqrt{Q_{(r+1)}}$

- Obere Grenze des Konfidenzintervalls für θ : $g_o = \sqrt{Q_{(m_1 n_1 - r)}}$

- Konfidenzintervall: $Pr\left(\sqrt{Q_{(r+1)}} < \theta < \sqrt{Q_{(m_1 n_1 - r)}}\right) \approx 1 - \alpha$

Übungsaufgaben

Aufgabe 6.1. Schuheinlagen

Es wurden neuartige orthopädische Schuheinlagen entwickelt, die zu einem schnelleren Erfolg bei der Behandlung von Fußfehlstellungen führen sollen. Um festzustellen, ob tatsächlich ein Unterschied hinsichtlich der Behandlungsdauer vorhanden ist, wurden 7 Kinder zum Tragen der neuen Schuheinlagen (Gruppe N) und 7 weitere Kinder zum Tragen der herkömmlichen Schuheinlagen (Gruppe A) ausgewählt. Nach 30 Tagen wurde der Fortschritt auf einer 10stufigen Skala gemessen. Ein niedriger Wert bedeutet, dass sich die Fußfehlstellungen verbessert haben. Testen Sie auf einem Niveau von $\alpha = 0.05$.

Gruppe A	6	7	5	10	7	7	9
Gruppe N	3	2	1	4	1	8	3

Aufgabe 6.2. Wetterfühligkeit

In einer klinischen Untersuchung werden 16 Patienten mit bekannter Wetterfühligkeit zufällig zu gleichen Teilen auf eine Therapiegruppe und eine Kontrollgruppe aufgeteilt. In der Kontrollgruppe erhalten die Patienten ein Placebo und in der Therapiegruppe erhalten die Patienten ein Präparat, das die Wetterfühligkeit verbessern soll. Nach 4 Wochen sollen die Patienten auf einer fünfstufigen Schulnotenskala ihr Wohlbefinden angeben.

Gruppe T	4	5	1	5	2	2	3	1
Gruppe K	2	3	5	5	5	4	5	2

Testen Sie jeweils auf einem Niveau von $\alpha = 0.05$, ob das neue Medikament wirkt.

Aufgabe 6.3. Beweis Varianz der Linearen Rangstatistik

Beweisen Sie:

$$Var(L_N) = \frac{mn}{N^2(N-1)}\left(N\sum_{i=1}^{N} g^2(i) - \left(\sum_{i=1}^{N} g(i)\right)^2\right)$$

Aufgabe 6.4. Bücher

Anhand einer Studie sollte untersucht werden, ob sich Studierende und Nicht-studierende hinsichtlich der Anzahl der gelesenen Bücher pro Jahr signifikant unterscheiden ($\alpha = 0.05$). Es werden insgesamt $m = 7$ Studierende und $n = 9$ Nichtstudierende befragt. Es ergaben sich folgende Werte:

Studierende	0	3	4	7	10	12	30		
Nichtstudierende	0	2	3	8	10	13	15	19	32

Untersuchen Sie, ob sich Studierende und Nichtstudierende in der Anzahl der gelesenen Bücher unterscheiden.

Aufgabe 6.5. Zuckerpackungen

Eine Zuckerfabrik stellt Zuckerpackungen her. Die hergestellten Zuckerpackungen sollten dabei hinsichtlich des Gewichts möglichst wenig streuen. Die zur Zeit verwendete Abfüllmaschine arbeitet jedoch ziemlich ungenau. Deshalb entschloss man sich, zusätzlich eine neue Maschine zu testen. Aufgrund einer Stichprobe von $m = 7$ bei der bisher verwendeten Maschine und $n = 9$ bei der neuen Maschine sollte überprüft werden, ob die neue Maschine besser ist als die alte Maschine ($\alpha = 0.05$).

Alte Maschine	870	930	935	1045	1050	1052	1055		
Neue Maschine	932	970	980	1001	1009	1030	1032	1040	1046

Aufgabe 6.6. Konfidenzintervalle

Es seien die beiden Stichproben $X = 3, 6, 8$ und $Y = 2, 7, 11$ gegeben. Bestimmen Sie ein Konfidenzintervall für den Lageunterschied θ unter Verwendung der W_N-Statistik von Wilcoxon bzw. der U-Statistik von Mann-Whitney. Das Konfidenzniveau soll ca. $1 - \alpha = 0.90$ betragen.

7

Zweistichprobenprobleme für verbundene Stichproben

7.1 Problembeschreibung

Dieses Kapitel beschäftigt sich mit Zweistichprobenproblemen für abhängige (verbundene) Stichproben (engl. Bezeichung: *matched pairs, paired samples*). Im Zweistichprobenfall werden an n Merkmalsträgern jeweils zwei Beobachtungen (Zufallsvariablen X und Y) mit dem Ziel erhoben, Unterschiede zwischen den Verteilungen dieser Zufallsvariablen zu überprüfen.

Bei dem vorliegenden Testproblem ist die allgemeine Datensituation durch eine gepaarte Stichprobe der Form

$$(x_1, y_1), \ldots, (x_n, y_n)$$

der Zufallsvariablen X und Y gegeben, die an n Merkmalsträgern beobachtet wurden. Der Begriff Merkmalsträger umfasst dabei sowohl ein- und dasselbe Individuum, an dem zu verschiedenen Zeitpunkten Messwerte erhoben werden, als auch homogene Paare, die möglichst ähnliche Eigenschaften aufweisen:

- Die Abhängigkeit von Stichproben kann dadurch entstehen, dass bestimmte Messwerte anhand ein- und desselben Individuums zu verschiedenen Zeitpunkten - beispielsweise vor und nach einer medizinischen Behandlung - gemessen werden.

- Abhängige Stichproben können auch aus Paaren möglichst gleichartiger Merkmalsträger resultieren (homogene Paare). Von homogenen Paaren spricht man u.a. bei eineiigen Zwillingen oder bei zwei Versuchstieren desselben Wurfs bzw. der gleichen Rasse. Diese Vorgehensweise wird dann bevorzugt, wenn es nicht möglich oder vertretbar ist, Messwiederholungen an einem einzigen Merkmalsträger durchzuführen (z.B. weil Wechselwirkungen auftreten können).

Das wiederholte Messen von Werten an einem Merkmalsträger führt dabei zu einer Verringerung der Streuung der verwendeten Teststatistik. Aus diesem Grund sind für Fragestellungen mit gebundenen Stichproben andere bzw. adaptierte Testverfahren notwendig.

7.2 Vorzeichentest

Ein Vorzeichentest (Sign-Test) wurde bereits bei den Einstichprobenproblemen vorgestellt (vgl. Abschnitt 5.3.2). Im Zweistichprobenfall verwendet der Test die Anzahl der positiven Differenzen zweier Messwertepaare als Teststatistik. Dieses Verfahren ist der älteste nichtparametrische Test, der aufgrund seiner geringen Voraussetzungen und der einfachen Berechnung oft anderen Methoden vorgezogen wird.

Die Daten liegen in Form einer abhängigen Stichprobe $(x_1, y_1), \ldots, (x_n, y_n)$ der Zufallsvariablen X und Y vor, die an n Merkmalsträgern beobachtet wurden. Dabei müssen die Daten mindestens ordinalskaliert sein.

Der Vorzeichentest unterliegt folgenden Annahmen:

- Die Differenzen $D_i = Y_i - X_i$ sind unabhängig und identisch verteilt.

- Die Wahrscheinlichkeit für das Auftreten von identischen Werten ist gleich null ($Pr(X_i = Y_i) = 0$ für alle $i = 1, \ldots, n$). Liegen dennoch Bindungen ($x_i = y_i$) vor, so sind diese auf Messungenauigkeiten zurückzuführen.

Die Nullhypothese geht davon aus, dass gleich viele positive und negative Differenzen $D_i = Y_i - X_i$ vorliegen. Neben dem zweiseitigen Test mit der Alternativhypothese, dass es unterschiedlich viele positive und negative Differenzen gibt, kann auch einseitig getestet werden.

Im Fall A beinhaltet die Alternativhypothese die Aussage, dass die Wahrscheinlichkeit einer positiven Differenz geringer als die einer negativen Differenz ist (vereinfacht formuliert: X ist "größer" als Y).

Vorzeichentest für gepaarte Stichproben

- Zweiseitige Hypothesen
  $H_0 : Pr(X < Y) = Pr(X > Y)$
  $H_1 : Pr(X < Y) \neq Pr(X > Y)$

- Einseitige Hypothesen, Fall A
  weniger positive Differenzen, X "größer" Y
  $H_0 : Pr(X < Y) \geq Pr(X > Y)$
  $H_1 : Pr(X < Y) < Pr(X > Y)$

- Einseitige Hypothesen, Fall B
  mehr positive Differenzen, X "kleiner" Y
  $H_0 : Pr(X < Y) \leq Pr(X > Y)$
  $H_1 : Pr(X < Y) > Pr(X > Y)$

Um die Anzahl der Differenzen $D_i = Y_i - X_i$ mit positivem Vorzeichen zu erhalten, wird zunächst die Variable Z_i eingeführt, die den Wert Eins annimmt, wenn $X_i < Y_i$ ist und Null, wenn $X_i > Y_i$ gilt:

$$Z_i = \begin{cases} 1 \\ 0 \end{cases} \iff \begin{array}{ll} X_i < Y_i & (\equiv D_i > 0) \\ X_i > Y_i & (\equiv D_i < 0) \end{array}$$

Die Teststatistik T entspricht der Summe der Z_i und ist binomialverteilt

$$T = \sum_{i=1}^{n} Z_i$$

$$T \sim B_{n,p} \quad \text{mit} \quad p = Pr(Y > X)$$

T gibt dabei die Anzahl der Paare an, deren Differenz $Y_i - X_i$ positiv ist ($Y_i > X_i$). Unter der Nullhypothese ist diese Teststatistik T binomialverteilt mit den Parametern n und $p = 1/2$. Damit kann als Entscheidungsregel formuliert werden:

Testentscheidung (t_p Quantile der Binomialverteilung $B_{n,p}$)

- Zweiseitiger Test: H_0 ablehnen, falls $T \leq t_{\alpha/2}$ oder $T \geq t_{1-\alpha/2}$
- Einseitiger Test, Fall A: H_0 ablehnen, falls $T \leq t_{\alpha}$
- Einseitiger Test, Fall B: H_0 ablehnen, falls $T \geq t_{1-\alpha}$

Bei großen Stichproben ($n \geq 20$) ist die Teststatistik unter der Nullhypothese asymptotisch normalverteilt mit den Parametern $\mu = n/2$ und $\sigma^2 = n/4$.

Treten Bindungen auf, so besteht bei großen Stichproben die Möglichkeit, die Nulldifferenzen ($x_i = y_i$) aus dem Datensatz zu entfernen und somit den Stichprobenumfang um die Anzahl der Bindungen zu reduzieren. Da diese Vorgehensweise jedoch Informationsverlust und Entscheidungen zugunsten der Alternativhypothese zur Folge hat, ist dies vor allem bei kleineren Stichproben nicht zu empfehlen.

Um trotz des Auftretens von Bindungen möglichst alle Stichprobenpaare verwenden zu können, werden bei einer geraden Anzahl an Nulldifferenzen einer Hälfte ein positives und der anderen Hälfte ein negatives Vorzeichen zugewiesen. Bei Vorliegen einer ungeraden Zahl an Bindungen wird auf ein Paar (x_i, y_i) verzichtet.

Beispiel 7.1. Blutdruckvergleich

Um den Effekt des Kaffeekonsums auf den menschlichen Körper zu überpüfen, wird eine Studie an 12 Personen durchgeführt, im Zuge derer der systolische Blutdruck im nüchternen Zustand (X) und nach der Einnahme koffeinhaltigen Kaffees (Y) gemessen wird. An den 12 Merkmalsträgern wurden dabei folgende Messwerte (in mmHg) beobachtet:

Person	1	2	3	4	5	6	7	8	9	10	11	12
X	131	105	142	115	122	162	119	136	123	129	135	147
Y	142	119	137	124	147	161	132	145	157	136	132	146
D_i	11	14	-5	9	25	-1	13	9	34	7	-3	-1
Z_i	1	1	0	1	1	0	1	1	1	1	0	0

Es soll nun zum Signifikanzniveau von $\alpha = 0.05$ getestet werden, ob der systolische Blutdruck nach dem Genuss von Kaffee höher ist als vorher. Zur besseren Veranschaulichung der vorliegenden Datensituation werden die Beobachtungen in Abbildung 7.1 mithilfe eines Boxplots grafisch dargestellt. Man erkennt dabei, dass der Median der Stichprobe X ($\widetilde{x}_{0.5} = 130$) kleiner ist als jener der Y-Stichprobe ($\widetilde{y}_{0.5} = 139.5$).

Getestet wird, ob die Wahrscheinlichkeit für das Auftreten positiver Differenzen zwischen den jeweiligen Wertepaaren größer ist als jene für negative Differenzen (Fall B). Wir bilden daher die Teststatistik T:

$$T = \sum_{i=1}^{12} Z_i = 8$$

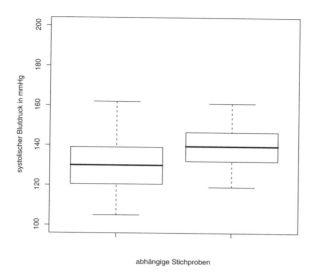

Abb. 7.1. Systolischer Blutdruck (in mmHg)

Der p-Wert kann mittels

$$Pr(T \geq 8|B_{12,1/2}) = 0.194$$

berechnet werden, d.h. die Wahrscheinlichkeit, dass unter der Nullhypothese acht oder mehr Differenzen positiv sind, beträgt 0.194. Da der p-Wert größer ist als α, muss die Nullhypothese beibehalten werden. Der Einfluss von Koffein auf den Blutdruck kann nicht nachgewiesen werden.

Alternativ zu dieser Überlegung könnte man auch das $(1 - \alpha)$-Quantil der Binomialverteilung bestimmen (beispielsweise mit der Excel-Anweisung =KRITBINOM(12;0.5;0.95) oder mit qbinom(p=0.95,size=12,prob=0.5) in R). Da die Teststatistik $T = 8$ kleiner als der kritische Wert $t_{1-\alpha} = 9$ ist, muss die Nullhypothese beibehalten werden

Beispiel 7.2. Blutdruckvergleich in R
Um den Vorzeichentest im Programmpaket R durchzuführen, sind die Differenzen der jeweiligen Merkmalspaare zu bilden und die positiven Differenzen zu summieren. Mithilfe des Binomialtests wird die Teststatistik auf Signifikanz getestet.

```
n=12
x=c(131,105,142,115,122,162,119,136,123,129,135,147)
y=c(142,119,137,124,147,161,132,145,157,136,132,146)
D=y-x
T=sum(D>0)
binom.test(T,n,p=0.5,alternative="greater")
```

Die Funktion `binom.test` berücksichtigt dabei die Anzahl der positiven Differenzen T, den Stichprobenumfang n, die Erfolgswahrscheinlichkeit p (unter H_0), sowie die zu testende Alternativhypothese `alternative="greater"`. Mit einem p-Wert von 0.1938 kann die Nullhypothese nicht verworfen werden. Es konnte keine signifikante Erhöhung des systolischen Blutdrucks nach der Einnahme von koffeinhaltigem Kaffee festgestellt werden.

Beispiel 7.3. Blutdruckvergleich in SAS

Führt man den Vorzeichentest in SAS durch, so werden zunächst im Rahmen eines DATA-Steps die Daten eingegeben und gemäß d=y-x die Differenzen der jeweiligen Wertepaare gebildet. Mit der Prozedur UNIVARIATE werden die Teststatistik des Vorzeichentests sowie der zweiseitige p-Wert im Output angegeben.

```
DATA Blutdruck;
 INPUT x y;
 d=y-x;
 DATALINES;
131   142
...   ...
147   146
 ;
RUN;


PROC UNIVARIATE;
 VAR d;
RUN;
```

Der Vorzeichentest in SAS führt zu folgendem Ergebnis:

```
            Tests auf Lageparameter: Mu0=0


  Test              -Statistik-      ------p-Wert------

  Studentsches t     t   2.798093    Pr > |t|    0.0173
  Vorzeichen         M          2    Pr >= |M|   0.3877
  Vorzeichen-Rang    S         29    Pr >= |S|   0.0190
```

Die Teststatistik in SAS ist gegeben durch $M = T - n/2 = 8 - 6 = 2$. SAS bestimmt den zweiseitigen p-Wert, daher ist für die einseitige Fragestellung $p/2$ mit α zu vergleichen. Mit einem p-Wert von $0.3877/2 \approx 0.1939$ kann die Nullhypothese nicht verworfen werden.

Alternativ können die Hypothesen des Vorzeichentests bei Vorliegen eines metrischen Messniveaus auch mithilfe des Medians der Differenzen $D_i = Y_i - X_i$ fomuliert werden (Fall B):

$$H_0 : Pr(X < Y) \leq Pr(X > Y) \quad \Longleftrightarrow \quad M_0 \leq 0$$

$$H_1 : Pr(X < Y) > Pr(X > Y) \quad \Longleftrightarrow \quad M_0 > 0$$

Bei symmetrischer Verteilung der Differenzen D_i um den Median sollte statt des Vorzeichentests der Wilcoxon-Test verwendet werden, der die Informationen in der Stichprobe besser nutzt.

7.3 Wilcoxon-Test

Der Wilcoxon-Test berücksichtigt nicht nur die Richtung des Unterschiedes, sondern auch die Größe der Abweichung. Dadurch unterliegt der Test jedoch stärkeren Voraussetzungen. Der Test entspricht exakt dem in Abschnitt 5.3.3 beschriebenen Wilcoxon-Vorzeichen-Rangtest für Einstichprobenprobleme und wird in der Literatur auch oft so bezeichnet. Um die unterschiedliche Fragestellung zu betonen bleiben wir im Fall von zwei verbundenen Stichproben bei der Bezeichnung Wilcoxon-Test.

Es liegt wiederum eine gepaarte Stichprobe vor, die aus n Beobachtungen besteht. Die Daten besitzen kardinalskaliertes Meßniveau, damit eine Differenzenbildung möglich ist.

Voraussetzungen Wilcoxon-Test für gepaarte Stichproben

- Die Differenzen $D_i = Y_i - X_i$ sind unabhängige und identisch verteilte Zufallsvariablen.
- Die D_i sind stetig und symmetrisch um den Median M verteilt.

Dem Wilcoxon-Test liegt folgendes Testproblem zugrunde:

Wilcoxon-Test für gepaarte Stichproben

- Zweiseitige Hypothesen
  $H_0 : M = 0$
  $H_1 : M \neq 0$

- Einseitige Hypothesen, Fall A
  weniger positive Differenzen, X "größer" Y
  $H_0 : M \geq 0$
  $H_1 : M < 0$

- Einseitige Hypothesen, Fall B
  mehr positive Differenzen, X "kleiner" Y
  $H_0 : M \leq 0$
  $H_1 : M > 0$

Um die Teststatistik zu erhalten werden zuerst die Differenzen $D_i = Y_i - X_i$ gebildet. Anschließend werden die Ränge für die Absolutbeträge der Differenzen $|D_i|$ von 1 bis n vergeben, wobei 1 für die niedrigste Differenz und n für die höchste Differenz steht. Die Teststatistik berechnet sich durch Aufsummieren der Ränge, die von den positiven Differenzen gebildet werden.

Teststatistik

$$W_n^+ = \sum_{i=1}^{n} R_i^+ Z_i$$

wobei

$$Z_i = \begin{cases} 1 & \text{falls } D_i > 0 \\ 0 & \text{falls } D_i < 0 \end{cases}$$

und R_i^+ der Rang von $|D_i|$ ist.

Die Teststatistik kann auch als lineare Rangstatistik angeschrieben werden

$$W_n^+ = \sum_{i=1}^{n} i \cdot V_i$$

mit

$$V_i = \begin{cases} 1 & \text{falls } D_i \text{ eine positive Differenz besitzt} \\ 0 & \text{falls } D_i \text{ eine negative Differenz besitzt} \end{cases}$$

Auffallend ist, dass sich die Teststatistiken des Wilcoxon-Vorzeichen-Rangtest und des Wilcoxon-Test für verbundene Stichproben nicht unterscheiden, obwohl sie bei verschiedene Problemen angewendet werden.

Testentscheidung (kritische Werte in Tabelle 11.6)

- Zweiseitiger Test: H_0 ablehnen, falls $W_N^+ \leq w_{\alpha/2}^+$ oder $W_N^+ \geq w_{1-\alpha/2}^+$
- Einseitiger Test, Fall A: H_0 ablehnen, falls $W_N^+ \leq w_\alpha^+$
- Einseitiger Test, Fall B: H_0 ablehnen, falls $W_N^+ \geq w_{1-\alpha}^+$

Liegen Bindungen vor ($D_i = 0$), dann werden die zugehörigen Werte aus den Stichproben entfernt und der Test mit den verbleibenden Werten durchgeführt. Im Falle von identischen Differenzen ($D_i = D_j$) wird üblicherweise eine Durchschnittsrangbildung angewendet.

Bei großen Stichproben $n \geq 20$ kann eine Approximation durch die Normalverteilung vorgenommen werden. Unter der Nullhypothese ist der Erwartungswert von W_n^+ gleich $n(n + 1)/4$ und die Varianz gleich $n(n + 1)(2n + 1)/24$. Dem entsprechend ist die Teststatistik

$$Z = \frac{W_n^+ - \dfrac{n(n + 1)}{4}}{\sqrt{\dfrac{n(n + 1)(2n + 1)}{24}}}$$

annähernd standardnormalverteilt.

Im Fall des zweiseitigen Testproblems wird H_0 abgelehnt, wenn $|Z| \geq z_{1-\frac{\alpha}{2}}$ gilt. Beim einseitigen Test wird H_0 in Fall A verworfen, wenn $Z \leq z_\alpha$ ist, und in Fall B, falls $Z \geq z_{1-\alpha}$ ist.

Zu beachten ist, dass die Nullhypothese $H_0 : M = 0$ nicht äquivalent zu der Hypothese der Gleichheit der Mediane M_X und M_Y ist. Der Wilcoxon-Test lässt sich aber zur Überprüfung der Hypothese $\widetilde{H_0}$: "Der Median von $Y - X$ ist M_0" heranziehen. Statt $D_i = Y_i - X_i$ werden die Differenzen $\widetilde{D_i} = Y_i - X_i - M_0$ für W_n^+ betrachtet.

Beispiel 7.4. Blutdruckvergleich - Wilcoxon-Test
(vgl. Beispiel 7.1, Seite 198)
Das einseitige Testproblem entspricht wieder dem Fall B:

$$H_0 : M \leq 0 \qquad H_1 : M > 0$$

Zuerst werden die Differenzen gebildet, die Ränge vergeben und die Teststatistik berechnet (vgl. nächste Seite). Es ergibt sich ein Wert von $W_n^+ = 8 + 10 + 6.5 + 11 + 9 + 6.5 + 12 + 5 = 68$. Der $w_{0.95}^+$-Wert in der Tabelle beträgt $78 - 17 = 61$. Die Nullhypothese wird abgelehnt, da $W_n^+ \geq w_{1-\alpha}^+$ gilt. Der Wilcoxon-Test verarbeitet mehr Informationen als der Vorzeichentest, daher ist es jetzt möglich nachzuweisen, dass der Kaffeekonsum den Blutdruck signifikant erhöht.

Person	1	2	3	4	5	6	7	8	9	10	11	12
X	131	105	142	115	122	162	119	136	123	129	135	147
Y	142	119	137	124	147	161	132	145	157	136	132	146
D_i	11	14	-5	9	25	-1	13	9	34	7	-3	-1
Ränge	8	10	4	6.5	11	1.5	9	6.5	12	5	3	1.5

Beispiel 7.5. Blutdruckvergleich - Wilcoxon-Test in R

Nach Installation des Paketes `exactRankTests` führt folgende Syntax zum Ergebnis

```
x=c(131,105,142,115,122,162,119,136,123,129,135,147)
y=c(142,119,137,124,147,161,132,145,157,136,132,146)
library(exactRankTests)
wilcox.exact(y,x,paired=TRUE,alternative="greater")
```

Die Anweisung `paired=TRUE` wird angeführt, um festzulegen, dass es sich um zwei abhängige Stichproben handelt. Durch `exact` wird der exakte p-Wert ausgerechnet. Man erhält folgende Ausgabe:

```
        Exact Wilcoxon signed rank test
data:  y and x V = 68,          p-value = 0.009521
alternative hypothesis: true mu is greater than 0
```

Die Teststatistik wird ausgegeben ($V = 68$), der p-Wert beträgt 0.009521, daher ist die Nullhypothese zu verwerfen.

Beispiel 7.6. Blutdruckvergleich - Wilcoxon-Test in SAS

Der Programmcode für den Wilcoxon-Test unterscheidet sich nicht von dem des Vorzeichen-Tests (vgl. Beispiel 7.3). Die Ergebnisse des Wilcoxon-Tests sind unter dem Punkt Tests auf Lageparameter, unter Vorzeichen-Rang (Sign-Rank) zu finden. Statt der Teststatistik W_n^+ wird in SAS die um den Erwartungswert von W_n^+ korrigierte Größe $S = W_n^+ - \frac{1}{4}n(n+1)$ berechnet, zudem wird zweiseitig getestet. Bei $n > 20$ wird in SAS automatisch approximiert.

```
        Tests auf Lageparameter: Mu0=0
   Test            -Statistik-    ------p-Wert------
   Studentsches t   t  2.798093   Pr > |t|    0.0173
   Vorzeichen       M  2          Pr >= |M|   0.3877
   Vorzeichen-Rang  S  29         Pr >= |S|   0.0190
```

Wir erhalten (mit $n = 12$) als Teststatistik $S = 68 - \frac{1}{4}12(12 + 1) = 29$. Mit einem p-Wert von $0.019/2 \approx 0.0095$ muss die Nullhypothese abgelehnt werden. Der Blutdruck ist nach dem Konsum von Kaffee signifikant höher.

7.4 McNemar-Test

Sollen dichotome Variablen in abhängigen Stichproben geprüft werden, so kann der McNemar-Test verwendet werden, der einem χ^2-Test für verbundene Stichproben entspricht. Dieser Test wird beispielsweise im Zuge medizinischer Studien angewendet, um einen „Vorher-Nachher-Vergleich" durchführen zu können. Die Daten liegen dabei in Form einer Vierfeldertafel vor:

	$X = 0$	$X = 1$
$Y = 0$	a	b
$Y = 1$	c	d

Tabelle 7.1. Vierfeldertafel der Daten im McNemar-Test

Um zu untersuchen, ob sich die beiden Stichproben voneinander unterscheiden, betrachtet man lediglich die Felder b und c in der obigen Tafel, bei denen sich die Ausprägung jeweils geändert haben. Dem Test liegt also offensichtlich folgendes Testproblem zugrunde:

Hypothesen McNemar-Test

- $H_0 : b = c$
  Die Anzahl der Veränderungen von 0 auf 1 ist gleich der Anzahl der Veränderungen von 1 auf 0.

- $H_1 : b \neq c$
  Die Anzahl der Veränderungen von 0 auf 1 unterscheidet sich von der Anzahl der Veränderungen von 1 auf 0.

Die Teststatistik ist unter der Nullhypothese näherungsweise χ^2-verteilt mit einem Freiheitsgrad und wird auf folgende Weise berechnet:

Teststatistik McNemar-Test

$$\chi^2 = \frac{(b - c)^2}{b + c} \qquad \sim \chi^2_1$$

$$\chi^2_{korr} = \frac{(|b - c| - 1)^2}{b + c}$$

Die korrigierte Teststatistik χ^2_{korr} berücksichtigt eine Stetigkeitskorrektur. Ist der Wert der berechneten Prüfgröße $\chi^2_{korr} > \chi^2_{1;1-\alpha}$, so ist die Nullhypothese zu verwerfen. Ein kurzes Anwendungsbeispiel soll die Vorgehensweise des χ^2-Tests nach McNemar besser verdeutlichen.

Beispiel 7.7. RaucherInnen

Es soll untersucht werden, ob eine Gesundheitskampagne eine signifikante Veränderung hinsichtlich der Anzahl an RaucherInnen zur Folge hat. Zu diesem Zweck werden 300 Personen jeweils vor und nach der Kampagne befragt, ob sie rauchen. Hat die Kampagne keinen Einfluss auf das Rauchverhalten der teilnehmenden Personen, so sollten die Felder b und c zufallsbedingt in etwa gleich sein. Wir erhalten folgende Vierfeldertafel:

	$X = 0$	$X = 1$	$\sum$
$Y = 0$	132	49	181
$Y = 1$	21	98	119
$\sum$	153	147	300

Tabelle 7.2. Rauchverhalten vor (X) und nach (Y) der Kampagne (1 = RaucherIn)

Die Teststatistik ist gegeben durch

$$\chi^2_{korr} = \frac{(|49 - 21| - 1)^2}{49 + 21} = \frac{729}{70} = 10.4143$$

Da

$$\chi^2_{korr} = 10.4143 \quad > \quad \chi^2_{1;0.95} = 3.842$$

gilt, ist die Nullhypothese zu verwerfen. Die Anzahl der RaucherInnen, die nach der Kampagne das Rauchen aufgegeben haben ($b = 49$) unterscheidet sich signifikant von der Anzahl der NichtraucherInnen, die trotz der Kampagne zu RaucherInnen wurden ($c = 21$).

Beispiel 7.8. RaucherInnen - McNemar-Test in R

Der Test wird in R mit der Funktion mcnemar.test(x,correct=TRUE) durchgeführt. x ist in diesem Fall die als zweidimensionale Matrix eingegebene Vierfeldertafel. Die Option correct=TRUE bewirkt die Berücksichtigung der Stetigkeitskorrektur.

```
x = matrix(c(132,49,21,98), ncol=2)
mcnemar.test(x, correct=TRUE)
```

Als Ergebnis erhält man den Wert der Teststatistik $\chi^2_{korr} = 10.4143$ und den zugehörigen approximierten p-Wert ($p = 0.00125$).

Beispiel 7.9. RaucherInnen - McNemar-Test in SAS
Um den χ^2-Test nach McNemar in SAS durchzuführen, werden zunächst im
Zuge des DATA-Steps die Datenwerte der Vierfeldertafel eingegeben. Mithilfe
der Prozedur FREQ wird dann die Teststatistik des McNemar-Tests berechnet.
Durch die Anweisung EXACT können exakte Werte für den vorliegenden Test
(MCNEM) angefordert werden.

```
DATA Rauchen;
 INPUT x y Anzahl;
 DATALINES;
 0  0   132
 0  1    49
 1  0    21
 1  1    98
 ;
 RUN;


PROC FREQ ORDER=DATA;
 TABLES x * y / AGREE;
 WEIGHT Anzahl;
 EXACT MCNEM;
 RUN;
```

Dieser Test in SAS liefert unter anderem folgendes Ergebnis:

```
     Test von McNemar

 Statistik (S)     11.2000
 DF                1
 Pr > S            0.0008
 Exakte Pr >= S    0.0011
```

Die Teststatistik beinhaltet keine Stetigkeitskorrektur, neben dem asymptotischen p-Wert ($p = 0.0008$) ist auch der exakte p-Wert für die unkorrigierte
Teststatistik angegeben ($p = 0.0011$).

7.5 Konfidenzintervalle für den Median der Differenz

Dieser Abschnitt beschäftigt sich nun mit der Konstruktion von Konfidenzintervallen für den Median M der Variablen D im Zweistichprobenfall abhängi-
ger Stichproben. Es werden dabei zwei verschiedene Konstruktionsmethoden
behandelt. Beiden Verfahren gemeinsam ist die Annahme, dass die gebildeten
Differenzen D_i zwischen den jeweiligen Wertepaaren identisch, unabhängig
und stetig verteilt sind.

7.5.1 Basis Ordnungsreihen

Es besteht zunächst die Möglichkeit, Vertrauensintervalle für den Median zur Sicherheit $S = 1 - \alpha$ auf der Grundlage der Ordnungsreihe der gebildeten Differenzen zwischen den Merkmalswerten $Y_i - X_i$ zu berechnen. Die Differenzen sind folglich der Größe nach zu ordnen und die Zahlen k und l so zu bestimmen, dass

$$Pr(D_{(k)} < M < D_{(l)} | M \sim B_{n,p=0.5}) = \sum_{j=k}^{l-1} \binom{n}{j} 0.5^n \approx 1 - \alpha$$

gilt. Diese Beziehung kann auch mithilfe der Verteilungsfunktion F einer binomialverteilten Zufallsvariablen mit den Parametern n und p dargestellt werden:

$$F(l-1) - F(k-1) \approx 1 - \alpha$$

$D_{(k)}$ und $D_{(l)}$ sollen dabei an symmetrischen Positionen der Ordnungsreihe gewählt werden, wobei $l - k$ minimal sein muss. $[D_{(k)}, D_{(l)}]$ ist dann ein Konfidenzintervall zur Sicherheit $S \approx 1 - \alpha$.

Bei Stichprobenumfängen $n \geq 20$ kann die Berechnung von k und l approximativ über die Normalverteilung erfolgen:

$$B_{n,p=0.5} \approx N(n/2, n/4)$$

Es gilt:

$$Pr(M < k | M \sim B_{n;0.5}) = \alpha/2 \quad \Rightarrow \quad \Phi\left(\frac{k - n/2}{\sqrt{n}/2}\right) = \alpha/2$$

k und $l = n + 1 - k$ können nun offensichtlich (mit $\Phi(z_p) = p$) bestimmt werden durch:

$$k = \frac{n}{2} - \frac{\sqrt{n}}{2} z_{1-\alpha/2} \qquad l = \frac{n}{2} + \frac{\sqrt{n}}{2} z_{1-\alpha/2}$$

7.5.2 Basis Wilcoxon-Statistik

Für die Berechnung wird nun zusätzlich vorausgesetzt, dass die Differenzen D_i symmetrisch um den Median M verteilt sind. Zur Berechnung werden in einem ersten Schritt die $n(n+1)/2$ mittleren Differenzen $D'_{ij} = (D_i + D_j)/2$ mit $1 \leq i \leq j \leq n$ gebildet. Ausgehend von diesen Werten wird anschließend die Ordnungsreihe $D'_{(1)}, \ldots, D'_{(n(n+1)/2)}$ geformt. Mit Hilfe der Quantile der Wilcoxon-Statistik (vgl. Tabelle 11.6) werden die Ränge der Grenzen des Konfidenzintervalls bestimmt als

$$k = w^+_{\alpha/2}$$

und

$$l = n(n+1)/2 - w^+_{\alpha/2} + 1$$

Bei $n > 20$ kann wieder über die Normalverteilung approximiert werden mit

$$w^+_{\alpha/2} \approx n(n+1)/4 + z_{\alpha/2}\sqrt{n(n+1)(2n+1)/24}$$

Beispiel 7.10. Konfidenzintervall

An sieben Ratten wird untersucht, wie lange die Ratten brauchen, um ein Labyrinth zu durchlaufen. Die Annahme besteht, dass die Ratten beim zweiten Durchlauf schneller sind, da das Labyrinth schon bekannt ist. Ein Konfidenzintervall zum Niveau $\alpha = 0.05$ für den Median der Differenzen soll berechnet werden.

x:	34	29	31	32	28	40	39
y:	39	26	29	41	35	46	44.5
d_i	5	-3	-2	9	7	6	5.5

Um das vorher beschriebene Verfahren anzuwenden, werden $n(n+1)/2 = 28$ arithmetische Mittel $D'_{ij} = (D_i + D_j)/2$ mit $1 \leq i \leq j \leq n$ berechnet. Anschließend wird die Ordnungsreihe gebildet. Bei $\alpha = 0.05$ wird aus der Tabelle der Wert $k = w^+_{\alpha/2} = 3$ entnommen. Der zweite Index ergibt sich aus $l = n(n+1)/2 - w^+_{\alpha/2} = (7 \cdot (7+1))/2 - 3 + 1 = 26$. Folglich lautet das Konfidenzintervall für M $[D'_{(3)}, D'_{(26)}]$. Aus der Ordnungsreihe ergibt sich das Intervall $[-2, 7.5]$.

Beispiel 7.11. Konfidenzintervall in R

Das Konfidenzintervall kann in der Anweisung für den Wilcoxon-Test durch den Zusatz `conf.int=TRUE` berechnet werden. Folgende Ausgabe zeigt das Ergebnis:

```
        Exact Wilcoxon signed rank test

data:  y and x    V = 25, p-value = 0.07813
alternative hypothesis:true mu is not equal to 0
95 percent confidence interval:  -2.0  7.5
sample estimates: (pseudo)median 5.125
```

Mit einer Wahrscheinlichkeit von 95% wird der Median der Differenzen vom Intervall $[-2, 7.5]$ überdeckt.

Übungsaufgaben

Aufgabe 7.1. Unterricht

In einer Schule werden 20 SchülerInnen einem Test unterzogen, in dem ihr Wissen in den naturwissenschaftlichen Fächern geprüft wird. Die SchülerInnen können dabei eine maximale Anzahl von 50 Punkten erreichen. Nach 2 Wochen, in denen die Jugendlichen intensiven Unterricht in den naturwissenschaftlichen Gegenständen erhalten haben, müssen sie erneut einen Test mit gleichem Schwierigkeitsgrad durchführen. Folgende Punkte wurden erreicht:

Test 1	32	41	18	25	5	50	47	46	30	32	22	35	6	17	14	27	48	43	8	37
Test 2	34	40	23	29	11	49	48	45	48	41	28	47	24	35	27	36	46	49	16	41

Es soll nun untersucht werden, ob sich die Testergebnisse der SchülerInnen nach dem intensiven Unterricht signifikant verändert (bzw. verbessert) haben ($\alpha = 0.05$). Berechnen Sie zusätzlich ein Konfidenzintervall für den Median zur Sicherheit $1 - \alpha = 0.95$.

Aufgabe 7.2. Vorsorgeuntersuchung

150 zufällig ausgewählten Personen über 50 wird die Frage gestellt, ob sie sich einer Vorsorgeuntersuchung zur Früherkennung von Darmkrebserkrankungen unterziehen würden. Nach einigen Wochen, in denen in den Medien verstärkt über die durchaus positiven Heilungschancen bei Früherkennung von Darmkrebs berichtet wurde und die Wichtigkeit einer solchen Untersuchung betont wurde, werden diese Personen erneut befragt. Die Ergebnisse dieser Befragung sind in der folgenden Vierfeldertafel enthalten:

	Vorher = ja	Vorher = nein
Nachher = ja	27	41
Nachher = nein	6	76

Es soll nun untersucht werden, ob die Kampagne eine signifikante Veränderung zur Folge hatte.

Aufgabe 7.3. Diät

Ein Forschungsinstitut hat eine neue Diät für adipöse Erwachsene entwickelt. Diese soll an acht Versuchspersonen getestet werden. Anhand des Body-Mass-Indizes (BMI) der Versuchspersonen vor und nach dem Abnehmprogramm soll getestet werden, ob die Diät den BMI der Personen signifikant verbessert hat.

Zusätzlich soll ein Konfidenzintervall für den Median der BMI-Differenz berechnet werden ($\alpha = 0.05$).

Die Daten der Personen sind in der folgenden Tabelle zu finden:

					Person				
	1	2	3	4	5	6	7	8	9
BMI vorher	31.5	34	33.7	32.6	34.9	35.9	32	30.5	32.8
BMI nachher	29.8	32.7	30.4	32.6	33.5	33	32.9	30.3	33.1

Aufgabe 7.4. Migräne

Im Rahmen einer medizinischen Studie soll an 12 PatientInnen, die an Migräne leiden, die Wirkung eines neuen Medikaments getestet werden. Zu diesem Zweck müssen die TeilnehmerInnen der Studie zunächst ein Monat lang bei Migräneanfällen das herkömmliche Medikament X zur Schmerzlinderung verwenden. Im zweiten Monat erhalten die PatientInnen ausschließlich das neue Schmerzmittel Y. Nach diesen zwei Monaten werden die PatientInnen befragt, ob sie durch die Einnahme von Medikament Y die Schmerzen besser behandeln konnten als mit dem herkömmlichen Schmerzmittel X („+" bei Verbesserung, „−" bei Verschlechterung und „=" bei gleicher Schmerzlinderung).

Es soll nun untersucht werden, ob zwischen den beiden Medikamenten ein Unterschied hinsichtlich des Behandlungserfolges besteht. Ist das neue Medikament besser ($\alpha = 0.05$)?

PatientIn	1	2	3	4	5	6	7	8	9	10	11	12
Bewertung	+	-	+	+	=	+	-	+	+	=	+	-

8

c-Stichproben-Problem

In den vorhergehenden Kapiteln wurden bereits Zwei-Stichproben-Tests für unabhängigen und verbundenen Stichproben behandelt. In diesem Kapitel wird die Verallgemeinerung auf c-Stichproben-Probleme besprochen.

Um mehrere Stichproben miteinander zu vergleichen, ist es nicht zielführend alle $\binom{c}{2}$ Paarvergleiche durchzuführen, da man bei dieser Vorgehensweise stets einen insgesamt zu großen α-Fehler hat. Man benötigt einen Test, der Unterschiede in den c Stichproben gleichzeitig zu einem vorgegebenen α-Niveau aufzeigt. Der Test gibt dabei lediglich an, dass Unterschiede in zumindest 2 der c Stichproben bestehen, ohne darauf einzugehen, welche Stichproben sich unterscheiden. Deckt der c-Stichproben-Test Unterschiede auf, so kann man anschließend mit Zwei-Stichproben-Tests bestimmen, welche Gruppen sich unterscheiden. In diesem Fall muss allerdings das α-Niveau der Tests mit der Anzahl der notwendigen Tests adjustiert werden, d.h. n Paarvergleiche sollten zum Niveau α/n durchgeführt werden („Bonferroni-Korrektur"). Eine weitere Möglichkeit zur Aufdeckung der unterschiedlichen Gruppen bietet der Nemenyi-Test, der aber in diesem Einführungsbuch nicht beschrieben wird.

8.1 Unabhängige Stichproben

Ausgangspunkt unserer Überlegung sind c Stichproben mit Stichprobenumfängen n_i $(i = 1, \ldots, c)$ mit insgesamt $N = \sum_{i=1}^{c} n_i$ Erhebungseinheiten:

1. Stichprobe: $x_1 = (x_{11}, x_{12}, \ldots, x_{1n_1})$
2. Stichprobe: $x_2 = (x_{21}, x_{22}, \ldots, x_{2n_2})$
   $\vdots$
c. Stichprobe: $x_c = (x_{c1}, x_{c2}, \ldots, x_{cn_c})$

Die Zufallsvariablen X_{ij} mit $i = 1, \ldots, c$ und $j = 1, \ldots, n_i$ sind unabhängig und innerhalb der Stichproben identisch nach einer stetigen Verteilungsfunktion F_i verteilt. Die Stichprobengrößen n_i $(i = 1, \ldots, c)$ können dabei unterschiedlich groß sein.

8.1.1 Kruskal-Wallis-Test

Mit dem Kruskal-Wallis-Test kann überprüft werden, ob c Stichproben aus einer gemeinsamen Grundgesamtheit bzw. aus Grundgesamtheiten mit gleicher Verteilungsfunktion F angehören. Als Nullhypothese wird demnach angenommen, dass die Verteilungen aller c Stichproben identisch sind und insbesondere gleichen Mittelwert bzw. Median besitzen. Die Alternativhypothese behauptet, dass zumindest zwei Verteilungen hinsichtlich der Lage unterschiedlich sind.

Hypothesen Kruskal-Wallis-Test

$H_0 : F_1(z) = F_2(z) = \ldots = F_c(z)$

$H_1 : F_i(z - \theta_i) = F_j(z - \theta_j)$ mit $\theta_i \neq \theta_j$ für mindestens ein Paar i, j
(mindestens zwei Verteilungen unterschieden sich in der Lage)

Der Kruskal-Wallis-Test ist eine Verallgemeinerung des bekannten Wilcoxon-Rangsummentests für zwei Stichproben (vgl. Abschnitt 6.3.1). Die Zufallsvariablen X_{ij} müssen zumindest ordinales Niveau haben, unabhängig und innerhalb der Stichproben identisch verteilt sein.

Zunächst werden alle c Stichproben in einer gepoolten Stichprobe zusammengefasst. Danach werden alle N Erhebungseinheiten der Größe nach geordnet und die zugehörigen Ränge $1, \ldots, N$ vergeben.

Wir bezeichnen mit

r_{ij} den Rang von x_{ij} in der gepoolten Stichprobe

$r_i = \sum_{j=1}^{n_i} r_{ij}$ die Rangsumme der i-ten Stichprobe

$\bar{r}_i = r_i / n_i$ den Rangdurchschnitt der i-ten Stichprobe

Mit der Teststatistik von Kruskal und Wallis werden die Rangdurchschnitte $\bar{r}_i$ der c Stichproben mit dem Rangdurchschnitt der gepoolten Stichprobe $\bar{r} = (N + 1)/2$ verglichen. Dazu wird folgende gewichtete Summe der quadrierten Abweichungen berechnet:

$$H = \frac{12}{N(N+1)} \sum_{i=1}^{c} n_i (\bar{r}_i - \bar{r})^2 = \frac{12}{N(N+1)} \sum_{i=1}^{c} \frac{1}{n_i} \left(r_i - \frac{n_i(N+1)}{2} \right)^2$$

Je einheitlicher die Rangdurchschnitte $\bar{r}_i$ sind, desto kleiner wird die Statistik H. Unter der Nullhypothese sind die Rangdurchschnitte $\bar{r}_i$ annähernd gleich, man kann hier also kleine Werte für H erwarten. Die Teststatistik kann weiter vereinfacht werden:

Teststatistik von Kruskal und Wallis

$$H = \left[\frac{12}{N(N+1)} \sum_{i=1}^{c} \frac{r_i^2}{n_i} \right] - 3(N+1)$$

Für große Stichprobenumfänge n_i kann die Statistik unter H_0 durch die χ^2-Verteilung mit $c-1$ Freiheitsgraden approximiert werden. Dies ist bereits zulässig, wenn der kleinste Stichprobenumfang größer als 5 ist. Bei $c = 3$ Stichproben sollte allerdings mindestens ein n_i-Wert größer als 8 sein.

Für kleinere Stichprobenumfänge muss der exakte Test durchgeführt werden. Dazu muss die berechnete H-Statistik mit den Quantilen aus Tabelle 11.14 verglichen werden. Die Nullhypothese wird abgelehnt, wenn $H \geq h_{1-\alpha}$ ist.

Testentscheidung (kritische Werte in Tabelle 11.14)

Die Nullhypothese H_0 wird abgelehnt, wenn $H \geq h_{1-\alpha}$
(für große Stichproben wenn $H \geq \chi^2_{1-\alpha;c-1}$)

Treten Bindungen zwischen zwei oder mehreren Stichproben auf, so muss die H-Statistik korrigiert werden. Bindungen innerhalb von Gruppen können ignoriert werden, da dies auf die Rangsummen r_i keinen Einfluss hat. Der Korrekturfaktor für die H-Statistik wird wie folgt berechnet:

Korrekturfaktor für die H-Statistik bei Bindungen

$$C = 1 - \frac{\sum_{b=1}^{B} \left(l_b^3 - l_b \right)}{N^3 - N} \qquad \text{und} \qquad H^* = \frac{H}{C}$$

B bezeichnet die Gesamtzahl der Rangbindungsgruppen und l_b die Länge der b-ten Bindungsgruppe.

Beispiel 8.1. Fernsehverhalten
Es soll untersucht werden, ob der TV-Konsum von Studierenden verschiedener Fakultäten unterschiedlich ist. Dazu wurde von $N = 21$ Studierenden an $c = 3$ Fakultäten die durchschnittliche Fernsehdauer in Stunden pro Tag erhoben:

SOWI:	2.4	3.8	1.3	2.5	1.1	2.2	3.9	$n_1 = 7$
TNF:	3.1	3.4	2.6	3.8	4.1	1.7		$n_2 = 6$
REWI:	1.5	3.8	4.3	2.1	4.6	4.4	2.5	2.0 $\quad n_3 = 8$

Zur besseren Veranschaulichung sind die Daten in Abbildung 8.1 als Boxplot dargestellt. Hier erkennt man bereits, dass die Mediane der zweiten und der dritten Gruppe annähernd gleich groß sind. Der Median der ersten Gruppe ist um etwa 0.7 Stunden kleiner als die beiden anderen Mediane.

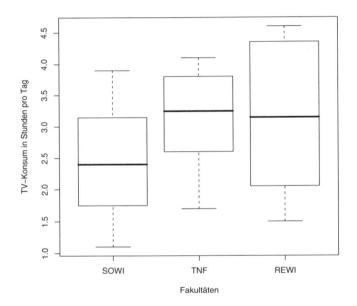

Abb. 8.1. Boxplot der Daten

Die N Beobachtungen werden aufsteigend vom kleinsten Wert mit Rang 1 bis zum größten Wert mit Rang N geordnet, bei Bindungen wird der Durchschnittsrang vergeben. In Tabelle 8.1 sind die Beobachtungen mit den zugehörigen Rängen und den Rangsummen angegeben. Rangbindungen sind mit * gekennzeichnet.

	\multicolumn{2}{c}{*SOWI*}	\multicolumn{2}{c}{*TNF*}	\multicolumn{2}{c}{*REWI*}
j	x_{1j}	r_{1j}	x_{2j}	r_{2j}	x_{3j}	r_{3j}
1	2.4	8	3.1	12	1.5	3
2	3.8	15*	3.4	13	3.8	15*
3	1.3	2	2.6	11	4.3	19
4	2.5	9.5*	3.8	15*	2.1	6
5	1.1	1	4.1	18	4.6	21
6	2.2	7	1.7	4	4.4	20
7	3.9	17	-	-	2.5	9.5*
8	-	-	-	-	2.0	5
		$r_1 = 59.5$		$r_2 = 73.0$		$r_3 = 98.5$

Tabelle 8.1. Rangsummenberechnung

Für die Berechnung der H-Statistik erhält man:

$$H = \frac{12}{21(21+1)} \cdot \left(\frac{59.5^2}{7} + \frac{73.0^2}{6} + \frac{98.5^2}{8} \right) - 3 \cdot (21+1) = 1.7064$$

Da Bindungen in den Daten vorkommen, muss die Rangstatistik noch korrigiert werden:

$$C = 1 - \frac{(2^3 - 2) + (3^3 - 3)}{21^3 - 21} = 0.9967$$

$$H^* = \frac{1.7064}{0.9967} = 1.712$$

Da sämtliche Stichprobenumfänge n_i größer als 5 sind, kann eine χ^2-Verteilung approximiert werden. Für den α-Fehler wird 0.05 festgelegt. Die korrigierte H-Statistik ist kleiner als das zugehörige χ^2-Quantil: $H^* < \chi^2_{0.95;2} = 5.99$. Somit kann die Nullhypothese nicht verworfen werden. Es konnte demnach nicht nachgewiesen werden, dass die durchschnittliche Fernsehdauer pro Tag in den einzelnen Fakultätsgruppen unterschiedlich ist.

Beispiel 8.2. Fernsehverhalten in SAS
In SAS wird die Prozedur NPAR1WAY zur Durchführung des Kruskal-Wallis-Tests verwendet. Im CLASS-Statement wird die Variable für die Gruppenklassifizierung festgelegt, im VAR-Statement wird die Responsevariable angegeben. Mit dem EXACT-Statement wird der Test exakt berechnet, allerdings ist dies bereits bei kleinen Stichprobenumfängen sehr zeitaufwändig. Für eine schnellere Berechnung mittels Monte-Carlo-Simulationen kann die MC-Option verwendet werden.

```
DATA tv;
 INPUT Gruppe Stunden;
 DATALINES;
 1  2.4
 1  3.8
 ..  ...
 3  2.0
 ;
 RUN;
 PROC NPAR1WAY WILCOXON DATA = tv;
   CLASS Gruppe;
   EXACT / MC N = 100000 SEED = 1;
   VAR stunden;
 RUN;
```

Ausgegeben werden die korrigierte H-Statistik H^*, die Freiheitsgrade und der approximierte p-Wert. Für den exakten Test wird der Monte-Carlo-Schätzer und das Konfidenzintervall des p-Wertes angegeben.

```
Kruskal-Wallis-Test
Chi-Quadrat            1.7120
DF                          2
Pr > Chi-Quadrat       0.4249
Monte-Carlo-Schätzer für den exakten Test
Pr >= Chi-Quadrat Schätzer    0.4396
99% Untere Konf.grenze        0.4356
99% Obere Konf.grenze         0.4437
```

Da der p-Wert größer als α ist, muss die Nullhypothese beibehalten werden, es konnten keine signifikanten Gruppenunterschiede festgestellt werden.

Beispiel 8.3. Fernsehverhalten in R
In R steht im Basispaket `stats` die Funktion `krukal.test()` zur Verfügung. Die c Stichproben werden als eine Liste von Vektoren übergeben.

```
x1 = c(2.4, 3.8, 1.3, 2.5, 1.1, 2.2, 3.9)
x2 = c(3.1, 3.4, 2.6, 3.8, 4.1, 1.7)
x3 = c(1.5, 3.8, 4.3, 2.1, 4.6, 4.4, 2.5, 2.0)
kruskal.test(list(x1, x2, x3))
```

Die Funktion gibt eine Liste zurück, die den Wert der korrigierten H-Statistik H^*(`1.712`), die Freiheitsgrade (`df = 2`) und den approximierten p-Wert (`0.4249`) enthält. Da der p-Wert größer als α ist, muss die Nullhypothese beibehalten werden, es konnten keine signifikanten Gruppenunterschiede festgestellt werden.

8.1.2 Mediantest

Der Mediantest für Zwei-Stichproben-Probleme aus Abschnitt 6.3.4 kann auf c Stichproben erweitert werden. Mit diesem Test wird die Gleichheit der c Stichprobenmediane überprüft. Die Zufallsvariablen X_{ij} müssen wieder zumindest ordinales Niveau haben, unabhängig und innerhalb der Stichproben identisch verteilt sein. Als Nullhypothese wird angenommen, dass die Mediane M_i, $i = 1, \ldots, c$ gleich sind. Die Alternativhypothese besagt, dass zumindest zwei Mediane unterschiedlich sind, ohne jedoch anzugeben, welche und wie viele Stichproben sich in welche Richtung unterscheiden.

Hypothesen Mediantest

H_0: $M_1 = M_2 = \ldots = M_c$

H_1: nicht alle M_i, $i = 1, \ldots, c$ sind gleich

Zunächst werden alle c Stichproben in einer gepoolten Stichprobe zusammengefasst und es wird der gemeinsame Median M bestimmt. Danach werden die Werte der c Stichproben mit dem gemeinsamen Median M verglichen. In einer $(2 \times c)$-Kontingenztabelle wird festgehalten, wie viele Beobachtungen der i-ten Stichprobe größer oder kleiner gleich dem gemeinsamen Median sind. Gilt die Nullhypothese, so würden in etwa die Hälfte der Werte jeder Stichprobe über bzw. unter dem gemeinsamen Median liegen. Danach wird die Teststatistik berechnet:

Teststatistik für den Mediantest

$$\chi^2 = \sum_{i=1}^{2} \sum_{j=1}^{c} \frac{(h_{ij}^o - h_{ij}^e)^2}{h_{ij}^e}$$

Dabei ist h_{ij}^o bzw. h_{ij}^e die Anzahl der beobachteten bzw. erwarteten Häufigkeiten. Die unter der Nullhypothese erwarteten Häufigkeiten werden wie beim klassischen χ^2-Test aus den Randhäufigkeiten berechnet. Die Teststatistik ist χ^2-verteilt mit $c - 1$ Freiheitsgraden.

Testentscheidung Mediantest

Die Nullhypothese wird abgelehnt, wenn $\chi^2 \geq \chi^2_{1-\alpha;c-1}$.

Der Einsatz des Mediantests ist besonders dann sinnvoll, wenn in den Daten viele Ausreißer enthalten sind, oder nicht alle Werte exakt beobachtbar sind, also nur gerundete Daten vorliegen. Im Vergleich zum Kruskal-Wallis-Test ist der Mediantest weniger effizient, da nicht alle Ranginformationen der Daten enthalten sind, sondern lediglich die Information ob die Datenpunkte über dem gemeinsamen Median liegen oder nicht.

Beispiel 8.4. Fernsehverhalten
Für die Daten aus Beispiel 8.1 soll der Mediantest durchgeführt werden. Der gemeinsame Median der gepoolten Stichprobe beträgt $M = 2.6$. Neben der Kontingenztabelle 8.2 sind in Tabelle 8.3 die erwarteten Häufigkeiten angegeben.

	SOWI	TNF	REWI	
$\leq M$	5	2	4	11
$> M$	2	4	4	10
	$n_1 = 7$	$n_2 = 6$	$n_3 = 8$	$N = 21$

Tabelle 8.2. Kontingenztabelle

	SOWI	TNF	REWI	
$\leq M$	3.667	3.143	4.190	11
$> M$	3.333	2.857	3.810	10
	$n_1 = 7$	$n_2 = 6$	$n_3 = 8$	$N = 21$

Tabelle 8.3. Erwartete Häufigkeiten unter Nullhypothese

Für die Berechnung der χ^2-Statistik ergibt sich:

$$\chi^2 = \frac{(5 - 3.667)^2}{3.667} + \frac{(2 - 3.143)^2}{3.143} + \frac{(4 - 4.190)^2}{4.190} +$$

$$+ \frac{(2 - 3.333)^2}{3.333} + \frac{(4 - 2.857)^2}{2.857} + \frac{(4 - 3.810)^2}{3.810} = 1.909$$

Da der berechnete p-Wert bei einem α-Fehler von 5% kleiner als das entsprechende χ^2-Quantil $\chi^2_{0.95;2} = 5.99$ ist, kann die Nullhypothese nicht verworfen werden.

Zur Kontrolle wird mit R der χ^2-Wert überprüft:

```
kontingenztab = matrix(c(5, 2, 4, 2, 4, 4), ncol = 2)
chisq.test(kontingenztab)

Pearson's Chi-squared test
X-squared = 1.9091, df = 2, p-value = 0.385
```

8.1.3 Jonckheere-Terpstra-Test

Mit dem Kruskal-Wallis- und Mediantest kann man lediglich auf Lageunterschiede der c Stichproben, also zweiseitige Lagealternativen, testen. Man erhält keinerlei Informationen darüber, welche und wie viele Stichproben sich dabei in welche Richtung voneinander unterscheiden. Der Jonckheere-Terpstra-Test erlaubt eine Überprüfung eines Trends der einzelnen Stichproben, also einseitige geordnete Alternative. Als Alternativhypothese H_1 wird formuliert, dass die Lagemaße (Mittelwert, Median) ansteigen.

Hypothesen Jonckheere-Terpstra-Test

$H_0 : F_1(x) = F_2(x) = \ldots = F_c(x)$

$H_1 : F_1(x) \geq \ldots \geq F_c(x)$ mit mindestens einer echten Ungleichung
(gleichbedeutend mit $\theta_1 \leq \theta_2 \leq \ldots \leq \theta_c$)

Im folgenden wird angenommen, dass X_{ij} stetig verteilt ist, d.h. dass keine Bindungen auftreten. Zur Berechnung der Teststatistik werden die Mann-Whitney-U-Statistiken (vgl. Abschnitt 6.3.2) über alle paarweisen Vergleiche aufsummiert:

Jonckheere-Terpstra-Statistik

$$J = \sum_{i<j}^{c} U_{ij} = \sum_{i=1}^{c-1} \sum_{j=i+1}^{c} U_{ij}$$

Dabei ist U_{ij} definiert als

$$U_{ij} = \sum_{s=1}^{n_i} \sum_{t=1}^{n_j} \psi(X_{jt} - X_{is})$$

mit

$$\psi(X_{jt} - X_{is}) = \begin{cases} 0 & \text{für } X_{jt} < X_{is} \\ 1 & \text{für } X_{jt} > X_{is} \end{cases}$$

und im Fall von Bindungen mit

$$\psi(X_{jt} - X_{is}) = \begin{cases} 0 & \text{für } X_{jt} < X_{is} \\ 0.5 & \text{für } X_{jt} = X_{is} \\ 1 & \text{für } X_{jt} > X_{is} \end{cases}$$

Unter der Nullhypothese ist eine kleine Teststatistik zu erwarten, während eine große Teststatistik auf einen Trend in der Lage hindeutet.

Der Erwartungswert und die Varianz der J-Statistik sind:

$$E(J) = \frac{1}{4}\left(N^2 - \sum_{i=1}^{c} n_i^2\right)$$

$$V(J) = \frac{1}{72}\left(N^2(2N+3) - \sum_{i=1}^{c} n_i^2(2n_i+3)\right)$$

Somit kann man folgende Approximation vornehmen (ab $N \geq 12$):

$$Z = \frac{J - E(J)}{\sqrt{V(J)}} \sim \mathcal{N}(0,1)$$

Testentscheidung Jonckheere-Terpstra-Test (Tab. 11.15 u. 11.16)

Die Nullhypothese wird abgelehnt, wenn $J \geq J_{1-\alpha}$
(für große Stichproben, wenn $Z \geq u_{1-\alpha}$)

Beispiel 8.5. Schlafdauer nach Kaffeekonsum
In einer Studie soll der Einfluss von koffeinhaltigem Kaffee auf die Schlafdauer in Minuten untersucht werden. Insgesamt werden $N = 15$ Personen beobachtet. Die $n_1 = 4$ Personen der ersten Gruppe trinken vier Tassen, die $n_2 = 6$ Personen der zweiten Gruppe lediglich zwei Tassen und die $n_3 = 5$ Personen der dritten Gruppe gar keinen Kaffee. Als Alternativhypothese wird angenommen, dass die Schlafdauer mit sinkendem Kaffeekonsum steigt.

Gruppe 1:	447	396	383	410			$n_1 = 4$
Gruppe 2:	438	521	468	391	504	472	$n_2 = 6$
Gruppe 3:	513	543	506	489	407		$n_3 = 5$

Zunächst werden für alle drei paarweisen Vergleiche die Mann-Whitney-Statistiken U_{ij} berechnet.

$$U_{12} = 4 + 5 + 6 + 5 = 20$$
$$U_{13} = 4 + 5 + 5 + 4 = 18$$
$$U_{23} = 4 + 1 + 4 + 5 + 3 + 4 = 21$$

Für die Jonckheere-Terpstra-Teststatistik J erhält man:

$$J = 20 + 18 + 21 = 59$$

Da $59 \geq 54$ gilt, ist die Nullhypothese abzulehnen.
Der Erwartungswert und die Varianz der J-Statistik sind gegeben durch:

$$E(J) = \frac{15^2 - (4^2 + 6^2 + 5^2)}{4} = 37$$

$$V(J) = \frac{1}{72}\left(15^2 \cdot 33 - (4^2 \cdot 11 + 6^2 \cdot 15 + 5^2 \cdot 13)\right) = 88.6667$$

Somit erhält man für die standardnormalverteilte Größe Z:

$$Z = \frac{59 - 37}{\sqrt{88.6667}} \approx 2.34$$

Da $Z \geq u_{0.95} = 1.645$ ist, wird die Nullhypothese verworfen: Die Schlafdauer steigt signifikant mit sinkendem Kaffeekonsum.

Beispiel 8.6. Schlafdauer nach Kaffeekonsum in SAS

SAS stellt mit der Prozedur FREQ den Jonckheere-Terpstra-Test zur Verfügung. Mit der JT-Option im TABLES-Statement wird der Test asymptotisch durchgeführt. Im EXACT-Statement kann mit der JT-Option der exakte Test durchgeführt werden.

```
DATA Kaffee;
 INPUT Gruppe Minuten;
 DATALINES;
 1    447
 1    396
 ..   ...
 3    407
 ;
 RUN;

PROC FREQ DATA = Kaffee;
   EXACT JT;
   TABLES Gruppe*Minuten / JT;
RUN;
```

Die Prozedur gibt die J-Statistik, die Z-Statistik und die p-Werte für die einseitige und die zweiseitige Alternative aus.

```
            Jonckheere-Terpstra-Test
Statistik (JT)                     59.0000
Z                                   2.3364
Asymptotischer Test
Einseitige Pr >  Z                  0.0097
Zweiseitige Pr > |Z|               0.0195
Exakter Test
Einseitige Pr >=  JT                0.0099
Zweiseitige Pr >= |JT - Mittelwert| 0.0197
Stichprobengröße = 15
```

Da der einseitige p-Wert kleiner als α ist, wird die Nullhypothese verworfen, die Schlafdauer steigt von Gruppe 1 nach Gruppe 3 signifikant an.

Beispiel 8.7. Schlafdauer nach Kaffeekonsum in R

In R enthält das Paket `clinfun` die Funktion `jonckheere.test()`. Die Daten müssen hier als Matrix übergeben werden. Zusätzlich muss in einem Vektor die Gruppenzugehörigkeit angegeben werden.

```
Kaffee = as.matrix(c(447,396,383,410,438,521,468,
+                    391,504,472,513,543,506,489,407))
Gruppe = c(rep(1, 4), rep(2, 6), rep(3, 5))
library(clinfun)
jonckheere.test(Kaffee, Gruppe, alternative = "increasing")
```

Als Teststatistik JT wird in R die Abweichung zur maximal möglichen Teststatistik ausgegeben, die man über den Zusammenhang

$$JT = \sum_{i=1}^{c-1} \sum_{j=i+1}^{c} n_i n_j - J$$

erhält. In unserem Beispiel ist demnach $JT = 4 \cdot 6 + 4 \cdot 5 + 6 \cdot 5 - 59 = 15$, der p-Wert beträgt `0.009866`, daher ist die Nullhypothese zu verwerfen. Die Schlafdauer steigt signifikant bei sinkendem Kaffeekonsum.

8.2 Abhängige Stichproben

Sind die Stichproben verbunden (abhängig), werden also zum Beispiel an einer Person mehrere medizinische Untersuchungen durchgeführt, dann sind auch im Fall von c Stichproben spezielle Test für verbundene Stichproben zu verwenden. In diesem Kapitel werden verschiedene Verfahren behandelt, die für mehr als zwei abhängige Stichproben geeignet sind. Allgemein werden die Daten in n Blöcken (Gruppen, Individuen) erfasst und jeder Block umfasst c Behandlungen (Erhebungen, Messungen, vgl. Tabelle 8.4).

	Behandlung				
Block	1	2	3	...	c
1	x_{11}	x_{12}	x_{13}	...	x_{1c}
2	x_{21}	x_{22}	x_{23}	...	x_{2c}
3	x_{31}	x_{32}	x_{33}	...	x_{3c}
$\vdots$	$\vdots$	$\vdots$	$\vdots$	$\ddots$	$\vdots$
n	x_{n1}	x_{n2}	x_{n3}	...	x_{nc}

Tabelle 8.4. Datensituation bei c verbundenen Stichproben

Voraussetzungen

1. Die Stichprobenvariablen X_{ij} sind innerhalb eines Blocks unabhängig ($i = 1, \ldots, n, j = 1, \ldots, c$).
2. Die Stichprobenvariablen X_{ij} haben stetige Verteilungsfunktionen F_{ij}.
3. Für die Verteilungsfunktionen F_{ij} gilt $F_{ij}(z) = F(z - \alpha_i - \theta_j)$, wobei F eine stetige Verteilungsfunktion mit unbekannten Median, α_i ein unbekannter Blockeffekt und θ_j der zu untersuchende Behandlungseffekt ist.
4. Die Daten besitzen mindestens ordinales Messniveau.

Die hier vorgestellten Tests verwenden statt der beobachteten Variablen deren Ränge innerhalb eines Blockes. Durch diese Vorgehensweise werden die unbekannten Blockeffekte α_i eliminiert und die Behandlungseffekte θ_j (Lageunterschiede) können untersucht werden.

Die nachfolgenden Tests geben lediglich Aufschluss darüber, ob Unterschiede zwischen den Behandlungen vorliegen oder nicht. Die Tests können Hinweise darauf geben, dass Unterschiede in zumindest zwei der c Stichproben bestehen, ohne jedoch darauf einzugehen, welche Stichproben sich unterscheiden. Deckt der c-Stichproben-Test Unterschiede auf, so kann man anschließend mit Zwei-Stichproben-Tests für verbundene Stichproben bestimmen, welche Stichproben Unterschiede aufweisen. Wie schon bei den Tests für unabhängige Stichproben erwähnt, muss das α-Niveau der Tests mit der Anzahl der durchzuführenden Tests adjustiert werden, d.h. die n Paarvergleiche müssen zum Niveau α/n durchgeführt werden („Bonferroni-Korrektur").

8.2.1 Friedman-Test

Der Friedman-Test ist das nichtparametrische Gegenstück zum F-Test und eine Erweiterung des Wilcoxon-Tests. Mit diesem Test wird überprüft ob c Behandlungen gleich sind, oder ob unterschiedliche Ergebnisse erzielt werden.

Hypothesen Friedman-Test

H_0: $\theta_1 = \theta_2 = \ldots = \theta_c$
H_1: nicht alle θ_j sind gleich ($j = 1, \ldots, c$)

Um Unterschiede zwischen den Behandlungsgruppen aufzudecken, werden zunächst die Daten innerhalb eines Blocks durch die Ränge ersetzt. Bei Bindungen innerhalb eines Blocks werden Durchschnittsränge vergeben. Anschließend wird pro Behandlung (Spalte) die Rangsumme r_j, $j = 1, \ldots, c$ gebildet, die Rangsumme pro Block (Zeile) ist immer gleich $c(c + 1)/2$. Insgesamt erhalten wir eine Ausgangssituation wie in Tabelle 8.5 dargestellt.

	Behandlungen					$\sum$
Individuen	1	2	3	...	c	
1	r_{11}	r_{12}	r_{13}	...	r_{1c}	$c(c+1)/2$
2	r_{21}	r_{22}	r_{23}	...	r_{2c}	$c(c+1)/2$
3	r_{31}	r_{32}	r_{33}	...	r_{3c}	$c(c+1)/2$
$\vdots$	$\vdots$	$\vdots$	$\vdots$	$\vdots$	$\ddots$	$\vdots$
n	r_{n1}	r_{n2}	r_{n3}	...	r_{nc}	$c(c+1)/2$
	r_1	r_2	r_3	...	r_c	$nc(c+1)/2$

Tabelle 8.5. Ränge und Rangsummen

Der Friedman-Test basiert auf der Idee, dass unter der Nullhypothese die Rangsummen der einzelnen Behandlungen r_j $(j = 1, \ldots, c)$ gleich der durchschnittlichen Rangsumme $\bar{r} = \frac{1}{c} \sum_{j=1}^{c} r_j = \frac{n(c+1)}{2}$ sein sollten.

Die Teststatistik F_c basiert auf der Summe der Abweichungsquadrate zwischen den Rangsummen der einzelnen Behandlungen und der durchschnittlichen Rangsumme und kann angeschrieben werden als

$$F_c = \frac{12}{nc(c+1)} \sum_{j=1}^{c} (r_j - \bar{r})^2$$

oder äquivalent dazu

Friedman-Statistik

$$F_c = \left[\frac{12}{nc(c+1)} \sum_{j=1}^{c} r_j^2 \right] - 3n(c+1)$$

Im Falle von Bindungen innerhalb der Blöcke muss die Friedman-Statistik mit dem Korrekturfaktor C korrigiert werden:

Korrekturfaktor für die Friedman-Statistik

$$C = \frac{1}{nc(c^2 - 1)} \sum_{b=1}^{B} (l_b^3 - l_b)$$

$$F_c^* = \frac{1}{1 - C} F_c$$

Dabei ist B die Anzahl der Bindungsgruppen und l_b die Länge der b-ten Rangbindungsgruppe.

Für kleine Stichprobenumfänge sind die kritischen Werte $f_{1-\alpha}$ in Tabelle 11.17 angeführt. Für große Stichprobenumfänge ist die Friedman-Statistik unter der Nullhypothese asymptotisch χ^2-verteilt mit $c - 1$ Freiheitsgraden.

Testentscheidung Friedman-Test (Tabelle 11.17)

Die Nullhypothese wird abgelehnt, wenn $F_c \geq f_{1-\alpha}$
(für große Stichproben, wenn $F_c \geq \chi^2_{1-\alpha;c-1}$)

Beispiel 8.8. Sportleistungen Friedman-Test

Es wird untersucht, ob sich die Leistungen von Studierenden während der Studienzeit verändern. Dazu wird jedes Semester bei $n = 5$ Studierenden ein Test über verschiedene Gebiete des Studiums (Weitsprung, Hochsprung, Sprint, usw.) durchgeführt. Die jeweilige Gesamtpunktezahl ist in Tabelle 8.6 angeführt.

Person	Semester							
	1	2	3	4	5	6	7	8
1	15.5	15.0	17.2	17.6	16.9	17.2	17.3	17.8
2	14.3	15.9	15.1	14.9	15.2	15.8	16.1	16.1
3	15.3	15.1	15.9	16.3	17.1	17.1	17.3	17.3
4	16.9	16.8	17.1	17.3	17.2	18.3	18.5	19.5
5	14.9	14.5	14.3	14.8	15.1	15.2	16.0	15.9

Tabelle 8.6. Punktezahl der Studierenden

Zunächst werden die Punkte der einzelnen Personen in eine Rangordnung gebracht. Gleiche Werte innerhalb einer Person werden dabei mit einem Durchschnittsrang berücksichtigt, danach werden die Spaltenrangsummen r_j gebildet.

Person	Semester - Ränge je Person							
	1	2	3	4	5	6	7	8
1	2	1	4.5	7	3	4.5	6	8
2	1	6	3	2	4	5	7.5	7.5
3	2	1	3	4	5.5	5.5	7.5	7.5
4	2	1	3	5	4	6	7	8
5	4	2	1	3	5	6	8	7
r_j	11.0	11.0	14.5	21.0	21.5	27.0	36.0	38.0

Man erkennt, dass sich die Rangsummen der einzelnen Semester wesentlich unterscheiden. Nun ist mittels der F_c-Statistik zu überprüfen, ob diese Unterschiede auf einem α-Niveau von 5% signifikant sind.

Für den Korrekturfaktor und die Friedman-Statistik erhält man:

$$C = \frac{1}{5 \cdot 8 \cdot (8^2 - 1)} \cdot 4 \cdot (2^3 - 2) = \frac{24}{2520} = 0.0095$$

$$F_c^* = \frac{1}{1 - 0.0095} \cdot \left[\frac{12}{5 \cdot 8 \cdot (8 + 1)} \cdot \left(11^2 + \ldots + 38^2 \right) - 3 \cdot 5 \cdot 9 \right] =$$

$$= \frac{1}{0.9905} \cdot 25.8167 = 26.0649$$

Der Wert der korrigierten Friedman-Statistik muss mit dem zugehörigen χ^2-Quantil $\chi^2_{0.95;\ 7} = 14.067$ verglichen werden. Die berechnete F_c-Statistik ist deutlich größer, daher wird die Nullhypothese abgelehnt. Das bedeutet, es konnte nachgewiesen werden, dass sich die Leistungen der Studierenden während des Studiums verändern. Dieser Test gibt jedoch noch keine Auskunft darüber zwischen welchen Semestern die Unterschiede in den Leistungen vorliegen bzw. ob sich diese verbessert oder verschlechtert haben. Das Ergebnis besagt nur, dass sich mindestens zwei Semesterleistungen signifikant voneinander unterscheiden.

Beispiel 8.9. Sportleistungen Friedman-Test in SAS
In SAS steht zur Berechnung der Friedman-Statistik die Prozedur FREQ mit dem Statement CMH2 SCORES = RANK zur Verfügung.

```
DATA Studierende;
INPUT id semester Punkte @@;
DATALINES;
    1   1   15.5
    ..  ..  ...
    5   8   15.9
    ;
RUN;


PROC FREQ DATA = Studierende;
    TABLES id*semester*punkte / CMH2 SCORES = RANK;
RUN;
```

In der zweiten Zeile des Outputs der Cochran-Mantel-Haenszel-Statistiken ist der Wert der F_c-Statistik angeführt (26.0649), zusätzlich werden die Freiheitsgrade (7) und der p-Wert (0.0005) angegeben. Da der p-Wert kleiner ist als α wird die Nullhypothese verworfen.

Beispiel 8.10. Sportleistungen Friedman-Test in R
In R müssen die Daten in Matrixform an die Funktion `friedman.test()` im Basispaket `stats` übergeben werden.

```
    sportstud = matrix(c(15.5,   15.0, 17.2, 17.6, 16.9,
 + 17.2, 17.3, 17.8, 14.3, 15.9, 15.1, 14.9, 15.2, 15.8,
 + 16.1, 16.1, 15.3, 15.1, 15.9, 16.3, 17.1, 17.1, 17.3,
 + 17.3, 16.9, 16.8, 17.1, 17.3, 17.2, 18.3, 18.5, 19.5,
 + 14.9, 14.5, 14.3, 14.8, 15.1, 15.2, 16.0, 15.9), 5, 8,
 + byrow = TRUE)
    friedman.test(sportstud)
```

Die Funktion gibt den Wert der F_c-Statistik (26.0649), die Anzahl der Freiheitsgrade (7) und den zugehörigen p-Wert (0.0004904) an. Weil der p-Wert kleiner ist als α wird die Nullhypothese verworfen: Es gibt signifikante Unterschiede in den Leistungen von zumindest zwei Semestern.

8.2.2 Kendall-Test

Ein sehr ähnliches Verfahren zum Friedman-Test ist der Kendall-Test. Der enge Zusammenhang ist durch die Definition der W-Statistik ersichtlich.

W-Statistik von Kendall und Babington-Smith

$$W = \frac{12}{n^2 c(c^2 - 1)} \sum_{j=1}^{c} \left(r_j - \frac{n(c+1)}{2} \right)^2 = \frac{1}{n(c-1)} F_c$$

bzw. bei Bindungen

$$W^* = \frac{1}{n(c-1)} F_c^*$$

Diese Statistik wird auch als Kendalls Konkordanzkoeffizient bezeichnet. Ursprünglich war W als Maß für die Übereinstimmung von Rangzuweisungen durch n Beurteilungen gedacht. Statt c Behandlungen an n Personen und der Frage, ob diese Behandlungen unterschiedliche Effekte haben, wird nun gefragt, ob bei n Personen die Rangzuweisung von c Objekten (z.B. hinsichtlich eines Rankings von c Eissorten) übereinstimmt. Stimmen die Beurteilungen der n Personen vollkommen überein, so würde man $W = 1$ erhalten, bei vollständiger Verschiedenheit der Bewertungen würde sich $W = 0$ ergeben. Damit kann der Konkordanzkoeffizient aber auch als Erweiterung des Rangkorrelationskoeffizienten für n beurteilende Personen interpretiert werden. Tatsächlich besteht zwischen dem Konkordanzkoeffizient W und dem Rangkorrelationskoeffizienten ρ folgender funktionaler Zusammenhang:

$$\bar{\rho} = \frac{n(W-1)}{n-1} \quad \text{mit} \quad \bar{\rho} = \frac{1}{\binom{n}{2}} \sum_{i=1}^{n-1} \sum_{j=i+1}^{n} \rho_{ij}$$

$\bar{\rho}$ ist der Mittelwert aller möglichen paarweisen Rangkorrelationen nach Spearman.

Beispiel 8.11. Sportleistungen Kendall-Test
Fortsetzung von Beispiel 8.8
Die W-Statistik von Kendall und Babington-Smith ist

$$W = \frac{1}{5 \cdot (8-1)} \cdot 26.0649 = 0.7447$$

In R kann diese mit der Funktion `kendall.w()` aus dem Paket `concord` berechnet werden. Die Dateneingabe erfolgt analog zu Beispiel 8.10.

```
library(concord)
kendall.w(sportstud)
```

Das Ergebnis beinhalten den Wert der Teststatistik (`W = 0.7447115`) und den p-Wert (`0.00049`), der dem p-Wert aus dem Friedman-Test entspricht.

8.2.3 Q-Test von Cochran

Aus der F_c-Statistik von Friedman wurde von Cochran eine vereinfachte Statistik für dichotome Merkmale entwickelt. Die Ausprägungen der Variablen X_{ij} können daher mit 1 (z.B. für erfolgreiche Behandlung) und 0 (nicht erfolgreich) codiert werden. Der Q-Test von Cochran eignet sich zum Untersuchen von Anteilsveränderungen. Als Nullhypothese wird angenommen, dass sich die Anteile nicht unterscheiden.

Hypothesen Q-Test von Cochran

H_0: $p_1 = p_2 = \ldots = p_c$
H_1: nicht alle p_i sind gleich ($i = 1, \ldots, c$)

Dabei ist p_i der Anteil der Erfolge in der i-ten Behandlung. Beim Betrachten der Hypothesen wird deutlich, dass auch hier weder die Richtung noch die Größe der Unterschiede getestet wird. Es wird lediglich überprüft, ob überhaupt ein Unterschied besteht oder nicht.

Wir bezeichnen mit

S_j die Spaltensumme der j-ten Behandlung $(j = 1, \ldots, c)$

$\bar{S} = \frac{1}{c} \sum\limits_{j=1}^{c} S_j$ den Durchschnitt der Spaltensummen

Z_i die Summe der i-ten Zeile $(i = 1, \ldots, n)$

Mit diesen Bezeichnungen lautet die von Cochran hergeleitete Teststatistik:

Q-Statistik von Cochran

$$Q = \frac{c(c-1) \sum\limits_{j=1}^{c} (S_j - \bar{S})^2}{c \sum\limits_{i=1}^{n} Z_i - \sum\limits_{i=1}^{n} Z_i^2}$$

Q ist asymptotisch χ^2-verteilt mit $c-1$ Freiheitsgraden (ab etwa $n = 4$ Blocks und $nc \geq 24$). Der Spezialfall $c = 2$ führt uns wieder zum McNemar-Test für zwei verbundene Stichproben mit dichotomen Merkmalen (vgl. Abschnitt 7.4).

Testentscheidung Q-Test von Cochran

Die Nullhypothese wird (für große Stichproben) abgelehnt, wenn
$F_c \geq \chi^2_{1-\alpha;c-1}$

Beispiel 8.12. Klausuren Cochran-Test

Bei Studierenden wird untersucht, ob sich die Klausuren aus den Fächern A bis D im Schwierigkeitsgrad voneinander unterscheiden. Dazu wird bei $n = 5$ Studierenden erhoben, ob die Klausuren beim ersten Mal bestanden wurden (1) oder nicht (0). In Tabelle 8.7 sind die 0/1-codierten Daten angegeben.

Person	Fach A	Fach B	Fach C	Fach D	Z_i
	Klausuren				
1	1	1	0	1	3
2	0	1	1	1	3
3	0	0	1	0	1
4	1	1	1	1	4
5	1	0	0	1	2
S_j	3	3	3	4	13

Tabelle 8.7. Klausurergebnisse

Durch Einsetzen in die Formel der Q-Statistik erhält man:

$$Q = \frac{4 \cdot 3 \cdot \left(3(3 - 3.25)^2 + (4 - 3.25)^2\right)}{4 \cdot 13 - (3^2 + 3^2 + 1^2 + 4^2 + 2^2)} = 0.692$$

Der zugehörige χ^2-Wert beträgt $\chi^2_{0.95;3} = 7.815$. Da $Q < \chi^2_{0.95;3}$ wird die Nullhypothese nicht abgelehnt, der Schwierigkeitsgrad der Klausuren unterscheidet sich nicht.

Beispiel 8.13. Klausuren Cochran-Test in SAS
In SAS ist das Vorgehen analog wie beim Friedman-Test (vgl. Beispiel 8.9), der Unterschied liegt in den Daten, die jetzt dichotom sind (0-1-Codierung). Das SAS-Ergebnis beinhaltet die Teststatistik (0.6923) und den p-Wert (0.8750). Da der p-Wert größer ist als α muss die Nullhypothese beibehalten werden. Es konnte kein signifikanter Unterschied gefunden werden.

Beispiel 8.14. Klausuren Cochran-Test in R
Die Berechnung in R ist ebenfalls mit der Funktion friedman.test() möglich, da der Test von Cochran lediglich eine Vereinfachung des Friedman-Tests für dichotome Variablen ist. Das Ergebnis beinhaltet die Teststatistik (0.6923) und den p-Wert (0.875). Da der p-Wert größer ist als α muss die Nullhypothese beibehalten werden. Es konnte kein signifikanter Unterschied gefunden werden.

8.2.4 Durbin-Test

Wird nicht jeder Block mit jeder Behandlung erhoben (unvollständige Blöcke), so kann der Test von Durbin verwendet werden. Es müssen jedoch bestimmte zusätzliche Voraussetzungen erfüllt sein.

Voraussetzungen

- In jedem Block muss die gleiche Anzahl k an Behandlungen bewertet werden ($k < c$).
- Jede Behandlung wird genau r mal bewertet ($r < n$).
- Jede Behandlung wird mit den anderen Behandlungen gleich oft bewertet (m-mal)

Hypothesen

H_0: $\theta_1 = \theta_2 = \ldots = \theta_c$
H_1: nicht alle θ_j sind gleich ($j = 1, \ldots, c$)

Die Statistik von Durbin ist folgendermaßen definiert:

D-Statistik von Durbin

$$D = \frac{12(c-1)}{rc(k^2-1)} \sum_{j=1}^{c} \left(r_j - \frac{r(k+1)}{2} \right)^2$$

r_j entspricht wieder der Rangsumme der j-ten Behandlung, wobei zu beachten ist, dass bei jedem Individuum nur k Beobachtungen existieren. Die Spaltensumme besteht hier nur aus r Rängen.

Die Teststatistik D ist bereits für $r \geq 3$ approximativ χ^2-verteilt, mit $c-1$ Freiheitsgraden.

Testentscheidung Durbin-Test

Die Nullhypothese wird abgelehnt, wenn $D \geq \chi^2_{1-\alpha;c-1}$

Beispiel 8.15. Tanzbewerb - Durbin-Test

Im Rahmen eines Tanzwettbewerbes bei dem insgesamt $c = 7$ Tänze vorgeführt werden, beurteilen 7 Wertungsrichter die einzelnen Tänze und bringen sie in eine Rangordnung. Um den Wertungsrichtern die Entscheidung zu erleichtern, wird jedoch nicht jeder Tanz bewertet, sondern nur insgesamt 3. Die Bewertungen der Richter sind in Tabelle 8.8 angegeben.

Richter	\multicolumn{7}{c}{Tanz}						
	1	2	3	4	5	6	7
1	1	2	3				
2	1			2	3		
3	2					1	3
4		1		2		3	
5		1			2		3
6			2		3	1	
7			2	1			3
r_j	4	4	7	5	8	5	9

Tabelle 8.8. Bewertungen des Tanzwettbewerbes

Setzt man nun in die Statistik von Durbin ein (mit $c = 7$ und $r = k = 3$), so erhält man:

$$D = \frac{12(7-1)}{3 \cdot 7(3^2-1)} \left[2\left(4 - \frac{3 \cdot 4}{2}\right)^2 + 2\left(5 - \frac{3 \cdot 4}{2}\right)^2 + \left(7 - \frac{3 \cdot 4}{2}\right)^2 + \right.$$

$$\left. + \left(8 - \frac{3 \cdot 4}{2}\right)^2 + \left(9 - \frac{3 \cdot 4}{2}\right)^2 \right] = \frac{72}{168} \cdot 24 = 10.2857$$

Das χ^2-Quantil beträgt 19.675, daher wird die Nullhypothese beibehalten: Es konnte keine unterschiedliche Bewertung festgestellt werden.

Beispiel 8.16. Tanzbewerb - Durbin-Test in R

In R kann der Durbin-Test mit Hilfe des Paketes `agricolae` durchgeführt werden. Die Vorgehensweise zur Dateneingabe kann aus der kommentierten Syntax entnommen werden.

```
# Anzahl der Richter und Anzahl der Bewertungen
Richter = gl(7,3)
# Welche Tänze wurden bewertet
Tanz = c(1,2,3,1,4,5,1,6,7,2,4,6,2,5,7,3,5,6,3,4,7)
# Wie wurden die Tänze bewertet
Bewertung = c(1,2,3,1,2,3,2,1,3,1,2,3,1,2,3,2,3,1,2,1,3)
# Durbin Test im Package agricolae
library(agricolae)
durbin.test(Richter,Tanz,Bewertung,group=TRUE)
```

Unter anderem kann man im Ergebnis den Wert der Teststatistik (`10.28571`), die Freiheitsgrade (`6`) und den p-Wert (`0.1131242`) ablesen. Da der p-Wert größer ist als α wird die Nullhypothese beibehalten. Es konnte kein signifikanter Unterschied bei den Bewertungen festgestellt werden.

8.2.5 Trendtest von Page

Der Trendtest von Page ist das für abhängige Stichproben geeignete Gegenstück zum Jonckheere-Terpstra-Test. Es soll getestet werden, ob ein Trend in den Stichproben vorliegt. Die einseitig geordneten Hypothesen lauten:

Hypothesen Trendtest von Page

$H_0 : F_1(x) = F_2(x) = \ldots = F_c(x)$

$H_1 : F_1(x) \geq \ldots \geq F_c(x)$ mit mindestens einer echten Ungleichung
    (gleichbedeutend mit $\theta_1 \leq \theta_2 \leq \ldots \leq \theta_c$)

Diese Formulierung der Hypothesen ist besonders dann sinnvoll, wenn man über die Wirkung der unterschiedlichen Behandlungen bereits zuvor eine Aussage treffen kann. In diesem Fall ist der Trendtest von Page effizienter als der Friedman-Test.

Die Statistik von Page lautet unter Verwendung der Spaltenrangsumme r_j $(j = 1, \ldots, c)$:

Teststatistik Trendtest von Page

$$L = \sum_{j=1}^{c} j \cdot r_j$$

In der Formulierung der Hypothesen und der Teststatistik wurde von einem steigenden Trend ausgegangen. Soll ein sinkender Trend nachgewiesen werden, wird der Index j durch den Index $c + 1 - j$ ersetzt. Je nachdem ob in der Alternativhypothese ein aufsteigender oder ein absteigender Trend getestet wird, wird somit auch der Index aufsteigend oder absteigend gewählt. Man kann natürlich auch einfach die Stichproben umsortieren, damit in der Alternativhypothese ein aufsteigender Trend formuliert werden kann.

Der Erwartungswert und die Varianz der L-Statistik von Page sind:

$$E(L) = \frac{n \cdot c \cdot (c + 1)^2}{4}$$

$$V(L) = \frac{n \cdot c^2 \cdot (c + 1)^2 \cdot (c - 1)}{144}$$

Für große Stichprobenumfänge kann eine Approximation durch die Standardnormalverteilung vorgenommen werden:

$$Z = \frac{L - E(L)}{\sqrt{V(L)}} \sim N(0, 1)$$

Testentscheidung Page-Test

H_0 wird abgelehnt, wenn $Z > u_{1-\alpha}$ ist. Für kleine Stichprobengrößen sind die kritischen Werte in Tabellen angegeben, wie z.B. in Hollander und Wolfe (1999) oder Page (1963).

Beispiel 8.17. Diätstudie

Es soll die Gewichtsveränderung während einer Trennkost-Diät untersucht werden. Dazu wird jeweils am Montag einer Woche bei 6 Personen das Gewicht in kg gemessen. Die Studie dauert insgesamt 10 Wochen. Tabelle 8.9 enthält die erhobenen Daten.

Person	Woche j									
	1	2	3	4	5	6	7	8	9	10
1	72.0	72.0	71.5	69.0	70.0	69.5	68.0	68.0	67.0	68.0
2	83.0	81.0	81.0	82.0	82.5	81.0	79.0	80.5	80.0	81.0
3	95.0	92.0	91.5	89.0	89.0	90.5	89.0	89.0	88.0	88.0
4	71.0	72.0	71.0	70.5	70.0	71.0	71.0	70.0	69.5	69.0
5	79.0	79.0	78.5	77.0	77.5	78.0	77.5	76.0	76.5	76.0
6	80.0	78.5	78.0	77.0	77.5	77.0	76.0	76.0	75.5	75.5

Tabelle 8.9. Gewichtsveränderung bei der Trennkost-Diät

Die interessierende Frage ist, ob diese Diät das Gewicht reduzieren konnte, demnach lauten die zu testenden Hypothesen

H_0: das Gewicht bleibt gleich $\hat{=}$ $\theta_1 = \ldots = \theta_{10}$

H_1: das Gewicht wird reduziert $\hat{=}$ $\theta_1 \geq \ldots \geq \theta_{10}$

Zunächst werden die Daten je Person (Block) in eine Rangordnung gebracht, bei Bindungen werden wie üblich Durchschnittsränge verwendet. Die Summe der Produkte aus Rangsummen und den (absteigenden) Indizes ergeben die Teststatistik. In Tabelle 8.10 sind die Werte angegeben.

Person	Woche j									
	1	2	3	4	5	6	7	8	9	10
1	9.5	9.5	8	5	7	6	3	3	1	3
2	10	5.5	5.5	8	9	5.5	1	3	2	5.5
3	10	9	8	4.5	4.5	7	4.5	4.5	1.5	1.5
4	7.5	10	7.5	5	3.5	7.5	7.5	3.5	2	1
5	9.5	9.5	8	4	5.5	7	5.5	1.5	3	1.5
6	10	9	8	5.5	7	5.5	3.5	3.5	1.5	1.5
r_j	56.5	52.5	45	32	36.5	38.5	25	19	11	14
$c+1-j$	10	9	8	7	6	5	4	3	2	1
$r_j(c+1-j)$	565	472.5	360	224	219	192.5	100	57	22	14

Tabelle 8.10. Ränge der Trennkost-Diät

Für die Teststatistik, sowie deren Erwartungswert und Varianz erhält man:

$$L = \sum_{j=1}^{10} r_j(c + 1 - j) = 2226$$

$$E(L) = \frac{6 \cdot 10 \cdot 11^2}{4} = 1815$$

$$V(L) = \frac{6 \cdot 10^2 \cdot 11^2 \cdot 9}{144} = 4537.5$$

Die standardnormalverteilte Größe Z ist somit:

$$Z = \frac{2226 - 1815}{\sqrt{4537.5}} = 6.101 \tag{8.1}$$

Wegen $Z > u_{0.95} = 1.645$ wird die Nullhypothese verworfen. Es konnte demnach nachgewiesen werden, dass das Gewicht reduziert wurde ($\alpha = 0.05$).

Beispiel 8.18. Diätstudie in R

In R ist der Trendtest im Paket `concord` implementiert. Bei der Dateneingabe ist darauf zu achten, dass die Stichproben so sortiert sind, dass ein steigender Trend nachzuweisen ist. Die Stichproben aus Beispiel 8.17 müssen daher umsortiert werden.

```
Gewicht=matrix(c(68.0,67.0,...,80.0),nrow=6,byrow=TRUE)
library(concord)
page.trend.test(Gewicht)
```

Neben der Teststatistik (L=2226) wird auch der (exakte oder approximierte) p-Wert ausgegeben. In unserem Beispiel ist der exakte p-Wert angegeben mit <=.001, daher wird die Nullhypothese verworfen, die Diät war somit erfolgreich.

8.2.6 Quade-Test

Der Quade-Test ist wie der Friedman-Test eine Erweiterung des Wilcoxon-Rangsummen-Tests. Er ist zwar aufwändiger als der Friedman-Test, hat im Gegenzug dafür aber eine höhere Güte.

Hypothesen Quade-Test

H_0: $\theta_1 = \theta_2 = \ldots = \theta_c$

H_1: nicht alle θ_j sind gleich ($j = 1, \ldots, c$)

Zunächst muss pro Block die Spannweite der Beobachtungen bestimmt werden. Man bildet also für jeden Block $i = 1, \ldots, n$:

$$D_i = \max_i(x_{ij}) - \min_i(x_{ij})$$

Den Spannweiten D_i werden nun aufsteigend Ränge q_i zugeordnet, wobei auch hier die Bindungen berücksichtigt werden müssen. Danach muss den einzelnen Messdaten innerhalb der Blöcke Ränge r_{ij} vergeben werden. Anschließend bildet man für alle Daten folgende Statistik:

$$s_{ij} = q_i \cdot \left(r_{ij} - \frac{c+1}{2} \right)$$

Mit $S_t = \sum_i \frac{1}{n}(\sum_j s_{ij})^2$ und $S_s = \sum_{i,j} s_{ij}^2$ ergibt sich folgende Teststatistik:

Teststatistik Quade-Test

$$T = \frac{(n-1) \cdot S_t}{S_s - S_t}$$

Die Teststatistik T ist asymptotisch F-verteilt mit $(c-1)$ und $(n-1) \cdot (c-1)$ Freiheitsgraden.

Testentscheidung Quade-Test

H_0 wird abgelehnt, wenn $T > F_{1-\alpha;c-1;(n-1)\cdot(c-1)}$ gilt.

Beispiel 8.19. Sportleistungen Quade-Test
(Fortsetzung Beispiel 8.8) In Tabelle 8.11 sind neben den Rängen r_{ij} nun auch die Spannweiten D_i der einzelnen Messdaten der Studierenden und die Rangreihenfolge q_i angegeben.

				Semester						
Person	1	2	3	4	5	6	7	8	D_j	q_j
1	2	1	4.5	7	3	4.5	6	8	2.8	5
2	1	6	3	2	4	5	7.5	7.5	1.8	2
3	2	1	3	4	5.5	5.5	7.5	7.5	2.2	3
4	2	1	3	5	4	6	7	8	2.7	4
5	4	2	1	3	5	6	8	7	1.7	1
r_j	11	11	14.5	21	21.5	27	36	38		

Tabelle 8.11. Rangreihe der D_j-Werte der Studierenden

Tabellen 8.12 und 8.13 enthalten die berechneten s_{ij}- bzw. s_{ij}^2-Werte.

Person	Semester							
	1	2	3	4	5	6	7	8
1	-12.5	-17.5	0	12.5	-7.5	0	7.5	17.5
2	-7	3	-3	-5	-1	1	6	6
3	-7.5	-10.5	-4.5	-1.5	3	3	9	9
4	-10	-14	-6	2	-2	6	10	14
5	-0.5	-2.5	-3.5	-1.5	0.5	1.5	3.5	2.5
$\sum$	-37.5	-41.5	-17	6.5	-7	11.5	36	49

Tabelle 8.12. s_{ij}-Werte der Studierenden

Person	Semester							
	1	2	3	4	5	6	7	8
1	156.25	306.25	0	156.25	56.25	0	56.25	306.25
2	49	9	9	25	1	1	36	36
3	56.25	110.25	20.25	2.25	9	9	81	81
4	100	196	36	4	4	36	100	196
5	0.25	6.25	12.25	2.25	0.25	2.25	12.25	6.25
$\sum$	361.75	627.75	77.5	189.75	70.5	48.25	285.5	625.5

Tabelle 8.13. s_{ij}^2-Werte der Studierenden

Nun werden die Statistiken S_t und S_s berechnet:

$$S_t = \frac{1}{5} \cdot \left[(-37.5^2) + (-41.5)^2 + (-17)^2 + 6.5^2 + (-7)^2 + \right.$$
$$\left. + 11.5^2 + 36^2 + 49^2 \right] = 1467.6$$

$$S_s = 361.75 + 627.75 + 77.5 + 189.75 + 70.5 + 48.25 +$$
$$+ 285.5 + 625.5 = 2286.5$$

Für die T-Statistik von Quade erhält man schließlich:

$$T = \frac{(5-1) \cdot 1467.6}{2286.5 - 1467.6} = 7.169$$

Vergleicht man den Wert der Teststatistik mit dem Quantil der F-Verteilung $F_{0.95;7;28} = 2.359$, kann die Nullhypothese verworfen werden.

In SAS ist der Quade-Test nicht implementiert.

Beispiel 8.20. Sportleistungen Quade-Test in R
(Fortsetzung Beispiel 8.19) Die Berechnung in R erfolgt über die Funktion quade.test() im Paket stats und ist völlig äquivalent zum Friedman-Test.

```
> sportstud = matrix(c(15.5,  15.0, 17.2, 17.6, 16.9,
+ 17.2, 17.3, 17.8, + 14.3, 15.9, 15.1, 14.9, 15.2, 15.8,
+ 16.1, 16.1, 15.3, 15.1, 15.9, 16.3, 17.1, 17.1, 17.3,
+ 17.3, 16.9, 16.8, 17.1, 17.3, 17.2, 18.3, 18.5, 19.5,
+ 14.9, 14.5, 14.3, 14.8, 15.1, 15.2, 16.0, 15.9), 5, 8,
+ byrow = TRUE)
> quade.test(sportstud)
```

Ausgegeben werden die Quade-Statistik (F = 7.1686), die Freiheitsgrade (num df = 7, denom df = 28) und der p-Wert (6.119e-05).

Übungsaufgaben

Aufgabe 8.1. Lernmethoden
In einer Studie sollen verschiedene Lernmethoden (auditiv, visuell und audiovisuell) beurteilt werden. Dazu wurden 25 ProbandInnen auf 3 Gruppen aufgeteilt. Jede Gruppe sollte mit der jeweiligen Methode (hören, lesen bzw. hören und lesen) insgesamt 60 Vokabel erlernen. Im Anschluss wurde geprüft, wie viele Vokabeln von den Personen im Gedächtnis behalten wurden:

auditiv:	9	21	16	26	14	35	23	10	31	$n_1 = 9$
visuell:	32	28	36	17	46	24	13	33		$n_2 = 8$
audiovisuell:	47	52	38	43	22	18	41	27		$n_3 = 8$

a) Berechnen Sie die H-Statistik von Kruskal und Wallis und testen Sie die Nullhypothese der Gleichheit der Verteilungen ($\alpha = 0.05$). Überprüfen Sie die Ergebnisse mit SAS und R.

b) Testen Sie mit Hilfe des Mediantests die Nullhypothese der Gleichheit der Verteilungen ($\alpha = 0.05$).

c) Testen Sie mit der Hilfe der Jonckheere-Terpstra-Statistik, ob ein Trend erkennbar ist ($\alpha = 0.05$).

Aufgabe 8.2. Fernsehverhalten

Es soll untersucht werden, ob sich der Fernsehkonsum von Studierenden im Laufe des Studiums verändert. Dazu wurde von 10 Studierenden pro Studienjahr die tägliche durchschnittliche Fernsehdauer in Stunden pro Tag erhoben.

		Jahr		
Person	1	2	3	4
1	5	3	3	3
2	6	5	4.5	5
3	5	3	3	2
4	3.5	2	1	1.5
5	5	5	4	4
6	4.5	3.5	3.5	1
7	2.5	3.5	3	3
8	6	5	6	5
9	3	4	5	3
10	2	1	1	1

a) Berechnen Sie die F_c-Statistik von Friedman und testen Sie, ob sich der Fernsehkonsum signifikant verändert hat ($\alpha = 0.05$).

b) Berechnen Sie die Statistik von Kendall und überprüfen Sie den Zusammenhang mit der Friedman-Statistik.

c) Überprüfen Sie mittels der Trendstatistik von Page, ob die durchschnittliche Fernsehdauer abgenommen hat ($\alpha = 0.05$).

d) Führen Sie den Quade-Test durch.

Aufgabe 8.3. Eiscreme

(aus Conover (1999), Seite 390ff.) Ein Eiscremehersteller möchte wissen, ob bestimmte Eissorten bevorzugt werden. Jede Testperson wird gebeten 3 Eissorten zu verkosten und diese zu reihen, dabei soll 1 für die beste Sorte stehen. Die Ergebnisse können folgender Tabelle entnommen werden:

			Eissorte				
Testperson	1	2	3	4	5	6	7
1	2	3		1			
2		3	1		2		
3			2	1		3	
4				1	2		3
5	3				1	2	
6		3				1	2
7	3		1				2
r_j	8	9	4	3	5	6	7

Tabelle 8.14. Bewertungen von Eiscreme

Testen Sie auf einem Niveau von $\alpha = 0.05$, ob es Unterschiede in den präferierten Eissorten gibt.

Aufgabe 8.4. Diätstudie

Gegeben sind die Daten aus Beispiel 8.17. Berechnen Sie Cochran's Q-Statistik für dichotome Ausprägungen und interpretieren Sie Ihr Ergebnis.

Für die Berechnung werden die Daten zunächst codiert, und zwar bedeutet 1, dass die Person bezüglich der Vorwoche abgenommen hat und 0, dass die Person nicht abgenommen hat. Die umcodierten Daten lauten:

Person	1	2	3	4	5	6	7	8	9	10	Z_i
					Woche						
1	0	0	1	1	0	1	1	0	1	0	5
2	0	1	0	0	0	1	1	0	1	0	4
3	0	1	1	1	0	0	1	0	1	0	5
4	0	0	1	1	1	0	0	1	1	1	6
5	0	0	1	1	0	0	1	1	0	1	5
6	0	1	1	1	0	1	1	0	1	0	6
S_i	0	3	5	5	1	3	5	2	5	2	31

Unabhängigkeit und Korrelation

In vielen Anwendungsfällen möchte man wissen, ob zwei (oder mehr) Merkmale einen Zusammenhang aufweisen, oder ob sie unabhängig voneinander sind. Beispielsweise soll die Frage beantwortet werden, ob bei Kindern die sportliche Aktivität die Schlafdauer beeinflusst oder Ähnliches. Im einfachsten Fall sollen zwei Merkmale gemeinsam analysiert werden.

9.1 Problemstellung

Vor dem statistischen Testen verschafft man sich im Normalfall mit mehrdimensionalen Häufigkeitstabellen einen ersten Überblick über die Datensituation. Zweidimensionale Häufigkeitsverteilungen lassen sich am besten mittels Kontingenztabellen darstellen. Dazu ist es (für die Übersichtlichkeit) notwendig, dass die Merkmale nur wenige Ausprägungen besitzen. Dies kann durch Zusammenfassen von Ausprägungen immer erreicht werden.

Beispiel 9.1. Einfluss von Strategietraining
In einer Studie über 235 zufällig ausgewählte Führungskräfte wird der Einfluss von Strategietraining auf den Unternehmenserfolg untersucht. Das Ergebnis der Untersuchung kann aus folgender Kontingenztabelle entnommen werden:

	kein Erfolg	Erfolg	Summe
kein Training	40	75	115
mit Training	30	90	120
Summe	70	165	235

Bei einer zweidimensionalen Häufigkeitsverteilung mit den Merkmalen X und Y verwendet man folgende Bezeichnungen:

Bezeichnungen

h_{ij}	absolute Häufigkeit der Kombination $X = i$ und $Y = j$
$p_{ij} = h_{ij}/n$	relative Häufigkeit der Kombination $X = i$ und $Y = j$
$P_{ij} = p_{ij} \cdot 100$	relative Häufigkeit der Kombination $X = i$ und $Y = j$ in Prozent
$h_{i+}(p_{i+})$	Zeilensummen, Randhäufigkeiten des Merkmals X
$h_{+j}(p_{+j})$	Spaltensummen, Randhäufigkeiten des Merkmals Y

Damit weist die Kontingenztabelle zu Beispiel 9.1 folgende allgemeine Form auf:

	$Y = 1$	$Y = 2$	Summe
$X = 1$	h_{11}	h_{12}	h_{1+}
$X = 2$	h_{21}	h_{22}	h_{2+}
Summe	h_{+1}	h_{+2}	n

Tabelle 9.1. Kontingenztabelle

Eine **Randverteilung** gibt Auskunft über die Verteilung eines Merkmals, ohne das andere Merkmal zu berücksichtigen. Liegt eine zweidimensionale Verteilung in Form einer Kontingenztabelle vor, können die Randverteilungen an den Zeilen- bzw. Spaltensummen abgelesen werden.

Mit der zweidimensionalen Verteilung und den beiden Randverteilungen kann noch keine Aussage über den Zusammenhang getroffen werden, aber meist ist dieser Zusammenhang von großem Interesse. Bezogen auf Beispiel 9.1 ist die Kernfrage, ob die Trainingsteilnahme die Erfolgsquote erhöht hat. Man möchte wissen, ob die Erfolgsquoten der TrainingsteilnehmerInnen höher ist als die Erfolgsquote der Personen, die kein Training absolviert haben.

In statistischer Ausdrucksweise interessiert uns im Beispiel 9.1 die **bedingte Verteilung** des Merkmals Erfolg, gegeben das Merkmal Training. Wir berechnen die bedingte Verteilung des Merkmals Erfolg bei den TrainingsteilnehmerInnen und bei den Personen, die das Training verweigert haben.

> **Bezeichnung**
>
> $h_{ij}/h_{i+} = p_{ij}/p_{i+}$ bedingte relative Häufigkeit
> der Ausprägung j des Merkmals Y
> bei gegebener Ausprägung i des Merkmals X

Beispiel 9.2. Einfluss von Strategietraining
(Fortsetzung von Beispiel 9.1) Die bedingten Verteilungen des Merkmals Erfolg bei den TeilnehmerInnen und den NichtteilnehmerInnen lassen sich aus folgender Tabelle ablesen:

	kein Erfolg	Erfolg	Summe
kein Training	0.348	0.652	1.000
mit Training	0.250	0.750	1.000

Die Erfolgsquote in der Teilgesamtheit der TrainingsteilnehmerInnen liegt wegen $90/120 = 0.75$ bei 75%, die Erfolgsquote der Personen, die das Training verweigert haben, liegt hingegen bei ca. 65% ($75/115 = 0.652$). Daraus kann für die Stichprobe abgelesen werden, dass das Training die Erfolgsquote erhöht hat, dass es also einen Zusammenhang zwischen Training und Erfolg gibt.

Man kann über die bedingten Verteilungen Erkenntnisse über den Zusammenhang von Merkmalen gewinnen. Wünschenswert sind aber Kennzahlen, die einerseits eine Aussage über den Zusammenhang ermöglichen und andererseits als Ausgangsbasis für einen statistischen Test dienen, der die Frage beantwortet, ob dieser Zusammenhang der Merkmale auch für die Grundgesamtheit nachweisbar ist. Je nach Skalenniveau der Merkmale gibt es unterschiedliche Zusammenhangsmaße und daher auch unterschiedliche Tests.

9.2 Chi-Quadrat-Test auf Unabhängigkeit

Zur Messung des Zusammenhangs zwischen zwei nominalen Merkmalen kann das Assoziationsmaß Chi-Quadrat (χ^2) verwendet werden. Ausgangspunkt ist der Vergleich zwischen tatsächlich beobachteten Häufigkeiten und jenen Häufigkeiten, die man bei Unabhängigkeit der beiden Merkmale erwarten würde.

Bezeichnungen

h_{ij}^o ... beobachtete (= **o**bserved) absolute Häufigkeit der
Kombination $X = i$ und $Y = j$ mit $i = 1, \ldots, r$ und $j = 1, \ldots, s$

h_{ij}^e ... bei Unabhängigkeit von X und Y erwartete (= **e**xpected)
absolute Häufigkeit dieser Kombination

Dabei gilt $\qquad h_{ij}^e = \dfrac{h_{i+} \cdot h_{+j}}{n}$

Das **Assoziationsmaß Chi-Quadrat χ^2** mit

$$\chi^2 = \sum_{i=1}^{r} \sum_{j=1}^{s} \frac{(h_{ij}^o - h_{ij}^e)^2}{h_{ij}^e}$$

misst den Zusammenhang zwischen zwei nominalen Merkmalen.

Wie aus der Formel leicht nachvollziehbar gilt immer $\chi^2 \geq 0$. Der Fall $\chi^2 = 0$ kann nur dann auftreten, wenn die beobachteten Häufigkeiten den bei Unabhängigkeit erwarteten Häufigkeiten entsprechen. Dies ist gleichbedeutend damit, dass die Merkmale unabhängig sind, also keinen Zusammenhang aufweisen.

Das Assoziationsmaß kann effizienter mit der Formel

$$\chi^2 = n \cdot \left(\sum_i \sum_j \frac{h_{ij}^{o\,2}}{h_{i+} \cdot h_{+j}} - 1 \right)$$

berechnet werden.

Dem entsprechend lassen sich die Hypothesen für unser Testproblem folgendermaßen ansetzen:

Hypothesen Chi-Quadrat-Test auf Unabhängigkeit

$H_0 : \chi^2 = 0$ $\qquad$ (Ausprägungen der Merkmale unabhängig)

$H_1 : \chi^2 > 0$ $\qquad$ (Ausprägungen der Merkmale abhängig)

Alternativ dazu könnten die Hypothesen auch folgendermaßen formuliert werden:

$H_0 : p_{ij} = p_{i+} \cdot p_{+j}$

$H_1 : p_{ij} \neq p_{i+} \cdot p_{+j}$ $\qquad$ für mindestens ein Paar (i, j)

Testentscheidung Chi-Quadrat-Test auf Unabhängigkeit
(kritische Werte in Tabelle 11.3)

H_0 wird mit Irrtumswahrscheinlichkeit α verworfen, wenn

$$\chi^2 > \chi^2_{(r-1)(s-1);1-\alpha}$$

Die Teststatistik χ^2 ist allerdings nur approximativ χ^2-verteilt. Als Faustregel für die Zulässigkeit der Approximation müssen die erwarteten Häufigkeiten in den einzelnen Kategorie mindestens 1 betragen und bei höchstens 20% der Kategorien dürfen die erwarteten Häufigkeiten unter 5 liegen.

χ^2-Test auf Unabhängigkeit - Voraussetzungen

- Die erwartete Häufigkeit in jeder Kategorie muss mindestens 1 betragen.
- Bei höchstens 20% der Kategorien dürfen die erwarteten Häufigkeiten unter 5 liegen.

Sind diese Voraussetzungen nicht erfüllt, so kann man sich manchmal damit behelfen, dass man Ausprägungen zusammenfasst. Dies führt zu einer entsprechenden Reduktion von r bzw. s.

Beispiel 9.3. Einfluss von Strategietraining
(vgl. Beispiel 9.1) In einer Studie wird bei 235 zufällig ausgewählten Führungskräften der Einfluss von Strategietraining auf den Unternehmenserfolg mit folgendem Ergebnis untersucht.

	kein Erfolg	Erfolg	Summe
kein Training	40	75	115
mit Training	30	90	120
Summe	70	165	235

Kann in der Grundgesamtheit ein Zusammenhang zwischen Trainingsteilnahme und Erfolg nachgewiesen werden? Die Formulierung der Hypothesen ist vorgegeben, wir wählen als Signifikanzniveau $\alpha = 0.05$.

Die bei Unabhängigkeit erwarteten Häufigkeiten sind:

	kein Erfolg	Erfolg	Summe
kein Training	34.3	80.7	115
mit Training	35.7	84.3	120
	70.0	165.0	235

Daraus ergibt sich:

$$\chi^2 = n \cdot \left(\sum\sum \frac{h_{ij}^{o\,2}}{h_{i+} \cdot h_{+j}} - 1 \right)$$

$$= 235 \cdot \left(\frac{40^2}{115 \cdot 70} + \frac{75^2}{115 \cdot 165} + \frac{30^2}{120 \cdot 70} + \frac{90^2}{120 \cdot 165} - 1 \right) = 2.69$$

Nachdem beide Merkmale je zwei Ausprägungen aufweisen, haben wir einen Freiheitsgrad und damit als Quantil der χ^2-Verteilung $\chi^2_{(r-1)(s-1);1-\alpha} = 3.84$ (vgl. Tabelle 11.3). Da der errechnete Wert das Quantil nicht überschreitet, muss die Nullhypothese beibehalten werden. Es konnte kein Zusammenhang zwischen den Merkmalen Training und Erfolg nachgewiesen werden.

Für die Durchführung des Tests wurde eine diskrete Verteilung durch die stetige Chi-Quadrat-Verteilung approximiert. Insbesondere für kleine Stichproben sollte daher eine Stetigkeitskorrektur vorgenommen werden, die im Fall des Chi-Quadrat-Tests auch unter dem Namen **Yates-Korrektur** bekannt ist (benannt nach dem Statistiker Frank Yates, der diese Korrektur vorgeschlagen hat). Der korrigierte χ^2-Wert wird nach folgender Formel berechnet:

$$\chi^2_{Yates} = \sum_{i=1}^{r} \sum_{j=1}^{s} \frac{(|h_{ij}^o - h_{ij}^e| - 0.5)^2}{h_{ij}^e}$$

Diese Korrektur verkleinert den Wert der Teststatistik und führt somit automatisch zu einem größeren p-Wert. Dadurch soll eine Überschätzung der statistischen Signifikanz vermieden werden. Die Stetigkeitskorrektur sollte verwendet werden, falls in mindestens einer Zelle eine erwartete Häufigkeit kleiner als 5 auftritt. Bei dieser Faustregel gehen die Meinungen allerdings auseinander, weil die Yates-Korrektur zur Überkorrektur neigt. Bei großen Stichprobenumfängen spielt die Korrektur nahezu keine Rolle.

Beispiel 9.4. Einfluss von Strategietraining in R
Die Daten müssen als Matrix eingegeben werden. Um die Stetigkeitskorrektur auszuschalten muss `simulate.p.value=TRUE` als Argument angegeben werden.

```
strategietraining=matrix(c(40,30,75,90),ncol=2)
chisq.test(strategietraining,simulate.p.value=TRUE)
```

Als Ergebnis wird der Wert der Teststatistik (2.687) und der p-Wert (≈ 0.12) ausgegeben. Da der p-Wert größer ist als α, wird die Nullhypothese beibehalten. Es konnte kein signifikanter Zusammenhang nachgewiesen werden. Da die p-Werte aus Simulationen berechnet werden (mit Voreinstellung B=2000 Wiederholungen), kann es zu abweichenden Ergebnissen kommen, die aber alle deutlich größer als α sind und daher nichts an der Entscheidung ändern.

Beispiel 9.5. Einfluss von Strategietraining in SAS
Nach der Dateneingabe wird mit der Prozedur PROC FREQ der Chi-Quadrat-Test durchgeführt.

```
DATA strategietraining;
INPUT Training Erfolg Anzahl;
DATALINES;
0   0   40
0   1   75
1   0   30
1   1   90
;
RUN;
PROC FREQ DATA=strategietraining;
WEIGHT Anzahl;
TABLES Training*Erfolg /CHISQ;
RUN;
```

Als Ergebnis wird der Wert der Teststatistik (2.687) und der p-Wert (0.1012) in der Zeile Chi-Quadrat ausgegeben. Da der p-Wert größer ist als α, wird die Nullhypothese beibehalten. Es konnte kein signifikanter Zusammenhang nachgewiesen werden.

9.3 Fisher-Test

Auch mit dem Fisher-Test können Zusammenhänge zwischen zwei nominalen Merkmalen getestet werden. Im Gegensatz zum Chi-Quadrat-Test müssen aber beide Merkmale dichotom sein, dürfen also nur zwei Ausprägungen besitzen. Der Vorteil des Fisher-Tests ist, dass die p-Werte exakt berechnet werden, also keine Approximationen notwendig sind und dieser Test daher auch bei kleinen Stichprobenumfängen anwendbar ist. Beim Fisher-Test werden aus einer gegebenen Vierfeldertafel alle anderen möglichen Kombinationen von Zellhäufigkeiten mit gleichen Randhäufigkeiten gebildet.

	$Y = 0$	$Y = 1$	Summe
$X = 0$	h_{11}	h_{12}	h_{1+}
$X = 1$	h_{21}	h_{22}	h_{2+}
Summe	h_{+1}	h_{+2}	n

Tabelle 9.2. Vierfeldertafel der Stichprobe

Alle anderen mögliche Tafeln (bei gleichen Randhäufigkeiten) ergeben sich für $0 \leq x \leq \min(h_{1+}, h_{+1})$ aus

	$Y = 0$	$Y = 1$	Summe
$X = 0$	x	$h_{1+} - x$	h_{1+}
$X = 1$	$h_{+1} - x$	$h_{22} - h_{11} + x$	h_{2+}
Summe	h_{+1}	h_{+2}	n

Tabelle 9.3. Vierfeldertafel der möglichen Kombinationen

Die Zufallsvariable X folgt einer Hypergeometrischen Verteilung und ist die Teststatistik des Fisher-Tests:

$$Pr(X = x) = \frac{\binom{h_{+1}}{x} \binom{h_{+2}}{h_{1+} - x}}{\binom{n}{h_{1+}}}$$

Daraus kann man die Verteilungsfunktion der Hypergeometrischen Verteilung errechnen, die wir für den Hypothesentest benötigen. Da die Verteilung vollständig bekannt und exakt berechenbar ist, wird der Fisher-Test auch als Fishers Exakter Test bezeichnet.

Fisher-Test, Zweiseitige Hypothesen

$H_0 : p_{ij} = p_{i+} \cdot p_{+j}$

$H_1 : p_{ij} \neq p_{i+} \cdot p_{+j}$ für mindestens ein Paar (i, j)

Die Nullhypothese wird verworfen, wenn $h_{11} \leq h_{\alpha/2}$ oder $h_{11} \geq h_{1-\alpha/2}$, wobei $h_{\alpha/2}$ bzw. $h_{1-\alpha/2}$ die entsprechenden Quantile der Hypergeometrischen Verteilung bezeichnen.

Beispiel 9.6. Einfluss von Strategietraining

In einer Studie mit 235 zufällig ausgewählte Führungskräften wird der Einfluss von Strategietraining auf den Unternehmenserfolg untersucht. Das Ergebnis der Untersuchung kann aus folgender Kontingenztabelle entnommen werden:

	kein Erfolg	Erfolg	Summe
kein Training	40	75	115
mit Training	30	90	120
Summe	70	165	235

Gibt es einen Zusammenhang zwischen Training und Erfolg ($\alpha = 0.05$)?

Die Zufallsvariable X entspricht einer Hypergeometrischen Verteilung mit den Parametern $H(n, h_{1+}, h_{+1}) = H(235, 115, 70)$. Für den zweiseitigen Test ergeben sich die Quantile $h_{\alpha/2} = 27$ und $h_{1-\alpha/2} = 41$. Die Nullhypothese muss damit beibehalten werden ($h_{11} = 40$), es gibt keinen signifikanten Zusammenhang zwischen Training und Erfolg.

Der Fisher-Test bietet aber auch die Möglichkeit des einseitigen Testens mit den Hypothesen

---

Fisher-Test, Einseitige Hypothesen, Fall A

$H_0 : p_{11} = p_{1+} \cdot p_{+1}$

$H_1 : p_{11} > p_{1+} \cdot p_{+1}$

Fisher-Test, Einseitige Hypothesen, Fall B

$H_0 : p_{11} = p_{1+} \cdot p_{+1}$

$H_1 : p_{11} < p_{1+} \cdot p_{+1}$

Im Beispiel 9.6 würde man vermuten, dass kein Training zu keinem Erfolg führt. Damit wären in diesem Fall die Häufigkeit h_{11} höher als unter der Nullhypothese der Unabhängigkeit. In diesem Beispiel wären wir demnach an Fall A der einseitigen Fragestellung interessiert. Es ist völlig ausreichend die Hypothesen auf eine einzige (relative) Häufigkeit zu beziehen, denn alle anderen Häufigkeiten sind durch die unveränderten Randhäufigkeiten eindeutig bestimmt.

Die Nullhypothese im Fall A wird verworfen, wenn $h_{11} \geq h_{1-\alpha}$, wobei $h_{1-\alpha}$ das entsprechende Quantil der Hypergeometrischen Verteilung ist.

Fisher-Test Testentscheidung
(kritische Werte sind Quantile der Hypergeometrischen Verteilung)

- Zweiseitiger Test: H_0 ablehnen, falls $h_{11} \leq h_{\alpha/2}$ oder $h_{11} \geq h_{1-\alpha/2}$

- Einseitiger Test, Fall A: H_0 ablehnen, falls $h_{11} \geq h_{1-\alpha}$

- Einseitiger Test, Fall B: H_0 ablehnen, falls $h_{11} \leq h_{\alpha}$

Beispiel 9.7. Einfluss von Strategietraining in SAS
Mit den SAS-Anweisungen aus Beispiel 9.5 wird automatisch auch der Fisher-Test durchgeführt. Der zweiseitige p-Wert beträgt 0.1172 und der einseitige p-Wert 0.0672. Damit kann kein (positiver) Trainingseffekt nachgewiesen werden.

Beispiel 9.8. Einfluss von Strategietraining in R
Die Daten müssen als Matrix eingegeben werden (analog zu Beispiel 9.4). Der zweiseitige bzw. einseitige Testaufruf lautet dann:

```
fisher.test(strategietraining)
fisher.test(strategietraining, alternative = "greater")
```

Der zweiseitige p-Wert beträgt 0.1172 und der einseitige p-Wert 0.06717. Damit kann kein (positiver) Trainingseffekt nachgewiesen werden.

9.4 Rangkorrelation nach Spearman

Zur Messung des Zusammenhanges zwischen zwei ordinalen Merkmalen werden den Ausprägungen aus der Urliste zuerst Rangzahlen zugeordnet. Vereinfachend gehen wir vorerst davon aus, dass keine Bindungen vorliegen, dass also die Zuordnung von Rängen in eindeutiger Weise möglich ist. Jede Erhebungseinheit weist somit zwei Ränge r_i und s_i hinsichtlich der beiden zu untersuchenden Merkmale auf. Als Kennzahl zur Berechnung des Zusammenhanges dient der Spearmansche Rangkorrelationskoeffizient.

Spearmansche Rangkorrelationskoeffizient ohne Bindungen

Der Spearmansche Rangkorrelationskoeffizient ρ_s wird berechnet mittels

$$\rho_s = 1 - \frac{6 \cdot \sum d_i^2}{n \cdot (n^2 - 1)}$$

$r_i, s_i \ldots$ Ränge
$d_i \quad \ldots$ Rangzahlendifferenz $r_i - s_i$ der i-ten Erhebungseinheit

Für die deskriptive Interpretation ist einerseits das Vorzeichen wichtig, andererseits der Betrag $|\rho_s|$. Aus dem Vorzeichen ist die Richtung des Zusammenhanges ablesbar. Ein gleichsinniger Zusammenhang (eine niedrige Rangziffer hinsichtlich des einen Merkmals geht einher mit einer niedrigen Rangziffer des anderen Merkmals) führt auf einen positiven Rangkorrelationskoeffizienten, ein gegensinniger Zusammenhang (eine niedrige Rangziffer hinsichtlich des einen Merkmals geht einher mit einer hohen Rangziffer des anderen Merkmals) ergibt einen negativen Rangkorrelationskoeffizienten. Sind die Merkmale unabhängig, so erhält man einen Korrelationskoeffizienten von 0. Aus dem Betrag ist die Stärke des Zusammenhanges ablesbar, denn umso stärker der Zusammenhang, desto näher liegt der Betrag bei 1.

Spearmansche Rangkorrelationskoeffizient

Es gilt $\quad -1 \leq \rho_s \leq 1$

Deskriptive Interpretation:
$\rho_s < 0$ gegensinniger Zusammenhang
$\rho_s = 0$ kein Zusammenhang
$\rho_s > 0$ gleichsinniger Zusammenhang
Je stärker der Zusammenhang, desto näher liegt $|\rho_s|$ bei 1.

Beispiel 9.9. Weinverkostung

Sechs Weine wurden von zwei Expertinnen nach ihrer Qualität geordnet.

Wein	A	B	C	D	E	F
Expertin 1	1	2	4	5	6	3
Expertin 2	1	3	4	6	5	2

Stimmen die Expertinnen in der Beurteilung weitgehend überein? Zur Beantwortung dieser Frage berechnen wir den Spearmanschen Rangkorrelationskoeffizienten.

Wein		A	B	C	D	E	F	Summe
Expertin 1	r_i	1	2	4	5	6	3	
Expertin 2	s_i	1	3	4	6	5	2	
	d_i	0	-1	0	-1	1	1	
	d_i^2	0	1	0	1	1	1	4

$$\rho_s = 1 - \frac{6 \cdot \sum d_i^2}{n \cdot (n^2 - 1)} = \rho_s = 1 - \frac{6 \cdot 4}{6 \cdot 35} = 0.886$$

Zwischen den beiden Reihungen besteht deskriptiv ein starker gleichsinniger Zusammenhang. Von einer Expertin als qualitativ hochwertig eingeschätzte Weine werden auch von der anderen Expertin als qualitativ hochwertig eingestuft, beide Expertinnen haben eine ähnliche Beurteilung der Stichproben.

Liegen Bindungen vor, ist also eine Zuordnung von Rängen nicht in eindeutiger Weise möglich, so muss zur Berechnung des Spearmanschen Rangkorrelationskoeffizienten eine etwas aufwändigere Formel herangezogen werden.

Spearmansche Rangkorrelationskoeffizient mit Bindungen

Der Spearmansche Rangkorrelationskoeffizient ρ_s berechnet sich bei n Rangpaaren nach

$$\rho_s = \frac{\sum\limits_i (r_i - \bar{r})(s_i - \bar{s})}{\sqrt{\sum\limits_i (r_i - \bar{r})^2 \sum\limits_i (s_i - \bar{s})^2}}$$

$r_i, s_i \dots$ (Durchschnitts-)Ränge, $i = 1, \dots, n$

$$\bar{r} = \bar{s} = \frac{1}{n} \sum_{i=1}^{n} r_i = \frac{1}{n} \sum_{i=1}^{n} i = \frac{n+1}{2} \dots \text{ mittlere Ränge}$$

Die Interpretation ist völlig analog zu dem Fall ohne Bindungen.

Weisen mehrere Erhebungseinheiten die gleiche Ausprägung auf, so werden Durchschnittsränge vergeben. Alle Erhebungseinheiten mit derselben Ausprägung erhalten somit denselben Rang, die Rangsumme über alle Erhebungseinheiten bleibt gleich.

Beispiel 9.10. Weinverkostung mit Bindungen
Sechs Weine wurden von zwei Expertinnen nach ihrer Qualität geordnet. Expertin 1 hat die Weine D und E gleich gut bewertet, aber beide Weine schlechter als alle anderen. Diese Weine wären demnach auf den Rängen 5 und 6, also erhalten beide Weine den Durchschnittsrang 5.5.

Wein	A	B	C	D	E	F
Expertin 1	1	2	4	5.5	5.5	3
Expertin 2	1	3	4	6	5	2

Stimmen die Expertinnen in der Beurteilung weitgehend überein? Zur Beantwortung dieser Frage berechnen wir den Spearmanschen Rangkorrelationskoeffizienten (für Merkmale mit Bindungen).

Mit $\bar{r} = \bar{s} = 3.5$ erhält man

$$\rho_s = \frac{16}{\sqrt{17 \cdot 17.5}} = 0.928$$

Zwischen den beiden Reihungen besteht deskriptiv ein starker gleichsinniger Zusammenhang. Von einer Expertin als qualitativ hoch eingeschätzte Weine werden auch von der zweiten Expertin tendenziell als qualitativ hochwertig eingestuft. Beide Expertinnen haben eine ähnliche Beurteilung der Weinqualität.

Nun soll der Spearmansche Rangkorrelationskoeffizient auf Signifikanz geprüft werden.

Spearmansche Rangkorrelation
Test Unabhängigkeit ordinaler Merkmale

- Zweiseitige Hypothesen
  $H_0 : \rho_S = 0$ (Unabhängigkeit)
  $H_1 : \rho_S \neq 0$ (Abhängigkeit)

- Einseitige Hypothesen, Fall A, positive Korrelation
  $H_0 : \rho_S = 0$ (Unabhängigkeit)
  $H_0 : \rho_S > 0$ (positive Korrelation)

- Einseitige Hypothesen, Fall B, negative Korrelation
  $H_0 : \rho_S = 0$ (Unabhängigkeit)
  $H_0 : \rho_S < 0$ (negative Korrelation)

Als Teststatistik dient die so genannte Hotelling-Pabst-Statistik

$$D = \sum_{i=1}^{n} d_i^2$$

Im Fall von Bindungen wird für die Berechnung der Teststatistik die Methode der Durchschnittsränge angewendet.

Für die Herleitung der Verteilung der Teststatistik gehen wir von der Nullhypothese aus (und dem Fall, dass keine Bindungen vorliegen). Durch Umreihen der Stichprobenwerte ($r_i = i$) ändert sich die Teststatistik nicht, lässt sich aber einfacher anschreiben:

$$D = \sum_{i=1}^{n}(i - S_i)^2 = \sum_{i=1}^{n} i^2 + \sum_{i=1}^{n} S_i^2 - 2\sum_{i=1}^{n} i\, S_i^2 = \frac{n(n+1)(2n+1)}{3} - 2\sum_{i=1}^{n} i\, S_i^2$$

Für die Verteilung der Teststatistik ist daher nur die Verteilung von $\sum i\, S_i^2$ ausschlaggebend. Diese könnte man jetzt über elementare Wahrscheinlichkeitsrechnung herleiten (Anzahl an Permutationen). In der Praxis greift man aber wegen des schnell anwachsenden Rechenaufwandes auf Tabellen mit kritischen Werten der Hotelling-Pabst-Statistik zurück.

Testentscheidung (Tabelle 11.18)

- Zweiseitiger Test: H_0 ablehnen, falls $D \leq d_{\alpha/2}$ oder $D \geq d_{1-\alpha/2}$
- Einseitiger Test, Fall A: H_0 ablehnen, falls $D \leq d_\alpha$
- Einseitiger Test, Fall B: H_0 ablehnen, falls $D \geq d_{1-\alpha}$

Beispiel 9.11. Weinverkostung Test
(Fortsetzung von Beispiel 9.9) Die Teststatistik in diesem Beispiel beträgt

$$D = \sum_{i=1}^{n} d_i^2 = 4$$

Beim einseitigen Test auf positive Korrelation (Fall A) der Urteile ist die Teststatistik mit dem Tabellenwert ($n = 6$) $d_\alpha = d_{0.05} \approx 8$ zu vergleichen. Da die Teststatistik kleiner als der kritische Wert ist, kann die Nullhypothese abgelehnt werden. Es konnte eine positive Korrelation der Urteile nachgewiesen werden.

Beispiel 9.12. Weinverkostung in SAS
Nach der Dateneingabe wird die Prozedur PROC CORR mit der Option SPEARMAN durchgeführt.

```
PROC CORR DATA=Wein SPEARMAN;
   VAR Expertin1 Expertin2;
RUN;
```

Es wird der Spearmansche Korrelationskoeffizient (0.88571) und der approximierte zweiseitige p-Wert ausgegeben (0.0188).

Beispiel 9.13. Weinverkostung in R

Die Daten werden als Vektoren eingegeben. In R kann einseitig und zweiseitig getestet werden:

```
Exp1 = c(1,2,4,5,6,3)
Exp2 = c(1,3,4,6,5,2)
cor.test(Exp1,Exp2,alternative="t",method="spearman")
cor.test(Exp1,Exp2,alternative="g",method="spearman")
```

Neben dem Korrelationskoeffizienten (0.8857143) und den p-Werten (einseitig p=0.01667, zweiseitig p=0.03333) wird in R auch die Hotelling-Pabst-Statistik ausgegeben (S=4).

9.5 Korrelationskoeffizient von Kendall

Eine andere Maßzahl zur Messung des Zusammenhanges zwischen zwei ordinalen Merkmalen ist der Korrelationskoeffizient von Kendall. Ausgangspunkt unserer Überlegung ist eine Stichprobe

$$(x_1, y_1), (x_2, y_2), \ldots, (x_n, y_n)$$

vom Umfang n mit (zumindest) ordinalem Skalenniveau.

Für die allgemeinen Überlegungen gehen wir vorerst von dem einfacheren Fall aus, dass keine Bindungen vorliegen. Als Einführungsbeispiel dienen die Angaben aus Beispiel 9.9: Sechs Weine wurden von zwei Expertinnen nach ihrer Qualität geordnet.

Wein	A	B	C	D	E	F
Expertin 1	1	2	4	5	6	3
Expertin 2	1	3	4	6	5	2

In obiger Notation lautet unsere Stichprobe

$$(1,1), (2,3), (4,4), (5,6), (6,5), (3,2)$$

Wählt man zwei beliebige Beobachtungen i, j aus der Stichprobe aus, so kann man feststellen, dass

K1) $x_i < x_j \Rightarrow y_i < y_j$

K2) $x_i > x_j \Rightarrow y_i > y_j$

Größer werdende x-Werte gehen mit größer werdenden y-Werten einher und kleiner werdende x-Werte weisen auch kleiner werdende y-Werte auf. Stichprobenpaare, welche diese beiden Eigenschaften erfüllen werden als **konkordante Paare** bezeichnet.

Als **diskordante Paare** bezeichnet man Paare, für welche die beiden folgenden Eigenschaften gelten:

D1) $x_i < x_j \Rightarrow y_i > y_j$

D2) $x_i > x_j \Rightarrow y_i < y_j$

Größer werdende x-Werte treten nun mit kleiner werdenden y-Werten auf und umgekehrt.

Da wir Bindungen ausgeschlossen haben, sind alle $\binom{n}{2}$ Paare entweder konkordant oder diskordant. Treten sehr viele konkordante Paare auf, so ist dies ein Hinweis auf eine positive Korrelation, diskordante Paare deuten hingegen auf eine negative Korrelation hin.

Korrelationskoeffizient von Kendall

$$\tau = \frac{n_k - n_d}{\binom{n}{2}}$$

mit

$n_k \ldots$ Anzahl der konkordanten Paare

$n_d \ldots$ Anzahl der diskordanten Paare

Im Fall einer perfekten positiven Korrelation ergibt sich $n_k = \binom{n}{2}, n_d = 0$ und somit $\tau = 1$, im Fall einer perfekten negativen Korrelation hingegen $n_d = \binom{n}{2}, n_k = 0$ und somit $\tau = -1$.

In unserem Beispiel der Weinverkostung gibt es nur zwei diskordante Paare: Das Paar B und F mit $(2, 3)$ und $(3, 2)$ und das Paar D und E mit $(5, 6)$ und $(6, 5)$. Damit kann der Korrelationskoeffizient berechnet werden als:

$$\tau = \frac{13 - 2}{15} \approx 0.733$$

Als Teststatistik dient allerdings eine andere Größe, nämlich Kendalls S:

$$S = n_k - n_d$$

damit lässt sich nun folgendes Testproblem formulieren:

Korrelation nach Kendall
Test Unabhängigkeit ordinaler Merkmale

- Zweiseitige Hypothesen
  $H_0 : \tau = 0$ (Unabhängigkeit)
  $H_1 : \tau \neq 0$ (Abhängigkeit)

- Einseitige Hypothesen, Fall A, positive Korrelation
  $H_0 : \tau = 0$ (Unabhängigkeit)
  $H_0 : \tau > 0$ (positive Korrelation)

- Einseitige Hypothesen, Fall B, negative Korrelation
  $H_0 : \tau = 0$ (Unabhängigkeit)
  $H_0 : \tau < 0$ (negative Korrelation)

Teststatistik
  $S = n_k - n_d$
  $n_k \ldots$ Anzahl der konkordanten Paare
  $n_d \ldots$ Anzahl der diskordanten Paare

Testentscheidung (Tabelle 11.19)

- Zweiseitiger Test: H_0 ablehnen, falls $S \leq s_{\alpha/2}$ oder $S \geq s_{1-\alpha/2}$
- Einseitiger Test, Fall A: H_0 ablehnen, falls $S \geq s_{1-\alpha}$
- Einseitiger Test, Fall B: H_0 ablehnen, falls $S \leq s_{\alpha}$

Aus Tabelle 11.19 entnehmen wir für unser Einführungsbeispiel $Pr(S \geq 11) = 0.028$, daher wird die Nullhypothese der Unabhängigkeit abgelehnt. Es kann eine positive Korrelation zwischen den Beurteilungen nachgewiesen werden.

Im Fall von Bindungen wird die Teststatistik nach wie vor über $S = n_k - n_d$ berechnet, allerdings summieren sich die beiden Werte n_k und n_d nicht mehr auf die Gesamtanzahl der Paare, weil es nun drei Arten von Paaren gibt: konkordante Paare, diskordante Paare und Bindungen. Für die Testentscheidung kann auch bei Bindungen Tabelle 11.19 verwendet werden, allerdings sind die p-Werte nicht mehr exakt, sondern nur noch approximiert.

Der Korrelationskoeffizient wird bei Bindungen korrigiert und kann folgendermaßen berechnet werden:

$$\tau = \frac{n_k - n_d}{\sqrt{(n-1)n/2 - T_x}\ \sqrt{(n-1)n/2 - T_y}}$$

mit

$$T_x = \frac{1}{2}\sum_{i=1}^{r_x}(b_i - 1)b_i \qquad \text{und} \qquad T_y = \frac{1}{2}\sum_{i=1}^{r_y}(c_i - 1)c_i$$

r_x ... Anzahl der Bindungsgruppen in x

b_i ... Anzahl der gebundenen Elemente der i-ten Bindungsgruppe in x

r_y ... Anzahl der Bindungsgruppen in y

c_i ... Anzahl der gebundenen Elemente der i-ten Bindungsgruppe in y

Beispiel 9.14. Weinverkostung mit Bindungen
(vgl. Beispiel 9.10, Seite 255) Sechs Weine wurden von zwei Expertinnen nach ihrer Qualität geordnet. Expertin 1 hat die Weine D und E gleich gut bewertet, aber beide Weine schlechter als alle anderen.

Wein	A	B	C	D	E	F
Expertin 1	1	2	4	5.5	5.5	3
Expertin 2	1	3	4	6	5	2

Von den 15 möglichen Paarkonstellationen gibt es ein diskordantes Paar (Weine B und F mit $(2,3)$ und $(3,2)$) und ein gebundenes Paar (Wein D und E mit $(5.5,6)$ und $(5.5,5)$), die restlichen 13 Paare sind alle konkordant. In y liegen keine Bindungen vor ($T_y = 0$). Bei den x-Werten gibt es eine Bindung ($r_x = 1$) mit 2 Elementen ($b_1 = 2$) und daher kann der Korrelationskoeffizient berechnet werden als ($n = 6$)

$$\tau = \frac{13 - 1}{\sqrt{(15-1)}\sqrt{(15-0)}} = 0.828$$

Die Verteilung von S bzw. τ nähert sich sehr rasch einer (Standard-)Normalverteilung, daher kann bereits ab einem Stichprobenumfang von $n \geq 8$ über die approximierte Standardnormalverteilung getestet werden. Es gilt:

$$E(S) = E(\tau) = 0$$

Liegen keine Bindungen vor, so gilt

$$Var(S) = \frac{n(n-1)(2n+5)}{18} \qquad \text{und} \qquad Var(\tau) = \frac{4n+10}{9n(n-1)}$$

und damit

$$S \sim N\left(0, \frac{n(n-1)(2n+5)}{18}\right)$$

$$\tau \sim N\left(0, \frac{4n+10}{9n(n-1)}\right)$$

Auch für den Fall mit Bindungen kann über die Standardnormalverteilung approximiert werden, allerdings muss die Varianz um die Bindungen korrigiert werden

$$Var(S) = \frac{(n^2-n)(2n+5) - \sum_{i=1}^{r_x}(b_i^2 - b_i)(2b_i + 5) - \sum_{i=1}^{r_y}(c_i^2 - c_i)(2c_i + 5)}{18} +$$

$$+ \frac{\sum_{i=1}^{r_x}(b_i^2 - b_i)(b_i - 2) \sum_{i=1}^{r_y}(c_i^2 - c_i)(c_i - 2)}{9n(n-1)(n-2)} +$$

$$+ \frac{\sum_{i=1}^{r_x}(b_i^2 - b_i) \sum_{i=1}^{r_y}(c_i^2 - c_i)}{2n(n-1)}$$

$$Var(\tau) = \left(\frac{2}{n(n-1)}\right)^2 Var(S)$$

Beispiel 9.15. Weinverkostung mit Bindungen in SAS
(vgl. dazu auch Beispiel 9.12) Nach der Dateneingabe wird die Prozedur PROC CORR mit der Option KENDALL durchgeführt.

```
PROC CORR DATA=Wein KENDALL;
   VAR Expertin1 Expertin2;
RUN;
```

Es wird der Korrelationskoeffizient nach Kendall (0.82808) und der approximierte zweiseitige p-Wert ausgegeben (0.0217).

Beispiel 9.16. Weinverkostung mit Bindungen in R
(vgl. dazu auch Beispiel 9.13) Die Daten werden wieder als Vektoren eingegeben. In R kann einseitig und zweiseitig getestet werden:

```
Exp1 = c(1,2,4,5.5,5.5,3)  # oder Exp1 = c(1,2,4,5,5,3)
Exp2 = c(1,3,4,6,5,2)
cor.test(Exp1,Exp2,alternative="t",method="kendall")
cor.test(Exp1,Exp2,alternative="g",method="kendall")
```

Neben dem Korrelationskoeffizienten nach Kendall (0.828) und den p-Werten (einseitig p=0.01086, zweiseitig p=0.02172) wird in R auch die standardisierte Hotelling-Pabst-Statistik ausgegeben:

$$Z = \frac{S}{\sqrt{Var(S)}} = \frac{12}{\sqrt{\frac{(36-6)(12+5)-(4-2)(4+5)-0}{18} + 0 + 0}} = \frac{12}{\sqrt{\frac{492}{18}}} \approx 2.295$$

9.6 Korrelationskoeffizient nach Bravais-Pearson

Zur Messung des Zusammenhanges zwischen zwei metrischen Merkmalen ist der Korrelationskoeffizient von Bravais-Pearson geeignet. Dieser wird kurz als Korrelationskoeffizient bezeichnet, falls aus dem Zusammenhang keine Verwechslung mit den Rangkorrelationskoeffizienten möglich ist.

Ausgangspunkt zur Berechnung bildet die **Kovarianz**, die - wie der Name bereits andeutet - ähnlich wie die Varianz aufgebaut ist. Der Unterschied liegt darin, dass zur Berechnung der Varianz nur ein Merkmal herangezogen wird, zur Berechnung der **Ko**-varianz aber zwei. Man kann sich die Kovarianz quasi als zweidimensionales Streuungsmaß vorstellen.

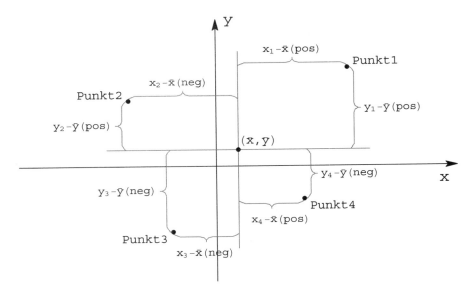

Abb. 9.1. Geometrische Darstellung der Kovarianz

Die geometrische Bedeutung der Kovarianz ist aus Abbildung 9.1 ersichtlich. Zu den zweidimensionalen Daten wird der Datenschwerpunkt berechnet, dessen Koordinaten die Mittelwerte der beiden Merkmale sind $(\bar{x}, \bar{y})$. Nun kann zwischen jedem einzelnen Datenpunkt und dem Schwerpunkt ein Rechteck konstruiert werden. Die Kovarianz ist dann nichts anderes als das arithmetische Mittel der Rechtecksflächen, wobei je nach Vorzeichen der Abweichungen diese Flächen auch mit negativem Vorzeichen in die Mittelwertsberechnung eingehen können. Die Flächen der Punkte 1 und 3 würden in die Berechnung der Kovarianz mit positivem Vorzeichen einfließen, die der Punkte 2 und 4 mit negativem Vorzeichen.

Kovarianz

Liegen zu den Merkmalen X und Y zweidimensionale, metrische Daten $(x_1, y_1), (x_2, y_2), \ldots, (x_n, y_n)$ vor, dann ist

$$s_{XY} = \frac{1}{n} \cdot \sum_{i=1}^{n} (x_i - \bar{x}) \cdot (y_i - \bar{y})$$

$$= \frac{1}{n} \cdot \sum_{i=1}^{n} x_i \cdot y_i - \bar{x} \cdot \bar{y}$$

die Kovarianz zwischen den Merkmalen X und Y.

Es gilt $-\infty \leq s_{XY} \leq +\infty$

Aus der Kovarianz können folgende Informationen abgelesen werden:

- Sind die Merkmale X und Y unabhängig, so ist die Kovarianz gleich Null.

- Ein gegensinniger Zusammenhang zwischen den Merkmalen X und Y führt zu einem negativen Vorzeichen, ein gleichsinniger Zusammenhang führt zu einem positiven Vorzeichen.

Die Stärke des Zusammenhanges kann aus der Kovarianz nicht abgelesen werden. Diese lässt sich durch die Berechnung des Korrelationskoeffizienten ermitteln.

Bravais-Pearson-Korrelationskoeffizient

Der Korrelationskoeffizient zur Messung des **linearen** Zusammenhanges zwischen X und Y ist

$$\rho = \frac{s_{XY}}{s_X \cdot s_Y}$$

mit

s_X ... Standardabweichung des Merkmals X
s_Y ... Standardabweichung des Merkmals Y
s_{XY} ... Kovarianz der Merkmale X und Y

Bravais-Pearson-Korrelationskoeffizient

Es gilt $-1 \leq \rho \leq +1$

Deskriptive Interpretation
$\rho < 0$ gegensinniger linearer Zusammenhang
$\rho = 0$ kein linearer Zusammenhang
$\rho > 0$ gleichsinniger linearer Zusammenhang

Je stärker der lineare Zusammenhang, desto näher liegt $|\rho|$ bei 1.

Besonders wichtig ist der Hinweis darauf, dass der Korrelationskoeffizient lediglich den *linearen* Zusammenhang misst. Würden alle Datenpunkte exakt auf einer Geraden liegen, so wäre $|\rho| = 1$. Je näher die Daten an einer Geraden liegen, desto näher liegt der Betrag von ρ bei eins. Ein positives Vorzeichen deutet auf eine steigende Gerade, ein negatives Vorzeichen auf eine fallende Gerade (vgl. grafische Darstellungen in Kapitel 9.7). Je schwächer der lineare Zusammenhang, desto näher liegt der Korrelationskoeffizient bei 0 und je stärker der lineare Zusammenhang, desto näher liegt er bei -1 oder 1.

Beispiel 9.17. Schlafverhalten
Eine Kinderpsychologin will überprüfen, ob sich sportliche Aktivität positiv auf die Schlafdauer von Kindern auswirkt. Es werden neun Kinder gleichen Alters zufällig ausgewählt und ihre Schlafphasen (in h) gemessen. Außerdem wird beobachtet, wie viel Sport das Kind betrieben hat (ebenfalls in h). Es ergeben sich folgende Daten:

Kind	1	2	3	4	5	6	7	8	9
Sport	1.1	0.8	1.3	0.3	1.0	0.9	0.7	1.2	0.2
Schlafdauer	7.9	7.6	8.1	7.6	7.9	7.5	7.5	7.7	7.0

Nach Berechnung der Hilfsgrößen $\bar{x} = 0.83$, $\bar{y} = 7.64$, $s_X^2 = 0.129$ und $s_Y^2 = 0.089$ erhält man

$$s_{XY} = \frac{1}{9}(1.1 \cdot 7.9 + \ldots + 0.2 \cdot 7.0) - 0.83 \cdot 7.64 = 0.087$$

$$\rho = \frac{s_{XY}}{s_X \cdot s_Y} = \frac{0.087}{\sqrt{0.129}\sqrt{0.089}} = 0.815$$

Man findet deskriptiv einen starken gleichsinnigen linearen Zusammenhang zwischen Sportdauer und Schlafdauer. Das bedeutet je mehr Sport das Kind betreibt, desto höher ist die Schlafdauer (in der Stichprobe).

Das folgende Beispiel soll illustrieren, dass der Korrelationskoeffizient als Maßzahl ausschließlich für lineare Zusammenhänge geeignet ist.

Beispiel 9.18. Quadratischer Zusammenhang
Für die Merkmale X und Y wurden folgende Messwerte erhoben:

Messung	1	2	3	4	5	6	7	8	9
Merkmal X	-4	-3	-2	-1	0	1	2	3	4
Merkmal Y	16	9	4	1	0	1	4	9	16

Aus der Datentabelle ist ersichtlich, dass die Merkmale X und Y einen funktionalen Zusammenhang besitzen, denn es gilt $Y = X^2$.
Die Berechnung des Korrelationskoeffizienten erfolgt über $\bar{x} = 0$, $\bar{y} = 6.67$, $s_X^2 = 6.667$ und $s_Y^2 = 34.222$ und man erhält

$$s_{XY} = \frac{1}{9}(-4 \cdot 16 + \ldots + 4 \cdot 16) - 0.00 \cdot 6.67 = 0$$

$$\rho = \frac{s_{XY}}{s_X \cdot s_Y} = \frac{0}{\sqrt{6.667}\sqrt{34.222}} = 0$$

Obwohl also ein exakter quadratischer Zusammenhang zwischen den Merkmalen besteht, kann der Korrelationskoeffizient diesen nicht entdecken, weil dieser eben nur lineare Zusammenhänge messen kann. Zwischen den Merkmalen X und Y gibt es keinen linearen Zusammenhang.

Korrelation nach Bravais-Pearson
Test Unabhängigkeit metrischer Merkmale

Voraussetzungen

- metrische oder dichotome Merkmale
- Beide Merkmale annähernd normalverteilt
- Linearer Zusammenhang zwischen den Merkmalen

Hypothesen

- Zweiseitige Hypothesen
  $H_0 : \rho = 0$ (Unabhängigkeit)
  $H_1 : \rho \neq 0$ (Abhängigkeit)

- Einseitige Hypothesen, Fall A, positive (lineare) Korrelation
  $H_0 : \rho = 0$ (Unabhängigkeit)
  $H_1 : \rho > 0$ (positive (lineare) Korrelation)

- Einseitige Hypothesen, Fall B, negative (lineare) Korrelation
  $H_0 : \rho = 0$ (Unabhängigkeit)
  $H_1 : \rho < 0$ (negative (lineare) Korrelation)

Teststatistik

$$t = r \frac{\sqrt{n-2}}{\sqrt{1-r^2}}$$

Testentscheidung (Tabelle 11.2)

- Zweiseitiger Test: H_0 ablehnen, falls $t \leq t_{n-2,\alpha/2}$ oder $S \geq t_{n-2,1-\alpha/2}$
- Einseitiger Test, Fall A: H_0 ablehnen, falls $t \geq t_{n-2,1-\alpha}$
- Einseitiger Test, Fall B: H_0 ablehnen, falls $t \leq t_{n-2,\alpha}$

Wie aus den Voraussetzungen ersichtlich, ist der Test der Korrelation nach Bravais-Pearson ein parametrischer Test (Voraussetzung der Normalverteilung für beide Merkmale). Auch die Voraussetzung eines linearen Zusammenhanges ist zu beachten, weil der Korrelationskoeffizient alle anderen Arten von Zusammenhängen (z.B. quadratische) unterschätzt und daher in diesen Fällen als Maßzahl ungeeignet ist. Bei Verletzung der Voraussetzungen sollte jedenfalls auf die ordinalen Korrelationskoeffizienten (Spearman, Kendall) zurückgegriffen werden.

9.7 Grafische Darstellung zweier metrischer Merkmale

Zweidimensionale metrische Merkmale lassen sich sehr gut in Streudiagrammen darstellen, dazu wird jedem Datenpunkt ein Punkt in einem Koordinatensystem zugeordnet. Oft ist schon an den Streudiagrammen erkennbar, ob die Daten einen linearen Zusammenhang aufweisen.

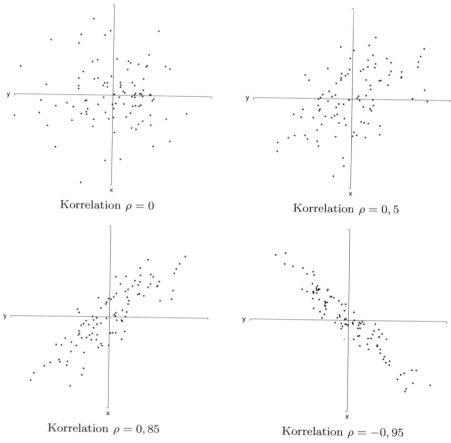

Abb. 9.2. Streudiagramme verschiedener Korrelationen

Unkorrelierte Daten ($\rho = 0$) verursachen Streudiagramme, in denen die Datenpunkte relativ unsystematisch angeordnet sind. Je näher der Betrag von ρ bei 1 liegt, desto besser ist der lineare Zusammenhang zwischen den Merkmalen ausgeprägt und die Punktewolke weist ein ellipsenförmiges Bild auf. Diese

Ellipse wird mit steigendem Betrag von ρ immer schmäler, bis die Punkte für $|\rho| = 1$ exakt auf einer Geraden liegen.

Streudiagramm

Ein Streudiagramm ist eine grafische Darstellung eines zweidimensionalen metrischen Merkmals. Dabei wird jeder Erhebungseinheit der zugehörige Datenpunkt in einem Koordinatensystem zugeordnet. Streudiagramme erleichtern das Auffinden von Zusammenhängen.

Daneben lässt sich aus einem Streudiagramm auch die Richtung des Zusammenhanges ablesen. Bei einem gleichsinnigen Zusammenhang muss die Punktewolke bzw. die Gerade ansteigend sein, bei einem gegensinnigen Zusammenhang ist die Punktewolke bzw. die Gerade fallend.

9.8 Korrelation und Kausalität

Bei den einzelnen Maßzahlen zur Berechnung des Zusammenhanges ist zu beachten, dass aus der Kennzahl selbst nicht abgelesen werden kann, was Ursache und was Wirkung ist. Es ist nicht einmal sicher, ob es überhaupt eine Ursache-Wirkungsbeziehung zwischen den beiden Merkmalen gibt.

In der Statistik unterscheidet man zwischen einer statistischen Korrelation und einem kausalen Zusammenhang. Kennzahlen können nur messen, ob die Daten eine statistische Korrelation aufweisen, aber niemals, ob es auch tatsächlich einen kausalen Zusammenhang gibt. Kausale Zusammenhänge sind generell nicht durch eine Berechnung zu finden, hier hilft nur Sachkompetenz und Hausverstand.

Weisen Daten eine statistische Korrelation auf, für die es keine inhaltliche Rechtfertigung gibt, dann spricht man von einer Scheinkorrelation. Als klassisches Beispiel wird meist die starke positive Korrelation zwischen der Anzahl an Störchen und der Geburtenzahl angeführt. Das folgende Beispiel zeigt einen ähnlichen Fall:

Beispiel 9.19. Scheinkorrelation
In fünf aufeinander folgenden Jahren entwickelten sich die Anzahl der gemeldeten Aidsfälle und die Anzahl der Mobiltelefon-BenutzerInnen (in Tausend) in der Schweiz gemäß nachstehender Tabelle: (Quellen: www.bakom.ch und www.bag.admin.ch)

Jahr	1995	1996	1997	1998	1999
Aidsfälle	736	542	565	422	262
Mobiltelefon-BenutzerInnen (Tsd.)	447	663	1044	1699	3058

Die Berechnung des Korrelationskoeffizienten führt auf $\rho = -0.94$, und verweist damit auf eine starke gegensinnige Korrelation zwischen Aidsfällen und Anzahl der HandynutzerInnen. Mit dem kausalen Zusammenhang ist es etwas schwieriger, denn Mobiltelefone dürften wohl kaum als neues Mittel gegen Aids verwendbar sein. Die Variable Zeit spielt uns hier einen bösen Streich, denn diese hat sowohl die Zahl der Aidsfälle beeinflusst, als auch die Zahl der Mobiltelefon-BenutzerInnen.

Beispiel 9.20. (Schein-)korrelation in SAS
Wir verwenden die Daten aus Beispiel 9.19, um die Berechnung des Korrelationskoeffizienten nach Bravais-Pearson in SAS zu zeigen. Die Syntax zur Berechnung und zur Erstellung eines Streudiagrammes lautet:

```
DATA Korrelation;
    INPUT Aids Handy;
    DATALINES;
    736 447
    542 663
    565 1044
    422 1699
    262 3058
    ;
RUN;
PROC CORR DATA = Korrelation;
    VAR Aids Handy;
    RUN;
PROC GPLOT;
        PLOT Aids*Handy;
RUN;
```

Neben dem Korrelationskoeffizienten (-0.94026) wird auch der zweiseitige p-Wert ausgegeben (0.0174). Die Signifikanz ändert allerdings nichts an der Feststellung, dass diese Korrelation nur eine Scheinkorrelation ist.

Beispiel 9.21. (Schein-)korrelation in R
In R wird mit folgender Syntax der zweiseitige und einseitige Test auf Korrelation nach Bravais-Pearson durchgeführt und das Streudiagramm erstellt.

```
Aids = c(736,542,565,422,262)
Handy = c(447,663,1044,1699,3058)
```

```
cor.test(Aids,Handy,alternative="two.sided",method="pearson")
cor.test(Aids,Handy,alternative="less",method="pearson")
plot(Handy, Aids)
```

Neben dem Korrelationskoeffizienten (-0.9402642) und den p-Werten (einseitig 0.008684, zweiseitig 0.01737) wird auch der Wert der Teststatistik ausgegeben (t=-4.7837) und ein Konfidenzintervall für den Korrelationskoeffizienten.

Scheinkorrelationen werden meist durch eine zusätzliche Einflussgröße verursacht, die in der Berechnung der Korrelation nicht berücksichtigt wurde. Im Beispiel 9.19 wurde beispielsweise die Einflussgröße Zeit nicht beachtet, ein Fehler, der übrigens sehr oft vorkommt.

Bleibt ein entscheidendes Merkmal unberücksichtigt, kann auch der umgekehrte Effekt auftreten, dass statistisch keine Korrelation feststellbar ist, obwohl ein Zusammenhang existiert, wenn ein weiteres Merkmal berücksichtigt wird. In diesem Fall spricht man in der Statistik von verdeckten Korrelationen.

Korrelation und Kausalität

- Scheinkorrelation: statistische Korrelation bei fehlendem direkten Zusammenhang
- Verdeckte Korrelationen: Zusammenhang bei fehlender statistischer Korrelation

Die Ursache liegt bei weiteren, nicht berücksichtigten Merkmalen.

9.9 Tipps und Tricks

In diesem Kapitel wurden Maßzahlen zur Messung des Zusammenhangs beschrieben, die bei zwei Merkmalen gleichen Skalenniveaus verwendet werden können. In der Praxis kommen oft unterschiedliche Skalenniveaus, z.B. Geschlecht (nominal) und höchste abgeschlossene Schulbildung (ordinal) vor. Es gibt zwar spezielle Maßzahlen für solche Fälle, aber es hilft auch folgende Überlegung: Aufgrund der hierarchischen Anordnung der Skalenniveaus sind für ein bestimmtes Niveau auch alle Verfahren zulässig, die im darunter liegenden Niveau zulässig sind. Ein ordinales Merkmal darf also als nominales Merkmal behandelt werden, daher kann man den Zusammenhang zwischen Geschlecht und höchster abgeschlossener Schulbildung mit dem Assoziationsmaß χ^2 messen und testen.

Übungsaufgaben

Aufgabe 9.1. Interesse an Sportübertragung

In einer Lehrveranstaltung wurden die dort anwesenden Studierenden gefragt, ob sie sich für Sportübertragungen im TV interessieren. Die 240 befragten Personen verteilten sich folgendermaßen auf dem zweidimensionalen Merkmal Geschlecht und Interesse.

	Interesse	kein Interesse	Summe
männlich	60	30	90
weiblich	70	80	150
Summe	130	110	240

Gibt es einen Zusammenhang zwischen Geschlecht und Interesse an Sportübertragungen ($\alpha = 0.05$)?

Aufgabe 9.2. Körpergröße und Gewicht

Bei einer Stichprobe von 10 Personen wurden Körpergröße K und Gewicht G gemessen:

Person	1	2	3	4	5	6	7	8	9	10
K	175	175	184	180	173	173	184	179	168	183
G	75	73	74	82	77	70	88	68	60	82

Gibt es einen Zusammenhang zwischen Körpergröße und Gewicht ($\alpha = 0.05$)?

Aufgabe 9.3. Lehrveranstaltung

Eine Lehrveranstaltungsleiterin hat beim Betrachten der Ergebnisse ihrer Übung festgestellt, dass die beste Klausur von der Studentin mit dem besten hinterlassenen Eindruck in der Übung und die schlechteste Klausur von jener mit dem schlechtesten Eindruck geschrieben wurde. Sie vermutet deshalb einen Zusammenhang zwischen den Rangfolgen bei der Klausur und ihren persönlichen Eindrücken:

Studierende	A	B	C	D	E	F	G
Rang Klausur	1	6	7	5	2	4	3
Rang Eindruck	1	2	7	3	4	5	6

Gibt es einen Zusammenhang zwischen Eindruck und tatsächlicher Klausurleistung ($\alpha = 0.05$)?

Aufgabe 9.4. Abfahrtslauf

An einem Abfahrtslauf nahmen 8 Personen (A-H) teil. In der nachfolgenden Tabelle sind die Ergebnisse dargestellt.

Name	Startnummer	Zeit (in min.sec.)
A	5	1.58.90
B	8	2.01.34
C	7	2.00.30
D	1	1.59.60
E	6	2.00.14
F	2	2.00.41
G	3	1.59.62
H	4	1.57.48

Gibt es einen signifikanten Zusammenhang zwischen Startnummer und Ergebnis ($\alpha = 0.05$)?

Aufgabe 9.5. Freude an der Schule

Bei einer Befragung von insgesamt 3220 Kindern ergab eine Auswertung nach dem zweidimensionalen Merkmal Geschlecht und Freude an der Schule folgende Verteilung.

	große Freude	geringe Freude	Summe
männlich	1224	226	1450
weiblich	1674	96	1770
Summe	2898	322	3220

Kann ein Zusammenhang zwischen den Merkmalen Geschlecht und Freude an der Schule in der Grundgesamtheit nachgewiesen werden?

10

Nichtparametrische Dichteschätzung und Regression

Gewisse Eigenschaften einer Verteilung wie Symmetrie, Ein- bzw. Mehrgipfeligkeit, Ausreißerneigung und starke Schiefe sind an der Wahrscheinlichkeitsdichte leichter erkennbar als an der Verteilungsfunktion. Deshalb widmet sich dieses Kapitel im ersten Teil der Aufgabe, aus gegebenen Daten die Dichtefunktion f zu schätzen, ohne eine Annahme über eine zugrunde liegende Verteilungsfamilie zu treffen.

Im zweiten Teil des Kapitels werden einfache Methoden der nichtparametrischen Regression vorgestellt.

10.1 Nichtparametrische Dichteschätzung

Nichtparametrische Dichteschätzung erfolgt normalerweise nur lokal, d.h. man sucht eine gute Annäherung für die Dichtefunktion f an der Stelle x. Das älteste und wohl auch bekannteste Verfahren zur Dichteschätzung ist das Histogramm. Neuere Methoden beruhen auf Kerndichteschätzern, Splines, Fourierreihen oder auf dem Maximum-Likelihood-Prinzip, wobei sich die Ausführungen in diesem Buch auf die Methode der Kerndichteschätzer beschränken.

10.1.1 Das Histogramm

Eine gängige Möglichkeit, um einen ersten Überblick über eine Datenverteilung zu erhalten, ist das Zeichnen eines Histogramms.

Histogramm

Beim Histogramm werden auf der horizontalen Achse die Merkmalsausprägungen aufgetragen. Die Flächen der Rechtecke über der Achse
repräsentieren die relativen Häufigkeiten bzw. Wahrscheinlichkeiten.

Beispiel 10.1. Histogramm

In der Datei alter.txt[1] ist das Alter (in Jahren) von 3500 Personen aufgezeichnet. Um einen ersten Überblick über diese Daten zu bekommen, wird ein
Histogramm erstellt. Der zugehörige SAS-Code lautet:

```
PROC IMPORT DATAFILE='C:\alle Pfadangaben\alter.txt'
    OUT=alter; GETNAMES = yes;
RUN;
PROC UNIVARIATE DATA = alter;
    VAR jahre;
    HISTOGRAM jahre / VSCALE = PROPORTION;
RUN;
```

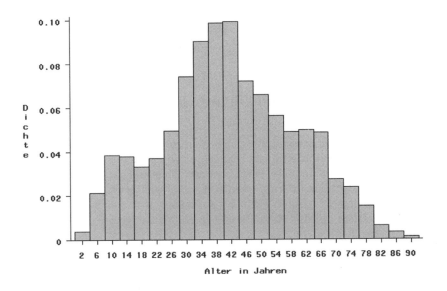

Abb. 10.1. Histogramm der Altersverteilung in SAS

---

[1] Die Datei kann von der Homepage der Autorin heruntergeladen werden:
http://www.ifas.jku.at/personal/duller/duller.htm

In R kann das Histogramm mit folgender Anweisung erstellt werden:

```
alter = read.table("C:/Pfad/alter.txt",header=TRUE)
hist(alter$jahre, freq = FALSE,
    main = "Histogramm der Altersdaten in R",
    ylab = "Dichte", xlab = "Alter in Jahren",
    col = "grey")
axis(1, at = seq(0,100,10))
```

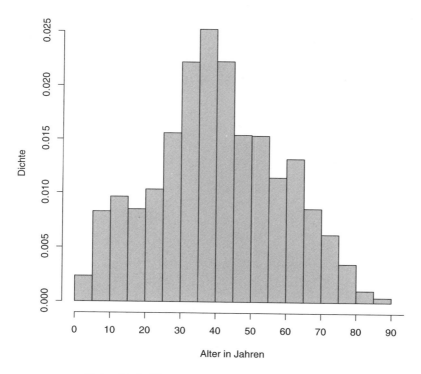

Abb. 10.2. Histogramm der Altersverteilung in R

Wird keine Angabe über die Intervallbreite gemacht, wählt SAS für diese Daten eine Intervallbreite von 4 und R eine Intervallbreite von 5 Jahren. Die Wahl vernünftiger Klassen bzw. Intervalle bleibt aber prinzipiell den AnwenderInnen überlassen. Die Intervallbreiten müssen nicht notwendigerweise gleich groß sein, Histogramme mit unterschiedlichen Intervallbreiten können aber nur in R erzeugt werden.

Beispiel 10.2. Histogramm mit verschieden breiten Intervallen
Die Altersdaten werden nun in folgende Klassen unterteilt ($k = 6$):

Intervall i	Alter $c_{i-1} < x \leq c_i$	rel. Häufigkeit p_i	Intervallbreite d_i	Dichte $f_i = p_i/d_i$
1	$0 < x \leq 15$	0.101	15	0.007
2	$15 < x \leq 30$	0.172	15	0.011
3	$30 < x \leq 40$	0.237	10	0.024
4	$40 < x \leq 50$	0.189	10	0.019
5	$50 < x \leq 60$	0.134	10	0.013
6	$60 < x \leq 90$	0.166	30	0.006

Der Programmcode ist folgendermaßen abzuändern:

```
hist(alter$jahre,breaks=c(0,15,30,40,50,60,90),freq=FALSE)
```

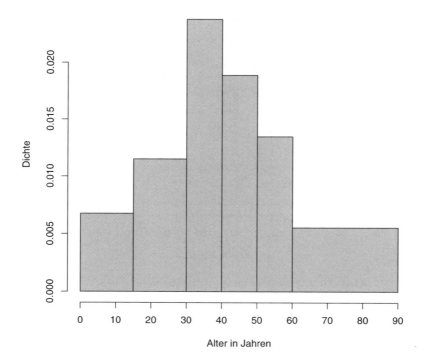

Abb. 10.3. Histogramm in R mit unterschiedlichen Intervallbreiten

Tipp: Wählt man in R die Option `plot = FALSE`, dann erhält man Information über die Häufigkeiten in den Klassen.

```
hist(alter$jahre, breaks = c(0,15,30,40,50,60,90),
                   plot = FALSE)
```

Die Flächen der Rechtecke über den Intervallen entsprechen den relativen Häufigkeiten. Deshalb ist die Höhe dieser Rechtecke (Dichte) gleich der relativen Häufigkeit dividiert durch die Intervallbreite (siehe obiges Beispiel).

Sei n die Anzahl aller Beobachtungen und n_i die Anzahl der Beobachtungen, welche in die Klasse $(c_{i-1}, c_i]$ fallen. Bezeichne weiters f_i die Höhe des Rechtecks über dem Intervall $(c_{i-1}, c_i]$. Dann kann diese Höhe folgendermaßen berechnet werden:

$$f_i = \frac{\dfrac{n_i}{n}}{c_i - c_{i-1}} = \frac{n_i}{n(c_i - c_{i-1})}$$

Fasst man diese Höhe als Funktion auf, die jedem x auf der horizontalen Achse einen Wert $f(x)$ zuordnet, dann erhält man einen ersten Schätzer für die Dichte:

$$\hat{f}_{HIST}(x) = \sum_{i=1}^{k} \frac{n_i}{n(c_i - c_{i-1})} I_{(c_{i-1}, c_i]}(x)$$

Dabei ist $I_{(c_{i-1}, c_i]}(x)$ eine Indikatorfunktion mit

$$I_{(c_{i-1}, c_i]}(x) = \begin{cases} 1 & \text{wenn } x \in (c_{i-1}, c_i] \\ 0 & \text{sonst} \end{cases}$$

Wie man aus der Abbildung 10.4 gut erkennen kann, hat ein Histogramm folgende Eigenschaften:

Eigenschaften des Histogramms

- $\hat{f}_{HIST}(x) \geq 0$ für alle x
- Die Fläche zwischen der horizontalen Achse und der Funktion $\hat{f}_{HIST}(x)$ summiert sich auf 1.

Dies sind genau jene zwei Eigenschaften, die auch von einer Wahrscheinlichkeitsdichte verlangt werden, daher kann das Histogramm als Wahrscheinlichkeitsdichte interpretiert werden.

Das Histogramm approximiert die Dichte stückweise durch eine horizontale Linie. Das bedeutet aber, dass das Histogramm in der Regel lokal verzerrt ist. Ein weiteres Problem ist, dass Wahrscheinlichkeitsdichten meist glatte Kurven sind. Das Histogramm ist aber nur stückweise stetig. Eine Alternative bieten Kerndichteschätzer, die wir im folgenden Abschnitt betrachten wollen.

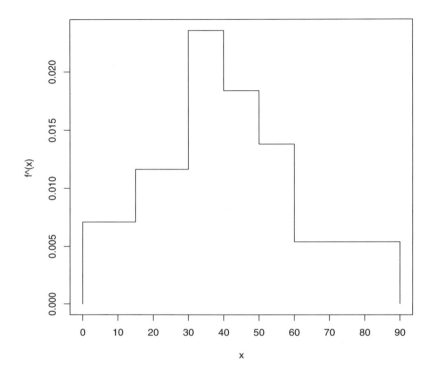

Abb. 10.4. Histogrammschätzer für Altersdaten

10.1.2 Kerndichteschätzer

Man kann die Dichte an der Stelle x auch durch den zentralen Differenzenquotienten der Verteilungsfunktion darstellen, falls die Verteilungsfunktion F in x differenzierbar ist. Es ergibt sich der Schätzer von Rosenblatt:

$$f(x) = \lim_{h \to 0} \frac{F(x+h) - F(x-h)}{2h}$$

Man kann dies auch als Histogramm mit Schrittweite 2h betrachten oder als Kerndichteschätzung mit einem Rechteckskern, wie später noch zu sehen ist.

Die approximierte Dichte des Histogramms bei gleichen Intervallbreiten h kann angeschrieben werden als:

$$\hat{f}_{h,HIST}(x) = \frac{1}{nh} \sum_{i=1}^{k} n_i I_{(c_{i-1},c_i]}(x)$$

Beim Histogramm wird die Dichte durch Rechtecke approximiert, deren Höhe die approximierten Werte angeben und deren Breite der Schrittweite h entsprechen. Danach summiert man alle Flächeninhalte der Rechtecke auf und normiert sie.

Nun ersetzen wir die einzelnen Rechtecke (die Summanden) durch eine allgemeine **Kernfunktion K**():

$$\hat{f}_{h,K}(x) = \frac{1}{nh} \sum_{i=1}^{n} K\left(\frac{x - X_i}{h}\right)$$

Wobei auch hier gelten muss:

$$\int_{-\infty}^{\infty} K(x)\, dx = 1 \qquad K(x) \geq 0$$

Die Schrittweite h wird in diesem allgemeineren Fall als **Bandbreite** bezeichnet und ist frei zu wählen ($h > 0$).

Als Funktion K kann man nun eigentlich jede beliebige Funktion einsetzen, welche die Bedingungen der Normiertheit und der Nichtnegativität erfüllt. In Praxis gibt es jedoch nur einige wenige Funktionen, die sich als Kern K durchgesetzt haben. Dies insbesondere auch deswegen, weil man meist noch andere Anforderungen an diese Kernfunktionen stellt:

Eigenschaften von Kernfunktionen

- $K(x) = K(-x)$ (Symmetrie um Null)
- $\arg\max K(x) = 0$ (Maximum bei $x = 0$)
- $\int K(x)\, dx = 1$ (Normiertheit)
- $K(x) \geq 0$ (Nichtnegativität)

Rechteckskern

$$K(x) = \begin{cases} \frac{1}{2} & \text{für } |x| \leq 1 \\ 0 & \text{sonst} \end{cases}$$

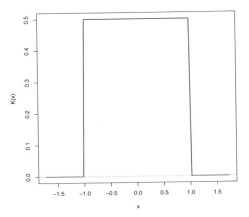

Abb. 10.5. Rechteckskern

Dreieckskern

$$K(x) = \begin{cases} 1 - |x| & \text{für } |x| < 1 \\ 0 & \text{sonst} \end{cases}$$

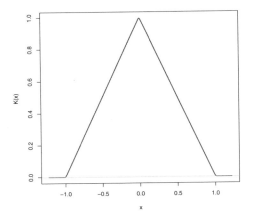

Abb. 10.6. Dreieckskern

Epanechnikov-Kern

$$K(x) = \begin{cases} \frac{3}{4}(1 - x^2) & \text{für } |x| < 1 \\ 0 & \text{sonst} \end{cases}$$

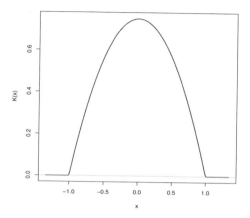

Abb. 10.7. Epanechnikov-Kern

Biweight-Kern

$$K(x) = \begin{cases} \frac{15}{16}(1 - x^2)^2 & \text{für } |x| < 1 \\ 0 & \text{sonst} \end{cases}$$

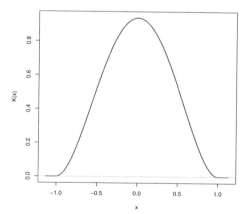

Abb. 10.8. Biweight-Kern

Normal- oder Gauß-Kern

$$K(x) = \frac{1}{\sqrt{2\pi}} \exp\left(-\frac{1}{2}x^2\right)$$

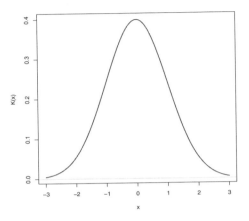

Abb. 10.9. Gauß-Kern

Wie man bereits an den Grafiken sieht, haben alle Kerne bis auf den Letzten einen lokalen Träger, d.h. sie sind nur auf einem definierten Bereich (in diesen Fällen im Intervall $]-1, 1[$) ungleich null. Der Gauß-Kern als Kern der Normalverteilung ist jedoch von $-\infty$ bis ∞ ungleich null.

Beispiel 10.3. Kerndichteschätzer in R
In der Datei `precip` sind durchschnittliche Regenmengen in Zoll ($=$ inch) aus US-Bundesstaaten aufgezeichnet. Es soll die Dichte der Regenmenge mit verschiedenen Kernfunktionen geschätzt werden. Die letzte Anweisung exportiert den Datensatz als Textfile, um den Datensatz für die Verarbeitung in SAS zur Verfügung zu haben.

```
plot(density(precip, bw = 1, kernel = "gaussian"))
plot(density(precip, bw = 1, kernel = "rectangular"))
plot(density(precip, bw = 1, kernel = "triangular"))
plot(density(precip, bw = 1, kernel = "epanechnikov"))
plot(density(precip, bw = 1, kernel = "biweight"))
write.table(precip, file="C:/Pfadangabe/precip.txt")
```

`plot(density())` plottet die geschätzte Dichte des Datensatzes `precip` mit Bandbreite 1 und der jeweiligen Kernfunktion.

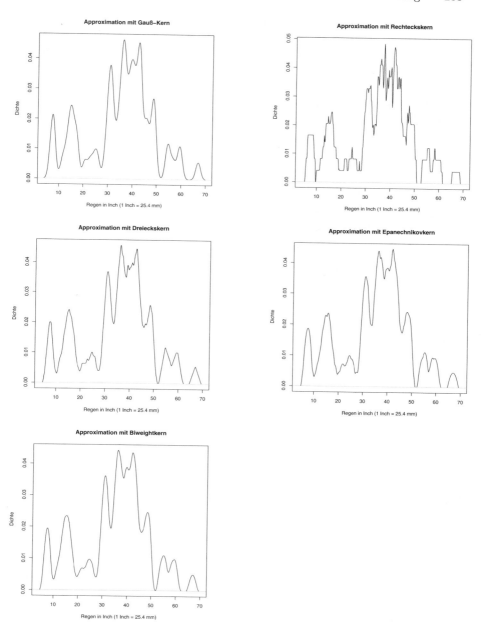

Abb. 10.10. Approximation der Regenfalldaten mit verschiedenen Kerndichten

Beispiel 10.4. Kerndichteschätzer in SAS
(vgl. Beispiel 10.3) Die Dichte der Regenmengen über die verschiedenen Staaten soll nun in SAS geschätzt werden. Wir verwenden den Dreieckskern und den Gauß-Kern.

```
PROC UNIVARIATE DATA = Precip;
HISTOGRAM Regenmenge / KERNEL(k = triangular COLOR = red)
                       MIDPOINTS = 0 to 70 by 1
                       NOFRAME CFILL = LTGRAY
                       VSCALE = PROPORTION;
RUN;


PROC UNIVARIATE DATA = Precip;
HISTOGRAM Regenmenge / KERNEL(k = normal COLOR = red)
                       MIDPOINTS = 0 to 70 by 1
                       NOFRAME CFILL = LTGRAY
                       VSCALE = PROPORTION;
RUN;
```

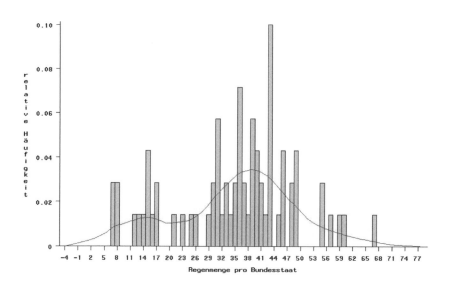

Abb. 10.11. Approximation der Regenfalldaten mit Dreieckskern

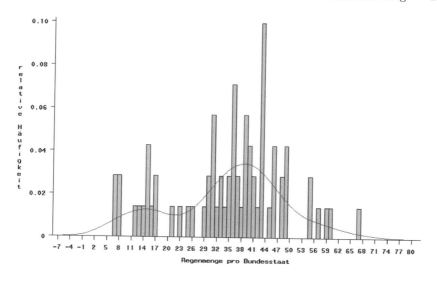

Abb. 10.12. Approximation der Regenfalldaten mit Gauß-Kern

10.1.3 Eigenschaften von Kerndichteschätzer

Auch an Kerndichteschätzer stellt man die Forderung der Unverzerrtheit. Über die Minimierung der Varianz versucht man zudem, einen konsistenten Schätzer zu erhalten. Als Maß der Abweichung zwischen tatsächlicher und geschätzter Dichte verwendet man deren mittlere quadratische Abweichung (mean square error, MSE). Der MSE ist jene Größe, die es bei Approximationen zu minimieren gilt (man verwendet die Abweichungsquadrate, da die Abweichungen vorzeichenbehaftet sind und sich daher aufheben könnten).

Mean Square Error, MSE

Der MSE ist die mittlere quadrierte Abweichung des Schätzers von der wahren Dichte:

$$MSE(\hat{f}_h) := E\left[\left(\hat{f}_h(x) - f(x)\right)^2\right]$$

Eine Umformulierung führt auf folgende Beziehung:

$$MSE(\hat{f}_h) = E\left[\left(\hat{f}_h(x) - f(x)\right)^2\right] =$$

$$= Var\left[\hat{f}_h(x)\right] + E\left[\hat{f}_h(x) - f(x)\right]^2 =$$

$$= Var\left[\hat{f}_h(x)\right] + \left[Bias\left(\hat{f}_h(x)\right)\right]^2$$

Damit ist der MSE einerseits ein Maß für die Varianz, andererseits aber auch ein Maß für die Verzerrung. Im Beispiel des Histogramms erhält man als MSE

$$MSE(\hat{f}_{h,HIST}) = Var\left[\hat{f}_{h,HIST}\right] + \left[Bias\left(\hat{f}_{h,HIST}\right)\right]^2 =$$

$$= \frac{1}{nh}f_{h,HIST}(x) - \frac{1}{n}f_{h,HIST}^2(x) + [f_{h,HIST}(x) - f(x)]^2$$

mit

$$f_{h,HIST}(x) = \frac{1}{h}\int\limits_{x_0+jh}^{x_0+(j+1)h} f(t)\,dt$$

Für $h \to 0$ wird die Verzerrung (= der Bias) klein, aber die Varianz groß. Die Varianz wird andererseits für großen Stichprobenumfang n kleiner. Insgesamt kann der MSE beliebig klein gemacht werden, wenn die Bandbreite h klein genug und der Stichprobenumfang groß genug gewählt wird ($h \to 0$ und $nh \to \infty$).

Damit schätzt das Histogramm die Dichte konsistent im quadratischen Mittel.

Um auch globale Aussagen über die Approximationseigenschaft des Schätzers zu erhalten, verwendet man statt des MSEs den $IMSE$ (integrated mean square error), der wie folgt definiert ist:

Integrated Mean Square Error, IMSE

Der $IMSE$ ist die integrierte mittlere quadrierte Abweichung des Schätzers von der wahren Dichte:

$$IMSE(\hat{f}_h) := \int\limits_{-\infty}^{\infty} MSE(\hat{f}_h(x))\,dx$$

In vielen Arbeiten wurde diskutiert, welche Kernfunktion nun dieses Integral minimiert und am effizientesten ist. Das Resultat dieser Optimierung ist der Epanechnikov-Kern, aber die anderen oben erwähnten Kernfunktionen liefern ebenso sehr gute Effizienzresultate. Die konkrete Wahl des Kerns ist damit nicht so entscheidend (es sind viele Kerne fast optimal), wichtig ist allerdings die Symmetrie und Unimodalität der Kernfunktion. Da die oben erwähnten Kerne diese Anforderungen erfüllen, können damit durchwegs gute Resultate bei den Effizienztests erzielt werden.

Meistens sollen Dichten stetiger Verteilungen geschätzt werden, deren Dichten stetig und hinreichend glatt sein sollen. Aus Abbildung 10.10 (Seite 283) ist erkennbar, dass das Histogramm (der Rechteckskern) diese Anforderung nur unzureichend erfüllt.

10.1.4 Wahl der optimalen Bandbreite

Nachdem wir grundlegenden Fragen bezüglich Eigenschaften und Wahl des Kerns behandelt haben, wollen wir uns der optimalen Bandbreite h_{opt} zuwenden und hoffen hier durch unterschiedliche Wahl der Intervallbreite bessere Ergebnisse zu erzielen. In diesem Abschnitt wollen wir nur symmetrische, univariate Kerne behandeln, da im vorherigen Abschnitt bereits erwähnt wurde, dass viele davon fast optimal sind. Daher gilt

$$\int\limits_{-\infty}^{\infty} xK(x)\mathrm{d}x = \mu = 0$$

und weiters definieren wir

$$\sigma^2 = \int\limits_{-\infty}^{\infty} x^2 K(x)\mathrm{d}x$$

Mit Hilfe der Berechnung des Bias und der Varianz und deren Minimierung kann man h_{opt} herleiten:

$$Bias(\hat{f}_h(x)) = \frac{h^2}{2}f''(x) \int\limits_{-\infty}^{\infty} u^2 K(u)\, du$$

$$Var(\hat{f}_h(x)) = \frac{f(x)}{nh} \int\limits_{-\infty}^{\infty} K(u)^2\, du$$

$$\Rightarrow h_{opt} = \left(\frac{\int\limits_{-\infty}^{\infty} K(u)^2\, du}{n\sigma^2 \int\limits_{-\infty}^{\infty} f''(u)\, du} \right)^{\frac{1}{5}}$$

Das Problem bei dieser Formel für h_{opt} ist, dass man zur Berechnung eine Dichte benötigt, die zweimal differenzierbar, d.h. einmal stetig differenzierbar, ist. Diese Forderung würde viele Dichten ausschließen, die man approximieren möchte. Das Ziel der Kerndichteschätzung ist es jedoch, beliebige Dichten zu approximieren. In unserem Fall heißt das, dass wir möglicherweise eine Dichte haben, die nicht stetig oder nur stückweise stetig ist. Es gibt jedoch auch eine Möglichkeit eine obere Schranke für die optimale Bandbreite anzugeben.

$$h_{opt} \leq 1.473\ \sigma \left(\frac{\int\limits_{-\infty}^{\infty} K(u)^2\, du}{n\sigma^4} \right)^{\frac{1}{5}}$$

Die unbekannte Standardabweichung wird durch den Schätzer s ersetzt und man erhält eine obere Schranke für die Bandbreite, die eine maximal mögliche Glättung (maximal smoothing principle) anstrebt.

$$h_{ms} = 1.473\ s \left(\frac{\int\limits_{-\infty}^{\infty} K(u)^2\, du}{n\sigma^4} \right)^{\frac{1}{5}}$$

Für den Gauß-Kern ergibt sich als Approximation für die optimale Bandbreite h die **Silvermans Daumenregel**:

$$h_{opt,s} = 1.06\ s\ n^{-\frac{1}{5}}$$

Alternativ dazu kann auch

$$h_{opt,IQR} = 0.79\ (x_{0.75} - x_{0.25})\ n^{-\frac{1}{5}}$$

verwendet werden.

Eine andere Methode zur Festlegung der Bandbreite h bietet die so genannte Methode der Kreuzvalidierung, deren Idee anhand der Likelihood-Kreuzvalidierung vorgestellt werden soll. Ausgangspunkt sind Stichproben-funktionen, die für jede Beobachtung x_i aus der Stichprobe berechnet werden:

$$f_{h,i}(x_i) = \frac{1}{(n-1)h} \sum_{i \neq j}^{N} K\left(\frac{x_i - x_j}{h} \right)$$

Die daraus resultierende Likelihood-Funktion wird maximiert und liefert so einen Schätzer für die optimale Bandbreite:

$$L(h|x) = \prod_{j=1}^{n} \frac{1}{nh} \sum_{i=1}^{n} K\left(\frac{x_i - x_j}{h}\right)$$

$$\hat{h} = \arg\max \hat{L}(h|x)$$

Man erreicht damit für großen Stichprobenumfang n die optimale Bandbreite h_{opt} sehr genau, jedoch nur mit großem Aufwand.

Beispiel 10.5. Optimale Bandbreite
(vgl. Beispiel 10.3) In Abbildung 10.10 wurden unterschiedliche Kerndichteschätzer mit Bandbreite $h = 1$ dargestellt. Jetzt wollen wir den Gauß-Kern verwenden und uns die Auswirkungen unterschiedlicher Bandbreiten ansehen.

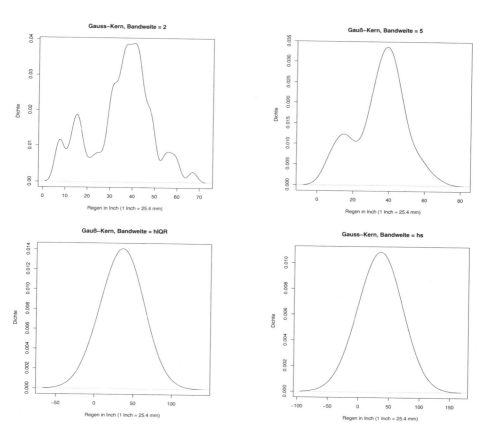

Abb. 10.13. Approximation der Regenfalldaten mit Gauß-Kernen

Als Bandbreiten verwenden wir $h = 2$ (links oben), $h = 5$ (rechts oben), $h_{opt,IQR} = 0.79 \left(x_{0.75} - x_{0.25}\right) n^{-\frac{1}{5}} \approx 24.76$ (links unten) und im letzten Bild $h_{opt,s} = 1.06 \; s \; n^{-\frac{1}{5}} \approx 33.98$ (rechts unten). Die gleichen Bandbreiten werden nun auch für den Epanechnikov-Kern verwendet:

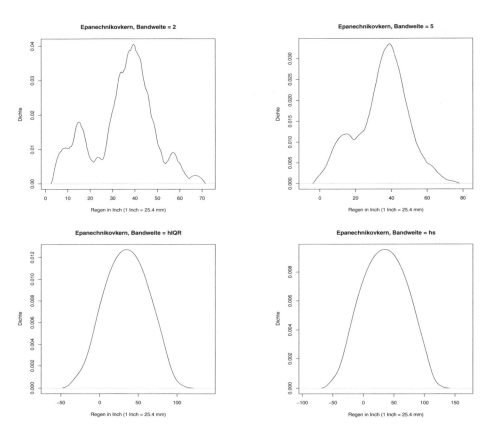

Abb. 10.14. Approximation der Regenfalldaten mit Epanechnikov-Kernen

Aus den Darstellungen ist gut erkennbar, wie durch steigende Bandbreite die geschätzte Dichte immer glatter wird. Der Unterschied zwischen den berechneten Bandbreiten $h_{opt,IQR}$ und $h_{opt,s}$ ist nur sehr gering und im Fall der optimalen Bandbreite ist auch der Unterschied zwischen Gauß-Kern und Epanechnikov-Kern nur noch gering.

Ausblick und Literaturhinweise

Um die Verzerrung (den Bias) zu reduzieren, kann man auch Kerndichteschätzer höherer Ordnung definieren, indem man vorschreibt, dass zusätzlich

$$\int u^j K(u)du = 0 \qquad \text{für } 1 \le j \le r-1$$

gilt, wobei r die Ordnung der Kernfunktion ist, die man erreichen will.

Neben Kerndichteschätzern kann man auch Splines verwenden, wobei Splines Interpolationsfunktionen sind, die sich stückweise aus Polynomen niedrigen Grades zusammensetzen und nur einen lokalen Träger besitzen. Dabei bedeutet der Begriff lokaler Träger, dass die Funktion nur auf einem endlichen Teilintervall definiert ist.

In der Literatur werden auch die Fouriertransformationen zum Glätten von Funktionen verwendet, diese besitzen jedoch keine lokalen Träger, was wiederum zu Komplikationen führen kann.

Da dieses Buch lediglich die Grundidee zum Thema Dichteschätzung vermitteln sollte, sei an dieser Stelle auf weiterführende Literatur verwiesen: Devroye, L. (1987), Devroye, L. und Györfi, (1985), Eubank, R.L. (1999), Nadaraya, E.A. (1989), Prakasa, R. und Bhagavatula (1983), Silverman, B.W. (1998), Rosenblatt, M. (1956), Hodges, J.L. und Lehmann (1956), Scott, D.W. und Factor (1981), Terrell, G.R. (1990) und Härdle, W. (1991).

10.2 Nichtparametrische Regression

In der Regressionsanalyse soll der Zusammenhang zwischen einer metrischen Zielvariable und einer oder mehreren Einflussvariablen modelliert werden. Die Zielvariable soll auf die Einflussvariablen „regressiert" (= zurückgeführt) werden.

Zur Einführung in die nichtparametrische Regressionsanalyse wird in diesem Abschnitt nur der Zusammenhang zwischen zwei Variablen X und Y untersucht. Dazu wird eine Stichprobe $(x_1, y_1), (x_2, y_2), \ldots, (x_n, y_n)$ erhoben. Aus diesen Beobachtungen möchte man den unbekannten Zusammenhang zwischen diesen beiden Variablen schätzen.

Ein allgemeines Regressionsmodell lässt sich folgendermaßen darstellen:

Allgemeines Regressionsmodell

$$y_i = m(x_i) + \varepsilon_i \qquad i = 1, \dots, n$$

- $m(\cdot)$ repräsentiert den unbekannten zu schätzenden funktionalen Zusammenhang zwischen den beiden Variablen X und Y
- ε_i stellt die Abweichung der Beobachtung y_i von der Regressionsfunktion $m(x_i)$ dar (Fehler)
- Die Funktion $m(x_i)$ soll so geschätzt werden, dass die Summe der quadrierten Abweichungen ε_i^2 möglichst gering wird

---

In vielen Anwendungsfällen vermutet man einen linearen Zusammenhang zwischen den Variablen X und Y, daher befassen wir uns zunächst mit diesem (einfacheren) Modell. In Abschnitt 10.2.3 wird das Modell der nichtlinearen Regression vorgestellt.

10.2.1 Lineare Regression - Kleinst-Quadrat-Schätzung

Für unser einfaches Modell mit nur zwei Variablen ist es sinnvoll, sich mit Hilfe eines Streudiagrammes einen ersten Überblick über die Daten zu verschaffen.

Beispiel 10.6. Streudiagramm für Körpergewicht und Blutdruck
In der Datei `Blutdruckdaten.txt`[2] sind die Variablen Körpergewicht und Blutdruck von 24 Personen gespeichert. Es wird ein linearer Zusammenhang zwischen diesen beiden Variablen vermutet. Zur besseren Übersicht über die Datensituation wird ein Streudiagramm erstellt:

SAS-Code:

```
PROC IMPORT DATAFILE='C:\Pfadangaben\blutdruckdaten.txt'
   OUT=Blutdruckdaten;
   GETNAMES = yes;
RUN;
PROC GPLOT Data = Blutdruckdaten;
   PLOT Blutdruck*Gewicht /HAXIS = AXIS1 VAXIS = AXIS2;
RUN;
```

---

[2] Die Datei kann von der Homepage der Autorin heruntergeladen werden: http://www.ifas.jku.at/personal/duller/duller.htm

R-Code:

```
Blutdruckdaten = read.table(
+    "C:/Pfadangaben/blutdruckdaten.txt",header =TRUE)
plot(Blutdruckdaten$Gewicht, Blutdruckdaten$Blutdruck,
+ main="Streudiagramm für Körpergewicht und Blutdruck in R",
+ xlab="Körpergewicht in kg",
+ ylab="systolischer Blutdruck in mmHg")
```

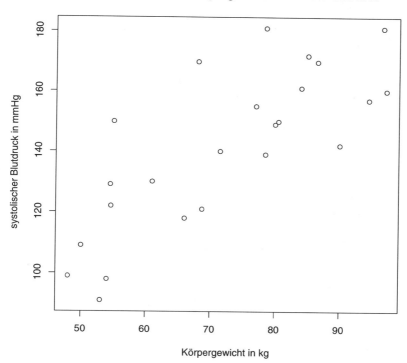

Abb. 10.15. Streudiagramm (in R)

Das Streudiagramm unterstützt die Vermutung eines linearen Zusammenhangs zwischen Körpergewicht und Blutdruck.

Im Falle eines linearen Zusammenhanges zwischen den Variablen X und Y vereinfacht sich das Regressionsmodell zu folgender Geradengleichung:

Lineares Regressionsmodell

$$y_i = \gamma + \beta x_i + \varepsilon_i \qquad i = 1, \ldots, n$$

- y_i entspricht der i-ten Beobachtung der abhängigen Variable·(Zielvariable) und soll durch eine Funktion von x_i modelliert werden
- x_i stellt die Beobachtung der erklärenden Variable dar
- γ ist der konstante Achsenabschnitt der gesuchten Regressionsgerade (y-Achse)
- β ist die Steigung der Regressionsgerade
- ε_i beschreibt die (vertikale) Abweichung von y_i von der Regressionsgerade. Die ε_i sind zufällig, unabhängig, genügen der gleichen Verteilung, haben eine konstante Streuung und Erwartungswert 0.

Wir stehen nun vor der Aufgabe die Steigung β und den Achsenabschnitt γ aus der Stichprobe $(x_1, y_1), (x_2, y_2), \ldots, (x_n, y_n)$ zu schätzen.

Die bekannteste Möglichkeit ist die Methode der kleinsten Quadrate. Dabei wird die Fehlerquadratsumme

$$Q(\gamma, \beta) = \sum_{i=1}^{n} \varepsilon_i^2 = \sum_{i=1}^{n} (y_i - (\gamma + \beta x_i))^2$$

minimiert. Zur Berechnung des Minimums wird die Fehlerquadratsumme einmal nach γ und einmal nach β partiell differenziert. Die differenzierten Funktionen werden gleich Null gesetzt und nach γ und β aufgelöst.

$$\frac{\partial Q}{\partial \gamma} = \frac{\sum_{i=1}^{n}(\partial(y_i - (\gamma + \beta x_i))^2)}{\partial \gamma} = \sum_{i=1}^{n}(2(y_i - (\gamma + \beta x_i))(-1)) \overset{!}{=} 0$$

$$\frac{\partial Q}{\partial \beta} = \frac{\sum_{i=1}^{n}(\partial(y_i - (\gamma + \beta x_i))^2)}{\partial \beta} = \sum_{i=1}^{n}(2(y_i - (\gamma + \beta x_i))(-x_i)) \overset{!}{=} 0$$

Nach einigen Umformungen (vor allem bei der Berechnung der Steigung) erhält man folgendes Resultat:

Kleinst-Quadrat-Schätzer im linearen Regressionsmodell

$$\hat{\beta}_{KQ} = \frac{\sum\limits_{i=1}^{n} (x_i - \bar{x})(y_i - \bar{y})}{\sum\limits_{i=1}^{n} (x_i - \bar{x})^2} = \frac{Cov(x, y)}{Var(x)}$$

$$\hat{\gamma}_{KQ} = \bar{y} - \hat{\beta}_{KQ}\bar{x}$$

Beispiel 10.7. Schätzung der Regressionsgerade in SAS
(Fortsetzung von Beispiel 10.6) Unser Ziel ist eine Gerade so durch die Punkt-
wolke zu legen, sodass die Summe der quadrierten vertikalen Abstände zur
Geraden minimal wird.

In SAS rechnet z.B. die Prozedur PROC REG die Kleinst-Quadrat-Schätzer für
die lineare Regression aus.

```
PROC REG DATA = Blutdruckdaten;
 MODEL Blutdruck = Gewicht;
 PLOT Blutdruck*Gewicht;
RUN;
```

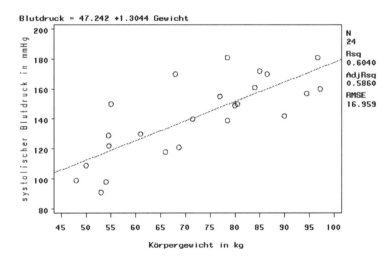

Abb. 10.16. Lineare Regression in SAS

In SAS wird direkt oberhalb der Grafik die geschätzte Regressionsgerade angegeben. In unserem Fall lautet diese:

$$Y = 47.242 + 1.3044 \cdot X \quad \Rightarrow \quad Blutdruck = 47.242 + 1.3044 \cdot Gewicht$$

Beispiel 10.8. Schätzung der Regressionsgerade in R
In R rechnet die Prozedur lm() die Kleinst-Quadrat-Schätzer für die lineare Regression aus.

```
plot(Blutdruckdaten$Gewicht, Blutdruckdaten$Blutdruck)
linreg = lm(Blutdruckdaten$Blutdruck ~ Blutdruckdaten$Gewicht)
abline(linreg)
coefficients(linreg)
fitted.values(linreg)
residuals(linreg)
sum(residuals(linreg)^2)
summary(linreg)
```

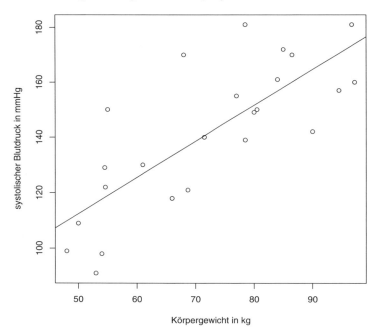

Abb. 10.17. Lineare Regression in R

Die Koeffizienten der Regressionsgerade $\hat{\gamma}_{KQ}$, $\hat{\beta}_{KQ}$ erhält man mit `summary()` oder `coefficients()`.

$$Y = 47.2419 + 1.3044 \cdot X \quad \Rightarrow \quad Blutdruck = 47.2419 + 1.3044 \cdot Gewicht$$

Mit `residuals()` erhält man die Residuen (Abweichungen zwischen beobachteter und geschätzter Zielvariable) und mit `sum(residuals()^2)` die Summe der quadrierten Fehler. Die Anweisung `summary` erzeugt eine Zusammenfassung über die wichtigsten Kenngrößen der Regression, mit `fitted.values` werden die geschätzten Werte der Zielvariable ausgegeben. Mit `abline()` wird die Regressionsgerade im Streudiagramm eingezeichnet.

Die Kleinst-Quadrat-Schätzung kann ohne Verteilungsannahme durchgeführt werden, die ausgegebenen p-Werte basieren allerdings auf Verteilungsannahmen. Wir wollen daher hier noch eine explizit nichtparametrische Methode zur Schätzung der Steigung der Regressionsgerade anführen, und zwar das Verfahren von Theil.

10.2.2 Lineare Regression - Verfahren von Theil

Die Stichprobe $(x_1, y_1), (x_2, y_2), \ldots, (x_n, y_n)$ bildet auch hier den Ausgangspunkt der Betrachtung, allerdings werden die Stichprobenelemente entsprechend den Beobachtungen x_i aufsteigend geordnet. Dann wird der Datensatz in eine untere und eine obere Hälfte der Länge m unterteilt. Ist die Anzahl n der Stichprobenelemente ungerade, dann wird das mittlere Element aus der Stichprobe entfernt. Danach wird das erste Element aus der unteren Hälfte (x_1, y_1) mit dem ersten Element aus der oberen Hälfte (x_{m+1}, y_{m+1}) verbunden, das zweite Element der unteren Hälfte (x_2, y_2) mit dem zweiten Element der oberen Hälfte (x_{m+2}, y_{m+2}) und so weiter, bis schließlich das letzte Element aus der unteren Hälfte (x_m, y_m) mit dem letzten Element der oberen Hälfte (x_n, y_n) verbunden wird.

In Abbildung 10.18 ist diese Vorgehensweise für die Blutdruckdaten grafisch dargestellt.

Von diesen m Geraden werden die Steigungen H_i ermittelt:

$$H_i = \frac{y_i - y_{i+m}}{x_i - x_{i+m}} \qquad i = 1, \ldots, m$$

Als Schätzer für die Steigung β der Regressionsgerade wird bei diesem Verfahren der Median der Steigungen herangezogen. Setzt man in die obige Gleichung der Steigung statt y_i das Regressionsmodell $y_i = \gamma + \beta x_i$ ein, so erhält man:

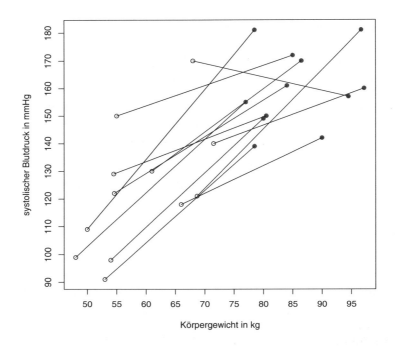

Abb. 10.18. Verfahren von Theil

$$H_i = \frac{y_i - y_{i+m}}{x_i - x_{i+m}} = \qquad (i = 1, \ldots, m)$$

$$= \frac{\beta(x_i - x_{i+m}) + (\varepsilon_i - \varepsilon_{i+m})}{x_i - x_{i+m}} =$$

$$= \beta + \frac{\varepsilon_i - \varepsilon_{i+m}}{x_i - x_{i+m}}$$

Der Median von $\varepsilon_i - \varepsilon_{i+m}$ ist gleich Null. Dies beruht auf der Annahme der Unabhängigkeit und der identischen Verteilung der ε_i. Daraus folgt, dass unter der Voraussetzung eines linearen Regressionsmodells der Median der Steigungen β sein muss.

In Abbildung 10.19 sind die 12 Steigungen der Blutdruckdaten im Ursprung dargestellt. Die dickere strichlierte Gerade repräsentiert den Median dieser Steigungen.

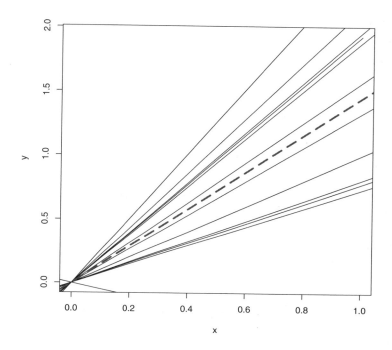

Abb. 10.19. Verfahren von Theil - Median der Steigungen

Analog zum Abschnitt 4.6 können nun Konfidenzintervalle für β gebildet werden oder Hypothesen über die Steigung (H_0: $\beta = \beta_0$) getestet werden.

Beispiel 10.9. Verfahren von Theil in R
(vgl. Beispiel 10.6) In einem ersten Schritt muss die Stichprobe aufsteigend nach Gewicht sortiert werden.

```
o = order(Blutdruckdaten$Gewicht)
blutdruckSort = cbind(blutdruckdaten$gewicht[o],
                    blutdruckdaten$blutdruck[o])
blutdruckSort
```

blutdruckSort ist nun eine (24 x 2)-Matrix. Nun werden die 12 Steigungen H_i und deren Median berechnet:

```
steigungen = (blutdruckSort[13:24,2]-blutdruckSort[1:12,2])
            /(blutdruckSort[13:24,1]-blutdruckSort[1:12,1])
steigungen
median(steigungen)
```

Der Schätzer für die Steigung β der Regressionsgerade nach dem Verfahren von Theil ist der Median dieser 12 Steigungen: $\hat{\beta}_{TH} = 1.4476$. Der Kleinst-Quadrat-Schätzer lieferte für die Steigung 1.3044.

Verfahren von Theil

- Aufsteigendes Sortieren der Daten nach den x-Beobachtungen

- Sortierte Daten in zwei Hälften aufteilen (wenn n ungerade, mittleres Element entfernen)

- Verbinden der Punkte aus der unteren Hälfte mit den entsprechenden Punkten aus der oberen Hälfte

- Berechnung der Steigungen dieser Verbindungsstrecken:
  $$H_i = \frac{y_i - y_{i+m}}{x_i - x_{i+m}} \qquad i = 1, \ldots, m$$

- Schätzer für die Steigung der Regressionsgerade ist der Median dieser Steigungen $\hat{\beta}_{TH} = Median(H_i)$

Theil hat dieses Verfahren noch verbessert, in dem er jeden Punkt aus der Stichprobe mit jedem anderen Punkt verbindet (siehe Abbildung 10.20). Durch diese Vorgehensweise wird mehr Information aus den Beobachtungen ausgeschöpft.

Von diesen $\binom{n}{2}$ Verbindungsstrecken werden die Steigungen H_{ij} berechnet:

$$H_{ij} = \frac{y_i - y_j}{x_i - x_j} \qquad i < j$$

Der Median dieser Steigungen ist der Schätzer $\hat{\beta}_{TH2}$ für die Steigung der Regressionsgerade. In Abbildung 10.21 werden die Steigungen als Geraden durch den Ursprung dargestellt, die weiße strichlierte Gerade ist der Median der Steigungen.

Verbessertes Verfahren von Theil

- Verbinden jeden Datenpunktes mit jedem anderen Punkt

- Berechnung der Steigungen dieser Verbindungsstrecken:
  $$H_{ij} = \frac{y_i - y_j}{x_i - x_j} \qquad i < j$$

- Schätzer für die Steigung der Regressionsgerade ist der Median dieser Steigungen $\hat{\beta}_{TH2} = Median(H_{ij})$

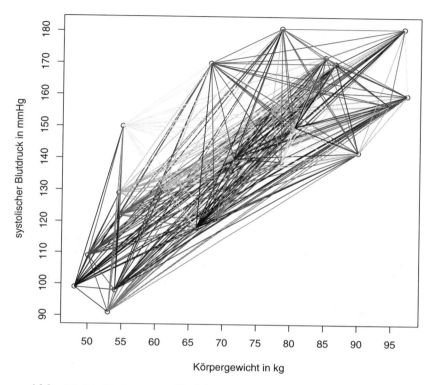

Abb. 10.20. Verbessertes Verfahren von Theil - Verbinden aller Punkte

Bei diesem verbesserten Verfahren von Theil wird als Schätzer für die Steigung der Regressionsgerade $\hat{\beta}_{TH2} = 1.3734$ berechnet (im Vergleich: Kleinst-Quadrat-Schätzer $\hat{\beta}_{KQS} = 1.3044$ und Theil $\hat{\beta}_{TH} = 1.4476$).

Auch mit diesem Schätzer kann die Hypothese H_0: $\beta = \beta_0$ getestet werden. Dazu betrachtet man die Abweichungen d_i zwischen dem unter der Nullhypothese erwarteten Wert $\beta_0 x_i$ und dem tatsächlich beobachteten Wert y_i.

$$d_i = y_i - \beta_0 x_i$$

Nun werden die Differenzen von je zwei Punkten i und j miteinander verglichen:

$$D_{ij} = \begin{cases} 1 & \text{für } d_j > d_i \\ -1 & \text{für } d_j < d_i \end{cases}$$

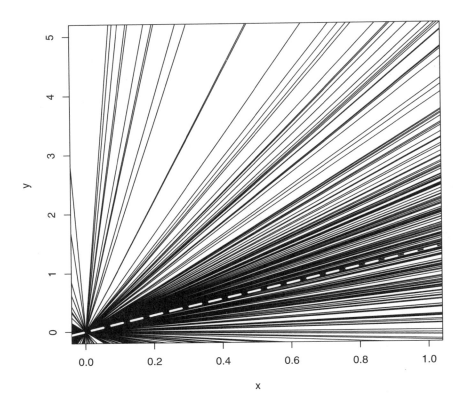

Abb. 10.21. Verfahren von Theil

Als Teststatistik wird

$$C = \sum_{i < j} D_{ij}$$

verwendet.

Diese Teststatistik kann als Kendalls S aufgefasst werden und daher auch über den Vergleich der Teststatistik mit den zugehörigen Quantilen getestet werden (vgl. Abschnitt 9.5).

Die Nullhypothese H_0: $\beta = \beta_0$ wird abgelehnt, wenn $C \geq S_{1-\alpha/2}$ oder $C \leq -S_{1-\alpha/2}$ (kritische Werte in Tabelle 11.19).

Die im verbesserten Verfahren von Theil berechneten Steigungen werden nun auch zur Schätzung des Ordinatenabschnittes γ verwendet. Für sämtliche $\binom{n}{2}$ Geraden aus dem Verfahren von Theil, für die eine Steigung H_{ij} berechnet wurde, wird nun der Ordinatenabschnitt G_{ij} berechnet:

$$\gamma = y_i - \beta x_i$$

$$G_{ij} = y_i - H_{ij}x_i \qquad\qquad i < j, x_i \neq x_j$$

$$= y_i - \frac{y_i - y_j}{x_i - x_j}x_i$$

$$= \frac{x_i y_j - x_j y_i}{x_i - x_j}$$

Als Schätzer für γ kann jetzt wieder der Median der G_{ij} herangezogen werden:

$$\hat{\gamma}_M = Median(G_{ij})$$

Eine alternative Möglichkeit zur Schätzung der Steigung schlagen Randles, R.H. und Wolfe (1979) vor:

$$\hat{\gamma}_{RW} = \frac{\sum_{i<j} G_{ij}}{\binom{n}{2}}$$

Dieser Schätzer entspricht dem Mittelwert der Steigungen, falls keine Beobachtungen x_i mehrfach auftreten.

Es gibt auch noch andere Möglichkeiten der Schätzung, aber zu den einzelnen Schätzern leider keine einfachen Testmöglichkeiten.

Schätzer für Ordinatenabschnitt

- Berechnung der Ordinatenabschnitte aus den Steigungen:
  $$G_{ij} = \frac{x_i y_j - x_j y_i}{x_i - x_j} \qquad i < j$$

- Schätzer für den Ordinatenabschnitt der Regressionsgerade ist der Median dieser Abschnitte $\hat{\gamma}_{TH2} = Median(G_{ij})$

In Abbildung 10.22 werden nun drei Regressionsgeraden für die Blutdruckdaten verglichen:

1. Gerade mit Kleinst-Quadrat-Schätzern für Steigung und Ordinatenabschnitt (strichliert).

2. Gerade mit Schätzer für die Steigung nach dem verbesserten Verfahren von Theil und dem Medianschätzer für den Ordinatenabschnitt (durchgezogen).

3. Gerade mit Schätzer für die Steigung nach dem verbesserten Verfahren von Theil und dem Schätzer von Randles und Wolfe für den Ordinatenabschnitt (strich-punktiert).

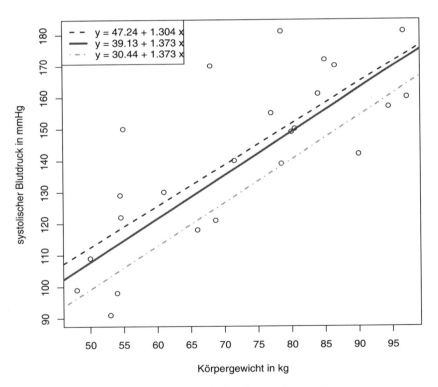

Abb. 10.22. Vergleich der Regressionsrechnungen

10.2.3 Nichtlineares Regressionsmodell

Liegt die Vermutung nahe, dass zwischen den Variablen X und Y ein Zusammenhang besteht, dieser aber nicht linear ist, dann kann mittels Kerndichten dieser Zusammenhang geschätzt werden.

Wir betrachten wieder das allgemeine Regressionsmodell:

$$y_i = m(x_i) + \varepsilon_i \qquad i = 1, \ldots, n$$

Gegeben ist wieder die Stichprobe $(x_1, y_1), (x_2, y_2), \ldots, (x_n, y_n)$ und aus diesen Daten soll der Zusammenhang $m(\cdot)$ geschätzt werden.

Die Regressionsfunktion $m(x)$ kann auch als bedingter Erwartungswert $E(Y|X)$ aufgefasst werden. Daher gilt:

$$m(x) = E(Y|X = x)$$

$$= \int_{\Omega_Y} y\, f(y|x)\, dy$$

$$= \int_{\Omega_Y} y\, \frac{f(x, y)}{f(x)}\, dy$$

$$= \frac{\int_{\Omega_Y} y\, f(x, y)\, dy}{f(x)} \qquad \text{wobei } \Omega_Y \text{ der Wertebereich von } Y \text{ ist.}$$

Die nun unbekannten Dichten ersetzen wir durch die empirischen Kerndichten und erhalten damit den Watson-Nadaraya Schätzer.

Watson-Nadaraya Schätzer

$$\hat{m}_{WN}(x) = \frac{\sum\limits_{i=1}^{n} y_i K\left(\dfrac{x_i - x}{h}\right)}{\sum\limits_{i=1}^{n} K\left(\dfrac{x_i - x}{h}\right)}$$

$K(\cdot)$ Kernfunktion

h Schrittweite

Wie wir schon bei den Kerndichteschätzern im vorhergehenden Abschnitt gesehen haben, ist nicht die Wahl des Kerns $K(\cdot)$ wesentlich, sondern die Wahl der Schrittweite h. Je größer h gewählt wird, desto glatter wird die Kurve, die durch die Punktwolke gelegt wird. Bei kleiner Schrittweite h können andererseits Ausreißer besser in die Kurve integriert werden. Wie sich das Aussehen der geschätzten Kurve durch die Wahl der Schrittweite h ändert, wollen wir nun anhand eines abschließenden Beispiels demonstrieren.

Beispiel 10.10. Watson-Nadaraya-Schätzer
Im Programmpaket R wird im Paket stats die Funktion ksmooth zur Berechnung des Watson-Nadaraya Schätzers bereitgestellt. Wir verwenden zur Veranschaulichung des Schrittweiten-Problems den Beispieldatensatz cars, der in R zur Verfügung steht. In dieser Datei stehen 50 Datensätze mit Geschwindigkeiten (in mph = Miles per hour) und Bremswegen (in ft = feet) von Autos aus dem Jahr 1920 bereit.

Die Daten sind bereits aufsteigend nach Geschwindigkeit sortiert. Für diese Daten wollen wir nun die Art des Zusammenhangs zwischen Geschwindigkeit und Bremsweg mit dem Watson-Nadaraya-Schätzer ermitteln. Mit folgender Syntax wird zuerst ein Streudiagramm von Geschwindigkeit und Bremsweg erzeugt. In dieses Streudiagramm werden dann ein Watson-Nadaraya-Schätzer mit Gauß-Kern, sowie ein Watson-Nadaraya-Schätzer mit Rechteck-Kern eingezeichnet. Informationen über die geschätzten Funktionswerte erhält man mit ksmooth(.).

```
plot(autos$speed, autos$dist)
lines(ksmooth(autos$speed, autos$dist,
+            "normal", bandwidth = 1))
lines(ksmooth(autos$speed, autos$dist,
+            "box", bandwidth = 8))
ksmooth(autos$speed, autos$dist,
+            "box", bandwidth = 8)
```

Wie die Bandbreiten h die Schätzung des Zusammenhangs zwischen zwei Variablen beeinflusst, ist aus Abbildung 10.23 für den Gauß-Kern und in Abbildung 10.24 für den Rechteckskern veranschaulicht.

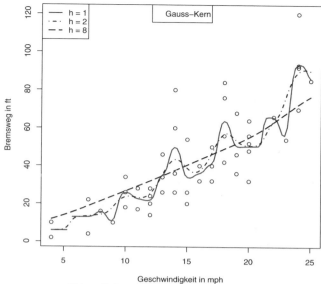

Abb. 10.23. Watson-Nadaraya-Schätzer mit Gauß-Kern

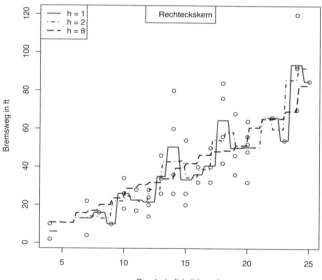

Abb. 10.24. Watson-Nadaraya-Schätzer mit Rechteckskern

Übungsaufgaben

Aufgabe 10.1. Histogramm
Plotten Sie ein Histogramm für die Variable Gewicht aus dem Datensatz gewicht.txt[3] in 10 kg Abständen (in R und in SAS). Plotten Sie in R ein Histogramm der Variable Gewicht mit variabler Bandbreite, sodass in jede Gruppe ca. 100 Personen fallen.

Aufgabe 10.2. Mittlere Abweichung
Begründen Sie, warum die mittlere Abweichung $\frac{1}{n} \sum_{i=1}^{n} \varepsilon_i$ kein geeignetes Maß für den Approximationsgrad der Regressionsfunktion zu den Daten ist. Welche (zwei) Maße wären dafür besser geeignet? Begründen Sie.

Aufgabe 10.3. Kerndichteschätzung
Plotten Sie in R und SAS eine Kerndichteschätzung (Kerne: Gauß- und Dreieckskern) für die Variable Gewicht aus dem Datensatz gewicht.txt (vgl. Aufgabe 10.1).

Aufgabe 10.4. Optimale Bandbreite
Verwenden Sie die Variable Gewicht aus dem Datensatz gewicht.txt (vgl. Aufgabe 10.1). Berechnen Sie die obere Schranke für die optimale Bandbreite für einen Gauß-Kern bzw. berechnen Sie die optimale Bandbreite mit der Daumenregel von Silverman. Plotten Sie die Dichteschätzung mittels Gauß-Kern in R.

Aufgabe 10.5. Kleinst-Quadrat-Schätzung
Plotten Sie in R und SAS mittels Kleinst-Quadrat-Schätzung das lineare Regressionsmodell $Y = \gamma + \beta X$ wobei der Regressor X der Durchmesser der Kirschbäume und Y die Höhe der Kirschbäume ist (Datensatz trees aus R).

Aufgabe 10.6. Verfahren von Theil
Führen Sie für die Aufgabe 10.5 das verbesserte Verfahren von Theil durch (zur Darstellung benutzen Sie R). Vergleichen Sie die Ergebnisse mit der Kleinst-Quadrat-Schätzung.

Aufgabe 10.7. Regression mit Kerndichteschätzung
Plotten Sie in R ein allgemeines Regressionsmodell mittels Rechteckskern und Gauß-Kern mit verschiedenen Bandbreiten für die Höhe der Kirschbäume in Abhängigkeit vom Durchmesser (vgl. Aufgabe 10.5).

---

[3] Die Datei kann von der Homepage der Autorin heruntergeladen werden: http://www.ifas.jku.at/personal/duller/duller.htm

Lösungen zu den Übungsaufgaben

Lösungen zu Kapitel 4

4.1 Prüfungsdauer

a) Ordnungsstatistiken (die geordnete Stichprobe)

$$(12, 13.5, 15, 16, 18, 18, 19, 20)$$

Der Median ist 17.

b) Der Wert 18 ist zwei Mal in der Stichprobe enthalten, es handelt sich daher um eine einfache Bindung des Wertes 18.

c) Ränge nach unterschiedlichen Methoden aus Kapitel 4.1.

Studierende/r	1	2	3	4	5	6	7	8
Punkte	12	13.5	18	18	19	15	16	20
Fälle ausschließen	1	2	5	**	6	3	4	7
zufällige Ränge, z.B.	1	2	5	6	7	3	4	8
Durchschnittsränge	1	2	5.5	5.5	7	3	4	8
alle Fälle, Fall 1	1	2	5	6	7	3	4	8
alle Fälle, Fall 2	1	2	6	5	7	3	4	8

** = wurde entfernt.

d) R-Programmcode (empirische Verteilungsfunktion)

```
> library(grDevices);
> x=c(12, 13.5, 15, 16, 18, 18, 19, 20)
```

```
> plot.ecdf(x,main="Empirische Verteilungsfunktion",
+   xlab="x", ylab = expression(F[n](x)));
```

e) Das Intervall [13.5; 19.0] überdeckt den Median mit einer Sicherheit von 92,97 %.

4.2 Gleichverteilung

Als Grundlage dient hier die Gleichverteilung auf dem Intervall $[0, 1]$. Daher lautet die Dichte $f(X) = 1$ und die Verteilungsfunktion $F(X) = X$. Des weiteren gilt für eine einzelne Beobachtung einer gleichverteilten Variable X der Erwartungswert $E(X) = \frac{1}{2}$ und die Varianz $V(X) = \frac{1}{12}$.

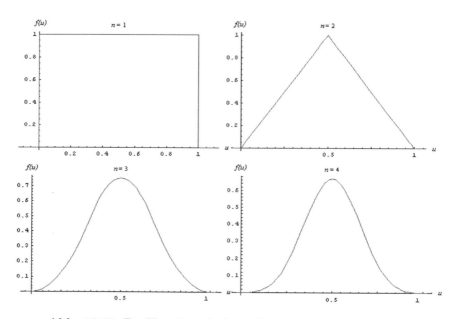

Abb. 10.25. Die Verteilungsfunktion für den Mittelwert aus 4.2 a)

a) Den Mittelwert $\bar{X}$ (für 2 Beobachtungen exakt und ansonsten asymptotisch).

Die Verteilung des Mittelwertes entspricht der Verteilung einer Summe von Zufallsvariablen (dividiert durch die Anzahl). Nach dem zentralen Grenzwertsatz ist der Mittelwert asymptotisch normalverteilt mit dem Erwartungswert der Einzelbeobachtung und $1/n$ der Varianz der Einzelbeobachtung. Die exakte Verteilung des Mittelwertes ähnelt sehr rasch einer Normalverteilung. Die exakte Dichte des Mittelwertes kann der Abbildung 10.25 entnommen werden. Diese Abbildung zeigt, dass sich bereits bei $n = 4$ Beobachtungen eine Glockenkurve bildet, welche der Normalverteilung ähnelt.

Aus dem zentralen Grenzwertsatz erhalten wir für die Verteilung des Mittelwertes:

$$\bar{X}_n \sim N\left(\frac{1}{2}, \frac{1}{12n}\right)$$

Und damit gilt für den Erwartungswert $E(\bar{X}) = \frac{1}{2}$ und die Varianz $V(\bar{X}) = \frac{1}{12n}$.

Für die exakte Berechnung wird aus der gemeinsamen Dichtefunktion der zwei unabhängigen gleichverteilten Variablen X_1, X_2 durch die Substitutionsmethode die Dichte für den Mittelwert errechnet.

Die gemeinsame Dichte der beiden Variablen ist $f_{X_1, X_2}(x_1, x_2) = 1$. Dann werden die beiden neuen Variablen $y_1 = \frac{x_1 + x_2}{2}$ und $y_2 = x_2$ definiert. Daraus lassen sich die Umkehrfunktionen $x_1 = s_1(y_1, y_2) = 2y_1 - y_2$ und $x_2 = s_2(y_1, y_2) = y_2$ berechnen.

Die Dichte der beiden neuen Variablen ist dann wegen der Determinante der Jacobimatrix

$$det(J) = \begin{vmatrix} \dfrac{\partial s_1(y_1, y_2)}{\partial y_1} & \dfrac{\partial s_1(y_1, y_2)}{\partial y_2} \\ \dfrac{\partial s_2(y_1, y_2)}{\partial y_1} & \dfrac{\partial s_2(y_1, y_2)}{\partial y_2} \end{vmatrix} = \begin{vmatrix} 2 & -1 \\ 0 & 1 \end{vmatrix} = 2$$

wie folgt definiert:

$$f_{Y_1, Y_2}(y_1, y_2) = f_{X_1, X_2}(2y_1 - y_2, y_2) \cdot det(J) = 2$$

Die Dichte des Mittelwertes $f_{Y_1}(y_1)$ wird für die Intervalle $0 \leq y_1 \leq \frac{1}{2}$ und $\frac{1}{2} \leq y_1 \leq 1$ getrennt ermittelt. Diese beiden Intervalle ergeben sich aus folgender Überlegung:

Einerseits gilt $y_1 \geq x_2/2 = y_2/2$, also ist $y_2 \leq \min\{2y_1, 1\}$,

andererseits ist $y_1 \leq (x_2 + 1)/2 = (y_2 + 1)/2$, also ist $y_2 \geq \max\{2y_1 - 1, 0\}$.

Damit gilt:

$$f_{Y_1}(y_1) = \int_0^{2y_1} 2dy_2 = 4y_1 \qquad \text{für } 0 \le y_1 \le \frac{1}{2}$$

$$f_{Y_1}(y_1) = \int_{2y_1-1}^{1} 2dy_2 = 4 - 4y_1 \qquad \text{für } \frac{1}{2} < y_1 \le 1$$

Diese Funktion entspricht genau der in Abbildung **??** für $n = 2$ darge-stellten Dreiecksfunktion.

Aus dieser Dichte lassen sich der Erwartungswert $E(\bar{X}) = 0.5$ und die Varianz $V(\bar{X}) = \frac{1}{24}$ berechnen.

Die Verteilungsfunktion des Mittelwertes ist gegeben durch

$$F_{\bar{X}}(\bar{x}) = \begin{cases} 2\bar{x}^2 & \text{für } 0 \le \bar{x} \le \frac{1}{2} \\ -2\bar{x}^2 + 4\bar{x} - 1 & \text{für } \frac{1}{2} < \bar{x} \le 1 \end{cases}$$

b) Für die Ordnungsstatistik $X_{(j)}$ gilt:

$$F_{X_{(j)}}(y_j) = \sum_{k=j}^{n} \binom{n}{k}(1 - F(y_j))^{(n-k)}(F(y_j))^k =$$

$$= \sum_{k=j}^{n} \binom{n}{k}(1 - y_j)^{(n-k)}(y_j)^k$$

$$f_{X_{(j)}}(y_j) = j\binom{n}{j}(1 - F(y_j))^{(n-j)}f(y_j)(F(y_j))^{(j-1)} =$$

$$= j\binom{n}{j}y_j^{(j-1)}(1 - y_j)^{(n-j)}$$

Vor allem aus der Dichte lässt sich hier die Betaverteilung mit den Para-metern $(j, n+1-j)$ leicht erkennen. Aus dieser Erkenntnis lassen sich der Erwartungswert

$$E(X_{(j)}) = \frac{j}{j + (n+1-j)} = \frac{j}{n+1}$$

und die Varianz

$$V(X_{(j)}) = \frac{j(n+1-j)}{(j+(n+1-j)+1)(j+(n+1-j))^2} = \frac{j(n+1-j)}{(n+2)(n+1)^2}$$

berechnen.

c)+d) Das Minimum $X_{(1)}$ und das Maximum $X_{(n)}$.

Aus den allgemeinen Formeln für das Minimum und das Maximum lassen sich folgende Verteilungs- bzw. Dichtefunktionen ableiten, und der Erwartungswert und die Varianz einer Ordnungsstatistik aus der allgemeinen Formel aus b):

$$F_{X_{(1)}}(y) = 1 - (1 - F(y))^n = 1 - (1 - y)^n$$
$$f_{X_{(1)}}(y) = n(1 - F(y))^{(n-1)} f(y) = n(1 - y)^{(n-1)}$$
$$E(X_{(1)}) = \frac{1}{n+1}$$
$$V(X_{(1)}) = \frac{n}{(n+2)(n+1)^2}$$

$$F_{X_{(n)}}(y) = (F(y))^n = y^n$$
$$f_{X_{(n)}}(y) = nf(y)(F(y))^{(n-1)} = ny^{(n-1)}$$
$$E(X_{(n)}) = \frac{n}{n+1}$$
$$V(X_{(n)}) = \frac{n}{(n+2)(n+1)^2}$$

e) Den Median $\widetilde{X}_{0.5}$ für gerade und ungerade Stichprobengrößen n.

Bei Stichproben mit einer ungeraden Anzahl von Beobachtungen handelt es sich einfach um die Verteilung bzw. Dichte der $\frac{n+1}{2}$-ten Ordnungsstatistik.

$$F_{\widetilde{X}_{0.5}}(y) = F_{X_{(\frac{n+1}{2})}}(y) = \sum_{k=(\frac{n+1}{2})}^{n} \binom{n}{k}(1-y)^{(n-k)}(y)^k$$
$$f_{\widetilde{X}_{0.5}}(y) = f_{X_{(\frac{n+1}{2})}}(y) = \frac{n+1}{2}\binom{n}{(\frac{n+1}{2})}y^{(\frac{n-1}{2})}(1-y)^{(\frac{n-1}{2})}$$
$$E(\widetilde{X}_{0.5}) = E(X_{(\frac{n+1}{2})}) = \frac{\frac{n+1}{2}}{n+1} = \frac{1}{2}$$
$$V(\widetilde{X}_{0.5}) = V(X_{(\frac{n+1}{2})}) = \frac{(\frac{n+1}{2})^2}{(n+2)(n+1)^2} = \frac{1}{4(n+2)}$$

Im „geraden" Fall ist der Median das arithmetische Mittel aus den beiden mittleren (der $(\frac{n}{2})$-ten und der $(\frac{n}{2}+1)$-ten) Ordnungsstatistiken. Hier wäre die Verteilung bzw. die Dichte nur über die bereits oben angewandte Methode zur Bildung der Dichte für die Summe von mehreren Zufallsvariablen zu ermitteln.

$$E(\widetilde{X}_{0.5}) = \frac{1}{2}\left(E(X_{\left(\frac{n}{2}\right)}) + E(X_{\left(\frac{n}{2}+1\right)})\right) = \frac{1}{2}\left(\frac{\frac{n}{2}}{(n+1)} + \frac{\left(\frac{n}{2}+1\right)}{(n+1)}\right) = \frac{1}{2}$$

$$V(\widetilde{X}_{0.5}) = \frac{1}{4}\left(V(X_{\left(\frac{n}{2}\right)}) + V(X_{\left(\frac{n}{2}+1\right)})\right) =$$

$$= \frac{1}{4}\left(\frac{\left(\frac{n}{2}\right)\left(\frac{n}{2}+1\right)}{(n+2)(n+1)^2} + \frac{\left(\frac{n}{2}+1\right)\left(\frac{n}{2}\right)}{(n+2)(n+1)^2}\right) =$$

$$= \frac{1}{4}\left(2\frac{\frac{n}{2}\left(\frac{n+2}{2}\right)}{(n+2)(n+1)^2}\right) = \frac{1}{8}\frac{n}{(n+1)^2}$$

4.3 Exponentialverteilung

$$f_{X_{(1)}}(y_1) = 3\lambda e^{-3\lambda y_1}$$
$$f_{X_{(2)}}(y_2) = 6\lambda e^{-2\lambda y_2} \cdot \left(1 - e^{-\lambda y_2}\right)$$
$$f_{X_{(3)}}(y_3) = 3\lambda e^{-\lambda y_3} \cdot \left(1 - e^{-\lambda y_3}\right)^2$$

$$f_{X_{(1)},X_{(2)}}(y_1, y_2) = 6\lambda^2 e^{-\lambda(2y_2+y_1)}$$
$$f_{X_{(1)},X_{(3)}}(y_1, y_3) = 6\lambda^2 e^{-\lambda(y_1+y_3)} \cdot \left(e^{-\lambda y_1} - e^{-\lambda y_3}\right)$$
$$f_{X_{(2)},X_{(3)}}(y_2, y_3) = 6\lambda^2 e^{-\lambda(y_2+y_3)} \cdot \left(1 - e^{-\lambda y_2}\right)$$

4.4 Dichte von zwei Ordnungsstatistiken

Hinweis zur Lösung:

Aus der gemeinsamen Dichte aller Ordnungsstatistiken $f_{X_{(1)},\ldots,X_{(n)}}(y_1,\ldots,y_n)$ wird die gemeinsame Dichte der beiden Ordnungsstatistiken $f_{X_{(j)},X_{(k)}}(y_j,y_k)$ durch Integration bestimmt. Die folgenden drei verwendeten Formeln werden aus der Potenzregel der Integralrechnung abgeleitet:

$$\int_{-\infty}^{y} (F(x))^i f(x)dx = \frac{(F(y))^{i+1}}{i+1} \qquad \forall\, i = 0, 1, 2, \ldots$$

$$\int_{y}^{\infty} (1 - F(x))^i f(x)dx = \frac{(1 - F(y))^{i+1}}{i+1} \qquad \forall\, i = 0, 1, 2, \ldots$$

$$\int_{t}^{y} (F(x) - F(t))^i f(x)dx = \frac{(F(y) - F(t))^{i+1}}{i+1} \qquad \forall\, i = 0, 1, 2, \ldots$$

Lösungen zu Kapitel 5

5.1 Arbeitslosigkeit

a) Test auf Exponentialverteilung z.B. mit K-S-Test

i	x_i	$\Phi(x_i)$	$F_n^-(x_i)$	$F_n^+(x_i)$	$\lvert F_n^-(x_i) - \Phi(x_i)\rvert$	$\lvert F_n^+(x_i) - \Phi(x_i)\rvert$
1	2	0.154	0	2/10	0.154	0.046
2	3	0.221	2/10	3/10	0.021	0.079
3	4	0.283	3/10	4/10	0.017	0.117
4	6	0.393	4/10	5/10	0.007	0.107
5	7	0.442	5/10	6/10	0.058	**0.158**
6	14	0.689	6/10	7/10	0.089	0.011
7	15	0.713	7/10	8/10	0.013	0.087
8	20	0.811	8/10	9/10	0.011	0.089
9	48	0.982	9/10	1	0.082	0.018

Der Wert der Teststatistik ($K_{10} = 0.158$) ist kleiner als der kritische Wert aus der Tabelle (z.B. zu $\alpha = 0.1$ ist $k_{0.9} = 0.369$), daher wird die Nullhypothese einer Exponentialverteilung nicht abgelehnt.

b) Grafik der empirischen und theoretischen Verteilung.

R-Code für Tests und Grafiken

```
Arbeitslosigkeit=c(2,20,15,2,48,6,4,14,3,7)
ks.test(Arbeitslosigkeit,"pexp",1/12)
library(truncgof)
ad2.test(Arbeitslosigkeit,"pexp",1/12)
library(nortest)
lillie.test(Arbeitslosigkeit)
ad.test(Arbeitslosigkeit)
shapiro.test(Arbeitslosigkeit)
cvm.test(Arbeitslosigkeit)
plot(ecdf(Arbeitslosigkeit), main = "", verticals = TRUE)
curve(pexp(x,1/12), add = TRUE, col = "red", lwd = 2)
```

SAS-Code für Tests und Grafiken

```
DATA Stichprobe;
   INPUT x;
   DATALINES;
   2
   . . .
   7
   ;
RUN;
```

```
PROC CAPABILITY DATA=Stichprobe;
   VAR x;
   HISTOGRAM / exponential(COLOR = red SIGMA=12 W=2)
   MIDPOINTS=0 5 10 15 20 25 30 35 40 45 50;
   CDFPLOT/exponential(COLOR=red SIGMA=12 W=2);
RUN;

PROC UNIVARIATE DATA = Stichprobe NORMAL;
   HISTOGRAM/NORMAL(COLOR=red W=2);
RUN;

PROC CAPABILITY DATA = Stichprobe;
   VAR x;
   HISTOGRAM/NORMAL(COLOR=red W=2);
   CDFPLOT/NORMAL(COLOR=red W=2);
RUN;
```

c) Bei einem Stichprobenumfang von $n = 10$ und einer erwünschten Überdeckungswahrscheinlichkeit von $1 - \alpha = 0.90$ ist aus der Tabelle das Quantil $k_{0.9} = 0.369$ abzulesen. Mit 90%iger Sicherheit überdeckt der Bereich $[F_{10}(x) - 0.369; F_{10}(x) + 0.369]$ die Verteilungsfunktion der Grundgesamtheit.

d) Test auf Normalverteilung z.B. mit Lilliefors-Test

i	x_i	$\Phi(x_i)$	$F_n^-(x_i)$	$F_n^+(x_i)$	$|F_n^-(x_i) - \Phi(x_i)|$	$|F_n^+(x_i) - \Phi(x_i)|$
1	2	0.236	0	2/10	0.236	0.036
2	3	0.259	2/10	3/10	0.059	0.041
3	4	0.282	3/10	4/10	0.018	0.118
4	6	0.332	4/10	5/10	0.068	0.168
5	7	0.358	5/10	6/10	0.142	**0.242**
6	14	0.554	6/10	7/10	0.046	0.146
7	15	0.582	7/10	8/10	0.118	0.218
8	20	0.713	8/10	9/10	0.087	0.187
9	48	0.995	9/10	1	0.095	0.005

Der Wert der Teststatistik ($K_{10} = 0.242$) ist größer als der kritische Wert aus der Tabelle (z.B. zu $\alpha = 0.1$ ist $k_{0.9} = 0.239$), daher wird die Nullhypothese einer Normalverteilung abgelehnt.

5.2 Würfel

Beim Chi-Quadrat-Test gilt unter der Nullhypothese die Fairness und damit die Häufigkeit 7 für jede Augenzahl.

R-Code für Tests und Grafiken

```
beobachtet=c(6,5,8,10,6,7);
Summe=sum(beobachtet);
erwartet=rep(Summe/6,6);
chisq.test(beobachtet, p = erwartet, rescale.p = TRUE)
Augenzahl=c(rep(1,6),rep(2,5),rep(3,8),
+    rep(4,10),rep(5,6),rep(6,7));
library(nortest)
ad.test(Augenzahl)
m=mean(Augenzahl)
s=sd(Augenzahl)
plot(ecdf(Augenzahl), main="",verticals=TRUE)
curve(pnorm(x,mean=m,sd=s), add=TRUE, col="red",lwd=2)
```

SAS-Code für Tests und Grafiken

```
DATA Wuerfel;
    INPUT Augenzahl;
    DATALINES;
        1
        . . .
        6
        ;
RUN;

PROC FREQ;
    TABLES Augenzahl /CHISQ;
RUN;

PROC CAPABILITY;
    HISTOGRAM;
    HISTOGRAM/NORMAL(COLOR=red W=2);
    CDFPLOT/NORMAL(COLOR=red W=2);
RUN;

PROC UNIVARIATE NORMAL;
RUN;
```

Die Nullhypothese der Fairness wird beibehalten, die Hypothese der Normalverteilung wird abgelehnt ($\alpha = 0.05$).

5.3 Experiment

R-Code für Tests und Grafiken

```
werte=c(40,110,50,140,115,190,10,215,90,175,125,145,
    65,75,70,125,80,60,70,185,240,140,120,40,90,135,
    130,160,185,250,160,90,160,50,90,125,220,360,280,
    145,55,115,85,80,20,110,235,60,220,160)

library(nortest)
lillie.test(werte)
pearson.test(werte)
ad.test(werte)
cvm.test(werte)
shapiro.test(werte)

m=mean(werte)
s=sd(werte)
plot(ecdf(werte), main="",verticals=TRUE)
curve(pnorm(x,mean=m,sd=s), add=TRUE, col="red",lwd=2)
```

SAS-Code für Tests und Grafiken

```
DATA Experiment;
    INPUT Werte;
    DATALINES;
    40
    . . .
    160
    ;
RUN;

PROC CAPABILITY;
    HISTOGRAM/NORMAL(COLOR=red W=2);
    CDFPLOT/NORMAL(COLOR=red W=2);
RUN;

PROC UNIVARIATE NORMAL;
RUN;
```

Bei einem Niveau von $\alpha = 0.10$ wird die Nullhypothese beim Lilliefors-Test, Chi-Quadrat-Test, Anderson-Darling-Test und Cramér-von-Mises-Test beibehalten. Der Shapiro-Wilk-Test führt zu einer Ablehnung der Annahme einer Normalverteilung. Nachdem der Shapiro-Wilk-Test der Test mit der höchsten Trennschärfe ist, sollte die Nullhypothese der Normalverteilung abgelehnt werden.

5.4 WählerInnenanteil

R-Code

```
binom.test(x=0.4*15,n=15,p=0.35,alternative="greater")
```

SAS-Code

```
DATA Wahlen;
    INPUT Ja Nein Anzahl;
    DATALINES;
    0 1 6    # Anzahl der WählerInnen
    1 0 9    # Anzahl der Nicht-WählerInnen
    ;
    RUN;
    PROC FREQ;
        WEIGHT Anzahl;
        TABLES Ja /binomial(p=0.35) alpha=0.05;
RUN;
```

Ein Anstieg des Anteils an WählerInnen ist nicht nachweisbar ($\alpha = 0.05$).

5.6 Vorzeichentest

Mit den folgenden beiden Kommandos (in R) erhält man zuerst die Anzahl der SchülerInnen mit einer schlechteren Note als 2, wobei die drei SchülerInnen mit einer 2 zufällig als besser oder schlechter eingestuft werden. Ausgehend von diesem Wert für die Teststatistik, berechnet das zweite Kommando den eigentlichen Test.

```
schlechter = 10 +
+        sum(sample(x=c(0,1),size=3,replace=T,prob=c(0.5,0.5)))

binom.test(x=schlechter,n=15,p=0.5)
```

Bei (beispielsweise) 12 SchülerInnen mit einer Note schlechter als 2 muss die Nullhypothese (Median = 2) abgelehnt werden ($p = 0.03516$).

5.7 Wilcoxon-Vorzeichen-Rangtest

R-Code
```
data=rnorm(20,mean=3,sd=1)
wilcox.test(data,mu=2)
t.test(data,mu=2)
```

SAS-Code

```
DATA Simulation;
    DO i = 1 TO 20;
        x = normal(0)+3; OUTPUT;
    END;
RUN;
PROC FREQ; Table x; RUN;
PROC UNIVARIATE mu0=2; VAR x; RUN;
PROC UNIVARIATE mu0=2.5; VAR x; RUN;
PROC UNIVARIATE mu0=3; VAR x; RUN;
```

Nachdem die Generatoren für die Erzeugung der Zufallszahlen nicht initialisiert wurden kommt es zu unterschiedlichen Ergebnissen bei jedem Programmaufruf. Bei einem geringen Stichprobenumfang sind "falsche" Entscheidungen nicht ungewöhnlich. Je höher der Stichprobenumfang, desto besser die Testergebnisse. Der t-Test ist bei normalverteilten Daten trennschärfer als der Wilcoxon-Vorzeichen-Rangtest, der Vorteil des Wilcoxon-Vorzeichen-Rangtests ist aber, dass die Normalverteilung als Voraussetzung nicht notwendig ist.

5.8 Fairness einer Münze

R-Code

```
Muenze=c(0,1,0,1,0,1,0,0,1,0,1,1,1,1,0,0,0,0,1,0);
Kopf=sum(Muenze==0)
Zahl=sum(Muenze==1)
n=length(Muenze)
beobachtet=c(Kopf, Zahl)
erwartet=rep(n*0.5,2);
library(lawstat)
runs.test(Muenze, alternative="two.sided")
chisq.test(beobachtet, p = erwartet, rescale.p = TRUE)
binom.test(x=Kopf, n=n, p=0.5, alternative="two.sided")
```

Das Ergebnis des Tests von Wald-Wolfowitz in R ist unbrauchbar, die händische Berechnung ergibt einen p-Wert von 0.23 (exakt, zweiseitig), der Bartels-Test auf Zufälligkeit (hier nicht beschrieben, im Paket lawstat Funktion bartels.test) ergibt einen p-Wert von 0.3428). Damit kann die Zufälligkeit nicht abgelehnt werden. Auch die Ergebnisse des Chi-Quadrat-Tests ($p = 0.6547$) und des Binomialtests ($p = 0.8238$) sprechen nicht gegen die Fairness der Münze.

Lösungen zu Kapitel 6

6.1 Schuheinlagen

Bezeichnet man mit X die Gruppe mit den alten Schuheinlagen und mit Y die Gruppe mit den neuen Schuheinlagen, so ist das Ziel des Tests der Nachweis, dass Y stochastisch kleiner als X ist (Fall A, kleinere Werte bedeuten Verbesserung). Wir vergleichen die Verteilungen (K-S-Test) und führen Tests auf Lageunterschiede durch (Wilcoxon-Rangsummentest und Van der Waerden-Test). Die vollständige SAS-Syntax lautet:

```
DATA Schuheinlagen;
INPUT Gruppe Bewertung; /* Gruppe Alt = X = 1*/
DATALINES;
1    6
. . .
2    3
;
RUN;


PROC NPAR1WAY EDF;
    CLASS Gruppe;
    VAR Bewertung;
    EXACT KS;
RUN;


PROC NPAR1WAY WILCOXON VW ;
    CLASS Gruppe;
    VAR Bewertung;
    EXACT WILCOXON;
RUN;
```

Der einseitige Kolmogorov-Smirnov-Test ist signifikant ($p = 0.0041$), die neuen Einlagen sind besser als die alten Einlagen. Auch der Wilcoxon-Rangsummentest ($p = 0.0047$) und der Van der Waerden-Test ($p = 0.0072$) zeigen, dass die neuen Einlagen (im Schnitt) besser sind.

Die Lösung in R ist analog zur Lösung 6.2 (allerdings ist die jeweils andere einseitige Alternative zu wählen).

6.2 Wetterfühligkeit

Die Therapiegruppe wird mit X bezeichnet und die Kontrollgruppe mit Y. Die Therapiegruppe sollte bessere Noten (kleinere Werte) aufweisen, daher ist zu testen, ob X stochastisch kleiner ist als Y (Fall B). Die vollständige Syntax in R lautet:

```
x=c(4,5,1,5,2,2,3,1)
y=c(2,3,5,5,5,4,5,2)
ks.test(x, y, alternative="greater", exact = TRUE)
wilcox.test(x,y,alternative="less",paired=FALSE,correct=T)
library(exactRankTests)
wilcox.exact(x,y,alternative="less",paired=FALSE,correct=T)
#   Neues Package, geänderte Dateneingabe
Datensatz=data.frame(
+ Bewertung  =c(x,y),
+ Gruppen=factor(c(1,1,1,1,1,1,1,1,2,2,2,2,2,2,2,2)))
library(coin)
wilcox_test(Bewertung ~ Gruppen, data = Datensatz,
+    distribution="exact",alternative="less",conf.int=TRUE)
normal_test(Bewertung ~ Gruppen, data = Datensatz,
+    distribution="exact",alternative="less",conf.int=TRUE)
```

Der einseitige Kolmogorov-Smirnov-Test ist nicht signifikant ($p = 0.6065$), die Wirkung des Medikaments kann nicht nachgewiesen werden. Auch der Wilcoxon-Rangsummentest ($p = 0.1152$) und der Van der Waerden-Test ($p = 0.08811$) erbringen keinen Nachweis über die Wirkung des Medikaments. Die Lösung in SAS ist analog zur Lösung 6.1.

6.3 Varianz der linearen Rangstatistik

Es gilt für $i \neq j$:

$$Cov(V_i, V_j) = E(V_i V_j) - E(V_i) \cdot E(V_j) = \frac{-mn}{N^2(N-1)}$$

Daraus folgt unter der Bedingung $i \neq j$:

$$Var(L_N) = \sum_{i=1}^{N} g^2(i) Var(V_i) + \sum_{i=1}^{m} \sum_{j=1}^{n} g(i)g(j) Cov(V_i, V_j) =$$

$$= \frac{mn}{N^2} \sum_{i=1}^{N} g^2(i) - \frac{mn}{N^2(N-1)} \sum_{i=1}^{m} \sum_{j=1}^{n} g(i)g(j) =$$

$$= \frac{mn}{N^2(N-1)} \left(N \sum_{i=1}^{N} g^2(i) - \sum_{i=1}^{N} g^2(i) - \sum_{i=1}^{m} \sum_{j=1}^{n} g(i)g(j) \right) =$$

$$= \frac{mn}{N^2(N-1)} \left(N \sum_{i=1}^{N} g^2(i) - \left(\sum_{i=1}^{N} g^2(i) \right)^2 \right)$$

6.4 Bücher

Es können keine signifikanten Unterschiede hinsichtlich der Anzahl der gelesenen Bücher pro Jahr gefunden werden. Die Syntax ist analog zu Lösung 6.1 und 6.2. Zur Überprüfung wurden der K-S-Test ($p = 0.08663$), der Cramér-von-Mises-Test (SAS: $CMa = 0.071863$, der Cramér-Test (R: $p = 0.8452$), der Wilcoxon-Rangsummentest ($p = 0.624$) und der Van der Waerden-Test (SAS $p = 0.6043$, R $p = 0.6184$) verwendet.

6.5 Zuckerpackungen

Bezeichnet man mit X die alte Maschine und mit Y die neue Maschine, so ist zu testen, ob X mehr streut als Y (Fall A). Wir führen den Siegel-Tukey-Test (nur in SAS), den Mood-Test und den Ansari-Bradley-Test durch. In SAS sind nach der Dateneingabe folgende Prozeduraufrufe notwendig:

```
PROC NPAR1WAY ST;
    CLASS Maschine;
    VAR Gewicht;
    EXACT ST;
RUN;
PROC NPAR1WAY MOOD;
    CLASS Maschine;
    VAR Gewicht;
    EXACT MOOD;
RUN;
PROC NPAR1WAY AB;
    CLASS Maschine;
    VAR Gewicht;
    EXACT AB;
RUN;
```

Die vollständige Syntax in R lautet:

```
alt=c(870,930,935,1045,1050,1052,1055)
neu=c(932,970,980,1001,1009,1030,1032,1040,1046)
mood.test(alt, neu, alternative="greater")
ansari.test(alt, neu, alternative="greater")
#   oder im Package COIN
Datensatz=data.frame(
+   Gewicht  =c(alt,neu),
+   Gruppen=factor(c(rep(1,length(alt)),rep(2,length(neu)))))
library(coin)
ansari_test(Gewicht ~ Gruppen, data = Datensatz,
+   distribution="exact",
+   alternative="greater",conf.int = TRUE)
```

Alle Tests zeigen ein signifikantes Ergebnis mit folgenden p-Werten:

- Siegel-Tukey-Test (SAS: $p = 0.0026$)

- Mood-Test (SAS: $p = 0.0016$, R: $p = 0.002075$)

- Ansari-Bradley-Test (SAS: $p = 0.0016$, R: $p = 0.001573$)

Die neue Maschine streut signifikant weniger als die alte Maschine.

6.6 Konfidenzintervalle

Mit $m = n = 3$ und $\alpha = 0.1$ erhält man:

- $r = w_{\alpha/2} = 6$ aus Tabelle 11.11

- $r = w_{\alpha/2} - 3(3+1)/2 = 6 - 6 = 0$

- $g_u = D_{(0+1)} = D_1$

- $g_o = D_{(3 \cdot 3 - 0)} = D_9$

- Konfidenzintervall: $D_1 < \theta < D_9$ zum Konfidenzniveau $1 - \alpha$

Bildung der geordneten mn Differenzen $Y_j - X_i$ für $j = 1, \ldots, n$ und $i = 1, \ldots, m$ und Bezeichnung dieser Differenzen mit $D_{(1)}, \ldots, D_{(mn)}$:

Rang	1	2	3	4	5	6	7	8	9
$D_{(mn)}$	-6	-4	-1	-1	1	3	4	5	8

Das Konfidenzintervall für θ zum Konfidenzniveau $1 - \alpha = 0.9$ lautet daher:

$$Pr(-6 < \theta < 8) = 0.9$$

Aufgrund des niedrigen Stichprobenumfanges ist erwartungsgemäß das Konfidenzintervall sehr breit.

Lösungen zu Kapitel 7

7.1 Unterricht

Die Datensituation mit den gebildeten Differenzen ist in folgender Tabelle enthalten:

	1	2	3	4	5	6	7	8	9	10	11	12	13	14	15	16	17	18	19	20
X	32	41	18	25	5	50	47	46	30	32	22	35	6	17	14	27	48	43	8	37
Y	34	40	23	29	11	49	48	45	48	41	28	47	24	35	27	36	46	49	16	41
D_i	2	-1	5	4	6	-1	1	-1	18	9	6	12	18	18	13	9	-2	6	8	4
Z_i	1	0	1	1	1	0	1	0	1	1	1	1	1	1	1	1	0	1	1	1

Zur besseren Veranschaulichung sind die Daten in Abbildung 10.26 in Form eines Boxplots dargestellt. Man erkennt dabei, dass der Median in der zweiten Stichprobe ($\widetilde{y}_{0.5} = 38$) deutlich höher ist als in der ersten Stichprobe ($\widetilde{x}_{0.5} = 31$).

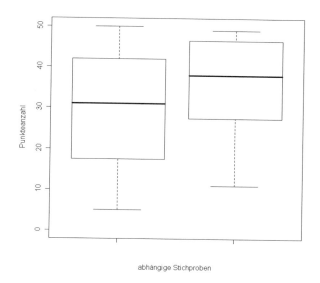

Abb. 10.26. Boxplot Punktzahl

Wir berechnen zunächst die Teststatistik T, die unter H_0 binomialverteilt ist mit den Parametern $n = 20$ und $p = 1/2$:

$$T = \sum_{i=1}^{20} Z_i = 16 \qquad \sim B_{20,1/2}$$

Es gilt weiters:

$$P(T \geq 16 | B_{20,1/2}) = P(n - T \leq 4 | B_{20,1/2}) = 0.006$$

d.h. die Wahrscheinlichkeit, dass bei Gültigkeit der Nullhypothese unter den 20 gebildeten Differenzen höchstens 4 Differenzen negativ sind, beträgt im zweiseitigen Fall $0.006 \cdot 2 = 0.012$.

Damit kann mit dem zweiseitigen Test nachgewiesen werden, dass sich die Ergebnisse signifikant verändert haben. Der einseitige Test zeigt, dass sich die Ergebnisse signifikant verbessert haben.

R-Syntax (Fall B entspricht der einseitigen Alternative `greater`):

```
n=20
x=c(32,41,18,25,5,50,47,46,30,32,22,35,6,
+                 17,14,27,48,43,8,37)
y=c(34,40,23,29,11,49,48,45,48,41,28,47,
+                 24,35,27,36,46,49,16,41)
D=y-x
T=sum(D>0)
binom.test(T,n,p=0.5,alternative="two.sided")
binom.test(T,n,p=0.5,alternative="two.sided")
library(exactRankTests)
wilcox.exact(y,x,paired=TRUE,alternative="two.sided")
wilcox.exact(y,x,paired=TRUE,alternative="greater")
library(coin)
wilcoxsign_test(y ~ x, alternative = "two.sided",
+                         distribution = exact())
wilcoxsign_test(y ~ x, alternative = "greater",
+                         distribution = exact())
boxplot(x,y,xlab="abhängige Stichproben",
+                 ylab="Punktzahl", ylim=c(0, 50))
```

Alle Tests zeigen ein signifikantes Ergebnis mit folgenden p-Werten:

- Binomialtest zweiseitig ($p = 0.01182$)
- Binomialtest einseitig ($p = 0.005909$)
- Wilcoxon-Test zweiseitig ($p = 0.0001564$)
- Wilcoxon-Test zweiseitig ($p = 7.82e - 05$)

SAS-Programm:

In SAS werden im DATA-Step die Differenzen der Wertepaare gebildet, ehe mithilfe der Prozedur UNIVARIATE die Berechnung der Teststatistik erfolgt.

```
DATA Unterricht;
 INPUT x y @;
 d=y-x;
 DATALINES;
 32 34
 . . . . .
 37 41
 ;
RUN;

PROC UNIVARIATE DATA=Unterricht;
 VAR d;
RUN;
```

Die Teststatistik M nimmt dabei den Wert ($M = T - n/2 = 16 - 10 = 6$) an. Ausgegeben werden in SAS nur die zweiseitigen p-Werte (Vorzeichentest $p = 0.0118$, Wilcoxon-Test $p = 0.0002$).

Es soll nun ein Konfidenzintervall für den Median zur Sicherheit $1 - \alpha = 0.95$ bestimmt werden. Mit $l = 15$ und $k = 6$ ergibt sich:

$$F(14) - F(5) = 0.9586 \approx 1 - \alpha$$

Das Konfidenzintervall ist somit gegeben durch:

$$[D_{(6)}, D_{(15)}] = [2, 9]$$

Bei dem hier vorliegenden Stichprobenumfang von $n = 20$ kann die Berechnung von k und l auch approximativ über die Normalverteilung erfolgen, da gilt:

$$B_{n,p=0.5} \approx N(n/2, n/4)$$

Die Werte für k und l sind aus folgenden Formeln zu bestimmen:

$$k = \frac{n}{2} - \frac{\sqrt{n}}{2} z_{1-\alpha/2} = 10 - \frac{\sqrt{20}}{2} \cdot 1.96 = 5.6173 \Longrightarrow k = 6$$

$$l = n + 1 - k = 15.3827 \Longrightarrow l = 15$$

Mit einer Wahrscheinlichkeit von 95% wird der Median der Differenzen durch das Konfidenzintervall $[D_{(6)}, D_{(15)}] = [2, 9]$ überdeckt.

7.2 Darmkrebs
Die Teststatistik ist gegeben durch:

$$\chi^2_{korr} = \frac{(|41 - 6| - 1)^2}{41 + 6} = \frac{1156}{47} = 24.596$$

Da

$$\chi^2_{korr} = 24.596 \qquad > \qquad \chi^2_{1;1-\alpha} = 3.842$$

gilt, wird die Nullhypothese verworfen. Die Anzahl der Personen, die sich nach der Kampagne dazu entscheiden, eine Vorsorgeuntersuchung zur Früherkennung von Darmkrebs durchzuführen, unterscheidet sich signifikant von jenen, die ihre Entscheidung in die entgegengesetzte Richtung geändert haben.

R-Programm:

```
x=matrix(c(27,41,6,76),ncol=2)
mcnemar.test(x,y=NULL,correct=TRUE)
```

Der Wert der Teststatistik entspricht dem händisch berechneten, der p-Wert wird mit $7.071e - 07$ angegeben. Die Nullhypothese wird folglich verworfen.

SAS-Programm:

Im Zuge des DATA-Steps werden die Datenwerte der Vierfeldertafel eingegeben.

```
DATA Darmkrebs;
 INPUT x $ y $ Anzahl;
 DATALINES;
 + + 27
 + - 41
 - + 6
 - - 76
 ;
RUN;
```

```
PROC FREQ ORDER=DATA;
 TABLES x * y / AGREE;
 WEIGHT Anzahl;
 EXACT MCNEM;
RUN;
```

Der McNemar-Test in SAS berechnet den unkorrigierten Wert der Teststatistik ($S = 26.0638$) mit zugehörigem p-Wert ($p = 1.772E - 07$), auch hier wird die Nullhypothese verworfen.

7.3 Diät

Zuerst werden die Differenzen der einzelnen Werte der Stichproben berechnet. Es tritt eine Nulldifferenz auf, dieser Fall wird für die weitere Analyse ausgeschlossen. Die Teststatistik berechnet sich aus der Summe der Ränge, die sich aus den positiven Differenzen ergeben ($T = 5$).

	1	2	3	4	5	6	7	8	9
vorher	31.5	34	33.7	32.6	34.9	35.9	32	30.5	32.8
nachher	29.8	32.7	30.4	32.6	33.5	33	32.9	30.3	33.1
Differenz	-1.7	-1.3	-3.3	0	-1.4	-2.9	0.9	-0.2	0.3
Ränge	6	4	8	-	5	7	3	1	2

Beim einseitigen Testproblem (Fall A) wird H_0 abgelehnt, wenn $W_n^+ \leq w_\alpha^+$ gilt. Aus Tabelle 11.6 ist $w_{0.05}^+ = 6$ abzulesen (mit $n = 8$), daher wird die Nullhypothese abgelehnt.

R-Syntax:

```
x=c(31.5,34,33.7,32.6,34.9,35.9,32,30.5,32.8)
y=c(29.8,32.7,30.4,32.6,33.5,33,32.9,30.3,33.1)
n=length(x)
D=y-x
T=sum(D>0)
binom.test(T,n,p=0.5,alternative="less")
library(exactRankTests)
wilcox.exact(y,x,paired=TRUE,conf.int=TRUE,alternative="l")
library(coin)
wilcoxsign_test(y ~ x,alternative="l",distribution=exact())
```

Der einseitige Binomialtest führt zur Beibehaltung der Nullhypothese, der Wilcoxon-Test zur Ablehnung. Die Diät hat den BMI der Personen signifikant verbessert.

Das SAS-Programm ist analog zu Lösung 7.1. Zu beachten ist allerdings, dass die von SAS ausgegebenen p-Werte zweiseitig sind und somit für den einseitigen Test halbiert werden müssen. Das Ergebnis ist auch hier, dass der Vorzeichentest noch keinen Unterschied findet, der Wilcoxon-Test aber ein signifikantes Ergebnis zeigt ($p = 0.0781/2 = 0.03905$).

Für das zweiseitige (Wilcoxon-)Konfidenzintervall werden bei dem vorliegenden Stichprobenumfang ($n = 8$) insgesamt 36 arithmetische Mittel der $D'_{ij} = (D_i + D_j)/2$ bei $1 \leq i \leq j \leq n$ berechnet. Anschließend wird die Ordnungsreihe gebildet. Die Indizes der Konfidenzintervalle müssen noch durch die Tabelle bestimmt werden, $k = w^+_{\alpha/2} = 4$ und $l = n(n + 1)/2 - w^+_{\alpha/2} = (8 \cdot (8 + 1))/2 - 4 + 1 = 33$.

Das Konfidenzintervall für den Median zum Niveau $1 - \alpha$ lautet folglich $[D'_{(4)}, D'_{(33)}] = [-2.5, 0.3]$. Dieses Ergebnis erhält man auch in R. Der Median der Differenzen wird mit einer Wahrscheinlichkeit von 95% von dem Intervall [-2.5,0.3] überdeckt.

7.4 Migräne

Im Rahmen der Studie gaben zwei Patienten an, dass beide Medikamente die gleiche Schmerzlinderung zur Folge hatten. Bei einem Stichprobenumfang von $n = 12$ empfiehlt es sich jedoch nicht die Bindungen zu entfernen, daher wird eine Bindung durch „+" und die andere Bindung durch „-" ersetzt. Es ergibt sich folglich eine Teststatistik T mit dem Wert 8, die unter H_0 binomialverteilt ist mit den Parametern $n = 12$ und $p = 1/2$.

Die restliche Aufgabe wird analog zu Aufgabe 7.1 (Vorzeichentest) gelöst. Sowohl im zweiseitigen Test (Frage nach dem Unterschied), als auch im einseitigen Test (Frage, ob neues Medikament besser) muss die Nullhypothese beibehalten werden. Der einseitige p-Wert beträgt 0.1938 und der zweiseitige p-Wert demnach 0.3877. Es besteht kein nachweisbarer Unterschied zwischen den Medikamenten.

Lösungen zu Kapitel 8

8.1 Lernmethoden

Die händische Berechnung der Kruskal-Wallis-Statistik erfolgt über folgende Hilfswerte:

j	auditiv x_{1j}	r_{1j}	visuell x_{2j}	r_{2j}	audiovisuell x_{3j}	r_{3j}
1	19	7	32	16	47	24
2	21	8	28	14	52	25
3	16	4	36	19	38	20
4	26	12	17	5	43	22
5	14	3	46	23	22	9
6	35	18	24	11	18	6
7	23	10	13	2	41	21
8	10	1	33	17	27	13
9	31	15				
	$r_1 = 78$		$r_2 = 107$		$r_3 = 140$	

$$H = \frac{12}{25 \cdot (25+1)} \cdot \left(\frac{78^2}{9} + \frac{107^2}{8} + \frac{140^2}{8} \right) - 3 \cdot (25+1) = 6.1315$$

Die Nullhypothese, dass mit den verschiedenen Lernmethoden gleich viele Vokabeln behalten werden, wird abgelehnt, da $H = 6.13154 > \chi^2_{0.95;2} = 5.99$ ist.

Der Median der gepoolten Stichprobe beträgt $M = 27$ und die 2×3-Kontingenztabelle sieht folgendermaßen aus:

	auditiv	visuell	audiovisuell	
$\leq M$	7	3	3	13
$> M$	2	5	5	12
	$n_1 = 9$	$n_2 = 8$	$n_3 = 8$	$N = 25$

$$\chi^2 = \frac{(7-4.68)^2}{4.68} + \frac{(3-4.16)^2}{4.16} + \frac{(3-4.16)^2}{4.16} +$$
$$\frac{(2-4.32)^2}{4.32} + \frac{(5-3.84)^2}{3.84} + \frac{(5-3.84)^2}{3.84} = 3.7437$$

Der berechnete χ^2-Wert 3.7437 ist kleiner als das zugehörige χ^2-Quantil mit 2 Freiheitsgraden $\chi^2_{0.95;2} = 5.99$. Im Gegensatz zum Kruskal-Wallis-Test erkennt der Mediantest keine Unterschiede zwischen den Lernmethoden.

Für den Jonckheere-Terpstra-Test berechnet man:

j	Vgl.1				Vgl.2				Vgl.3			
	x_{1j}	r_{1j}	x_{2j}	r_{2j}	x_{1j}	r_{1j}	x_{3j}	r_{3j}	x_{2j}	r_{2j}	x_{3j}	r_{3j}
1	19	6	32	13	19	5	47	16	32	8	47	15
2	21	7	28	11	21	6	52	17	28	7	52	16
3	16	4	36	16	16	3	38	13	36	10	38	11
4	26	10	17	5	26	9	43	15	17	2	43	13
5	14	3	46	17	14	2	22	7	46	14	22	4
6	35	15	24	9	35	12	18	4	24	5	18	3
7	23	8	13	2	23	8	41	14	13	1	41	12
8	10	1	33	14	10	1	27	10	33	9	27	6
9	31	12			31	11						
	$r_1 = 66$				$r_1 = 57$				$r_2 = 56$			

$$J = 9 \cdot 8 - \left(66 - \frac{9 \cdot 10}{2}\right) + 9 \cdot 8 - \left(57 - \frac{9 \cdot 10}{2}\right) + 8 \cdot 8 - \left(56 - \frac{8 \cdot 9}{2}\right) =$$
$$= 51 + 60 + 44 = 155$$

$$JT = 9 \cdot 8 + 9 \cdot 8 + 8 \cdot 8 - 155 = 53$$

$$E(J) = \frac{1}{4} \cdot \left(25^2 - (9^2 + 8^2 + 8^2)\right) = 104$$

$$V(J) = \frac{1}{72} \cdot \left[25^2 \cdot (2 \cdot 25 + 3) - \left(9^2 \cdot (2 \cdot 9 + 3) + 2 \cdot 8^2 \cdot (2 \cdot 8 + 3)\right)\right] =$$
$$= 402.67$$

$$Z = \frac{155 - 104}{\sqrt{402.67}} = 2.5415$$

Da der Z-Wert $2.5415 \geq u_{0.95} = 1.645$ ist, wird die Nullhypothese verworfen. Es besteht demnach ein steigender Trend in den Gruppen.

SAS-Programm

```
DATA Lernmethoden;
 INPUT Gruppe Vokabel;
 DATALINES;
   1    19
   .  .  .
   3    27
   ;
 RUN;
```

```
PROC NPAR1WAY WILCOXON DATA = Lernmethoden;
    CLASS Gruppe;
    EXACT / MC N = 100000 SEED = 1;
    VAR Vokabel;
RUN;


PROC FREQ DATA = Lernmethoden;
    EXACT JT;
    TABLES Gruppe*Vokabel / JT;
RUN;
```

Für den Kruskal-Wallis-Test erhält man die Teststatistik (6.1315), den approximierten p-Wert (0.0466) und den Monte-Carlo-Schätzer für den p-Wert (0.0410). Für den Jonckheere-Terpstra-Test erhält man die Teststatistik (155), die einseitigen p-Werte (asymptotisch p=0.0055, exakt p=0.0110) und die einseitigen p-Werte (asymptotisch p=0.0052, exakt p=0.0105). Es gibt also einen ansteigenden Trend in den Lernmethoden.

R-Programm

```
x1 = c(19, 21, 16, 26, 14, 35, 23, 10, 31)
x2 = c(32, 28, 36, 17, 46, 24, 13, 33)
x3 = c(47, 52, 38, 43, 22, 18, 41, 27)
kruskal.test(list(x1, x2, x3))
Tabelle = matrix(c(7, 3, 3, 2, 5, 5), ncol = 2)
chisq.test(Tabelle)
library(clinfun)
Lernen=as.matrix(c(x1, x2, x3))
Gruppe = c(rep(1, 9), rep(2, 8), rep(3, 8))
jonckheere.test(Lernen, Gruppe, alternative = "increasing")
```

Für den Kruskal-Wallis-Test erhält man die Teststatistik (6.1315) und den approximierten p-Wert (0.04662). Der Mediantest weist die Teststatistik 3.7438 aus und den p-Wert (0.1538). Wie schon bei der händischen Berechnung festgestellt, wird beim Kruskal-Wallis-Test im Gegensatz zum Mediantest die Nullhypothese verworfen. Der einseitige Jonckheere-Terpstra-Test berechnet die Teststatistik (JT=53) und den p-Wert (0.005233). Demnach ist ein ansteigender Trend nachweisbar.

8.2 Fernsehverhalten

Für die Friedman-Statistik berechnet man

Person	Jahr			
	1	2	3	4
1	4	2	2	2
2	4	2.5	1	2.5
3	4	2.5	2.5	1
4	4	3	1	2
5	3.5	3.5	1.5	1.5
6	4	2.5	2.5	1
7	1	4	2.5	2.5
8	3.5	1.5	3.5	1.5
9	1.5	3	4	1.5
10	4	2	2	2
	$r_1 = 33.5$	$r_2 = 26.5$	$r_3 = 22.5$	$r_4 = 17.5$

$$C = \frac{1}{10 \cdot 4 \cdot (4^2 - 1)} \cdot \left(2 \cdot (3^3 - 3) + 9 \cdot (2^3 - 2)\right) = 0.17$$

$$F_c^* = \frac{1}{1 - 0.17} \cdot \frac{12}{10 \cdot 4 \cdot 5} \cdot (33.5^2 + 26.5^2 + 22.5^2 + 17.5^2) - 3 \cdot 10 \cdot 5 =$$

$$= \frac{1}{1 - 0.17} \cdot 8.22 = 9.904$$

Aufgrund des Stichprobenumfanges kann mittels χ^2-Verteilung approximiert werden. H_0 wird abgelehnt, da $F_c^* = 9.904 > \chi^2_{0.95;3} = 7.815$, das bedeutet, dass sich die Fernsehdauer der Studierende signifikant verändert hat.

Für die Kendall-Statistik erhält man:

$$W = \frac{12}{100 \cdot 4 \cdot (4^2 - 1)} \cdot \left[\left(33.5 - \frac{10 \cdot 5}{2}\right)^2 + \left(26.5 - \frac{10 \cdot 5}{2}\right)^2 + \right.$$

$$\left. + \left(22.5 - \frac{10 \cdot 5}{2}\right)^2 + \left(17.5 - \frac{10 \cdot 5}{2}\right)^2\right] = 0.274$$

$$W = \frac{8.22}{10 \cdot 3} = 0.274$$

$$W^* = \frac{9.904}{10 \cdot 3} = 0.330$$

Für den Trend-Test nach Page erhält man:

Person	Jahr 1	2	3	4
1	4	2	2	2
2	4	2.5	1	2.5
3	4	2.5	2.5	1
4	4	3	1	2
5	3.5	3.5	1.5	1.5
6	4	2.5	2.5	1
7	1	4	2.5	2.5
8	3.5	1.5	3.5	1.5
9	1.5	3	4	1.5
10	4	2	2	2
r_j	33.5	26.5	22.5	17.5
j	4	3	2	1
$r_j \cdot j$	134	79.5	45	17.5

$$L = 134 + 79.5 + 45 + 17.5 = 276$$

$$E(L) = \frac{10 \cdot 4 \cdot 5^2}{4} = 250 \qquad V(L) = \frac{10 \cdot 4^2 \cdot 5^2 \cdot 3}{144} = 83.333$$

$$Z = \frac{276 - 250}{\sqrt{83.333}} = 2.848$$

Die Nullhypothese wird verworfen, da $u_{0.95} = 1.645 < 2.848 = Z$ ist.

Die Berechnung der Teststatistik für den Quade-Test ist etwas aufwändiger:

Person	Jahr 1	2	3	4	D_i	q_i
1	4	2	2	2	2	6.5
2	4	2.5	1	2.5	1.5	5
3	4	2.5	2.5	1	3	9
4	4	3	1	2	2.5	8
5	3.5	3.5	1.5	1.5	1	2.5
6	4	2.5	2.5	1	3.5	10
7	1	4	2.5	2.5	1	2.5
8	3.5	1.5	3.5	1.5	1	2.5
9	1.5	3	4	1.5	2	6.5
10	4	2	2	2	1	2.5
r_j	33.5	26.5	22.5	17.5		

Person	Jahr			
	1	2	3	4
1	9.75	-3.25	-3.25	-3.25
2	7.5	0	-7.5	0
3	13.5	0	0	-13.5
4	12	4	-12	-4
5	2.5	2.5	-2.5	-2.5
6	15	0	0	-15
7	-3.75	3.75	0	0
8	2.5	-2.5	2.5	-2.5
9	-6.5	3.25	9.75	-6.5
10	3.75	-1.25	-1.25	-1.25
$\sum$	56.25	6.5	-14.25	-48.5

Person	Jahr			
	1	2	3	4
1	95.0625	10.5625	10.5625	10.5625
2	56.25	0	56.25	0
3	182.25	0	0	182.25
4	144	16	144	16
5	6.25	6.25	6.25	6.25
6	225	0	0	225
7	14.0625	14.0625	0	0
8	6.25	6.25	6.25	6.25
9	42.25	10.5625	95.0625	42.25
10	14.0625	1.5625	1.5625	1.5625
$\sum$	785.4375	65.25	319.9375	490.125

$$S_t = \frac{56.25^2 + 6.5^2 + (-14.25)^2 + (-48.5)^2}{10} = 576.1625$$

$$S_s = 785.4375 + 65.25 + 319.9375 + 490.125 = 1660.75$$

$$T = \frac{9 \cdot 576.1625}{1660.75 - 576.1625} = 4.781.$$

Die Nullhypothese wird verworfen, da $T = 4.781 > F_{0.95;3;27} = 2.960$ ist.

SAS-Programm

```
DATA Fernsehen;
   INPUT id Jahr Stunden @@;
   DATALINES;
   1 1 5  1 2 3  1 3 3  1 4 3
   . . .
   10 1 2  10 2 1  10 3 1  10 4 1
   ; RUN;
```

```
PROC FREQ DATA = Fernsehen;
   TABLES id*Jahr*stunden / CMH2 SCORES = RANK;
RUN;
```

Der Friedman-Test berechnet als Teststatistik 9.9036 und als p-Wert 0.0194, daher wird die Nullhypothese verworfen. Es gibt signifikante Unterschiede in der Fernsehdauer.

R-Programm

```
fernsehen = matrix(c(3,3,3,5,5,4.5,5,6,2,3,3,5,1.5,1,2,3.5,
                     4,4,5,5,1,3.5,3.5,4.5,3,3,3.5,2.5,5,6,5,
                     6,3,5,4,3,1,1,1,2), 10, 4, byrow = TRUE)
friedman.test(fernsehen)
quade.test(fernsehen)
library(concord)
kendall.w(fernsehen,ranks=FALSE)
page.trend.test(fernsehen)
```

Alle Tests zeigen ein signifikantes Ergebnis mit folgenden Teststatistiken bzw. p-Werten:

- Friedman-Test ($F_c = 9.9036$, $p = 0.01940$)

- Kendall-Test ($W = 0.3301205$, $p < 0.05$)

- Quade-Test ($T = 4.781$, $p < 0.00846$)

- Page-Test ($L = 276$, $p < 0.01$)

8.3 Eiscreme

Die Durbin-Teststatistik ergibt sich aus:

$$D = \frac{12 \cdot 6}{3 \cdot 7 \cdot 8} \cdot \left[\left(8 - \frac{3 \cdot 4}{2} \right)^2 + (9-6)^2 + (4-6)^2 + (3-6)^2 + \right.$$

$$\left. + (5-6)^2 + (6-6)^2 + (7-6)^2 \right] = 12$$

Die Nullhypothese wird beibehalten, da $\chi^2_{0.95;6} = 12.5916 > 12 = D$ ist. Es gibt keine erkennbaren Unterschiede in der Präferenz.

R-Programm

```
Personen = gl(7,3)
Eissorten = c(1,2,4,2,3,5,3,4,6,4,5,7,1,5,6,2,6,7,1,3,7)
Bewertung = c(2,3,1,3,1,2,2,1,3,1,2,3,3,1,2,3,1,2,3,1,2)
library(agricolae)
durbin.test(Personen, Eissorten,Bewertung,group=TRUE)
```

Neben der Teststatistik (12) wird auch der p-Wert ausgegeben (0.0619688), auch hier muss die Nullhypothese beibehalten werden.

8.4 Diätstudie

Die händische Berechnung der Teststatistik ergibt:

$$Q = \frac{9 \cdot 8 \left(2(3 - 3.\dot{4})^2 + 4(5 - 3.\dot{4})^2 + (1 - 3.\dot{4})^2 + 2(2 - 3.\dot{4})^2\right)}{9 \cdot 31 - 163} = 12.552$$

Die Nullhypothese muss beibehalten werden, da $\chi^2_{0.95;8} = 15.507 > 12.552 = Q$ ist. Es können keine signifikanten Unterschiede festgestellt werden.

R-Programm

```
Gewicht = matrix(c(0,1,1,0,1,1,0,1,0,1,0,0,0,
        1,1,0,1,0,1,1,1,0,0,1,0,1,0,0,1,1,1,1,0,
        0,1,1,1,0,1,1,0,0,1,1,0,1,1,1,1,0,1,1,
        0,1,0), 6, 9, byrow = TRUE)
friedman.test(Gewicht)
quade.test(Gewicht)
```

SAS-Programm

```
DATA Gewicht;
    INPUT id Woche $ abnahme @@;
    DATALINES;
    1 1 0 1 2 1 1 3 1 1 4 0 1 5 1 1 6 1 1 7 0 1 8 1 1 9 0
    . . .
    6 1 1 6 2 1 6 3 1 6 4 0 6 5 1 6 6 1 6 7 0 6 8 1 6 9 0
    ;
    RUN;

PROC FREQ DATA = Gewicht;
    TABLES id*woche*abnahme / CMH2 SCORES = RANK;
RUN;
```

Lösungen zu Kapitel 9

9.1 Interesse an Sportübertragung

SAS-Syntax:

```
DATA Sport;
INPUT Interesse Geschlecht Anzahl;
DATALINES;
    0   0   60
    0   1   70
    1   0   30
    1   1   80
    ;
RUN;
PROC FREQ DATA=Sport;
    WEIGHT Anzahl;
    TABLES Interesse*Geschlecht
        /  CHISQ;
RUN;
```

Sowohl mit dem Chi-Quadrat-Test (Teststatistik 9.0629, p-Wert 0.0026), als auch nach dem Fisher-Test (Teststatistik 60, einseitiger p-Wert 0.0019, zweiseitiger p-Wert 0.0032) kann die Nullhypothese verworfen werden. Das Interesse ist signifikant vom Geschlecht abhängig (zweiseitiger Test), Männer haben mehr Interesse als Frauen (einseitiger Test).

R-Syntax:

```
Interesse=matrix(c(60,70,30,80),ncol=2)
chisq.test(Interesse,simulate.p.value=TRUE, B=1000000)
chisq.test(Interesse,simulate.p.value=FALSE)
fisher.test(Interesse)
fisher.test(Interesse, alternative = "greater")
```

Sowohl mit dem Chi-Quadrat-Test (Teststatistik 9.0629, simulierter p-Wert 0.003259, Teststatistik mit Stetigkeitskorrektur 8.2752, p-Wert 0.004019), als auch nach dem Fisher-Test (einseitiger p-Wert 0.001906, zweiseitiger p-Wert 0.003196) kann die Nullhypothese verworfen werden. Das Interesse ist signifikant vom Geschlecht abhängig (zweiseitiger Test), Männer haben mehr Interesse als Frauen (einseitiger Test).

9.2 Körpergröße und Gewicht

SAS-Syntax:

```
DATA Korrelation;
   INPUT Groesse Gewicht;
   DATALINES;
   175     75
       . . .
   183     82
   ;
   RUN;
PROC CORR DATA = Korrelation;
   VAR Groesse Gewicht;
RUN;
PROC GPLOT;
      PLOT Gewicht*Groesse;
RUN;
```

Der Korrelationskoeffizient nach Bravais-Pearson beträgt 0.72672 mit einem (zweiseitigen) p-Wert von 0.0173. Somit gibt es einen signifikanten Zusammenhang zwischen Körpergröße und Gewicht. Der Korrelationskoeffizient wurde nur auf signifikante Abweichung zu Null getestet, daher wurde auch nur nachgewiesen, dass ein Zusammenhang besteht. Damit kann aber keine Aussage über die Stärke des Zusammenhanges in der Grundgesamtheit getätigt werden. Nur für die Stichprobe darf zu Recht behauptet werden, dass ein eher starker Zusammenhang vorliegt.

R-Syntax:

```
Groesse = c(175,175,184,180,173,173,184,179,168,183)
Gewicht = c(75,73,74,82,77,70,88,68,60,82)
cor.test(Groesse,Gewicht,alternative="t",method="pearson")
cor.test(Groesse,Gewicht,alternative="g",method="pearson")
plot(Groesse, Gewicht)
```

In R kann einseitig oder zweiseitig getestet werden. Der zweiseitige p-Wert (0.01727) zeigt einen signifikanten Zusammenhang zwischen Größe und Gewicht, der einseitige p-Wert zeigt eine signifikante positive Korrelation (größere Menschen haben tendenziell mehr Gewicht). Wie leicht nachzurechnen ist ergibt sich der einseitige p-Wert direkt aus dem zweiseitigen p-Wert bei Division durch 2.

9.3 Lehrveranstaltung

SAS-Syntax:

```
DATA LVA;
    INPUT Klausur Eindruck;
    DATALINES;
    1  1
    6  2
    7  7
    5  3
    2  4
    4  5
    3  6
    ;
RUN;
PROC CORR DATA = LVA SPEARMAN;
    VAR Klausur Eindruck;
RUN;
PROC CORR DATA = LVA KENDALL;
    VAR Klausur Eindruck;
RUN;
```

Der Korrelationskoeffizient nach Spearman beträgt 0.39286 und ist nicht signifikant (p=0.3833). Auch der Korrelationskoeffizient nach Kendall (0.2381) ist nicht signifikant (p=0.4527). Es kann kein Zusammenhang zwischen Eindruck und Leistung bei der Klausur nachgewiesen werden.

R-Syntax:

```
Klausur = c(1,6,7,5,2,4,3)
Eindruck = c(1,2,7,3,4,5,6)
cor.test(Klausur,Eindruck,alternative="t",method="spearman")
cor.test(Klausur,Eindruck,alternative="g",method="spearman")
cor.test(Klausur,Eindruck,alternative="t",method="kendall")
cor.test(Klausur,Eindruck,alternative="g",method="kendall")
```

Neben dem Korrelationskoeffizienten nach Spearman (0.3928571) und dessen p-Wert (zweiseitig 0.3956, einseitig 0.1978) wird auch die Teststatistik ausgegeben (S=34). Auch beim Korrelationskoeffizienten nach Kendall (0.2380952) und den zugehörigen p-Werten (einseitig 0.2810, zweiseitig 0.5619) wird zusätzlich noch die Teststatistik ausgegeben (13). Es konnte kein Zusammenhang zwischen dem Eindruck und der Klausur nachgewiesen werden.

9.4 Abfahrtslauf

Zeit ist zwar ein metrisches Merkmal, aber die Startnummer ist lediglich eine Reihenfolge und daher ordinal. Zum Messen und Testen des Zusammenhanges sind daher der Korrelationskoeffizient nach Spearman bzw. Kendall geeignet. Für die Analyse werden die Zeiten in Platzierungen umgewandelt (= Ränge zugeordnet).

Für die Syntax sei auf die Lösung des Beispiels 9.3 verwiesen.

Die Korrelation nach Spearman beträgt 0.4048 und ist nicht signifikant (einseitiger p-Wert 0.1634), auch die Korrelation nach Kendall (0.3571) ist nicht signifikant (einseitiger p-Wert 0.1375). Ein Zusammenhang zwischen Startnummer und Platzierung kann daher nicht nachgewiesen werden.

9.5 Freude an der Schule

Als Tests bieten sich der Chi-Quadrat-Test auf Unabhängigkeit und der Fisher-Test an.

Für die Syntax sei auf die Lösung des Beispiels 9.1 verwiesen.

Der Chi-Quadrat-Test (Teststatistik ohne Stetigkeitskorrektur 91.4623) und der Fisher-Test zeigen einen signifikanten Zusammenhang zwischen Geschlecht und Freude an der Schule mit einem p-Wert, der sehr nahe bei Null liegt (<.0001 bzw. 6.681E-22). Jungen haben signifikant weniger Freude an der Schule als Mädchen (Fisher-Test, einseitiger p-Wert 1.025E-21).

Lösungen zu Kapitel 10

10.1 Histogramm

R-Syntax:

```
Gewicht = read.table("C:/Pfad/Gewicht.txt", header = TRUE)
summary(Gewicht$Gewicht)
hist(Gewicht$Gewicht,breaks = seq(40,180,10),freq = FALSE,
    main = "Histogramm des Gewichtes der Patienten",
    ylab = "Dichte", xlab = "Gewicht in kg",
    col = "grey")
hist(Gewicht$Gewicht,
    breaks=c(40,61,68,72,76,80,85,90,98,180),
    freq = FALSE, main = "Histogramm des Gewichtes der
    Patienten mit verschiedenen Intervallbreiten",
    ylab = "Dichte", xlab = "Gewicht in kg", col = "grey")
```

SAS-Syntax:

```
PROC IMPORT DATAFILE='C:\Pfadangaben\Gewicht.txt'
   OUT = Gewichtsdaten;
   GETNAMES = yes;
RUN;
PROC UNIVARIATE DATA = Gewichtsdaten;
   TITLE1 'Histogramm des Gewichtes der Patienten';
   VAR Gewicht;
   LABEL Gewicht = 'Gewicht in kg';
   HISTOGRAM gewicht /
       MIDPOINTS = (45 55 65 75 85 95 105 115
                    125 135 145 155 165 175)
       VSCALE = PROPORTION
       NOFRAME
       CFILL = LTGRAY
       VAXISLABEL = 'Dichte';
RUN;
```

10.2 Mittlere Abweichung

Die mittleren Abweichungen sind kein gutes Maß für die Güte der Approximation, da die Abweichungen vorzeichenbehaftet sind und sich daher positive und negative Abweichungen aufheben (können). Es ist z.B. möglich mit einer konstanten Funktion eine Gerade mit positiver Steigung anzunähern, sodass der mittlere Fehler gleich 0 ist. Bessere Maße bilden:

- Mittel der quadrierten Abweichungen $\frac{1}{n}\sum_{i=1}^{n}\varepsilon_i^2$

- Mittel der absoluten Abweichungen $\frac{1}{n}\sum_{i=1}^{n}|\varepsilon_i|$

10.3 Kerndichteschätzung

R-Syntax:

```
Gewicht = read.table("C:/Pfad/Gewicht.txt", header = TRUE)
plot(density(Gewicht$Gewicht, bw=1, kernel = "gaussian"),
    main = "Approximation mit Gausskern",
    xlab = "Gewicht", ylab = "Dichte")
plot(density(Gewicht$Gewicht, bw=1, kernel = "triangular"),
    main = "Approximation mit Dreieckskern",
    xlab = "Gewicht", ylab = "Dichte")
```

SAS-Syntax:

```
PROC IMPORT DATAFILE='C:\Pfad\Gewicht.txt'
   OUT = Gewichtsdaten;
   GETNAMES = yes;
RUN;
PROC UNIVARIATE DATA = Gewichtsdaten;
   TITLE1 'SAS-Histogramm mit Dreieckskern';
   LABEL  Gewicht = 'Gewicht der Patienten';
   HISTOGRAM Gewicht /
      KERNEL(k = triangular COLOR = red)
      NOFRAME CFILL = LTGRAY
      VSCALE = PROPORTION
      VAXISLABEL = 'relative Häufigkeit';
RUN;

PROC UNIVARIATE DATA = Gewichtsdaten;
   TITLE1 'SAS-Histogramm mit Dreieckskern';
   LABEL  Gewicht = 'Gewicht der Patienten';
   HISTOGRAM Gewicht /
      KERNEL(k = normal COLOR = red)
      NOFRAME CFILL = LTGRAY
      VSCALE = PROPORTION
      VAXISLABEL = 'relative Häufigkeit';
RUN;
```

10.4 Optimale Bandbreite

R-Syntax:

```
Gewicht = read.table("C:/Pfad/Gewicht.txt", header = TRUE)
var(Gewicht$Gewicht)
length(Gewicht$Gewicht)
plot(density(Gewicht$Gewicht,bw=4.5653,kernel="gaussian"),
   main = "Approximation mit Gausskern",
   xlab = "Gewicht", ylab = "Dichte")
```

Einlesen der Daten in R zur Berechnung der Stichprobenvarianz und Ausgabe der Varianz (253.9741) sowie der Länge des Datensatzes (n=1014). Berechnung des Integrals für den Gauß-Kern:

$$K = \int_{-\infty}^{\infty} \left(\frac{1}{\sqrt{2\pi}} e^{-\frac{1}{2}u^2} \right)^2 du = 0.282095$$

Einsetzen in die Formel für die optimale Bandbreite ergibt

$$h_{opt} \leq 1.473\sqrt{s^2}\left(\frac{\int K(u)^2 du}{N\sigma^4}\right)^{\frac{1}{5}}$$

$$h_{opt} \leq 1.473\sqrt{253.9741}\left(\frac{0.282095}{1014 \cdot 1^2}\right)^{\frac{1}{5}}$$

$$h_{opt} \leq 4.5653$$

Mit Hilfe der Silverman Daumenregel erhält man

$$h = 1.06\sqrt{s^2}N^{-\frac{1}{5}} = 1.06\sqrt{253.9741}1014^{-\frac{1}{5}} = 4.23149$$

als obere Schranke für die optimale Bandbreite.

10.5 Kleinst-Quadrat-Schätzung

R-Syntax:

```
plot(trees$Girth,trees$Height,
   main="Streudiagramm",
   xlab="Durchmesser in inches", ylab="Höhe in ft")
linreg=lm(trees$Height ~ trees$Girth)
abline(linreg)

coefficients(linreg)
fitted.values(linreg)
residuals(linreg)
sum(residuals(linreg)^2)
summary(linreg)
```

SAS-Syntax:

```
PROC IMPORT DATAFILE='C:\Pfad\baueme.txt'
   OUT = Baumdaten;
   GETNAMES = yes;
RUN;
PROC REG DATA = Baumdaten;
      MODEL hoehe=durchmesser;
      PLOT hoehe*durchmesser;
RUN;
```

Die Regressionsgerade mit den Kleinst-Quadrat-Schätzern lautet:

$$Y = 62.0313 + 1.0544\,X$$

10.6 Verfahren von Theil

R-Syntax:

```
o = order(trees$Girth)
baeumeSort = cbind(trees$Girth[o], trees$Height[o])
alleSteigungen = matrix(nrow = 31, ncol = 31)
 for (i in 1:30){
   for (j in (i+1):31) {
    alleSteigungen[i,j]=(baeumeSort[j,2]-baeumeSort[i,2])
                      /(baeumeSort[j,1]-baeumeSort[i,1])
  }
 }
median(alleSteigungen,na.rm = TRUE)

alleIntercepts = matrix(nrow = 31, ncol = 31)
 for (i in 1:30){
   for (j in (i+1):31) {
    if((baeumeSort[j,1] != baeumeSort[i,1])){
       alleIntercepts[i,j] =
       (baeumeSort[j,1]*baeumeSort[i,2]
       - baeumeSort[i,1]*baeumeSort[j,2])/
        (baeumeSort[j,1]-baeumeSort[i,1])
     }
   }
 }
median(alleIntercepts,na.rm = TRUE)

n = 31
sum(alleIntercepts,na.rm=TRUE)/((n*(n-1))/2)
```

Im verbesserten Verfahren nach Theil ergibt sich:

$$Y = 62.61765 + 1.0 \ X$$

Verwendet man den Schätzer nach Randles und Wolfe, so erhält man:

$$Y = 65.85774 + 1.0 \ X$$

10.7 Regression mit Kerndichten

R-Syntax:

```
o = order(trees$Girth)
baeumeSort = cbind(trees$Girth[o], trees$Height[o])
plot(baeumeSort[,1], baeumeSort[,2],
    main = "Abhängigkeit der Höhe vom Durchmesser der Bäume",
    xlab = "Durchmesser in inches", ylab = "Höhe in ft")
    lines(ksmooth(baeumeSort[,1], baeumeSort[,2], "normal",
                bandwidth = 0.1),
        col = 3,lwd = 2)
    for (i in c(1,2,4,8)){
     lines(ksmooth(baeumeSort[,1], baeumeSort[,2], "normal",
                bandwidth = i),
         col = i,lwd = 2)
    }
    legend("top", legend = "Gauss-Kern ")
    legend("topleft",
         legend = c("h = 0.5","h = 1", "h = 2",
                "h = 4", "h = 8"),
         col = c(3,1,2,4,8),lwd = 2)

plot(baeumeSort[,1], baeumeSort[,2],
    sub = "Watson-Nadaraya-Schätzer",
    xlab = "Durchmesser in inches", ylab = "Höhe in ft")
    lines(ksmooth(baeumeSort[,1], baeumeSort[,2], "box",
            bandwidth = 0.1),
            col = 3,lwd = 2)
    for (i in c(1,2,4,8)){
     lines(ksmooth(baeumeSort[,1], baeumeSort[,2],
            "box", bandwidth = i), col = i,lwd = 2)
    }
    legend("top",legend = "Rechteck-Kern ")
    legend("topleft",
            legend = c("h = 0.5","h = 1", "h = 2",
                "h = 4", "h = 8"),
            col = c(3,1,2,4,8),lwd = 2)
```

11

Tabellen

11.1 Standardnormalverteilung

Verteilungsfunktion der Standardnormalverteilung

$$\Phi(-z) = 1 - \Phi(z)$$

Ablesebeispiel: $\Phi(-1.91) = 1 - \Phi(1.91) = 1 - 0.9719 = 0.0281$

z	0.00	0.01	0.02	0.03	0.04	0.05	0.06	0.07	0.08	0.09	z
0.0	0.5000	0.5040	0.5080	0.5120	0.5160	0.5199	0.5239	0.5279	0.5319	0.5359	0.0
0.1	0.5398	0.5438	0.5478	0.5517	0.5557	0.5596	0.5636	0.5675	0.5714	0.5753	0.1
0.2	0.5793	0.5832	0.5871	0.5910	0.5948	0.5987	0.6026	0.6064	0.6103	0.6141	0.2
0.3	0.6179	0.6217	0.6255	0.6293	0.6331	0.6368	0.6406	0.6443	0.6480	0.6517	0.3
0.4	0.6554	0.6591	0.6628	0.6664	0.6700	0.6736	0.6772	0.6808	0.6844	0.6879	0.4
0.5	0.6915	0.6950	0.6985	0.7019	0.7054	0.7088	0.7123	0.7157	0.7190	0.7224	0.5
0.6	0.7257	0.7291	0.7324	0.7357	0.7389	0.7422	0.7454	0.7486	0.7517	0.7549	0.6
0.7	0.7580	0.7611	0.7642	0.7673	0.7704	0.7734	0.7764	0.7794	0.7823	0.7852	0.7
0.8	0.7881	0.7910	0.7939	0.7967	0.7995	0.8023	0.8051	0.8079	0.8106	0.8133	0.8
0.9	0.8159	0.8186	0.8212	0.8238	0.8264	0.8289	0.8315	0.8340	0.8365	0.8389	0.9
1.0	0.8413	0.8438	0.8461	0.8485	0.8508	0.8531	0.8554	0.8577	0.8599	0.8621	1.0
1.1	0.8643	0.8665	0.8686	0.8708	0.8729	0.8749	0.8770	0.8790	0.8810	0.8830	1.1
1.2	0.8849	0.8869	0.8888	0.8907	0.8925	0.8944	0.8962	0.8980	0.8997	0.9015	1.2
1.3	0.9032	0.9049	0.9066	0.9082	0.9099	0.9115	0.9131	0.9147	0.9162	0.9177	1.3
1.4	0.9192	0.9207	0.9222	0.9236	0.9251	0.9265	0.9279	0.9292	0.9306	0.9319	1.4
1.5	0.9332	0.9345	0.9357	0.9370	0.9382	0.9394	0.9406	0.9418	0.9429	0.9441	1.5
1.6	0.9452	0.9463	0.9474	0.9484	0.9495	0.9505	0.9515	0.9525	0.9535	0.9545	1.6
1.7	0.9554	0.9564	0.9573	0.9582	0.9591	0.9599	0.9608	0.9616	0.9625	0.9633	1.7
1.8	0.9641	0.9649	0.9656	0.9664	0.9671	0.9678	0.9686	0.9693	0.9699	0.9706	1.8
1.9	0.9713	0.9719	0.9726	0.9732	0.9738	0.9744	0.9750	0.9756	0.9761	0.9767	1.9
2.0	0.9773	0.9778	0.9783	0.9788	0.9793	0.9798	0.9803	0.9808	0.9812	0.9817	2.0
2.1	0.9821	0.9826	0.9830	0.9834	0.9838	0.9842	0.9846	0.9850	0.9854	0.9857	2.1
2.2	0.9861	0.9864	0.9868	0.9871	0.9875	0.9878	0.9881	0.9884	0.9887	0.9890	2.2
2.3	0,9893	0.9896	0.9898	0.9901	0.9904	0.9906	0.9909	0.9911	0.9913	0.9916	2.3
2.4	0.9918	0.9920	0.9922	0.9925	0.9927	0.9929	0.9931	0.9932	0.9934	0.9936	2.4
2.5	0.9938	0.9940	0.9941	0.9943	0.9945	0.9946	0.9948	0.9949	0.9951	0.9952	2.5
2.6	0.9953	0.9955	0.9956	0.9957	0.9959	0.9960	0.9961	0.9962	0.9963	0.9964	2.6
2.7	0.9965	0.9966	0.9967	0.9968	0.9969	0.9970	0.9971	0.9972	0.9973	0.9974	2.7
2.8	0.9974	0.9975	0.9976	0.9977	0.9977	0.9978	0.9979	0.9979	0.9980	0.9981	2.8
2.9	0.9981	0.9982	0.9983	0.9983	0.9984	0.9984	0.9985	0.9985	0.9986	0.9986	2.9

Tabelle 1a: Ausgewählte Quantile der Standardnormalverteilung

p	0.8	0.9	0.95	0.975	0.98	0.99	0.995
z_p	0.84162	1.28155	1.6449	1.9600	2.0538	2.3264	2.5758

11.2 Student-Verteilung (t-Verteilung)

Tabelle 2: Quantile der Student-Verteilung $t_{n;p}$

				p					
n	80%	90%	95%	97.5%	99%	99.5%	99.9%	99.95%	n
1	1.3764	3.0777	6.3138	12.706	31.821	63.657	318.31	636.62	1
2	1.0607	1.8856	2.9200	4.3027	6.9646	9.9248	22.327	31.599	2
3	0.9785	1.6377	2.3534	3.1825	4.5407	5.8409	10.215	12.924	3
4	0.9410	1.5332	2.1319	2.7765	3.7470	4.6041	7.1732	8.6103	4
5	0.9195	1.4759	2.0151	2.5706	3.3649	4.0321	5.8934	6.8688	5
6	0.9057	1.4398	1.9432	2.4469	3.1427	3.7074	5.2076	5.9588	6
7	0.8960	1.4149	1.8946	2.3646	2.9980	3.4995	4.7853	5.4079	7
8	0.8889	1.3968	1.8596	2.3060	2.8965	3.3554	4.5008	5.0413	8
9	0.8830	1.3830	1.8331	2.2622	2.8214	3.2498	4.2968	4.7809	9
10	0.8791	1.3722	1.8125	2.2281	2.7638	3.1693	4.1437	4.5869	10
11	0.8755	1.3634	1.7959	2.2010	2.7181	3.1058	4.0247	4.4370	11
12	0.8726	1.3562	1.7823	2.1788	2.6810	3.0545	3.9296	4.3178	12
13	0.8702	1.3502	1.7709	2.1604	2.6503	3.0123	3.8520	4.2208	13
14	0.8681	1.3450	1.7613	2.1448	2.6245	2.9768	3.7874	4.1405	14
15	0.8662	1.3406	1.7531	2.1315	2.6025	2.9467	3.7328	4.0728	15
16	0.8647	1.3368	1.7459	2.1199	2.5835	2.9208	3.6862	4.0150	16
17	0.8633	1.3334	1.7396	2.1098	2.5669	2.8982	3.6458	3.9651	17
18	0.8621	1.3304	1.7341	2.1009	2.5524	2.8784	3.6105	3.9217	18
19	0.8610	1.3277	1.7291	2.0930	2.5395	2.8609	3.5794	3.8834	19
20	0.8600	1.3253	1.7247	2.0860	2.5280	2.8453	3.5518	3.8495	20
21	0.8591	1.3232	1.7207	2.0796	2.5177	2.8314	3.5272	3.8193	21
22	0.8583	1.3212	1.7171	2.0739	2.5083	2.8188	3.5050	3.7921	22
23	0.8575	1.3195	1.7139	2.0687	2.4999	2.8073	3.4850	3.7676	23
24	0.8569	1.3178	1.7109	2.0639	2.4922	2.7969	3.4668	3.7454	24
25	0.8562	1.3164	1.7081	2.0595	2.4851	2.7874	3.4502	3.7251	25
26	0.8557	1.3150	1.7056	2.0555	2.4786	2.7787	3.4350	3.7066	26
27	0.8551	1.3137	1.7033	2.0518	2.4727	2.7707	3.4210	3.6896	27
28	0.8547	1.3125	1.7011	2.0484	2.4671	2.7633	3.4082	3.6739	28
29	0.8542	1.3114	1.6991	2.0452	2.4620	2.7564	3.3962	3.6594	29
30	0.8538	1.3104	1.6973	2.0423	2.4573	2.7500	3.3852	3.6460	30
50	0.8489	1.2987	1.6759	2.0086	2.4033	2.6778	3.2614	3.4960	50
100	0.8452	1.2901	1.6602	1.9840	2.3642	2.6259	3.1737	3.3905	100
150	0.8440	1.2872	1.6551	1.9759	2.3515	2.6090	3.1455	3.3566	150
200	0.8434	1.2858	1.6525	1.9719	2.3451	2.6006	3.1315	3.3398	200
500	0.8423	1.2833	1.6479	1.9647	2.3338	2.5857	3.1066	3.3101	500
∞	0.8416	1.2816	1.6449	1.9600	2.3264	2.5758	3.0902	3.2905	∞

11.3 Chi-Qudrat-Verteilung

Quantile der Chi-Quadrat-Verteilung $\chi^2_{n;p}$

n	0.5%	1%	2.5%	5%	10%	50%	n
1	0.0000	0.0002	0.0010	0.0039	0.0158	0.4549	1
2	0.0100	0.0201	0.0506	0.1026	0.2107	1.3863	2
3	0.0717	0.1148	0.2158	0.3518	0.5844	2.3660	3
4	0.2070	0.2971	0.4844	0.7107	1.0636	3.3567	4
5	0.4117	0.5543	0.8312	1.1455	1.6103	4.3515	5
6	0.6757	0.8721	1.2373	1.6354	2.2041	5.3481	6
7	0.9893	1.2390	1.6899	2.1674	2.8331	6.3458	7
8	1.3444	1.2390	2.1797	2.7326	3.4895	7.3441	8
9	1.7349	1.2390	2.7004	3.3251	4.1682	8.3428	9
10	2.1559	2.5582	3.2470	3.3251	4.8652	9.3418	10
11	2.6032	3.0535	3.8158	4.5748	5.5778	10.3410	11
12	3.0738	3.5706	4.4038	5.2260	6.3038	11.3403	12
13	3.5650	4.1069	5.0088	5.8919	7.0415	12.3398	13
14	4.0747	4.6604	5.6287	6.5706	7.7895	13.3393	14
15	4.6009	5.2294	6.2621	7.2609	8.5468	14.3389	15
16	5.1422	5.8122	6.9077	7.9617	9.3122	15.3385	16
17	5.6972	6.4078	7.5642	8.6718	10.0852	16.3382	17
18	5.6972	7.0149	8.2308	9.3905	10.8649	17.3379	18
19	6.8440	7.6327	8.9065	10.1170	11.6509	18.3377	19
20	7.4338	8.2604	9.5908	10.8508	12.4426	19.3374	20
21	8.0337	8.8972	10.2829	11.5913	13.2396	20.3372	21
22	8.6427	9.5425	10.9823	12.3380	14.0415	21.3370	22
23	9.2604	10.1957	11.6886	13.0905	14.8480	22.3369	23
24	9.8862	10.8564	12.4012	13.8484	15.6587	23.3367	24
25	10.5197	11.5240	13.1197	14.6114	16.4734	24.3366	25
26	11.1602	12.1982	13.8439	15.3792	17.2919	25.3365	26
27	11.8076	12.8785	14.5734	16.1514	18.1139	26.3363	27
28	12.4613	13.5647	15.3079	16.9279	18.9392	27.3362	28
29	13.1212	14.2565	16.0471	17.7084	19.7677	28.3361	29
30	13.7867	14.9535	16.7908	18.4927	20.5992	29.3360	30
40	20.7065	22.1643	24.4330	26.5093	29.0505	39.3353	40
50	27.9908	29.7067	32.3574	34.7643	37.6887	49.3349	50
60	35.5345	37.4849	40.4818	43.1880	46.4589	59.3347	60
70	43.2752	45.4417	48.7576	51.7393	55.3289	69.3345	70
80	51.1719	53.5401	57.1532	60.3915	64.2778	79.3343	80
90	59.1963	61.7541	65.6466	69.1260	73.2911	89.3342	90
100	67.3276	70.0649	74.2219	77.9295	82.3581	99.3341	100

n	50%	90%	95%	p 97.5%	99%	99.5%	n
1	0.4549	2.7055	3.8415	5.0239	6.6349	7.8794	1
2	1.3863	4.6052	5.9915	7.3778	9.2103	10.5966	2
3	2.3660	6.2514	7.8147	9.3484	11.3449	12.8382	3
4	3.3567	7.7794	9.4877	11.1433	13.2767	14.8603	4
5	4.3515	9.2364	11.0705	12.8325	15.0863	16.7496	5
6	5.3481	10.6446	12.5916	14.4494	16.8119	18.5476	6
7	6.3458	12.0170	14.0671	16.0128	18.4753	20.2777	7
8	7.3441	13.3616	15.5073	17.5346	20.0902	21.9550	8
9	8.3428	14.6837	16.9190	19.0228	21.6660	23.5894	9
10	9.3418	15.9872	18.3070	20.4832	23.2093	25.1882	10
11	10.3410	17.2750	19.6751	21.9201	24.7250	26.7569	11
12	11.3403	18.5494	21.0261	23.3367	26.2170	28.2995	12
13	12.3398	19.8119	22.3620	24.7356	27.6883	29.8195	13
14	13.3393	21.0641	23.6848	26.1190	29.1412	31.3194	14
15	14.3389	22.3071	24.9958	27.4884	30.5779	32.8013	15
16	15.3385	23.5418	26.2962	28.8454	31.9999	34.2672	16
17	16.3382	24.7690	27.5871	30.1910	33.4087	35.7185	17
18	17.3379	25.9894	28.8693	31.5264	34.8053	37.1565	18
19	18.3377	27.2036	30.1435	32.8523	36.1909	38.5823	19
20	19.3374	28.4120	31.4104	34.1696	37.5662	39.9969	20
21	20.3372	29.6151	32.6706	35.4789	38.9322	41.4011	21
22	21.3370	30.8133	33.9244	36.7807	40.2894	42.7957	22
23	22.3369	32.0069	35.1725	38.0756	41.6384	44.1813	23
24	23.3367	33.1962	36.4150	39.3641	42.9798	45.5585	24
25	24.3366	34.3816	37.6525	40.6465	44.3141	46.9279	25
26	25.3365	35.5632	38.8851	41.9232	45.6417	48.2899	26
27	26.3363	36.7412	40.1133	43.1945	46.9629	49.6449	27
28	27.3362	37.9159	41.3371	44.4608	48.2782	50.9934	28
29	28.3361	39.0875	42.5570	45.7223	49.5879	52.3356	29
30	29.3360	40.2560	43.7730	46.9792	50.8922	53.6720	30
40	39.3353	51.8051	55.7585	59.3417	63.6907	66.7660	40
50	49.3349	63.1671	67.5048	71.4202	76.1539	79.4900	50
60	59.3347	74.3970	79.0819	83.2977	88.3794	91.9517	60
70	69.3345	85.5270	90.5312	95.0232	100.425	104.215	70
80	79.3343	96.5782	101.879	106.629	112.329	116.321	80
90	89.3342	107.565	113.145	118.136	124.116	128.299	90
100	99.3341	118.498	124.342	129.561	135.807	140.169	100

11.4 Kolmogorov-Smirnov-Anpassungstest

Die Tabelle gibt Quantile k_p der K-S-Teststatistik an.

p	0.8	0.9	0.92	0.95	0.96	0.98	0.99
$n = 1$	0.900	0.950	0.960	0.975	0.980	0.990	0.995
2	0.684	0.776	0.800	0.842	0.859	0.900	0.929
3	0.565	0.636	0.658	0.708	0.729	0.785	0.829
4	0.493	0.565	0.585	0.624	0.641	0.689	0.734
5	0.447	0.509	0.527	0.563	0.580	0.627	0.669
6	0.410	0.468	0.485	0.519	0.534	0.577	0.617
7	0.381	0.436	0.452	0.483	0.497	0.538	0.576
8	0.358	0.410	0.425	0.454	0.468	0.507	0.542
9	0.339	0.387	0.402	0.430	0.443	0.480	0.513
10	0.323	0.369	0.382	0.409	0.421	0.457	0.489
11	0.308	0.352	0.365	0.391	0.403	0.437	0.468
12	0.296	0.338	0.351	0.375	0.387	0.419	0.449
13	0.285	0.325	0.338	0.361	0.372	0.404	0.432
14	0.275	0.314	0.326	0.349	0.359	0.390	0.418
15	0.266	0.304	0.315	0.338	0.348	0.377	0.404
16	0.258	0.295	0.306	0.327	0.337	0.366	0.392
17	0.250	0.286	0.297	0.318	0.327	0.355	0.381
18	0.244	0.279	0.289	0.309	0.319	0.346	0.371
19	0.237	0.271	0.281	0.301	0.310	0.337	0.361
20	0.232	0.265	0.275	0.294	0.303	0.329	0.352
21	0.226	0.259	0.268	0.287	0.296	0.321	0.344
22	0.221	0.253	0.262	0.281	0.289	0.314	0.337
23	0.216	0.247	0.257	0.275	0.283	0.307	0.330
24	0.212	0.242	0.251	0.269	0.277	0.301	0.323
25	0.208	0.238	0.246	0.264	0.272	0.295	0.317
26	0.204	0.233	0.242	0.259	0.267	0.290	0.311
27	0.200	0.229	0.237	0.254	0.262	0.284	0.305
28	0.197	0.225	0.233	0.250	0.257	0.279	0.300
29	0.193	0.221	0.229	0.246	0.253	0.275	0.295
30	0.190	0.218	0.226	0.242	0.249	0.270	0.290
31	0.187	0.214	0.222	0.238	0.245	0.266	0.285
32	0.184	0.211	0.219	0.234	0.241	0.262	0.281
33	0.182	0.208	0.215	0.231	0.238	0.258	0.277
34	0.179	0.205	0.212	0.227	0.234	0.254	0.273
35	0.177	0.202	0.209	0.224	0.231	0.251	0.269
36	0.174	0.199	0.206	0.221	0.228	0.247	0.265
37	0.172	0.196	0.204	0.218	0.225	0.244	0.262
38	0.170	0.194	0.201	0.215	0.222	0.241	0.258
39	0.168	0.191	0.199	0.213	0.219	0.238	0.255
40	0.165	0.189	0.196	0.210	0.216	0.235	0.252
$n > 40$	$\dfrac{1.07}{\sqrt{n}}$	$\dfrac{1.22}{\sqrt{n}}$	$\dfrac{1.27}{\sqrt{n}}$	$\dfrac{1.36}{\sqrt{n}}$	$\dfrac{1.40}{\sqrt{n}}$	$\dfrac{1.52}{\sqrt{n}}$	$\dfrac{1.63}{\sqrt{n}}$

11.5 Lilliefors-Test auf Normalverteilung

Die Tabelle gibt Quantile k_p der Lilliefors-Teststatistik für einen Test auf Normalverteilung mit zwei geschätzten Parametern an.

p	0.80	0.85	0.90	0.95	0.99
$n = 4$	0.300	0.319	0.352	0.381	0.417
5	0.285	0.299	0.315	0.337	0.405
6	0.265	0.277	0.294	0.319	0.364
7	0.247	0.258	0.276	0.300	0.348
8	0.233	0.244	0.261	0.285	0.331
9	0.223	0.233	0.249	0.271	0.311
10	0.215	0.224	0.239	0.258	0.294
11	0.206	0.217	0.230	0.249	0.284
12	0.199	0.212	0.223	0.242	0.275
13	0.190	0.202	0.214	0.234	0.268
14	0.183	0.194	0.207	0.227	0.261
15	0.177	0.187	0.201	0.220	0.257
16	0.173	0.182	0.195	0.213	0.250
17	0.169	0.177	0.189	0.206	0.245
18	0.166	0.173	0.184	0.200	0.239
19	0.163	0.169	0.179	0.195	0.235
20	0.160	0.166	0.174	0.190	0.231
25	0.142	0.147	0.158	0.173	0.200
30	0.131	0.136	0.144	0.161	0.187
$n > 30$	$\dfrac{0.736}{\sqrt{n}}$	$\dfrac{0.768}{\sqrt{n}}$	$\dfrac{0.805}{\sqrt{n}}$	$\dfrac{0.886}{\sqrt{n}}$	$\dfrac{1.031}{\sqrt{n}}$

11.6 Wilcoxon-Vorzeichen-Rangtest

Die Tabelle gibt kritische Werte der W_n^+–Statistik für $\alpha \leq 0.4$ an mit $P(W^+ \leq \omega_\alpha^+) \geq \alpha$ und $P(W_n^+ < \omega_\alpha^+) \leq \alpha$. Kritische Werte ω_α^+ für $\alpha \geq 0.6$ können über die Beziehung $\omega_\alpha^+ = n(n+1)/2 - \omega_{1-\alpha}^+$ berechnet werden.

n	$\omega_{0.005}^+$	$\omega_{0.01}^+$	$\omega_{0.025}^+$	$\omega_{0.05}^+$	$\omega_{0.10}^+$	$\omega_{0.20}^+$	$\omega_{0.30}^+$	$\omega_{0.40}^+$	$\frac{n(n+1)}{2}$
4	0	0	0	0	1	3	3	4	10
5	0	0	0	1	3	4	5	6	15
6	0	0	1	3	4	6	8	9	21
7	0	1	3	4	6	9	11	12	28
8	1	2	4	6	9	12	14	16	36
9	2	4	6	9	11	15	18	20	45
10	4	6	9	11	15	19	22	25	55
11	6	8	11	14	18	23	27	30	66
12	8	10	14	18	22	28	32	36	78
13	10	13	18	22	27	33	38	42	91
14	13	16	22	26	32	39	44	48	105
15	16	20	26	31	37	45	51	55	120
16	20	24	30	36	43	51	58	63	136
17	24	28	35	42	49	58	65	71	153
18	28	33	41	48	56	66	73	80	171
19	33	38	47	54	63	74	82	89	190
20	38	44	53	61	70	82	91	98	210

11.7 Wald-Wolfowitz-Iterationstest

Die Tabelle gibt kritische Werte r_α der Statistik R an. Für Stichprobenumfänge m, n, die nicht angeführt sind, können die nächstliegenden (m, n)-Kombinationen als gute Approximation benutzt werden.

m	n	$r_{0.005}$	$r_{0.01}$	$r_{0.025}$	$r_{0.05}$	$r_{0.10}$	$r_{0.90}$	$r_{0.95}$	$r_{0.975}$	$r_{0.99}$	$r_{0.995}$
2	5	—	—	—	—	3	—	—	—	—	—
	8	—	—	—	3	3	—	—	—	—	—
	11	—	—	—	3	3	—	—	—	—	—
	14	—	—	3	3	3	—	—	—	—	—
	17	—	—	3	3	3	—	—	—	—	—
	20	—	3	3	3	4	—	—	—	—	—
5	5	—	3	3	4	4	8	8	9	9	—
	8	3	3	4	4	5	9	10	10	—	—
	11	4	4	5	5	6	10	—	—	—	—
	14	4	4	5	6	6	—	—	—	—	—
	17	4	5	5	6	7	—	—	—	—	—
	20	5	5	6	6	7	—	—	—	—	—
8	8	4	5	5	6	6	12	12	13	13	14
	11	5	6	6	7	8	13	14	14	15	15
	14	6	6	7	8	8	14	15	15	16	16
	17	6	7	8	8	9	15	15	16	—	—
	20	7	7	8	9	10	15	16	16	—	—
11	11	6	7	8	8	9	15	16	16	17	18
	14	7	8	9	9	10	16	17	18	19	19
	17	8	9	10	10	11	17	18	19	20	21
	20	9	9	10	11	12	18	19	20	21	21
14	14	8	9	10	11	12	18	19	20	21	22
	17	9	10	11	12	13	20	21	22	23	23
	20	10	11	12	13	14	21	22	23	24	24
17	17	11	11	12	13	14	22	23	24	25	25
	20	12	12	14	14	16	23	24	25	26	27
20	20	13	14	15	16	17	25	26	27	28	29

11.8 Kolmogorov-Smirnov-Zweistichprobentest ($m = n$)

Die Tabelle gibt kritische Werte der Statistiken $K_{n,n}$, $K_{n,n}^+$ und $K_{n,n}^-$ für den zweiseitigen bzw. einseitigen Test an.

für p	0.8	0.9	0.95	0.98	0.99
$n = 3$	2/3	2/3			
4	3/4	3/4	3/4		
5	3/5	3/5	4/5	4/5	4/5
6	3/6	4/6	4/6	5/6	5/6
7	4/7	4/7	5/7	5/7	5/7
8	4/8	4/8	5/8	5/8	6/8
9	4/9	5/9	5/9	6/9	6/9
10	4/10	5/10	6/10	6/10	7/10
11	5/11	5/11	6/11	7/11	7/11
12	5/12	5/12	6/12	7/12	7/12
13	5/13	6/13	6/13	7/13	8/13
14	5/14	6/14	7/14	7/14	8/14
15	5/15	6/15	7/15	8/15	8/15
16	6/16	6/16	7/16	8/16	9/16
17	6/17	7/17	7/17	8/17	9/17
18	6/18	7/18	8/18	9/18	9/18
19	6/19	7/19	8/19	9/19	9/19
20	6/20	7/20	8/20	9/20	10/20
21	6/21	7/21	8/21	9/21	10/21
22	7/22	8/22	8/22	10/22	10/22
23	7/23	8/23	9/23	10/23	10/23
24	7/24	8/24	9/24	10/24	11/24
25	7/25	8/25	9/25	10/25	11/25
26	7/26	8/26	9/26	10/26	11/26
27	7/27	8/27	9/27	11/27	11/27
28	8/28	9/28	10/28	11/28	12/28
29	8/29	9/29	10/29	11/29	12/29
30	8/30	9/30	10/30	11/30	12/30
31	8/31	9/31	10/31	11/31	12/31
32	8/32	9/32	10/32	12/32	12/32
34	8/34	10/34	11/34	12/34	13/34
36	9/36	10/36	11/36	12/36	13/36
38	9/38	10/38	11/38	13/38	14/38
40	9/40	10/40	12/40	13/40	14/40
Approximation für $n > 40$	$\dfrac{1.52}{\sqrt{n}}$	$\dfrac{1.73}{\sqrt{n}}$	$\dfrac{1.92}{\sqrt{n}}$	$\dfrac{2.15}{\sqrt{n}}$	$\dfrac{2.30}{\sqrt{n}}$

11.9   Kolmogorov-Smirnov-Zweistichprobentest $(m \neq n)$

Die Tabelle gibt kritische Werte der Statistiken $K_{m,n}$, $K_{m,n}^{+}$ und $K_{m,n}^{-}$ für den zweiseitigen bzw. einseitigen Test an.

k_p	für p	0.8	0.9	0.95	0.98	0.99
$m = 1$	$n = 9$	17/18				
	10	9/10				
$m = 2$	$n = 3$	5/6				
	4	3/4				
	5	4/5	4/5			
	6	5/6	5/6			
	7	5/7	6/7			
	8	3/4	7/8	7/8		
	9	7/9	8/9	8/9		
	10	7/10	4/5	9/10		
$m = 3$	$n = 4$	3/4	3/4			
	5	2/3	4/5	4/5		
	6	2/3	2/3	5/6		
	7	2/3	5/7	6/7	6/7	
	8	5/8	3/4	3/4	7/8	
	9	2/3	2/3	7/9	8/9	8/9
	10	3/5	7/10	4/5	9/10	9/10
	12	7/12	2/3	3/4	5/6	11/12
$m = 4$	$n = 5$	3/5	3/4	4/5	4/5	
	6	7/12	2/3	3/4	5/6	5/6
	7	17/28	5/7	3/4	6/7	6/7
	8	5/8	5/8	3/4	7/8	7/8
	9	5/9	2/3	3/4	7/9	8/9
	10	11/20	13/20	7/10	4/5	4/5
	12	7/12	2/3	2/3	3/4	5/6
	16	9/16	5/8	11/16	3/4	13/16
$m = 5$	$n = 6$	3/5	2/3	2/3	5/6	5/6
	7	4/7	23/35	5/7	29/35	6/7
	8	11/20	5/8	27/40	4/5	4/5
	9	5/9	3/5	31/45	7/9	4/5
	10	1/2	3/5	7/10	7/10	4/5
	15	8/15	3/5	2/3	11/15	11/15
	20	1/2	11/20	3/5	7/10	3/4

k_p	für p	0.8	0.9	0.95	0.98	0.99
$m = 6$	$n = 7$	23/42	4/7	29/42	5/7	5/6
	8	1/2	7/12	2/3	3/4	3/4
	9	1/2	5/9	2/3	13/18	7/9
	10	1/2	17/30	19/30	7/10	11/15
	12	1/2	7/12	7/12	2/3	3/4
	18	4/9	5/9	11/18	2/3	13/18
	24	11/24	1/2	7/12	5/8	2/3
$m = 7$	$n = 8$	27/56	33/56	5/8	41/56	3/4
	9	31/63	5/9	40/63	5/7	47/63
	10	33/70	39/70	43/70	7/10	5/7
	14	3/7	1/2	4/7	9/14	5/7
	28	3/7	13/28	15/28	17/28	9/14
$m = 8$	$n = 9$	4/9	13/24	5/8	2/3	3/4
	10	19/40	21/40	23/40	27/40	7/10
	12	11/24	1/2	7/12	5/8	2/3
	16	7/16	1/2	9/16	5/8	5/8
	32	13/32	7/16	1/2	9/16	19/32
$m = 9$	$n = 10$	7/15	1/2	26/45	2/3	31/45
	12	4/9	1/2	5/9	11/18	2/3
	15	19/45	22/45	8/15	3/5	29/45
	18	7/18	4/9	1/2	5/9	11/18
	36	13/36	5/12	17/36	19/36	5/9
$m = 10$	$n = 15$	2/5	7/15	1/2	17/30	19/30
	20	2/5	9/20	1/2	11/20	3/5
	40	7/20	2/5	9/20	1/2	
$m = 12$	$n = 15$	23/60	9/20	1/2	11/20	7/12
	16	3/8	7/16	23/48	13/24	7/12
	18	13/36	5/12	17/36	19/36	5/9
	20	11/30	5/12	7/15	31/60	17/30
$m = 15$	$n = 20$	7/20	2/5	13/30	29/60	31/60
$m = 16$	$n = 20$	27/80	31/80	17/40	19/40	41/80
Approximation $c = \sqrt{\frac{m+n}{mn}}$		1.07c	1.22c	1.36c	1.52c	1.63c

11.10 Cramér Zweistichprobentest

Die Tabelle gibt Wahrscheinlichkeiten $p = Pr(C \geq c)$ an.

$m = 4, n = 5$		$m = 4, n = 9$		$m = 4, n = 12$		$m = 5, n = 6$	
c	$100p$	c	$100p$	c	$100p$	c	$100p$
0.4037	9.52	0.4573	5.59	0.3750	9.23	0.3727	9.96
0.4093	7.94	0.4722	4.76	0.3958	7.80	0.4000	7.79
0.4704	4.76	0.4936	3.92	0.4479	5.82	0.4697	5.63
		0.5534	2.80	0.4687	4.95	0.4879	4.76
$m = 4, n = 6$		0.6090	2.24	0.5000	3.96	0.5455	3.90
c	$100p$	0.6133	1.96	0.5521	2.64	0.5697	2.60
0.3833	8.57	0.6731	1.40	0.5937	2.42	0.5879	2.16
0.4250	7.62	0.7222	.839	0.6042	1.98	0.6576	1.73
0.4833	5.71			0.6562	1.43	0.6636	1.30
0.4917	4.76	$m = 4, n = 10$		0.6979	.989		
0.5333	3.81	c	$100p$	0.7396	.769	$m = 5, n = 7$	
0.5500	2.86	0.3643	9.99	0.7917	.549	c	$100p$
		0.3929	7.99	0.8125	.440	0.3718	9.85
$m = 4, n = 7$		0.4393	5.99	0.8333	.330	0.4099	7.58
c	$100p$	0.4572	5.00			0.4385	5.81
0.3766	9.70	0.5072	4.00	$m = 4, n = 13$		0.4766	4.80
0.4026	7.88	0.5357	3.00	c	$100p$	0.5337	3.54
0.4416	5.45	0.5786	2.40	0.3620	9.92	0.5575	2.78
0.4968	4.85	0.6036	2.00	0.3880	7.98	0.6290	2.27
0.5520	3.64	0.6607	1.40	0.4401	5.97	0.6337	1.77
0.5974	2.42	0.7179	.999	0.4661	4.96	0.6718	1.26
0.6169	1.82	0.7429	.799	0.4989	3.95	0.7432	.758
		0.7643	.599	0.5419	2.94		
$m = 4, n = 8$				0.5713	2.44	$m = 5, n = 8$	
c	$100p$	$m = 4, n = 11$		0.6210	1.93	c	$100p$
0.4028	8.89	c	$100p$	0.6527	1.34	0.3692	9.63
0.4132	6.87	0.3647	9.82	0.7127	.924	0.3942	7.93
0.4653	5.25	0.4010	7.91	0.7330	.756	0.4583	5.91
0.4861	4.85	0.4359	5.86	0.7726	.588	0.4712	4.97
0.5069	3.64	0.4662	4.98	0.8224	.420	0.5135	3.88
0.6111	2.42	0.4980	3.96	0.8416	.336	0.5462	2.95
0.6528	1.62	0.5525	2.93	0.8620	.252	0.5865	2.49
0.6736	1.21	0.5722	2.34			0.6231	1.86
		0.6162	1.90	$m = 5, n = 5$		0.7019	1.40
$m = 4, n = 9$		0.6480	1.47	c	$100p$	0.7096	.932
c	$100p$	0.7465	.879	0.4500	8.73	0.7442	.777
0.3697	9.79	0.7571	.733	0.4900	4.76	0.8115	.466
0.4017	7.83	0.7798	.586	0.5700	3.17		
		0.8010	.440				

$m = 5, n = 9$		$m = 5, n = 11$		$m = 6, n = 7$		$m = 6, n = 9$	
c	$100p$	c	$100p$	c	$100p$	c	$100p$
0.3690	9.69	0.6153	1.97	0.3755	9.67	0.3704	9.71
0.3976	7.99	0.6540	1.47	0.4029	7.93	0.4000	7.95
0.4389	5.99	0.7131	.962	0.4451	5.94	0.4370	5.99
0.4770	4.90	0.7358	.778	0.4652	4.90	0.4741	4.88
0.5182	3.90	0.7881	.595	0.5055	3.96	0.5074	3.84
0.5468	3.00	0.8153	.458	0.5550	2.91	0.5518	2.92
0.5786	2.50	0.8722	.366	0.5879	2.33	0.5889	2.44
0.6008	2.00	0.8790	.275	0.6392	1.98	0.6185	1.92
0.6611	1.50	0.9108	.229	0.6685	1.40	0.6741	1.40
0.7024	.999	0.9540	.183	0.7234	.932	0.7111	.999
0.7690	.699	0.9676	.137	0.7656	.699	0.7555	.759
0.7722	.599			0.7766	.583	0.8185	.559
0.8071	.500	$m = 5, n = 12$		0.8516	.466	0.8333	.480
0.8579	.400	c	$100p$	0.8553	.350	0.8556	.400
0.8706	.300	0.3608	9.92			0.9037	.280
		0.3931	7.85	$m = 6, n = 8$		0.9111	.240
		0.4402	5.98	c	$100p$	0.9333	.200
$m = 5, n = 10$		0.4696	4.98	0.3661	9.52	1.0037	.120
c	$100p$	0.5029	3.94	0.4018	7.86		
0.3689	9.86	0.5441	2.97	0.4434	5.93	$m = 6, n = 10$	
0.4089	7.66	0.5745	2.49	0.4732	4.86	c	$100p$
0.4422	5.79	0.6147	1.94	0.5089	4.00	0.3646	9.84
0.4689	4.93	0.6480	1.49	0.5417	3.00	0.3979	7.89
0.5089	3.73	0.7137	.937	0.5923	2.40	0.4479	5.82
0.5622	2.93	0.7510	.776	0.6190	1.93	0.4687	4.95
0.6022	2.20	0.7794	.582	0.6786	1.27	0.5104	3.97
0.6089	1.86	0.8255	.485	0.7232	.999	0.5479	2.97
0.6489	1.47	0.8412	.388	0.7560	.799	0.5771	2.47
0.7222	.999	0.9128	.291	0.7827	.599	0.6146	2.00
0.7489	.799	0.9235	.194	0.8304	.466	0.6604	1.50
0.8222	.599	0.9941	.129	0.8423	.400	0.7271	.999
0.8289	.400	1.0078	.0970	0.9286	.266	0.7521	.749
0.9089	.266			0.9345	.200	0.7812	.599
0.9222	.200					0.8187	.500
		$m = 6, n = 6$				0.8437	.400
		c	$100p$			0.9021	.300
$m = 5, n = 11$		0.3750	9.31			0.9229	.250
c	$100p$	0.4306	6.71			0.9521	.200
0.3585	9.94	0.4861	5.41			0.9729	.150
0.3926	7.97	0.5139	3.90			1.0562	.0999
0.4426	6.00	0.5972	2.81			1.0646	.0749
0.4699	4.95	0.6250	1.95				
0.5017	3.94	0.6806	1.30				
0.5494	2.98	0.7639	.866				
0.5767	2.47						

$m = 6, n = 11$		$m = 7, n = 8$		$m = 7, n = 10$		$m = 8, n = 9$	
c	$100p$	c	$100p$	c	$100p$	c	$100p$
0.3609	9.97	0.3615	9.95	0.3597	9.98	0.3611	9.98
0.3966	8.00	0.3960	7.99	0.3941	7.99	0.3954	7.96
0.4385	5.96	0.4413	5.91	0.4403	5.99	0.4404	5.97
0.4661	4.99	0.4794	4.94	0.4723	5.00	0.4722	4.99
0.5044	3.99	0.5127	3.98	0.5042	3.97	0.5033	3.99
0.5499	2.96	0.5472	2.98	0.5445	2.99	0.5490	2.99
0.5766	2.49	0.5794	2.49	0.5815	2.50	0.5833	2.48
0.6114	1.99	0.6091	1.99	0.6118	1.98	0.6176	2.00
0.6560	1.49	0.6615	1.49	0.6605	1.47	0.6601	1.50
0.7264	.986	0.7270	.963	0.7218	.987	0.7230	.995
0.7522	.792	0.7698	.777	0.7555	.792	0.7467	.798
0.7950	.598	0.7984	.591	0.7941	.596	0.7949	.584
0.8146	.485	0.8448	.497	0.8235	.494	0.8317	.494
0.8476	.388	0.8651	.373	0.8672	.391	0.8619	.395
0.8957	.275	0.8936	.280	0.8983	.298	0.9134	.296
0.9198	.242	0.9079	.249	0.9227	.247	0.9281	.247
0.9581	.194	0.9591	.186	0.9529	.195	0.9698	.197
0.9875	.145	1.0413	.124	1.0143	.144	1.0033	.148
1.0285	.0970	1.0436	.0932	1.0395	.0926	1.0605	.0987
1.1096	.0646			1.1008	.0720	1.0850	.0740
1.1185	.0485			1.1227	.0514	1.1381	.0576
				1.1874	.0411	1.1495	.0494
				1.1924	.0309	1.2271	.0329
						1.2288	.0247

$m = 7, n = 9$	
c	$100p$
0.3646	9.93
0.9363	7.94
0.4420	5.91
0.4697	5.00
0.5055	3.95
0.5570	2.95
0.5769	2.48
0.6186	1.98
0.6622	1.49
0.7197	.996
0.7574	.787
0.8051	.594
0.8388	.490
0.8686	.385
0.8983	.297
0.9360	.245
0.9539	.192
0.9936	.140
1.0491	.0874
1.1186	.0699
1.1225	.0524

$m = 7, n = 7$	
c	$100p$
0.3826	9.32
0.4031	7.93
0.4643	5.59
0.4847	4.90
0.5255	3.55
0.5663	2.97
0.5867	2.33
0.6480	1.69
0.6684	1.46
0.7704	.816
0.8112	.524
0.8520	.408
0.8724	.350
0.9541	.233

$m = 8, n = 8$	
c	$100p$
0.3750	9.63
0.4062	7.63
0.4531	5.69
0.4844	4.82
0.5156	3.88
0.5625	2.98
0.6094	2.08
0.6250	1.94
0.6719	1.46
0.7344	.979
0.7656	.730
0.8281	.544
0.8594	.420
0.8906	.388
0.9219	.249
0.9688	.186
1.0000	.140
1.0625	.0932
1.1406	.0622

11.11 Wilcoxon-(Rangsummen-)Test

Die Tabelle gibt kritische Werte ω_α der W_N-Statistik für den einseitigen Test Fall A mit $m \leq n$ an. Für den einseitigen Test Fall B gilt:

$$\omega_{1-\alpha} = 2E(W_N) - \omega_\alpha = 2\mu - \omega_\alpha.$$

Ist $m > n$, so wird durch Umbenennung die x-Stichprobe zur y-Stichprobe und umgekehrt und damit Test C zu Test B und umgekehrt.

			$m = 1$				
n	$\omega_{0.001}$	$\omega_{0.005}$	$\omega_{0.010}$	$\omega_{0.025}$	$\omega_{0.05}$	$\omega_{0.10}$	2μ
2							4
3							5
4							6
5							7
6							8
7							9
8							10
9						1	11
10						1	12
11						1	13
12						1	14
13						1	15
14						1	16
15						1	17
16						1	18
17						1	19
18						1	20
19					1	2	21
20					1	2	22
21					1	2	23
22					1	2	24
23					1	2	25
24					1	2	26
25					1	2	27

			$m = 2$				
n	$\omega_{0.001}$	$\omega_{0.005}$	$\omega_{0.010}$	$\omega_{0.025}$	$\omega_{0.05}$	$\omega_{0.10}$	2μ
2							10
3						3	12
4						3	14
5					3	4	16

n	$\omega_{0.001}$	$\omega_{0.005}$	$\omega_{0.010}$	$\omega_{0.025}$	$\omega_{0.05}$	$\omega_{0.10}$	2μ
				$m = 2$			
6					3	4	18
7					3	4	20
8				3	4	5	22
9				3	4	5	24
10				3	4	6	26
11				3	4	6	28
12				4	5	7	30
13			3	4	5	7	32
14			3	4	6	8	34
15			3	4	6	8	36
16			3	4	6	8	38
17			3	5	6	9	40
18			3	5	7	9	42
19		3	4	5	7	10	44
20		3	4	5	7	10	46
21		3	4	6	8	11	48
22		3	4	6	8	11	50
23		3	4	6	8	12	52
24		3	4	6	9	12	54
25		3	4	6	9	12	56

n	$\omega_{0.001}$	$\omega_{0.005}$	$\omega_{0.010}$	$\omega_{0.025}$	$\omega_{0.05}$	$\omega_{0.10}$	2μ
				$m = 3$			
3					6	7	21
4					6	7	24
5				6	7	8	27
6				7	8	9	30
7			6	7	8	10	33
8			6	8	9	11	36
9		6	7	8	10	11	39
10		6	7	9	10	12	42
11		6	7	9	11	13	45
12		7	8	10	11	14	48
13		7	8	10	12	15	51
14		7	8	11	13	16	54
15		8	9	11	13	16	57
16		8	9	12	14	17	60
17	6	8	10	12	15	18	63
18	6	8	10	13	15	19	66
19	6	9	10	13	16	20	69
20	6	9	11	14	17	21	72
21	7	9	11	14	17	21	75
22	7	10	12	15	18	22	78
23	7	10	12	15	18	23	81
24	7	10	12	16	19	24	84
25	7	11	13	16	20	25	87

			$m = 4$			
n	$\omega_{0.001}$	$\omega_{0.005}$	$\omega_{0.010}$	$\omega_{0.025}$	$\omega_{0.05}$	$\omega_{0.10}$	2μ
4				10	11	13	36
5			10	11	12	14	40
6		10	11	12	13	15	44
7		10	11	13	14	16	48
8		11	12	14	15	17	52
9		11	13	14	16	19	56
10	10	12	13	15	17	20	60
11	10	12	14	16	18	21	64
12	10	13	15	17	19	22	68
13	11	13	15	18	20	23	72
14	11	14	16	19	21	25	76
15	11	15	17	20	22	26	80
16	12	15	17	21	24	27	84
17	12	16	18	21	25	28	88
18	13	16	19	22	26	30	92
19	13	17	19	23	27	31	96
20	13	18	20	24	28	32	100
21	14	18	21	25	29	33	104
22	14	19	21	26	30	35	108
23	14	19	22	27	31	36	112
24	15	20	23	27	32	38	116
25	15	20	23	28	33	38	120

			$m = 5$			
n	$\omega_{0.001}$	$\omega_{0.005}$	$\omega_{0.010}$	$\omega_{0.025}$	$\omega_{0.05}$	$\omega_{0.10}$	2μ
5		15	16	17	19	20	55
6		16	17	18	20	22	60
7		16	18	20	21	23	65
8	15	17	19	21	23	25	70
9	16	18	20	22	24	27	75
10	16	19	21	23	26	28	80
11	17	20	22	24	27	30	85
12	17	21	23	26	28	32	90
13	18	22	24	27	30	33	95
14	18	22	25	28	31	35	100
15	19	23	26	29	33	37	105
16	20	24	27	30	34	38	110
17	20	25	28	32	35	40	115
18	21	26	29	33	37	42	120
19	22	27	30	34	38	43	125
20	22	28	31	35	40	45	130
21	23	29	32	37	41	47	135
22	23	29	33	38	43	48	140
23	24	30	34	39	44	50	145
24	25	31	35	40	45	51	150
25	25	32	36	42	47	53	155

			$m = 6$				
n	$\omega_{0.001}$	$\omega_{0.005}$	$\omega_{0.010}$	$\omega_{0.025}$	$\omega_{0.05}$	$\omega_{0.10}$	2μ
6		23	24	26	28	30	78
7	21	24	25	27	29	32	84
8	22	25	27	29	31	34	90
9	23	26	28	31	33	36	96
10	24	27	29	32	35	38	102
11	25	28	30	34	37	40	108
12	25	30	32	35	38	42	114
13	26	31	33	37	40	44	120
14	27	32	34	38	42	46	126
15	28	33	36	40	44	48	132
16	29	34	37	42	46	50	138
17	30	36	39	43	47	52	144
18	31	37	40	45	49	55	150
19	32	38	41	46	51	57	156
20	33	39	43	48	53	59	162
21	33	40	44	50	55	61	168
22	34	42	45	51	57	63	174
23	35	43	47	53	58	65	180
24	36	44	48	54	60	67	186
25	37	45	50	56	62	69	192

			$m = 7$				
n	$\omega_{0.001}$	$\omega_{0.005}$	$\omega_{0.010}$	$\omega_{0.025}$	$\omega_{0.05}$	$\omega_{0.10}$	2μ
7	29	32	34	36	39	41	105
8	30	34	35	38	41	44	112
9	31	35	37	40	43	46	119
10	33	37	39	42	45	49	126
11	34	38	40	44	47	51	133
12	35	40	42	46	49	54	140
13	36	41	44	48	52	56	147
14	37	43	45	50	54	59	154
15	38	44	47	52	56	61	161
16	39	46	49	54	58	64	168
17	41	47	51	56	61	66	175
18	42	49	52	58	63	69	182
19	43	50	54	60	65	71	189
20	44	52	56	62	67	74	196
21	46	53	58	64	69	76	203
22	47	55	59	66	72	79	210
23	48	57	61	68	74	81	217
24	49	58	63	70	76	84	224
25	50	60	64	72	78	86	231

			$m = 8$				
n	$\omega_{0.001}$	$\omega_{0.005}$	$\omega_{0.010}$	$\omega_{0.025}$	$\omega_{0.05}$	$\omega_{0.10}$	2μ
9	41	45	47	51	54	58	144
10	42	47	49	53	56	60	152
11	44	49	51	55	59	63	160
12	45	51	53	58	62	66	168
13	47	53	56	60	64	69	176
14	48	54	58	62	67	72	184
15	50	56	60	65	69	75	192
16	51	58	62	67	72	78	200
17	53	60	64	70	75	81	208
18	54	62	66	72	77	84	216
19	56	64	68	74	80	87	224
20	57	66	70	77	83	90	232
21	59	68	72	79	85	92	240
22	60	70	74	81	88	95	248
23	62	71	76	84	90	98	256
24	64	73	78	86	93	101	264
25	65	75	81	89	96	104	272

			$m = 9$				
n	$\omega_{0.001}$	$\omega_{0.005}$	$\omega_{0.010}$	$\omega_{0.025}$	$\omega_{0.05}$	$\omega_{0.10}$	2μ
9	52	56	59	62	66	70	171
10	53	58	61	65	69	73	180
11	55	61	63	68	72	76	189
12	57	63	66	71	75	80	198
13	59	65	68	73	78	83	207
14	60	67	71	76	81	86	216
15	62	69	73	79	84	90	225
16	64	72	76	82	87	93	234
17	66	74	78	84	90	97	243
18	68	76	81	87	93	100	252
19	70	78	83	90	96	103	261
20	71	81	85	93	99	107	270
21	73	83	88	95	102	110	279
22	75	85	90	98	105	113	288
23	77	88	93	101	108	117	297
24	79	90	95	104	111	120	306
25	81	92	98	107	114	123	315

			$m = 10$				
n	$\omega_{0.001}$	$\omega_{0.005}$	$\omega_{0.010}$	$\omega_{0.025}$	$\omega_{0.05}$	$\omega_{0.10}$	2μ
10	65	71	74	78	82	87	210
11	67	73	77	81	86	91	220
12	69	76	79	84	89	94	230
13	72	79	82	88	92	98	240
14	74	81	85	91	96	102	250
15	76	84	88	94	99	106	260

$m = 10$

n	$\omega_{0.001}$	$\omega_{0.005}$	$\omega_{0.010}$	$\omega_{0.025}$	$\omega_{0.05}$	$\omega_{0.10}$	2μ
16	78	86	91	97	103	109	270
17	80	89	93	100	106	113	280
18	82	92	96	103	110	117	290
19	84	94	99	107	113	121	300
20	87	97	102	110	117	125	310
21	89	99	105	113	120	128	320
22	91	102	108	116	123	132	330
23	93	105	110	119	127	136	340
24	95	107	113	122	130	140	350
25	98	110	116	126	134	144	360

$m = 11$

n	$\omega_{0.001}$	$\omega_{0.005}$	$\omega_{0.010}$	$\omega_{0.025}$	$\omega_{0.05}$	$\omega_{0.10}$	2μ
11	81	87	91	96	100	106	253
12	83	90	94	99	104	110	264
13	86	93	97	103	108	114	275
14	88	96	100	106	112	118	286
15	90	99	103	110	116	123	297
16	93	102	107	113	120	127	308
17	95	105	110	117	123	131	319
18	98	108	113	121	127	135	330
19	100	111	116	124	131	139	341
20	103	114	119	128	135	144	352
21	106	117	123	131	139	148	363
22	108	120	126	135	143	152	374
23	111	123	129	139	147	156	385
24	113	126	132	142	151	161	396
25	116	129	136	146	155	165	407

$m = 12$

n	$\omega_{0.001}$	$\omega_{0.005}$	$\omega_{0.010}$	$\omega_{0.025}$	$\omega_{0.05}$	$\omega_{0.10}$	2μ
12	98	105	109	115	120	127	300
13	101	109	113	119	125	131	312
14	103	112	116	123	129	136	324
15	106	115	120	127	133	141	336
16	109	119	124	131	138	145	348
17	112	122	127	135	142	150	360
18	115	125	131	139	146	155	372
19	118	129	134	143	150	159	384
20	120	132	138	147	155	164	396
21	123	136	142	151	159	169	408
22	126	139	145	155	163	173	420
23	129	142	149	159	168	178	432
24	132	146	153	163	172	183	444
25	135	149	156	167	176	187	456

			$m = 13$			
n	$\omega_{0.001}$	$\omega_{0.005}$	$\omega_{0.010}$	$\omega_{0.025}$	$\omega_{0.05}$	$\omega_{0.10}$	2μ
13	117	125	130	136	142	149	351
14	120	129	134	141	147	154	364
15	123	133	138	145	152	159	377
16	126	136	142	150	156	165	390
17	129	140	146	154	161	170	403
18	133	144	150	158	166	175	416
19	136	148	154	163	171	180	429
20	139	151	158	167	175	185	442
21	142	155	162	171	180	190	455
22	145	159	166	176	185	195	468
23	149	163	170	180	189	200	481
24	152	166	174	185	194	205	494
25	155	170	178	189	199	211	507

			$m = 14$			
n	$\omega_{0.001}$	$\omega_{0.005}$	$\omega_{0.010}$	$\omega_{0.025}$	$\omega_{0.05}$	$\omega_{0.10}$	2μ
14	137	147	152	160	166	174	406
15	141	151	156	164	171	179	420
16	144	155	161	169	176	185	434
17	148	159	165	174	182	190	448
18	151	163	170	179	187	196	462
19	155	168	174	183	192	202	476
20	159	172	178	188	197	207	490
21	162	176	183	193	202	213	504
22	166	180	187	198	207	218	518
23	169	184	192	203	212	224	532
24	173	188	196	207	218	229	546
25	177	192	200	212	223	235	560

			$m = 15$			
n	$\omega_{0.001}$	$\omega_{0.005}$	$\omega_{0.010}$	$\omega_{0.025}$	$\omega_{0.05}$	$\omega_{0.10}$	2μ
15	160	171	176	184	192	200	465
16	163	175	181	190	197	206	480
17	167	180	186	195	203	212	495
18	171	184	190	200	208	218	510
19	175	189	195	205	214	224	525
20	179	193	200	210	220	230	540
21	183	198	205	216	225	236	555
22	187	202	210	221	231	242	570
23	191	207	214	226	236	248	585
24	195	211	219	231	242	254	600
25	199	216	224	237	248	260	615

$m = 16$

n	$\omega_{0.001}$	$\omega_{0.005}$	$\omega_{0.010}$	$\omega_{0.025}$	$\omega_{0.05}$	$\omega_{0.10}$	2μ
16	184	196	202	211	219	229	528
17	188	201	207	217	225	235	544
18	192	206	212	222	231	242	560
19	196	210	218	228	237	248	576
20	201	215	223	234	243	255	592
21	205	220	228	239	249	261	608
22	209	225	233	245	255	267	624
23	214	230	238	251	261	274	640
24	218	235	244	256	267	280	656
25	222	240	249	262	273	287	672

$m = 17$

n	$\omega_{0.001}$	$\omega_{0.005}$	$\omega_{0.010}$	$\omega_{0.025}$	$\omega_{0.05}$	$\omega_{0.10}$	2μ
17	210	223	230	240	249	259	595
18	214	228	235	246	255	266	612
19	219	234	241	252	262	273	629
20	223	239	246	258	268	280	646
21	228	244	252	264	274	287	663
22	233	249	258	270	281	294	680
23	238	255	263	276	287	300	697
24	242	260	269	282	294	307	714
25	247	265	275	288	300	314	731

$m = 18$

n	$\omega_{0.001}$	$\omega_{0.005}$	$\omega_{0.010}$	$\omega_{0.025}$	$\omega_{0.05}$	$\omega_{0.10}$	2μ
18	237	252	259	270	280	291	666
19	242	258	265	277	287	299	684
20	247	263	271	283	294	306	702
21	252	269	277	290	301	313	720
22	257	275	283	296	307	321	738
23	262	280	289	303	314	328	756
24	267	286	295	309	321	335	774
25	273	292	301	316	328	343	792

$m = 19$

n	$\omega_{0.001}$	$\omega_{0.005}$	$\omega_{0.010}$	$\omega_{0.025}$	$\omega_{0.05}$	$\omega_{0.10}$	2μ
19	267	283	291	303	313	325	741
20	272	289	297	309	320	333	760
21	277	295	303	316	328	341	779
22	283	301	310	323	335	349	798
23	288	307	316	330	342	357	817
24	294	313	323	337	350	364	836
25	299	319	329	344	357	372	855

$m = 20$

n	$\omega_{0.001}$	$\omega_{0.005}$	$\omega_{0.010}$	$\omega_{0.025}$	$\omega_{0.05}$	$\omega_{0.10}$	2μ
20	298	315	324	337	348	361	820
21	304	322	331	344	356	370	840
22	309	328	337	351	364	378	860
23	315	335	344	359	371	386	880
24	321	341	351	366	379	394	900
25	327	348	358	373	387	403	920

$m = 21$

n	$\omega_{0.001}$	$\omega_{0.005}$	$\omega_{0.010}$	$\omega_{0.025}$	$\omega_{0.05}$	$\omega_{0.10}$	2μ
21	331	349	359	373	385	399	903
22	337	356	366	381	393	408	924
23	343	363	373	388	401	417	945
24	349	370	381	396	410	425	966
25	356	377	388	404	418	434	987

$m = 22$

n	$\omega_{0.001}$	$\omega_{0.005}$	$\omega_{0.010}$	$\omega_{0.025}$	$\omega_{0.05}$	$\omega_{0.10}$	2μ
22	365	386	396	411	424	439	990
23	372	393	403	419	432	448	1012
24	379	400	411	427	441	457	1034
25	385	408	419	435	450	467	1056

$m = 23$

n	$\omega_{0.001}$	$\omega_{0.005}$	$\omega_{0.010}$	$\omega_{0.025}$	$\omega_{0.05}$	$\omega_{0.10}$	2μ
23	402	424	434	451	465	481	1081
24	409	431	443	459	474	491	1104
25	416	439	451	468	483	500	1127

$m = 24$

n	$\omega_{0.001}$	$\omega_{0.005}$	$\omega_{0.010}$	$\omega_{0.025}$	$\omega_{0.05}$	$\omega_{0.10}$	2μ
24	440	464	475	492	507	525	1176
25	448	472	484	501	517	535	1200

$m = 25$

n	$\omega_{0.001}$	$\omega_{0.005}$	$\omega_{0.010}$	$\omega_{0.025}$	$\omega_{0.05}$	$\omega_{0.10}$	2μ
25	480	505	517	536	552	570	1275

11.12 Van der Waerden-Test

Die Tabelle gibt kritische Werte der X_N-Statistik für $\alpha = 0.025$ an.

$|m - n|$	0 oder 1	2 oder 3	4 oder 5	6 oder 7	8 oder 9	10 oder 11
$m + n = 7$	∞	∞	∞	–	–	–
8	2.30	2.20	∞	∞	–	–
9	2.38	2.30	∞	∞	–	–
10	2.60	2.49	2.30	2.03	∞	–
11	2.72	2.58	2.40	2.11	∞	–
12	2.85	2.79	2.68	2.47	2.18	∞
13	2.96	2.91	2.78	2.52	2.27	∞
14	3.11	3.06	3.00	2.83	2.56	2.18
15	3.24	3.19	3.06	2.89	2.61	2.21
16	3.39	3.36	3.28	3.15	2.94	2.66
17	3.49	3.44	3.36	3.21	2.99	2.68
18	3.63	3.60	3.53	3.44	3.26	3.03
19	3.73	3.69	3.61	3.50	3.31	3.06
20	3.86	3.84	3.78	3.70	3.55	3.36
21	3.96	3.92	3.85	3.76	3.61	3.40
22	4.08	4.06	4.01	3.95	3.82	3.65
23	4.18	4.15	4.08	4.01	3.87	3.70
24	4.29	4.27	4.23	4.18	4.07	3.92
25	4.39	4.36	4.30	4.24	4.12	3.96
26	4.52	4.50	4.46	4.39	4.30	4.17
27	4.61	4.59	4.54	4.46	4.35	4.21
28	4.71	4.70	4.66	4.60	4.51	4.40
29	4.80	4.78	4.74	4.67	4.57	4.45
30	4.90	4.89	4.86	4.80	4.72	4.62
31	4.99	4.97	4.93	4.86	4.78	4.67
32	5.08	5.07	5.04	4.99	4.92	4.83
33	5.17	5.15	5.11	5.05	4.97	4.87
34	5.26	5.25	5.22	5.18	5.11	5.03
35	5.35	5.33	5.29	5.24	5.17	5.08
36	5.43	5.42	5.40	5.36	5.30	5.22
37	5.51	5.50	5.46	5.42	5.35	5.26
38	5.60	5.59	5.57	5.53	5.47	5.40
39	5.68	5.66	5.63	5.59	5.53	5.45
40	5.76	5.75	5.73	5.69	5.64	5.58
41	5.84	5.82	5.79	5.75	5.69	5.62
42	5.92	5.91	5.89	5.86	5.81	5.75
43	5.99	5.98	5.95	5.91	5.86	5.79
44	6.07	6.07	6.05	6.01	5.97	5.91
45	6.14	6.13	6.11	6.07	6.02	5.96
46	6.22	6.21	6.20	6.17	6.13	6.07
47	6.29	6.28	6.26	6.22	6.18	6.12
48	6.37	6.36	6.34	6.32	6.28	6.23
49	6.44	6.43	6.40	6.37	6.33	6.27
50	6.51	6.51	6.49	6.46	6.43	6.38

$$\alpha = 0.01$$

$|m - n|$	0 oder 1	2 oder 3	4 oder 5	6 oder 7	8 oder 9	10 oder 11
$m + n = 7$	∞	∞	∞	–	–	–
8	∞	∞	∞	∞	–	–
9	2.80	∞	∞	∞	–	–
10	3.00	2.90	2.80	∞	∞	–
11	3.20	3.00	2.90	∞	∞	–
12	3.29	3.20	3.15	2.85	∞	∞
13	3.48	3.36	3.18	2.92	∞	∞
14	3.62	3.55	3.46	3.28	2.97	∞
15	3.74	3.68	3.57	3.34	3.02	2.55
16	3.92	3.90	3.80	3.66	3.39	3.07
17	4.06	4.01	3.90	3.74	3.47	3.11
18	4.23	4.21	4.14	4.01	3.80	3.52
19	4.37	4.32	4.23	4.08	3.86	3.57
20	4.52	4.50	4.44	4.33	4.15	3.92
21	4.66	4.62	4.53	4.40	4.21	3.97
22	4.80	4.78	4.72	4.62	4.47	4.27
23	4.92	4.89	4.81	4.70	4.53	4.32
24	5.06	5.04	4.99	4.89	4.76	4.59
25	5.18	5.14	5.08	4.97	4.83	4.64
26	5.30	5.28	5.23	5.15	5.04	4.88
27	5.41	5.38	5.32	5.23	5.10	4.94
28	5.53	5.52	5.47	5.40	5.30	5.16
29	5.64	5.62	5.56	5.48	5.36	5.22
30	5.76	5.74	5.70	5.64	5.55	5.42
31	5.86	5.84	5.79	5.71	5.61	5.48
32	5.97	5.96	5.92	5.87	5.78	5.67
33	6.08	6.05	6.01	5.94	5.85	5.73
34	6.18	6.17	6.14	6.09	6.01	5.91
35	6.29	6.27	6.22	6.16	6.08	5.97
36	6.39	6.38	6.35	6.30	6.23	6.14
37	6.49	6.47	6.44	6.37	6.29	6.19
38	6.59	6.58	6.55	6.50	6.44	6.35
39	6.68	6.67	6.63	6.58	6.50	6.41
40	6.78	6.77	6.75	6.70	6.64	6.56
41	6.87	6.86	6.82	6.77	6.71	6.62
42	6.97	6.96	6.94	6.90	6.84	6.77
43	7.06	7.04	7.01	6.96	6.90	6.82
44	7.15	7.15	7.12	7.09	7.03	6.96
45	7.24	7.23	7.20	7.15	7.09	7.02
46	7.33	7.32	7.30	7.27	7.22	7.15
47	7.42	7.40	7.38	7.34	7.28	7.21
48	7.50	7.50	7.48	7.45	7.40	7.34
49	7.59	7.58	7.55	7.51	7.46	7.40
50	7.68	7.67	7.65	7.62	7.58	7.52

$$\alpha = 0.005$$

$|m - n|$	0 oder 1	2 oder 3	4 oder 5	6 oder 7	8 oder 9	10 oder 11
$m + n = 7$	∞	∞	∞	$-$	$-$	$-$
8	∞	∞	∞	∞	$-$	$-$
9	∞	∞	∞	∞	$-$	$-$
10	3.20	3.10	∞	∞	∞	$-$
11	3.40	3.30	∞	∞	∞	$-$
12	3.60	3.58	3.40	3.10	∞	∞
13	3.71	3.68	3.50	3.15	∞	∞
14	3.94	3.88	3.76	3.52	3.25	∞
15	4.07	4.05	3.88	3.65	3.28	∞
16	4.26	4.25	4.12	3.99	3.68	3.30
17	4.44	4.37	4.23	4.08	3.78	3.38
18	4.60	4.58	4.50	4.38	4.15	3.79
19	4.77	4.71	4.62	4.46	4.22	3.89
20	4.94	4.92	4.85	4.73	4.54	4.28
21	5.10	5.05	4.96	4.81	4.61	4.33
22	5.26	5.24	5.17	5.06	4.89	4.67
23	5.40	5.36	5.27	5.14	4.96	4.73
24	5.55	5.53	5.48	5.36	5.22	5.03
25	5.68	5.65	5.58	5.45	5.29	5.09
26	5.81	5.79	5.74	5.65	5.52	5.35
27	5.94	5.90	5.84	5.73	5.58	5.41
28	6.07	6.05	6.01	5.91	5.81	5.66
29	6.19	6.16	6.10	6.01	5.88	5.72
30	6.32	6.30	6.26	6.19	6.09	5.95
31	6.44	6.41	6.35	6.27	6.16	6.01
32	6.56	6.55	6.51	6.44	6.35	6.23
33	6.68	6.65	6.60	6.52	6.42	6.29
34	6.80	6.79	6.75	6.69	6.60	6.49
35	6.91	6.89	6.84	6.77	6.68	6.56
36	7.03	7.01	6.98	6.92	6.85	6.74
37	7.13	7.11	7.07	7.00	6.92	6.81
38	7.25	7.23	7.20	7.15	7.08	6.99
39	7.35	7.33	7.29	7.23	7.15	7.05
40	7.46	7.45	7.42	7.38	7.31	7.22
41	7.56	7.54	7.51	7.45	7.38	7.28
42	7.67	7.66	7.63	7.59	7.53	7.45
43	7.77	7.75	7.72	7.66	7.60	7.51
44	7.87	7.87	7.84	7.80	7.74	7.67
45	7.97	7.96	7.92	7.87	7.81	7.73
46	8.07	8.06	8.04	8.00	7.95	7.88
47	8.17	8.15	8.12	8.08	8.02	7.94
48	8.26	8.26	8.24	8.20	8.15	8.08
49	8.36	8.34	8.32	8.27	8.22	8.14
50	8.46	8.45	8.43	8.39	8.35	8.28

11.13 Mood-Test

Die Tabelle gibt kritische Werte c_α nach dem folgenden Schema an:

$$
\begin{array}{|l}
c_{\alpha_1} \\ \alpha_1 \\ c_{\alpha_2} \\ \alpha_2
\end{array}
\quad
\begin{array}{l}
\text{mit } \alpha_1 = P(M_N \le c_{\alpha_1}) \le \alpha \\[4pt]
\text{mit } \alpha_2 = P(M_N \le c_{\alpha_2}) > \alpha
\end{array}
$$

α-Werte

m n	0.005	0.010	0.025	0.050	0.100	0.900	0.950	0.975	0.990	0.995
2 2						2.50	2.50	2.50	2.50	2.50
						0.8333	0.8333	0.8333	0.8333	0.8333
	0.50	0.50	0.50	0.50	0.50	4.50	4.50	4.50	4.50	4.50
	0.1667	0.1667	0.1667	0.1667	0.1667	1.0000	1.0000	1.0000	1.0000	1.0000
2 3						4.00	5.00	5.00	5.00	5.00
						0.5000	0.9000	0.9000	0.9000	0.9000
	1.00	1.00	1.00	1.00	1.00	5.00	8.00	8.00	8.00	8.00
	0.2000	0.2000	0.2000	0.2000	0.2000	0.9000	1.0000	1.0000	1.0000	1.0000
2 4						0.50	6.50	8.50	8.50	8.50
						0.0667	0.6667	0.9333	0.9333	0.9333
	0.50	0.50	0.50	0.50	2.50	8.50	12.50	12.50	12.50	12.50
	0.0667	0.0667	0.0667	0.0667	0.3333	0.9333	1.0000	1.0000	1.0000	1.0000
2 5						1.00	10.00	10.00	13.00	13.00
						0.0952	0.7619	0.7619	0.9524	0.9524
	1.00	1.00	1.00	1.00	2.00	13.00	13.00	18.00	18.00	18.00
	0.0952	0.0952	0.0952	0.0952	0.1429	0.9524	0.9542	1.0000	1.0000	1.0000
2 6					0.50	0.50	14.50	14.50	18.50	18.50
					0.0357	0.0357	0.8214	0.8214	0.9643	0.9643
	0.50	0.50	0.50	2.50	2.50	18.50	18.50	24.50	24.50	24.50
	0.0357	0.0357	0.0357	0.1786	0.1786	0.9643	0.9643	1.0000	1.0000	1.0000
2 7					2.00	20.00	20.00	25.00	25.00	25.00
					0.0833	0.8611	0.8611	0.9722	0.9722	0.9722
	1.00	1.00	1.00	1.00	4.00	25.00	25.00	32.00	32.00	32.00
	0.0556	0.0556	0.0556	0.0556	0.1389	0.9722	0.9722	1.0000	1.0000	1.0000
2 8			0.50	0.50	0.50	26.50	26.50	26.50	32.50	32.50
			0.0222	0.0222	0.0222	0.8889	0.8889	0.8889	0.9778	0.9778
	0.50	0.50	2.50	2.50	2.50	32.50	32.50	32.50	40.50	40.50
	0.0222	0.0222	0.1111	0.1111	0.1111	0.9778	0.9778	0.9778	1.0000	1.0000
2 9				1.00	4.00	32.00	34.00	34.00	41.00	41.00
				0.0364	0.0909	0.8364	0.9091	0.9091	0.9818	0.9818
	1.00	1.00	1.00	2.00	5.00	34.00	41.00	41.00	50.00	50.00
	0.0364	0.0364	0.0364	0.0545	0.1636	0.9091	0.9818	0.9818	1.0000	1.0000
2 10			0.50	0.50	4.50	40.50	42.50	42.50	50.50	50.50
			0.0152	0.0152	0.0909	0.8636	0.9242	0.9242	0.9848	0.9848
	0.50	0.50	2.50	2.50	6.50	42.50	50.50	50.50	60.50	60.50
	0.0152	0.0152	0.0758	0.0758	0.1515	0.9242	0.9848	0.9848	1.0000	1.0000

					α-Werte					
m n	0.005	0.010	0.025	0.050	0.100	0.900	0.950	0.975	0.990	0.995
2 11				2.00	4.00	50.00	52.00	52.00	61.00	61.00
				0.0385	0.0641	0.8846	0.9359	0.9359	0.9872	0.9872
	1.00	1.00	1.00	4.00	5.00	52.00	61.00	61.00	72.00	72.00
	0.0256	0.0256	0.0256	0.0641	0.1154	0.9359	0.9872	0.9872	1.0000	1.0000
2 12			0.50	0.50	4.50	54.50	62.50	62.50	72.50	72.50
			0.0110	0.0110	0.0659	0.8901	0.9451	0.9451	0.9890	0.9890
	0.50	0.50	2.50	2.50	6.50	60.50	72.50	72.50	84.50	84.50
	0.0110	0.0110	0.0549	0.0549	0.1099	0.9011	0.9890	0.9890	1.0000	1.0000
2 13			1.00	4.00	8.00	61.00	72.00	74.00	74.00	85.00
			0.0190	0.0476	0.0952	0.8667	0.9143	0.9524	0.9524	0.9905
	1.00	1.00	2.00	5.00	9.00	65.00	74.00	85.00	85.00	98.00
	0.0190	0.0190	0.0286	0.0857	0.1143	0.9048	0.9542	0.9905	0.9905	1.0000
2 14		0.50	0.50	4.50	6.50	72.50	84.50	86.50	86.50	98.50
		0.0083	0.0083	0.0500	0.0833	0.8833	0.9250	0.9583	0.9583	0.9917
	0.50	2.50	2.50	6.50	8.50	76.50	86.50	98.50	98.50	112.50
	0.0083	0.0417	0.0417	0.0833	0.1167	0.9167	0.9583	0.9917	0.9917	1.0000
2 15			2.00	4.00	9.00	85.00	98.00	100.00	100.00	113.00
			0.0221	0.0368	0.0882	0.8971	0.9338	0.9632	0.9632	0.9926
	1.00	1.00	4.00	5.00	10.00	89.00	100.00	113.00	113.00	128.00
	0.0147	0.0147	0.0368	0.0662	0.1176	0.9265	0.9632	0.9926	0.9926	1.0000
2 16		0.50	0.50	4.50	8.50	92.50	112.50	114.50	114.50	128.50
		0.0065	0.0065	0.0392	0.0915	0.8824	0.9412	0.9673	0.9673	0.9935
	0.50	2.50	2.50	6.50	12.50	98.50	114.50	128.50	128.50	144.50
	0.0065	0.0327	0.0327	0.0654	0.1242	0.9085	0.9673	0.9935	0.9935	1.0000
2 17			2.00	4.00	10.00	106.00	128.00	130.00	130.00	145.00
			0.0175	0.0292	0.0936	0.8947	0.9474	0.9708	0.9708	0.9942
	1.00	1.00	4.00	5.00	13.00	113.00	130.00	145.00	145.00	162.00
	0.0117	0.0117	0.0292	0.0526	0.1170	0.9181	0.9708	0.9942	0.9942	1.0000
2 18		0.50	0.50	4.50	12.50	114.50	132.50	146.50	146.50	162.50
		0.0053	0.0053	0.0316	0.1000	0.8842	0.9474	0.9737	0.9737	0.9947
	0.50	2.50	2.50	6.50	14.50	120.50	144.50	162.50	162.50	180.50
	0.0053	0.0263	0.0263	0.0526	0.1211	0.9053	0.9526	0.9947	0.9947	1.0000
3 3					2.75	10.75	12.75	12.75	12.75	12.75
					0.1000	0.8000	0.9000	0.9000	0.9000	0.9000
	2.75	2.75	2.75	2.75	4.75	12.75	14.75	14.75	14.75	14.75
	0.1000	0.1000	0.1000	0.1000	0.2000	0.9000	1.0000	1.0000	1.0000	1.0000
3 4				2.00	2.00	18.00	19.00	19.00	19.00	19.00
				0.0286	0.0286	0.8857	0.9429	0.9429	0.9429	0.9429
	2.00	2.00	2.00	5.00	5.00	19.00	22.00	22.00	22.00	22.00
	0.0286	0.0286	0.0286	0.1429	0.1429	0.9429	1.0000	1.0000	1.0000	1.0000
3 5				2.75	4.75	20.75	24.75	26.75	26.75	26.75
				0.0357	0.0714	0.8571	0.9286	0.9643	0.9643	0.9643
	2.75	2.75	2.75	4.75	6.75	24.75	26.75	30.75	30.75	30.75
	0.0357	0.0357	0.0357	0.0714	0.1071	0.9286	0.9643	1.0000	1.0000	1.0000
3 6				2.00	2.00	8.00	29.00	33.00	34.00	36.00	36.00
				0.0119	0.0119	0.0952	0.8929	0.9286	0.9524	0.9762	0.9762
	2.00	2.00	5.00	5.00	9.00	32.00	34.00	36.00	41.00	41.00
	0.0119	0.0119	0.0595	0.0595	0.1190	0.9048	0.9524	0.9762	1.0000	1.0000

						α-Werte					
m	n	0.005	0.010	0.025	0.050	0.100	0.900	0.950	0.975	0.990	0.995
3	7			2.75	6.75	6.75	34.75	40.75	44.75	46.75	46.75
				0.0167	0.0500	0.0500	0.8500	0.9333	0.9667	0.9833	0.9833
		2.75	2.75	4.75	8.75	8.75	38.75	42.75	46.75	52.75	52.75
		0.0167	0.0167	0.0333	0.1167	0.1167	0.9167	0.9500	0.9833	1.0000	1.0000
3	8		2.00	2.00	8.00	11.00	45.00	50.00	54.00	59.00	59.00
			0.0061	0.0061	0.0485	0.0970	0.8848	0.9394	0.9636	0.9879	0.9879
		2.00	5.00	5.00	9.00	13.00	50.00	51.00	57.00	66.00	66.00
		0.0061	0.0303	0.0303	0.0606	0.1212	0.9394	0.9515	0.9758	1.0000	1.0000
3	9		2.75	4.75	6.75	12.75	54.75	60.75	66.75	70.75	72.75
			0.0091	0.0182	0.0273	0.0909	0.8727	0.9182	0.9727	0.9818	0.9909
		2.75	4.75	6.75	8.75	14.75	56.75	62.75	70.75	72.75	80.75
		0.0091	0.0182	0.0273	0.0636	0.1364	0.9091	0.9636	0.9818	0.9909	1.0000
3	10	2.00	2.00	6.00	10.00	14.00	68.00	76.00	77.00	86.00	88.00
		0.0035	0.0035	0.0245	0.0490	0.0979	0.8986	0.9441	0.9720	0.9860	0.9930
		5.00	5.00	8.00	11.00	17.00	70.00	77.00	81.00	88.00	97.00
		0.0175	0.0175	0.0280	0.0559	0.1189	0.9266	0.9720	0.9790	0.9930	1.0000
3	11		2.75	6.75	10.75	16.75	74.75	84.75	90.75	102.75	104.75
			0.0055	0.0165	0.0440	0.0879	0.8846	0.9451	0.9560	0.9890	0.9945
		2.75	4.75	8.75	12.75	18.75	78.75	86.75	92.75	104.75	114.75
		0.0055	0.0110	0.0385	0.0549	0.1099	0.9066	0.9505	0.9780	0.9945	1.0000
3	12	2.00	2.00	9.00	13.00	20.00	89.00	99.00	107.00	114.00	121.00
		0.0022	0.0022	0.0220	0.0440	0.0945	0.8879	0.9385	0.9648	0.9868	0.9912
		5.00	5.00	10.00	14.00	21.00	90.00	101.00	110.00	121.00	123.00
		0.0110	0.0110	0.0308	0.0615	0.1121	0.9055	0.9560	0.9824	0.9912	0.9956
3	13	2.75	4.75	8.75	12.75	20.75	102.75	114.75	124.75	132.75	140.75
		0.0036	0.0071	0.0250	0.0357	0.0893	0.8893	0.9464	0.9714	0.9893	0.9929
		4.75	6.75	10.75	14.75	22.75	104.75	116.75	128.75	140.75	142.75
		0.0071	0.0107	0.0286	0.0536	0.1036	0.9071	0.9500	0.9857	0.9929	0.9964
3	14	2.00	5.00	11.00	17.00	25.00	116.00	128.00	138.00	149.00	162.00
		0.0015	0.0074	0.0235	0.0500	0.0868	0.8926	0.9353	0.9735	0.9882	0.9941
		5.00	6.00	13.00	18.00	26.00	117.00	129.00	144.00	153.00	164.00
		0.0074	0.0103	0.0294	0.0544	0.1044	0.9044	0.9500	0.9765	0.9912	0.9971
3	15	4.75	6.75	12.75	18.75	26.75	132.75	146.75	156.75	164.75	174.75
		0.0049	0.0074	0.0245	0.0490	0.0907	0.8995	0.9485	0.9681	0.9804	0.9926
		6.75	8.75	14.75	20.75	28.75	134.75	148.75	158.75	170.75	184.75
		0.0074	0.0172	0.0368	0.0613	0.1005	0.9191	0.9583	0.9779	0.9902	0.9951
3	16	2.00	8.00	13.00	20.00	32.00	146.00	164.00	179.00	187.00	198.00
		0.0010	0.0083	0.0206	0.0444	0.0970	0.8937	0.9463	0.9732	0.9835	0.9938
		5.00	9.00	14.00	21.00	33.00	149.00	166.00	181.00	194.00	209.00
		0.0052	0.0103	0.0289	0.0526	0.1011	0.9102	0.9567	0.9814	0.9917	0.9959
3	17	4.75	6.75	12.75	20.75	34.75	162.75	180.75	192.75	210.75	222.75
		0.0035	0.0053	0.0175	0.0439	0.1000	0.8930	0.9421	0.9719	0.9860	0.9947
		6.75	8.75	14.75	22.75	36.75	164.75	182.75	200.75	218.75	234.75
		0.0053	0.0123	0.0263	0.0509	0.1070	0.9018	0.9509	0.9754	0.9930	0.9965
4	4			5.00	5.00	9.00	29.00	31.00	31.00	33.00	33.00
				0.0143	0.0143	0.0714	0.8714	0.9286	0.9286	0.9857	0.9857
		5.00	5.00	9.00	9.00	11.00	31.00	33.00	33.00	37.00	37.00
		0.0143	0.0143	0.0714	0.0714	0.1286	0.9286	0.9857	0.9857	1.0000	1.0000

		α-Werte								
m	n	0.005	0.010	0.025	0.050	0.100	0.900	0.950	0.975	0.990	0.995
4	5			6.00 0.0159	10.00 0.0397	11.00 0.0556	37.00 0.8730	41.00 0.9286	42.00 0.9603	42.00 0.9603	45.00 0.9921
		6.00 0.0159	6.00 0.0159	9.00 0.0317	11.00 0.0556	14.00 0.1190	38.00 0.9048	42.00 0.9603	45.00 0.9921	45.00 0.9921	50.00 1.0000
4	6	5.00 0.0048	5.00 0.0048	9.00 0.0238	13.00 0.0476	15.00 0.0857	47.00 0.8952	51.00 0.9333	53.00 0.9571	55.00 0.9762	55.00 0.9762
		9.00 0.0238	9.00 0.0238	11.00 0.0429	15.00 0.0857	17.00 0.1095	49.00 0.9143	53.00 0.9571	55.00 0.9762	59.00 0.9952	59.00 0.9952
4	7		6.00 0.0061	11.00 0.0212	14.00 0.0455	20.00 0.0909	58.00 0.8848	63.00 0.9394	68.00 0.9727	70.00 0.9848	70.00 0.9848
		6.00 0.0061	9.00 0.0121	14.00 0.0455	15.00 0.0576	21.00 0.1152	59.00 0.9030	66.00 0.9576	70.00 0.9848	75.00 0.9970	75.00 0.9970
4	8	5.00 0.0020	5.00 0.0020	13.00 0.0202	17.00 0.0465	21.00 0.0869	69.00 0.8970	77.00 0.9475	81.00 0.9636	87.00 0.9899	87.00 0.9899
		9.00 0.0101	9.00 0.0101	15.00 0.0364	19.00 0.0545	23.00 0.1030	71.00 0.9051	79.00 0.9556	83.00 0.9798	93.00 0.9980	93.00 0.9980
4	9	6.00 0.0028	11.00 0.0098	14.00 0.0210	20.00 0.0420	27.00 0.0965	85.00 0.8979	92.00 0.9497	98.00 0.9748	104.00 0.9874	106.00 0.9930
		9.00 0.0056	14.00 0.0210	15.00 0.0266	21.00 0.0531	29.00 0.1077	86.00 0.9231	93.00 0.9552	101.00 0.9804	106.00 0.9930	113.00 0.9986
4	10	9.00 0.0050	13.00 0.0100	17.00 0.0230	21.00 0.0430	31.00 0.0969	97.00 0.8961	105.00 0.9491	115.00 0.9740	121.00 0.9860	125.00 0.9910
		11.00 0.0090	15.00 0.0180	19.00 0.0270	23.00 0.0509	33.00 0.1129	99.00 0.9161	107.00 0.9530	117.00 0.9820	123.00 0.9900	127.00 0.9950
4	11	10.00 0.0037	11.00 0.0051	20.00 0.0220	26.00 0.0462	35.00 0.0967	113.00 0.8967	125.00 0.9495	134.00 0.9722	143.00 0.9897	148.00 0.9934
		11.00 0.0051	14.00 0.0110	21.00 0.0278	27.00 0.0505	36.00 0.1011	114.00 0.9099	126.00 0.9612	135.00 0.9780	146.00 0.9927	150.00 0.9963
4	12	11.00 0.0049	15.00 0.0099	21.00 0.0236	29.00 0.0489	39.00 0.0978	129.00 0.8962	141.00 0.9495	153.00 0.9747	161.00 0.9879	171.00 0.9945
		13.00 0.0055	17.00 0.0126	23.00 0.0280	31.00 0.0533	41.00 0.1093	131.00 0.9159	143.00 0.9538	155.00 0.9791	163.00 0.9901	173.00 0.9951
4	13	11.00 0.0029	17.00 0.0088	25.00 0.0227	33.00 0.0475	45.00 0.0971	146.00 0.8933	162.00 0.9496	173.00 0.9710	186.00 0.9891	193.00 0.9941
		14.00 0.0063	18.00 0.0113	25.00 0.0265	34.00 0.0504	46.00 0.1071	147.00 0.9000	163.00 0.9529	174.00 0.9777	187.00 0.9908	198.00 0.9958
4	14	13.00 0.0033	19.00 0.0088	27.00 0.0235	37.00 0.0477	49.00 0.0928	163.00 0.8931	181.00 0.9487	195.00 0.9739	207.00 0.9889	217.00 0.9941
		15.00 0.0059	21.00 0.0141	29.00 0.0291	39.00 0.0582	51.00 0.1059	165.00 0.9049	183.00 0.9539	197.00 0.9755	213.00 0.9915	221.00 0.9954
4	15	15.00 0.0049	21.00 0.0098	29.00 0.0199	41.00 0.0472	56.00 0.0993	183.00 0.8965	202.00 0.9466	218.00 0.9727	234.00 0.9892	245.00 0.9943
		17.00 0.0054	22.00 0.0114	30.00 0.0261	42.00 0.0524	57.00 0.1045	185.00 0.9017	203.00 0.9518	219.00 0.9768	235.00 0.9902	247.00 0.9954
4	16	17.00 0.0047	21.00 0.0089	33.00 0.0233	43.00 0.0436	61.00 0.0962	203.00 0.8933	223.00 0.9451	241.00 0.9728	259.00 0.9870	275.00 0.9946
		19.00 0.0056	23.00 0.0105	35.00 0.0283	45.00 0.0504	63.00 0.1061	205.00 0.9028	225.00 0.9525	243.00 0.9752	261.00 0.9903	277.00 0.9955

| | | | | | α-Werte | | | | | |
m n	0.005	0.010	0.025	0.050	0.100	0.900	0.950	0.975	0.990	0.995
5 5		11.25	15.25	17.25	23.25	55.25	59.25	61.25	65.25	67.25
		0.0079	0.0159	0.0317	0.0952	0.8889	0.9365	0.9683	0.9841	0.9921
	11.25	15.25	17.25	21.25	25.25	57.25	61.25	65.25	67.25	71.25
	0.0079	0.0159	0.0317	0.0635	0.1111	0.9048	0.9683	0.9841	0.9921	1.0000
5 6	10.00	10.00	19.00	24.00	27.00	69.00	75.00	76.00	83.00	84.00
	0.0022	0.0022	0.0238	0.0476	0.0758	0.8810	0.9459	0.9632	0.9870	0.9913
	15.00	15.00	20.00	25.00	30.00	70.00	76.00	79.00	84.00	86.00
	0.0108	0.0108	0.0260	0.0563	0.1104	0.9069	0.9632	0.9805	0.9913	0.9957
5 7	11.25	15.25	21.25	27.25	33.25	83.25	89.25	93.25	101.25	105.25
	0.0025	0.0051	0.0202	0.0480	0.0884	0.8990	0.9495	0.9646	0.9899	0.9949
	15.25	17.25	23.25	29.25	35.25	85.25	91.25	95.25	103.25	107.25
	0.0051	0.0101	0.0303	0.0631	0.1136	0.9167	0.9520	0.9773	0.9924	0.9975
5 8	15.00	20.00	26.00	31.00	39.00	99.00	106.00	113.00	118.00	123.00
	0.0039	0.0093	0.0225	0.0490	0.0979	0.8974	0.9448	0.9697	0.9852	0.9938
	18.00	22.00	27.00	33.00	40.00	101.00	107.00	114.00	122.00	126.00
	0.0070	0.0124	0.0272	0.0521	0.1049	0.9068	0.9510	0.9759	0.9922	0.9953
5 9	17.25	21.25	29.25	35.25	45.25	115.25	123.25	133.25	141.25	145.25
	0.0040	0.0080	0.0250	0.0450	0.0999	0.8951	0.9411	0.9710	0.9890	0.9910
	21.25	23.25	31.25	37.25	47.25	117.25	125.25	135.25	143.25	147.25
	0.0080	0.0120	0.0300	0.0509	0.1149	0.9121	0.9500	0.9790	0.9900	0.9960
5 10	20.00	26.00	33.00	41.00	52.00	134.00	146.00	154.00	166.00	174.00
	0.0040	0.0097	0.0223	0.0456	0.0989	0.8934	0.9494	0.9724	0.9897	0.9947
	22.00	27.00	34.00	42.00	53.00	135.00	147.00	155.00	168.00	175.00
	0.0053	0.0117	0.0266	0.0503	0.1002	0.9068	0.9547	0.9757	0.9923	0.9973
5 11	21.25	27.25	37.25	45.25	57.25	153.25	165.25	177.25	187.25	197.25
	0.0037	0.0087	0.0234	0.0458	0.0934	0.8997	0.9473	0.9748	0.9881	0.9950
	23.25	29.25	39.25	47.25	59.25	155.25	167.25	179.25	191.25	199.25
	0.0055	0.0114	0.0275	0.0527	0.1053	0.9125	0.9519	0.9776	0.9918	0.9954
5 12	26.00	30.00	42.00	53.00	65.00	174.00	189.00	202.00	216.00	226.00
	0.0047	0.0082	0.0244	0.0486	0.0931	0.8993	0.9473	0.9746	0.9888	0.9945
	27.00	31.00	43.00	54.00	66.00	175.00	190.00	203.00	217.00	227.00
	0.0057	0.0102	0.0267	0.0535	0.1021	0.9071	0.9551	0.9772	0.9901	0.9952
5 13	27.25	33.25	45.25	57.25	73.25	195.25	211.25	227.25	243.25	255.25
	0.0044	0.0082	0.0233	0.0476	0.0997	0.8985	0.9444	0.9741	0.9893	0.9946
	29.25	35.25	47.25	59.25	75.25	197.25	213.25	229.25	245.25	257.25
	0.0058	0.0105	0.0268	0.0537	0.1076	0.9059	0.9512	0.9762	0.9904	0.9958
5 14	30.00	38.00	51.00	65.00	81.00	219.00	238.00	254.00	275.00	285.00
	0.0044	0.0088	0.0248	0.0495	0.0978	0.8999	0.9479	0.9720	0.9896	0.9946
	31.00	39.00	52.00	66.00	82.00	220.00	239.00	255.00	276.00	287.00
	0.0054	0.0108	0.0255	0.0544	0.1034	0.9037	0.9520	0.9754	0.9906	0.9953
5 15	33.25	39.25	55.25	69.25	89.25	241.25	265.25	283.25	305.25	319.25
	0.0045	0.0077	0.0235	0.0470	0.0988	0.8951	0.9494	0.9739	0.9896	0.9946
	35.25	41.25	57.25	71.25	91.25	243.25	267.25	285.25	307.25	321.25
	0.0058	0.0103	0.0263	0.0526	0.1053	0.9005	0.9542	0.9763	0.9906	0.9957
6 6	17.50	27.50	33.50	39.50	45.50	93.50	99.50	105.50	111.50	115.50
	0.0011	0.0097	0.0238	0.0465	0.0963	0.8734	0.9307	0.9675	0.9848	0.9946
	23.50	29.50	35.50	41.50	47.50	95.50	101.50	107.50	113.50	119.50
	0.0054	0.0152	0.0325	0.0693	0.1266	0.9037	0.9535	0.9762	0.9903	0.9989

m n	α-Werte									
	0.005	0.010	0.025	0.050	0.100	0.900	0.950	0.975	0.990	0.995
6 7	27.00	31.00	38.00	45.00	54.00	114.00	122.00	129.00	135.00	140.00
	0.0047	0.0099	0.0204	0.0466	0.0973	0.8980	0.9476	0.9749	0.9883	0.9948
	28.00	34.00	39.00	46.00	55.00	115.00	123.00	130.00	138.00	142.00
	0.0052	0.0146	0.0251	0.0524	0.1206	0.9108	0.9580	0.9779	0.9918	0.9971
6 8	29.50	35.50	41.50	49.50	59.50	131.50	141.50	149.50	157.50	165.50
	0.0047	0.0100	0.0213	0.0430	0.0942	0.8924	0.9461	0.9737	0.9873	0.9940
	31.50	37.50	43.50	51.50	61.50	133.50	143.50	151.50	159.50	167.50
	0.0060	0.0130	0.0266	0.0509	0.1062	0.9004	0.9540	0.9750	0.9900	0.9967
6 9	34.00	39.00	49.00	58.00	69.00	154.00	165.00	175.00	186.00	193.00
	0.0050	0.0086	0.0232	0.0488	0.0969	0.8973	0.9467	0.9734	0.9894	0.9944
	35.00	40.00	50.00	59.00	70.00	155.00	166.00	176.00	187.00	195.00
	0.0062	0.0110	0.0256	0.0547	0.1039	0.9065	0.9504	0.9766	0.9910	0.9956
6 10	37.50	43.50	53.50	63.50	75.50	175.50	189.50	201.50	213.50	221.50
	0.0049	0.0100	0.0237	0.0448	0.0888	0.8976	0.9476	0.9734	0.9891	0.9948
	39.50	45.50	55.50	65.50	77.50	177.50	191.50	203.50	215.50	223.50
	0.0054	0.0111	0.0262	0.0521	0.1010	0.9063	0.9540	0.9784	0.9901	0.9953
6 11	42.00	49.00	61.00	73.00	87.00	200.00	216.00	229.00	244.00	253.00
	0.0048	0.0094	0.0243	0.0490	0.0977	0.8998	0.9491	0.9737	0.9898	0.9941
	43.00	50.00	62.00	74.00	88.00	201.00	217.00	230.00	245.00	254.00
	0.0060	0.0103	0.0255	0.0512	0.1037	0.9009	0.9504	0.9758	0.9901	0.9954
6 12	45.50	51.50	67.50	79.50	95.50	223.50	243.50	257.50	273.50	285.50
	0.0048	0.0082	0.0248	0.0470	0.0950	0.8954	0.9494	0.9733	0.9879	0.9944
	47.50	53.50	69.50	81.50	97.50	225.50	245.50	259.50	275.50	287.50
	0.0063	0.0102	0.0273	0.0513	0.1033	0.9004	0.9542	0.9757	0.9900	0.9950
6 13	50.00	58.00	74.00	89.00	107.00	252.00	273.00	290.00	310.00	323.00
	0.0047	0.0090	0.0234	0.0483	0.0985	0.8979	0.9499	0.9736	0.9898	0.9949
	51.00	59.00	75.00	90.00	108.00	253.00	274.00	291.00	311.00	324.00
	0.0053	0.0101	0.0256	0.0503	0.1008	0.9001	0.9510	0.9751	0.9902	0.9951
6 14	53.50	63.50	81.50	97.50	117.50	279.50	301.50	321.50	343.50	357.50
	0.0049	0.0093	0.0246	0.0495	0.0974	0.8972	0.9459	0.9730	0.9888	0.9944
	55.50	65.50	83.50	99.50	119.50	281.50	303.50	323.50	345.50	359.50
	0.0054	0.0108	0.0281	0.0527	0.1043	0.9040	0.9501	0.9754	0.9901	0.9950
7 7	41.75	47.75	57.75	65.75	75.75	147.75	157.75	165.75	175.75	179.75
	0.0029	0.0082	0.0233	0.0466	0.0950	0.8869	0.9452	0.9709	0.9889	0.9948
	43.75	49.75	59.75	67.75	77.75	149.75	159.75	167.75	177.75	183.75
	0.0052	0.0111	0.0291	0.0548	0.1131	0.9050	0.9534	0.9767	0.9918	0.9971
7 8	50.00	55.00	66.00	75.00	87.00	173.00	184.00	195.00	204.00	211.00
	0.0050	0.0082	0.0238	0.0479	0.0977	0.8988	0.9455	0.9745	0.9890	0.9939
	51.00	56.00	67.00	76.00	88.00	174.00	185.00	196.00	205.00	212.00
	0.0059	0.0110	0.0272	0.0533	0.1052	0.9004	0.9510	0.9776	0.9902	0.9952
7 9	53.75	59.75	71.75	83.75	95.75	197.75	211.75	221.75	235.75	245.75
	0.0049	0.0087	0.0224	0.0495	0.0920	0.8970	0.9495	0.9706	0.9895	0.9949
	55.75	61.75	73.75	85.75	97.75	199.75	213.75	223.75	237.75	247.75
	0.0058	0.0103	0.0267	0.0556	0.1016	0.9073	0.9549	0.9764	0.9911	0.9963
7 10	59.00	67.00	82.00	94.00	109.00	226.00	242.00	254.00	270.00	279.00
	0.0046	0.0090	0.0243	0.0478	0.0975	0.8978	0.9499	0.9726	0.9896	0.9949
	60.00	68.00	83.00	95.00	110.00	227.00	243.00	255.00	271.00	280.00
	0.0053	0.0100	0.0268	0.0521	0.1009	0.9051	0.9544	0.9753	0.9902	0.9951

| | | | | | α-Werte | | | | |
m n	0.005	0.010	0.025	0.050	0.100	0.900	0.950	0.975	0.990	0.995
7 11	63.75	73.75	89.75	103.75	119.75	253.75	271.75	287.75	303.75	315.75
	0.0042	0.0096	0.0246	0.0495	0.0946	0.8991	0.9483	0.9742	0.9882	0.9943
	65.75	75.75	91.75	105.75	121.75	255.75	273.75	289.75	305.75	317.75
	0.0050	0.0103	0.0272	0.0526	0.1012	0.9053	0.9506	0.9767	0.9904	0.9952
7 12	71.00	82.00	99.00	115.00	135.00	285.00	306.00	323.00	343.00	357.00
	0.0048	0.0094	0.0241	0.0489	0.0996	0.8997	0.9491	0.9738	0.9893	0.9950
	72.00	83.00	100.00	116.00	136.00	286.00	307.00	324.00	344.00	358.00
	0.0051	0.0104	0.0258	0.0519	0.1044	0.9020	0.9515	0.9754	0.9900	0.9952
7 13	75.75	87.75	107.75	125.75	147.75	315.75	339.75	359.75	381.75	397.75
	0.0042	0.0089	0.0239	0.0487	0.0983	0.8972	0.9487	0.9745	0.9889	0.9949
	77.75	89.75	109.75	127.75	149.75	317.75	341.75	361.75	383.75	399.75
	0.0050	0.0101	0.0261	0.0528	0.1054	0.9039	0.9523	0.9758	0.9905	0.9953
8 8	72.00	78.00	92.00	104.00	118.00	218.00	232.00	244.00	258.00	264.00
	0.0043	0.0078	0.0239	0.0496	0.0984	0.8908	0.9457	0.9740	0.9900	0.9942
	74.00	80.00	94.00	106.00	120.00	220.00	234.00	246.00	260.00	266.00
	0.0058	0.0100	0.0260	0.0543	0.1092	0.9016	0.9504	0.9761	0.9922	0.9957
8 9	79.00	90.00	103.00	116.00	132.00	250.00	266.00	279.00	294.00	303.00
	0.0042	0.0096	0.0229	0.0487	0.0988	0.8959	0.9477	0.9742	0.9896	0.9945
	80.00	91.00	104.00	117.00	133.00	251.00	267.00	280.00	295.00	304.00
	0.0050	0.0102	0.0253	0.0510	0.1016	0.9005	0.9520	0.9760	0.9901	0.9952
8 10	88.00	98.00	114.00	128.00	146.00	280.00	300.00	316.00	332.00	344.00
	0.0050	0.0100	0.0245	0.0481	0.0980	0.8917	0.9487	0.9744	0.9891	0.9948
	90.00	100.00	116.00	130.00	148.00	282.00	302.00	318.00	334.00	346.00
	0.0059	0.0112	0.0280	0.0525	0.1033	0.9001	0.9532	0.9768	0.9900	0.9950
8 11	95.00	107.00	126.00	143.00	163.00	316.00	337.00	355.00	376.00	388.00
	0.0047	0.0095	0.0247	0.0500	0.0988	0.8984	0.9489	0.9739	0.9900	0.9948
	96.00	108.00	127.00	144.00	164.00	317.00	338.00	356.00	377.00	389.00
	0.0051	0.0105	0.0256	0.0530	0.1039	0.9021	0.9501	0.9759	0.9909	0.9953
8 12	102.00	116.00	136.00	156.00	178.00	352.00	376.00	396.00	418.00	434.00
	0.0044	0.0097	0.0234	0.0496	0.0970	0.8995	0.9497	0.9749	0.9894	0.9949
	104.00	118.00	138.00	158.00	180.00	354.00	378.00	398.00	420.00	436.00
	0.0051	0.0103	0.0252	0.0533	0.1031	0.9056	0.9531	0.9763	0.9903	0.9953
9 9	110.25	120.25	138.25	154.25	172.25	308.25	326.25	342.25	360.25	370.25
	0.0045	0.0085	0.0230	0.0481	0.0973	0.8975	0.9476	0.9742	0.9899	0.9949
	112.25	122.25	140.25	156.25	174.25	310.25	328.25	344.25	362.25	372.25
	0.0051	0.0101	0.0258	0.0524	0.1025	0.9027	0.9519	0.9770	0.9915	0.9955
9 10	122.00	134.00	154.00	171.00	191.00	347.00	368.00	385.00	404.00	419.00
	0.0049	0.0096	0.0250	0.0492	0.0963	0.8987	0.9489	0.9738	0.9890	0.9950
	123.00	135.00	155.00	172.00	192.00	348.00	369.00	386.00	405.00	420.00
	0.0050	0.0101	0.0256	0.0514	0.1003	0.9021	0.9515	0.9751	0.9900	0.9955
9 11	132.25	144.25	166.25	186.25	210.25	384.25	408.25	430.25	452.25	468.25
	0.0049	0.0089	0.0235	0.0484	0.0984	0.8942	0.9465	0.9744	0.9896	0.9950
	134.25	146.25	168.25	188.25	212.25	386.25	410.25	432.25	454.25	470.25
	0.0056	0.0102	0.0251	0.0519	0.1049	0.9005	0.9500	0.9765	0.9900	0.9955
10 10	162.50	176.50	198.50	218.50	242.50	418.50	442.50	462.50	484.50	498.50
	0.0050	0.0098	0.0241	0.0489	0.0982	0.8966	0.9479	0.9740	0.9891	0.9944
	164.50	178.50	200.50	220.50	244.50	420.50	444.50	464.50	486.50	500.50
	0.0056	0.0109	0.0260	0.0521	0.1034	0.9018	0.9511	0.9759	0.9902	0.9950

11.14   Kruskal-Wallis-Test

Die Tabelle gibt Quantile $h_{1-\alpha}$ der H-Statistik an.

Stichprobenumfang					Stichprobenumfang				
n_1	n_2	n_3	Quantil	α	n_1	n_2	n_3	Quantil	α
2	1	1	2.7000	0.500	4	3	1	5.8333	0.021
2	2	1	3.6000	0.200				5.2083	0.050
2	2	2	4.5714	0.067				5.0000	0.057
			3.7143	0.200				4.0556	0.093
								3.8889	0.129
3	1	1	3.2000	0.300	4	3	2	6.4444	0.008
3	2	1	4.2857	0.100				6.3000	0.011
			3.8571	0.133				6.3000	0.011
								5.4444	0.046
3	3	2	5.3572	0.029				5.4000	0.051
			4.7143	0.048				4.5111	0.098
			4.5000	0.067				4.4444	0.102
			4.4643	0.105	4	3	3	6.7455	0.010
								6.7091	0.013
3	3	1	5.1429	0.043				5.7909	0.046
			4.5714	0.100				5.7273	0.050
			4.0000	0.129				4.7091	0.092
								4.7000	0.101
3	3	2	6.2500	0.011	4	4	1	6.6667	0.010
			5.3611	0.032				6.1667	0.022
			5.1389	0.061				4.9667	0.048
			4.5556	0.100				4.8667	0.054
			4.2500	0.121				4.1667	0.082
								4.0667	0.102
3	3	3	7.2000	0.004	4	4	2	7.0364	0.006
			6.4889	0.001				6.8727	0.011
			5.6889	0.029				5.4545	0.046
			5.6000	0.050				5.2364	0.052
			5.0667	0.086				4.5545	0.098
			4.6222	0.100				4.4455	0.103
					4	4	3	7.1439	0.010
4	1	1	3.5714	0.200				7.1364	0.011
								5.5985	0.049
4	2	1	4.8214	0.057				5.5758	0.051
			4.5000	0.076				4.5455	0.099
			4.0179	0.114				4.4773	0.102
					4	4	4	7.6538	0.008
4	2	2	6.0000	0.014				7.5385	0.011
			5.3333	0.033				5.6923	0.049
			5.1250	0.052				5.6538	0.054
			4.4583	0.100				4.6539	0.097
			4.1667	0.105				4.5001	0.104

Stichprobenumfang					Stichprobenumfang				
n_1	n_2	n_3	Quantil	α	n_1	n_2	n_3	Quantil	α
5	1	1	3.8571	0.143	5	4	3	7.4449	0.110
5	2	1	5.2500	0.036				7.3949	0.011
			5.0000	0.048				5.6564	0.049
			4.4500	0.071				5.6308	0.050
			4.2000	0.095				4.5487	0.099
			4.0500	0.119				4.5231	0.103
5	2	2	6.5333	0.005	5	4	4	7.7604	0.009
			6.1333	0.013				7.7440	0.011
			5.1600	0.034				5.6571	0.049
			5.0400	0.056				5.6176	0.050
			4.3733	0.090				4.6187	0.100
			4.2933	0.112				4.5527	0.102
5	3	1	6.4000	0.012	5	5	1	7.3091	0.009
			4.9600	0.048				6.8364	0.011
			4.8711	0.052				5.1273	0.046
			4.0178	0.095				4.9091	0.053
			3.8400	0.123				4.1091	0.086
5	3	2	6.9091	0.009				4.0364	0.105
			6.8281	0.010	5	5	2	7.3385	0.010
			5.2509	0.049				7.2692	0.010
			5.1055	0.052				5.3385	0.047
			4.6509	0.091				5.2462	0.051
			4.4121	0.101				4.6231	0.097
5	3	3	7.0788	0.009				4.5077	0.100
			6.9818	0.011	5	5	3	7.5780	0.010
			5.6485	0.049				7.5429	0.010
			5.5152	0.051				5.7055	0.046
			4.5333	0.097				5.6264	0.051
			4.4121	0.109				4.5451	0.100
5	4	1	6.9545	0.008				4.5363	0.102
			6.8400	0.011	5	5	4	7.8229	0.010
			4.9855	0.044				7.7914	0.010
			4.8600	0.056				5.6657	0.049
			3.9873	0.098				5.6429	0.050
			3.9600	0.102				4.5229	0.100
5	4	2	7.2045	0.009				4.5200	0.101
			7.1182	0.010	5	5	5	8.0000	0.009
			5.2727	0.049				7.9800	0.010
			5.2682	0.050				5.7800	0.049
			4.5409	0.098				5.6600	0.051
			4.5182	0.101				4.5600	0.100
								4.5000	0.102

11.15 Jonckheere-Terpstra-Test $n_i = n_j$

k	n	α					
		0.2	0.1	0.05	0.025	0.01	0.005
3	2	9	10	11	12		
	3	18	20	22	23	25	25
	4	31	34	36	38	40	42
	5	47	51	54	57	60	62
	6	66	71	75	79	83	86
	7	88	95	100	105	110	114
	8	113	121	128	134	140	145
	9	142	152	160	166	174	180
	10	173	185	194	202	212	218
	11	208	222	232	242	252	260
	12	246	261	274	284	297	305
	13	287	304	318	330	344	353
	14	332	351	366	380	395	406
	15	379	400	418	432	450	461
	16	430	453	472	488	507	520
	17	483	509	530	548	568	582
	18	540	568	591	610	633	648
	19	600	630	655	676	701	717
	20	663	696	722	745	772	790
	21	729	764	793	818	846	865
	22	799	836	867	893	924	944
	23	871	911	944	972	1005	1027
	24	947	989	1024	1054	1089	1113
	25	1025	1071	1108	1140	1177	1202
	26	1107	1155	1194	1228	1268	1294
	27	1192	1243	1284	1320	1362	1390
	28	1280	1333	1377	1415	1459	1489
	29	1371	1427	1474	1514	1560	1591
	30	1465	1524	1573	1615	1664	1697
	31	1562	1624	1676	1720	1771	1806
	32	1662	1728	1782	1828	1882	1918
	33	1766	1834	1891	1939	1996	2034
	34	1872	1944	2003	2054	2113	2153
	35	1982	2057	2118	2171	2233	2275
	36	2095	2173	2237	2292	2356	2400
	37	2210	2292	2358	2416	2483	2528
	38	2329	2414	2483	2543	2613	2660
	39	2451	2539	2611	2674	2746	2795
	40	2576	2667	2742	2807	2883	2934

k	n	α					
		0.2	0.1	0.05	0.025	0.01	0.005
4	2	16	18	19	21	22	23
	3	34	37	40	42	44	45
	4	58	63	67	70	73	76
	5	89	95	100	105	110	114
	6	126	134	141	147	154	158
	7	169	179	188	196	204	210
	8	218	231	242	251	262	269
	9	274	290	302	313	326	334
	10	336	354	369	382	397	407
	11	404	425	443	457	474	486
	12	479	503	522	539	559	572
	13	560	587	609	628	650	665
	14	647	677	701	723	747	764
	15	740	773	801	824	851	870
	16	839	876	906	932	962	983
	17	945	985	1018	1047	1080	1102
	18	1057	1101	1137	1168	1203	1228
	19	1175	1222	1261	1295	1334	1360
	20	1299	1350	1392	1429	1471	1499
5	2	26	28	30	32	33	35
	3	54	59	62	65	69	71
	4	94	100	106	110	116	119
	5	144	153	160	167	174	179
	6	204	216	226	235	244	251
	7	275	290	303	313	325	334
	8	357	375	390	403	418	428
	9	448	470	488	504	522	534
	10	550	576	597	615	636	650
	11	663	693	717	738	762	778
	12	786	819	847	871	899	917
	13	919	957	988	1015	1046	1067
	14	1062	1105	1140	1170	1205	1228
	15	1216	1263	1302	1335	1374	1400
6	2	37	40	43	45	47	49
	3	80	85	90	94	98	101
	4	138	147	154	160	167	171
	5	212	224	234	242	252	259
	6	302	317	330	342	354	363
	7	407	427	443	457	474	484
	8	528	552	572	589	609	623
	9	664	693	717	738	761	777
	10	816	850	878	902	930	949
	11	984	1023	1055	1083	1115	1136
	12	1167	1211	1248	1279	1316	1341

k	n				α		
		0.2	0.1	0.05	0.025	0.01	0.005
7	2	51	55	58	61	64	66
	3	109	117	122	127	133	137
	4	190	201	210	218	227	233
	5	293	308	321	332	344	352
	6	418	438	454	468	484	495
	7	564	589	610	628	648	662
	8	732	763	788	810	835	852
	9	922	959	989	1015	1045	1065
	10	1133	1176	1211	1242	1277	1301
8	2	66	71	75	78	82	85
	3	144	153	160	166	173	178
	4	251	264	275	285	296	303
	5	387	406	421	434	449	460
	6	552	577	597	614	634	648
	7	746	777	802	824	849	867
	8	969	1007	1038	1064	1095	1116
	9	1221	1266	1303	1335	1371	1396
9	2	84	90	95	99	103	106
	3	183	194	202	210	218	224
	4	320	336	349	360	373	382
	5	494	516	535	550	568	581
	6	705	734	759	779	803	819
	7	954	990	1021	1047	1077	1097
	8	1239	1284	1321	1353	1390	1415
10	2	104	111	116	121	126	130
	3	227	239	249	258	268	274
	4	397	416	431	444	460	470
	5	614	640	661	680	701	716
	6	877	911	939	964	992	1011
	7	1186	1229	1265	1295	1331	1355
11	2	126	134	140	145	152	156
	3	276	290	301	311	323	330
	4	483	504	522	537	555	567
	5	746	777	801	823	847	864
	6	1067	1106	1139	1167	1199	1221
12	2	150	159	166	172	179	184
	3	329	345	358	369	383	391
	4	576	601	621	639	659	672
	5	892	926	954	979	1007	1026

11.16 Jonckheere-Terpstra-Test $n_i \neq n_j$

n_1	n_2	n_3	α 0.05	0.025	0.01	0.005
2	2	2	11	12		
2	2	3	14	15	16	16
2	2	4	17	18	19	20
2	2	5	20	21	22	23
2	2	6	23	24	26	27
2	2	7	26	28	29	30
2	2	8	29	31	33	34
2	3	3	18	19	20	21
2	3	4	21	23	24	25
2	3	5	25	26	28	29
2	3	6	28	30	32	33
2	3	7	30	34	36	37
2	3	8	36	38	40	41
2	4	4	26	27	29	30
2	4	5	30	31	33	34
2	4	6	34	36	38	39
2	4	7	38	40	43	44
2	4	8	42	45	47	49
2	5	5	35	36	39	40
2	5	6	39	41	44	45
2	5	7	44	47	49	51
2	5	8	49	52	54	56
2	6	6	45	47	50	52
2	6	7	50	53	56	58
2	6	8	55	58	62	64
2	7	7	56	59	62	65
2	7	8	62	65	69	71
2	8	8	69	72	76	79
3	3	3	22	23	25	25
3	3	4	26	28	29	30
3	3	5	30	32	34	35
3	3	6	34	36	39	40
3	3	7	39	41	43	45
3	3	8	43	45	48	49
3	4	4	31	33	35	36
3	4	5	36	38	40	41
3	4	6	40	43	45	47
3	4	7	45	48	50	52
3	4	8	50	53	56	57

n_1	n_2	n_3	α			
			0.05	0.025	0.01	0.005
3	5	5	41	43	46	47
3	5	6	46	49	52	54
3	5	7	52	55	58	60
3	5	8	57	60	64	66
3	6	6	52	55	58	60
3	6	7	58	61	66	67
3	6	8	64	68	71	74
3	7	7	65	68	72	74
3	7	8	71	75	79	82
3	8	8	79	82	87	90
4	4	4	36	38	40	42
4	4	5	42	44	46	48
4	4	6	47	49	52	54
4	4	7	52	55	58	60
4	4	8	59	61	64	66
4	5	5	48	50	53	55
4	5	6	54	56	59	62
4	5	7	59	63	66	68
4	5	8	65	69	72	75
4	6	6	60	63	67	69
4	6	7	66	70	74	76
4	6	8	73	77	81	84
4	7	7	74	77	82	84
4	7	8	81	85	89	92
4	8	8	88	93	98	101
5	5	5	54	57	60	62
5	5	6	61	64	67	70
5	5	7	67	71	72	77
5	5	8	74	77	81	84
5	6	6	68	71	75	77
5	6	7	75	79	83	85
5	6	8	82	86	90	93
5	7	7	82	86	91	94
5	7	8	90	94	99	103
5	8	8	98	103	108	112
6	6	6	75	79	83	86
6	6	7	83	87	92	95
6	6	8	91	95	100	103
6	7	7	91	96	101	104
6	7	8	100	104	110	113
6	8	8	108	113	119	123
7	7	7	100	105	110	114
7	7	8	109	114	120	123
7	8	8	118	124	130	134
8	8	8	128	134	140	145

11.17 Friedman-Test

Die Tabelle gibt Wahrscheinlichkeiten $p = PR(F_c \geq x)$ an.

$c = 3,\ n = 2$			$c = 3,\ n = 5$			$c = 3,\ n = 7$			$c = 3,\ n = 8$	
x	p		x	p		x	p		x	p
0.000	1.000		0.000	1.000		0.000	1.000		7.000	0.030
1.000	0.833		0.400	0.954		0.286	0.964		7.750	0.018
3.000	0.500		1.200	0.691		0.857	0.768		9.000	0.010
4.000	0.167		1.600	0.522		1.143	0.620		9.250	0.008
			2.800	0.367		2.000	0.486		9.750	0.005
$c = 3,\ n = 3$			3.600	0.182		2.571	0.305		10.750	0.002
x	p		4.800	0.124		3.429	0.237		12.000	0.001
0.000	1.000		5.200	0.093		3.714	0.192		12.250	0.001
0.667	0.944		6.400	0.039		4.571	0.112		13.000	0.000
2.000	0.528		7.600	0.024		5.429	0.085			
2.667	0.361		8.400	0.008		6.000	0.051		$c = 3,\ n = 9$	
4.677	0.194		10.000	0.001		7.143	0.027		x	p
6.000	0.028					7.714	0.021		0.000	1.000
			$c = 3,\ n = 6$			8.000	0.016		0.222	0.971
$c = 3,\ n = 4$			x	p		8.857	0.008		0.667	0.814
x	p		0.000	1.000		10.286	0.004		0.889	0.685
0.000	1.000		0.333	0.956		10.571	0.003		1.556	0.569
0.500	0.931		1.000	0.740		11.143	0.001		2.000	0.398
1.500	0.653		1.333	0.570		12.286	0.000		2.667	0.328
2.000	0.431		2.333	0.430					2.889	0.278
3.500	0.273		3.000	0.252		$c = 3,\ n = 8$			3.556	0.187
4.500	0.125		4.000	0.184		x	p		4.222	0.154
6.000	0.069		4.333	0.142		0.000	1.000		4.667	0.107
6.500	0.042		5.333	0.072		0.250	0.967		5.556	0.069
8.000	0.005		6.333	0.052		0.750	0.794		6.000	0.057
			7.000	0.029		1.000	0.654		6.222	0.048
			8.333	0.012		1.750	0.531		6.889	0.031
			9.000	0.008		2.250	0.355		8.000	0.019
			9.333	0.006		3.000	0.285		8.222	0.016
			10.333	0.002		3.250	0.236		8.667	0.010
			12.000	0.000		4.000	0.149		9.556	0.006
						4.750	0.120		10.667	0.004
						5.250	0.079		10.889	0.003
						6.250	0.047		11.556	0.001
						6.750	0.038		12.667	0.001
									13.556	0.000

c = 3, n = 10		c = 3, n = 11		c = 3, n = 12		c = 4, n = 2	
x	p	x	p	x	p	x	p
0.000	1.000	6.727	0.038	13.167	0.001	0.000	1.000
0.200	0.974	7.091	0.027	13.500	0.000	0.600	0.958
0.600	0.830	7.818	0.019			1.200	0.833
0.800	0.710	8.727	0.013	**c = 3, n = 13**		1.800	0.792
1.400	0.601	8.909	0.011	x	p	2.400	0.625
1.800	0.436	9.455	0.006	0.000	1.000	3.000	0.542
2.400	0.368	10.364	0.004	0.154	0.980	3.600	0.458
2.600	0.316	11.091	0.003	0.462	0.866	4.200	0.375
3.200	0.222	11.455	0.002	0.615	0.767	4.800	0.208
3.800	0.187	11.636	0.001	1.077	0.675	5.400	0.167
4.200	0.135	12.182	0.001	1.385	0.527	6.000	0.042
5.000	0.092	13.273	0.001	1.846	0.463		
5.400	0.078	13.636	0.000	2.000	0.412	**c = 4, n = 3**	
5.600	0.066			2.462	0.316	x	p
6.200	0.046	**c = 3, n = 12**		2.923	0.278	0.200	1.000
7.200	0.030	x	p	3.231	0.217	0.600	0.958
7.400	0.026	0.000	1.000	3.846	0.165	1.000	0.910
7.800	0.018	0.167	0.978	4.154	0.145	1.800	0.727
8.600	0.012	0.500	0.856	4.308	0.129	2.200	0.608
9.600	0.007	0.667	0.751	4.769	0.098	2.600	0.524
9.800	0.006	1.167	0.654	5.538	0.073	3.400	0.446
10.400	0.003	1.500	0.500	5.692	0.065	3.800	0.342
11.400	0.002	2.000	0.434	6.000	0.050	4.200	0.300
12.200	0.001	2.167	0.383	6.615	0.037	5.000	0.207
12.600	0.001	2.667	0.287	7.385	0.028	5.400	0.175
12.800	0.001	3.167	0.249	7.538	0.025	5.800	0.148
13.400	0.000	3.500	0.191	8.000	0.016	6.600	0.075
		4.167	0.141	8.769	0.012	7.000	0.054
c = 3, n = 11		4.500	0.123	9.385	0.009	7.400	0.033
x	p	4.667	0.108	9.692	0.007	8.200	0.017
0.000	1.000	5.167	0.080	9.846	0.005	9.000	0.002
0.182	0.976	6.000	0.058	10.308	0.004		
0.545	0.844	6.167	0.051	11.231	0.003		
0.727	0.732	6.500	0.038	11.538	0.002		
1.273	0.629	7.167	0.027	11.692	0.002		
1.636	0.470	8.000	0.020	12.154	0.001		
2.182	0.403	8.167	0.017	12.462	0.001		
2.364	0.351	8.667	0.011	12.923	0.001		
2.909	0.256	9.500	0.007	14.000	0.001		
3.455	0.219	10.167	0.005	14.308	0.000		
3.818	0.163	10.500	0.004				
4.545	0.116	10.667	0.003				
4.909	0.100	11.167	0.002				
5.091	0.087	12.167	0.002				
5.636	0.062	12.500	0.001				
6.545	0.043	12.667	0.001				

$c = 4,\ n = 4$		$c = 4,\ n = 5$		$c = 4,\ n = 6$		$c = 4,\ n = 6$	
x	p	x	p	x	p	x	p
0.000	1.000	0.120	1.000	0.000	1.000	9.800	0.013
0.300	0.992	0.360	0.975	0.200	0.996	10.000	0.010
0.600	0.928	0.600	0.944	0.400	0.957	10.200	0.010
0.900	0.900	1.080	0.857	0.600	0.940	10.400	0.009
1.200	0.800	1.320	0.771	0.800	0.874	10.600	0.007
1.500	0.754	1.560	0.709	1.000	0.844	10.800	0.006
1.800	0.677	2.040	0.652	1.200	0.789	11.000	0.006
2.100	0.649	2.280	0.561	1.400	0.772	11.400	0.004
2.400	0.524	2.520	0.521	1.600	0.679	11.600	0.003
2.700	0.508	3.000	0.445	1.800	0.668	11.800	0.003
3.000	0.432	3.240	0.408	2.000	0.609	12.000	0.002
3.300	0.389	3.480	0.372	2.200	0.574	12.200	0.002
3.600	0.355	3.960	0.298	2.400	0.541	12.600	0.001
3.900	0.324	4.200	0.260	2.600	0.512	12.800	0.001
4.500	0.242	4.440	0.226	3.000	0.431	13.000	0.001
4.800	0.200	4.920	0.210	3.200	0.386	13.200	0.001
5.100	0.190	5.160	0.162	3.400	0.375	13.400	0.001
5.400	0.158	5.400	0.151	3.600	0.338	13.600	0.000
5.700	0.141	5.880	0.123	3.800	0.317		

$c = 4,\ n = 7$	
x	p

$c = 4,\ n = 4$		$c = 4,\ n = 5$		$c = 4,\ n = 6$		$c = 4,\ n = 7$	
x	p	x	p	x	p	x	p
6.000	0.105	6.120	0.107	4.000	0.270	0.086	1.000
6.300	0.094	6.360	0.093	4.200	0.256	0.257	0.984
6.600	0.077	6.840	0.075	4.400	0.230	0.429	0.963
6.900	0.068	7.080	0.067	4.600	0.218	0.771	0.906
7.200	0.054	7.320	0.055	4.800	0.197	0.943	0.845
7.500	0.052	7.800	0.044	5.000	0.194	1.114	0.800
7.800	0.036	8.040	0.034	5.200	0.163	1.457	0.757
8.100	0.033	8.280	0.031	5.400	0.155	1.629	0.685
8.400	0.019	8.760	0.023	5.600	0.127	1.800	0.652
8.700	0.014	9.000	0.020	5.800	0.114	2.143	0.590
9.300	0.012	9.240	0.017	6.200	0.108	2.314	0.557
9.600	0.007	9.720	0.012	6.400	0.089	2.486	0.524
9.900	0.006	9.960	0.009	6.600	0.088	2.829	0.456
10.200	0.003	10.200	0.007	6.800	0.073	3.000	0.418
10.800	0.002	10.680	0.005	7.000	0.066	3.171	0.382
11.100	0.001	10.920	0.003	7.200	0.060	3.514	0.366
12.000	0.000	11.160	0.002	7.400	0.056	3.686	0.310
		11.640	0.002	7.600	0.043	3.857	0.297
		11.880	0.002	7.800	0.041	4.200	0.262
		12.120	0.001	8.000	0.037	4.371	0.239
		12.600	0.001	8.200	0.035	4.543	0.220
		12.840	0.000	8.400	0.032	4.886	0.195
				8.600	0.029	5.057	0.180
				8.800	0.023	5.229	0.161
				9.000	0.022	5.571	0.143
				9.400	0.017		
				9.600	0.014		

$c = 4,\ n = 7$		$c = 4,\ n = 8$		$c = 4,\ n = 8$		$c = 5,\ n = 3$	
x	p	x	p	x	p	x	p
5.743	0.122	0.000	1.000	7.750	0.051	0.000	1.000
5.914	0.118	0.150	0.998	7.650	0.049	0.267	1.000
6.257	0.100	0.300	0.971	7.800	0.046	0.533	0.988
6.429	0.093	0.450	0.959	7.950	0.042	0.800	0.972
6.600	0.085	0.600	0.912	8.100	0.038	1.067	0.941
6.943	0.073	0.750	0.890	8.250	0.037	1.333	0.914
7.114	0.063	0.900	0.849	8.550	0.031	1.600	0.845
7.286	0.056	1.050	0.837	8.700	0.028	1.867	0.831
7.629	0.052	1.200	0.765	8.850	0.025	2.133	0.768
7.800	0.041	1.350	0.757	9.000	0.023	2.400	0.720
7.971	0.038	1.500	0.710	9.150	0.022	2.667	0.682
8.314	0.035	1.650	0.681	9.450	0.019	2.933	0.649
8.486	0.033	1.800	0.654	9.600	0.016	3.200	0.595
8.657	0.030	1.950	0.629	9.750	0.015	3.467	0.559
9.000	0.023	2.250	0.558	9.900	0.014	3.733	0.493
9.171	0.020	2.400	0.517	10.050	0.014	4.000	0.475
9.343	0.017	2.550	0.507	10.200	0.011	4.267	0.432
9.686	0.015	2.700	0.471	10.350	0.011	4.533	0.406
9.857	0.013	2.850	0.450	10.500	0.009	4.800	0.347
10.029	0.012	3.000	0.404	10.650	0.009	5.067	0.326
10.371	0.010	3.150	0.389	10.800	0.008	5.333	0.291
10.543	0.009	3.300	0.362	10.950	0.008	5.600	0.253
10.714	0.008	3.450	0.350	11.100	0.006	5.867	0.236
11.057	0.007	3.600	0.326	11.250	0.006	6.133	0.213
11.229	0.005	3.750	0.323	11.400	0.005	6.400	0.172
11.400	0.004	3.900	0.287	11.550	0.005	6.667	0.163
11.743	0.004	4.050	0.278	11.850	0.004	6.933	0.127
11.914	0.003	4.200	0.242	12.000	0.004	7.200	0.117
12.086	0.003	4.350	0.226	12.150	0.004	7.467	0.096
12.429	0.002	4.650	0.219	12.300	0.003	7.733	0.080
12.600	0.002	4.800	0.193	12.450	0.003	8.000	0.063
12.771	0.002	4.950	0.191	12.600	0.002	8.267	0.056
13.114	0.001	5.100	0.168	12.750	0.002	8.533	0.045
13.286	0.001	5.250	0.158	12.900	0.002	8.800	0.038
13.457	0.001	5.400	0.148	13.050	0.002	9.067	0.028
13.800	0.001	5.550	0.141	13.200	0.002	9.333	0.026
13.971	0.001	5.700	0.121	13.350	0.001	9.600	0.017
14.143	0.001	5.850	0.117	13.500	0.001	9.867	0.015
14.486	0.000	6.000	0.110	13.650	0.001	10.133	0.008
		6.150	0.106	13.800	0.001	10.400	0.005
		6.300	0.100	13.950	0.001	10.667	0.004
		6.450	0.094	14.250	0.001	10.933	0.003
		6.600	0.081	14.400	0.001	11.467	0.001
		6.750	0.079	14.550	0.001	12.000	0.000
		7.050	0.068	14.700	0.001		
		7.200	0.060	14.850	0.000		
		7.350	0.058				

$c = 5,\ n = 4$		$c = 5,\ n = 4$		$c = 5,\ n = 5$		$c = 5,\ n = 5$	
x	p	x	p	x	p	x	p
0.000	1.000	8.600	0.060	2.080	0.765	8.960	0.049
0.200	0.999	8.800	0.049	2.240	0.721	9.120	0.046
0.400	0.991	9.000	0.043	2.400	0.707	9.280	0.042
0.600	0.980	9.200	0.038	2.560	0.679	9.440	0.038
0.800	0.959	9.400	0.035	2.720	0.657	9.600	0.035
1.000	0.940	9.600	0.028	2.880	0.613	9.760	0.032
1.200	0.906	9.800	0.025	3.040	0.594	9.920	0.029
1.400	0.895	10.000	0.021	3.200	0.562	10.080	0.026
1.600	0.850	10.200	0.019	3.360	0.535	10.240	0.024
1.800	0.815	10.400	0.017	3.520	0.518	10.400	0.022
2.000	0.785	10.600	0.014	3.680	0.494	10.560	0.019
2.200	0.759	10.800	0.011	3.840	0.454	10.720	0.018
2.400	0.715	11.000	0.010	4.000	0.443	10.880	0.015
2.600	0.685	11.200	0.008	4.160	0.410	11.040	0.013
2.800	0.630	11.400	0.007	4.320	0.398	11.200	0.012
3.000	0.612	11.600	0.006	4.480	0.371	11.360	0.012
3.200	0.579	11.800	0.005	4.640	0.349	11.520	0.010
3.400	0.552	12.000	0.004	4.800	0.325	11.680	0.009
3.600	0.500	12.200	0.004	4.960	0.316	11.840	0.008
3.800	0.479	12.400	0.003	5.120	0.295	12.000	0.007
4.000	0.442	12.600	0.002	5.280	0.275	12.160	0.006
4.200	0.413	12.800	0.002	5.440	0.255	12.320	0.006
4.400	0.395	13.000	0.001	5.600	0.246	12.480	0.005
4.600	0.370	13.200	0.001	5.760	0.227	12.640	0.004
4.800	0.329	13.400	0.001	5.920	0.218	12.800	0.004
5.000	0.317	13.600	0.001	6.080	0.195	12.960	0.003
5.200	0.286	13.800	0.000	6.240	0.183	13.120	0.003
5.400	0.275			6.400	0.174	13.280	0.003
5.600	0.249	$c = 5,\ n = 5$		6.560	0.164	13.440	0.002
5.800	0.227	x	p	6.720	0.151	13.600	0.002
6.000	0.205			6.880	0.146	13.760	0.002
6.200	0.197	0.000	1.000	7.040	0.130	13.920	0.002
6.400	0.178	0.160	1.000	7.200	0.121	14.080	0.001
6.600	0.161	0.320	0.994	7.360	0.112	14.240	0.001
6.800	0.143	0.480	0.986	7.520	0.107	14.400	0.001
7.000	0.136	0.640	0.972	7.680	0.094	14.560	0.001
7.200	0.121	0.800	0.958	7.840	0.089	14.720	0.001
7.400	0.113	0.960	0.932	8.000	0.082	14.880	0.001
7.600	0.095	1.120	0.925	8.160	0.077	15.040	0.000
7.800	0.086	1.280	0.891	8.320	0.073		
8.000	0.080	1.440	0.865	8.480	0.066		
8.200	0.072	1.600	0.842	8.640	0.058		
8.400	0.063	1.760	0.823	8.800	0.056		
		1.920	0.789				

11.18 Hotelling-Pabst-Statistik

Die Tabelle gibt kritische Werte d_α der Statistik D nach dem folgenden Schema an:

d_{α_1} α_1 mit $\alpha_1 = Pr(D \leq d_{\alpha_1}) \leq \alpha$

d_{α_2} α_2 mit $\alpha_2 = Pr(D \leq d_{\alpha_2}) \geq \alpha$

α	Stichprobenumfang n									
	3		4		5		6		7	
0.001							0	0.001	0	0.000
							0	0.001	2	0.001
0.005							0	0.001	4	0.003
							2	0.008	6	0.006
0.010					0	0.008	2	0.008	6	0.006
					2	0.042	4	0.017	8	0.012
0.015					0	0.008	2	0.008	8	0.012
					2	0.042	4	0.017	10	0.017
0.020					0	0.008	4	0.017	10	0.017
					2	0.042	6	0.029	12	0.024
0.025					0	0.008	4	0.017	12	0.024
					2	0.042	6	0.029	14	0.033
0.030					0	0.008	6	0.029	12	0.024
					2	0.042	8	0.051	14	0.033
0.035					0	0.008	6	0.029	14	0.033
					2	0.042	8	0.051	16	0.044
0.040					0	0.008	6	0.029	14	0.033
					2	0.042	8	0.051	16	0.044
0.045					2	0.042	6	0.029	16	0.044
					4	0.067	8	0.051	18	0.055
0.050			0	0.042	2	0.042	6	0.029	16	0.044
			2	0.167	4	0.067	8	0.051	18	0.055
0.100			0	0.042	4	0.067	12	0.087	22	0.083
			2	0.167	6	0.117	14	0.121	24	0.100
0.125			0	0.042	6	0.117	14	0.121	26	0.118
			2	0.167	8	0.175	16	0.149	28	0.133
0.200	0	0.167	2	0.167	8	0.175	18	0.178	34	0.198
	2	0.500	4	0.208	10	0.225	20	0.210	36	0.222
0.250	0	0.167	4	0.208	10	0.225	22	0.249	38	0.249
	2	0.500	6	0.375	12	0.258	24	0.282	40	0.278

					Stichprobenumfang n					
α		3		4		5		6		7
0.750	4	0.500	12	0.625	26	0.742	44	0.718	70	0.722
	6	0.833	14	0.792	28	0.775	46	0.751	72	0.751
0.800	4	0.500	14	0.792	28	0.775	48	0.790	74	0.778
	6	0.833	16	0.833	30	0.825	50	0.822	76	0.802
0.875	6	0.833	16	0.833	30	0.825	52	0.851	82	0.867
	8	1.000	18	0.958	32	0.883	54	0.879	84	0.882
0.900	6	0.833	16	0.833	32	0.833	54	0.879	84	0.882
	8	1.000	18	0.958	34	0.933	56	0.912	86	0.900
0.950	6	0.833	16	0.833	34	0.933	60	0.949	92	0.945
	8	1.000	18	0.958	36	0.958	62	0.971	94	0.956
0.955	6	0.833	16	0.833	34	0.933	60	0.949	92	0.945
	8	1.000	18	0.958	36	0.958	62	0.971	94	0.956
0.960	6	0.833	18	0.958	36	0.958	60	0.949	94	0.956
	8	1.000	20	1.000	38	0.992	62	0.971	96	0.967
0.965	6	0.833	18	0.958	36	0.958	60	0.949	94	0.956
	8	1.000	20	1.000	38	0.992	62	0.971	96	0.967
0.970	6	0.833	18	0.958	36	0.958	60	0.949	96	0.967
	8	1.000	20	1.000	38	0.992	62	0.971	98	0.976
0.975	6	0.833	18	0.958	36	0.958	62	0.971	96	0.967
	8	1.000	20	1.000	38	0.992	64	0.983	98	0.976
0.980	6	0.833	18	0.958	36	0.958	62	0.971	98	0.976
	8	1.000	20	1.000	38	0.992	64	0.983	100	0.983
0.985	6	0.833	18	0.958	36	0.958	64	0.983	100	0.983
	8	1.000	20	1.000	38	0.992	66	0.992	102	0.988
0.990	6	0.833	18	0.958	36	0.958	64	0.983	102	0.988
	8	1.000	20	1.000	38	0.992	66	0.992	104	0.994
0.995	6	0.833	18	0.958	38	0.992	66	0.992	104	0.994
	8	1.000	20	1.000	40	1.000	68	0.999	106	0.997
0.999	6	0.833	18	0.958	38	0.992	68	0.999	108	0.999
	8	1.000	20	1.000	40	1.000	70	1.000	110	1.000

| | Stichprobenumfang n | | | | | | | |
α	8		9		10		11	
0.001	4	0.001	10	0.001	20	0.001	34	0.001
	6	0.001	12	0.001	22	0.001	36	0.001
0.005	10	0.004	20	0.004	34	0.004	54	0.005
	12	0.005	22	0.005	36	0.005	56	0.006
0.010	14	0.008	26	0.009	42	0.009	64	0.009
	16	0.011	28	0.011	44	0.010	66	0.010
0.015	18	0.014	30	0.013	48	0.013	72	0.014
	20	0.018	32	0.016	50	0.015	74	0.015
0.020	20	0.018	34	0.018	54	0.018	78	0.018
	22	0.023	36	0.022	56	0.022	80	0.020
0.025	22	0.023	36	0.022	58	0.024	84	0.024
	24	0.029	38	0.025	60	0.027	86	0.026
0.030	24	0.029	40	0.029	60	0.027	88	0.028
	26	0.035	42	0.033	62	0.030	90	0.030
0.035	26	0.035	42	0.033	64	0.033	92	0.033
	28	0.042	44	0.038	66	0.037	94	0.035
0.040	26	0.035	44	0.038	66	0.037	96	0.038
	28	0.042	46	0.043	68	0.040	98	0.041
0.045	28	0.042	46	0.043	70	0.044	100	0.044
	30	0.048	48	0.048	72	0.048	102	0.047
0.050	30	0.048	48	0.048	72	0.048	102	0.047
	32	0.057	50	0.054	74	0.052	104	0.050
0.100	40	0.098	62	0.097	90	0.096	126	0.096
	42	0.108	64	0.106	92	0.102	128	0.102
0.125	44	0.122	68	0.125	98	0.124	136	0.124
	46	0.134	70	0.135	100	0.132	138	0.130
0.200	54	0.195	80	0.193	114	0.193	156	0.193
	56	0.214	82	0.205	116	0.203	158	0.201
0.250	58	0.231	88	0.247	124	0.246	168	0.243
	60	0.250	90	0.260	126	0.257	170	0.252

			Stichprobenumfang n					
α		8		9		10		11
0.750	106	0.750	148	0.740	202	0.743	268	0.748
	108	0.769	150	0.753	204	0.754	270	0.757
0.800	110	0.786	156	0.795	212	0.797	280	0.799
	112	0.805	158	0.807	214	0.807	282	0.807
0.875	120	0.866	168	0.865	228	0.868	300	0.870
	122	0.878	170	0.875	230	0.876	302	0.876
0.900	124	0.892	174	0.894	236	0.898	310	0.898
	126	0.902	176	0.903	238	0.904	312	0.904
0.950	134	0.943	188	0.946	254	0.948	332	0.946
	136	0.952	190	0.952	256	0.952	334	0.950
0.955	136	0.952	190	0.952	256	0.952	336	0.953
	138	0.958	192	0.957	258	0.956	338	0.956
0.960	138	0.958	192	0.957	260	0.960	340	0.959
	140	0.965	194	0.962	262	0.963	342	0.962
0.965	138	0.958	194	0.962	262	0.963	342	0.962
	140	0.965	196	0.967	264	0.967	344	0.965
0.970	140	0.965	196	0.967	266	0.970	346	0.967
	142	0.971	198	0.971	268	0.973	348	0.970
0.975	142	0.971	200	0.975	268	0.973	352	0.974
	144	0.977	202	0.978	270	0.976	354	0.976
0.980	144	0.977	202	0.978	272	0.978	356	0.978
	146	0.982	204	0.982	274	0.981	358	0.980
0.985	146	0.982	206	0.984	278	0.985	362	0.983
	148	0.986	208	0.987	280	0.987	364	0.985
0.990	150	0.989	210	0.989	284	0.990	370	0.989
	152	0.992	212	0.991	286	0.991	372	0.990
0.995	154	0.995	216	0.995	292	0.995	382	0.994
	156	0.996	218	0.996	294	0.996	384	0.995
0.999	160	0.999	226	0.999	306	0.999	398	0.999
	162	0.999	228	0.999	308	0.999	400	0.999

11.19 Kendalls S-Statistik

Die Tabelle gibt Wahrscheinlichkeiten $Pr(S \geq s)$ mit $s \geq 0$ an.

Da S symmetrisch um $E(S) = 0$ ist, gilt für $s < 0$: $P(S \geq s) = P(S \leq -s)$.

Ist $n(n-1)/2$ gerade bzw. ungerade, so nimmt S nur gerade bzw. ungerade Werte an.

	Stichprobenumfang n					Stichprobenumfang n		
s	4	5	8	9	s	6	7	10
0	0.625	0.592	0.548	0.540	1	0.500	0.500	0.500
2	0.375	0.408	0.452	0.460	3	0.360	0.386	0.431
4	0.167	0.242	0.360	0.381	5	0.235	0.281	0.364
6	0.042	0.117	0.274	0.306	7	0.136	0.191	0.300
8		0.042	0.199	0.238	9	0.068	0.119	0.242
10		0.0^283	0.138	0.179	11	0.028	0.068	0.190
12			0.089	0.130	13	0.0^283	0.035	0.146
14			0.054	0.090	15	0.0^214	0.015	0.108
16			0.031	0.060	17		0.0^254	0.078
18			0.016	0.038	19		0.0^214	0.054
20			0.0^271	0.022	21		0.0^320	0.036
22			0.0^228	0.012	23			0.023
24			0.0^387	0.0^263	25			0.014
26			0.0^319	0.0^229	27			0.0^283
28			0.0^425	0.0^212	29			0.0^246
30				0.0^343	31			0.0^223
32				0.0^312	33			0.0^211
34				0.0^425	35			0.0^347
36				0.0^528	37			0.0^318
					39			0.0^458
					41			0.0^415
					43			0.0^528
					45			0.0^628

Bemerkung: Wiederholte Nullen sind durch Hochzahlen gekennzeichnet. Beispielsweise steht 0.0^347 für 0.00047.

Literaturverzeichnis

Anderson, T. (1962). On the Distribution of the Two-Sample Cramér-von Mises Criterion. *The Annals of Mathematical Statistics, 33*(3), 1148-1159.

Anderson, T.W. und Darling. (1952). Asymptotic Theory of Certain "Goodness of Fit" Criteria Based on Stochastic Processes. *The Annals of Mathematical Statistics, 23*, 193-212.

Ansari, A.R. und Bradley. (1960). Rank-Sum Tests for Dispersion. *The Annals of Mathematical Statistics, 31*(4), 1174-1189.

Baringhaus, L. und Franz. (2004). On a new multivariate two-sample test. *Journal of Multivariate Analysis, 88*, 190-206.

Behr, A. (2005). *Einführung in die Statistik mit R.* München: Vahlen.

Bortz, J., Lienert und Boehnke. (2000). *Verteilungsfreie Methoden in der Biostatistik* (2nd ed.). Berlin: Springer.

Bortz, J. und Lienert. (2008). *Kurzgefasste Statistik für die klinische Forschung* (3rd ed.). Berlin: Springer.

Brunner, E. und Munzel. (2002). *Nichtparametrische Datenanalyse.* Berlin: Springer.

Büning, H. und Trenkler. (1994). *Nichtparametrische statistische Methoden* (2nd ed.). Berlin: De Gruyter.

Burr, E. J. (1964). Small-Sample Distributions of the Two-sample Cramer-Von Mises'W and Watson's U. *The Annals of Mathematical Statistics, 35*(3), 1091-1098.

Casella, G. und Berger. (2002). *Statistical Inference* (2nd ed.). Pacific Grove, California: Duxbury.

Conover, W. (1999). *Practical nonparametric statistics* (3rd ed.). New York: Wiley.

D'Agostino, R. B. (1986). *Goodness-of-fit techniques.* New York: Dekker.

Dalgaard, P. (2003). *Introductory statistics with R* (3rd ed.). New York: Springer.

Devroye, L. (1987). *A course in density estimation.* Boston: Birkhäuser.

Devroye, L. und Györfi,. (1985). *Nonparametric density estimation*. New York: Wiley.

Dilorio, F.C. und Hardy. (1998). *Qick start to data analysis with SAS* (3rd ed.). Belmont: Duxbury.

Dolic, D. (2004). *Einführung für Wirtschafts- und Sozialwissenschaftler*. München: Oldenbourg.

Dufner, J., Jensen und Schumacher. (2004). *Statistik mit SAS* (3rd ed.). Wiesbaden: Teubner.

Duller, C. (2007). *Einführung in die Statistik mit EXCEL und SPSS* (2nd ed.). Berlin: Physica.

Edwards, A. (1948). Note on the "correction for continuity" in testing the significance of the difference between correlated proportions. *Psychometrika, 13*(3), 185-187.

Eubank, R.L. (1999). *Nonparametric regression and spline smoothing* (2nd ed.). New York: Dekker.

Everitt, B.S. und Der. (1997). *A handbook of statistical analysis using SAS*. London: Chapman&Hall.

Everitt, B.S. und Hothorn. (2006). *A handbook of statistical analysis using R*. Boca Raton: Chapman&Hall.

Fahrmeir, L., Hammerle und Tutz. (1996). *Multivariate statistische Verfahren* (2nd ed.). Berlin: De Gruyter.

Fahrmeir, L., Künstler, Pigeot, Tutz, Caputo und Lang. (2005). *Arbeitsbuch Statistik* (4th ed.). Berlin: Springer.

Fahrmeir, L., Künstler, Pigeot und Tutz. (2004). *Statistik* (5th ed.). Berlin: Springer.

Fahrmeir, L. und Tutz. (2001). *Multivariate Statistical Modelling Based on Generalized Linear Models* (2nd ed.). New York: Springer.

Friendly, M. (1997). *SAS System for Statistical Graphics* (1st, repr. ed.). Cary: SAS Institute.

Gibbons, J. D. und Chakraborti. (1992). *Nonparametric statistical inference* (3rd ed.). New York: Dekker.

Hafner, R. (1989). *Wahrscheinlichkeitsrechnung und Statistik*. Wien: Springer.

Hafner, R. (2001). *Nichtparametrische Verfahren in der Statistik*. Wien: Springer.

Hafner, R. und Waldl. (2000). *Statistik für Sozial- und Wirtschaftswissenschaftler, Band 2*. Wien: Springer.

Hald, A. (1952). *Statistical tables and formulas*. New York: Wiley.

Härdle, W. (1991). *Smoothing techniques*. New York: Springer.

Hart, J. D. (1997). *Nonparametric Smoothing and Lack-of-Fit Tests*. New York: Springer.

Hartung, J., Elpelt und Klösner. (2005). *Statistik* (14th ed.). München: Oldenbourg.

Hartung, J. und Elpelt. (1999). *Multivariate Statistik* (6th ed.). München: Oldenbourg.

Hartung, J. und Heine. (2004). *Statistik-Übungen. Induktive Statistik* (4th ed.). München: Oldenbourg.

Heiser, D. (2006). Microsoft Excel 2000 and 2003 faults, problems, workarounds and fixes. *Computational Statistics and Data Analysis, 51,* 1442-1443.

Hettmansperger, T.P. (1991). *Statistical inference based on ranks.* Malabar: Krieger.

Hodges, J.L. und Lehmann. (1956). The Efficiency of Some Nonparametric Competitors of the t-Test. *The Annals of Mathematical Statistics, 27*(2), 324-335.

Hollander, M. und Wolfe. (1999). *Nonparametric statistical methods* (2nd ed.). New York: Wiley.

Hyndman, R.J. und Fan. (1996). Sample Quantiles in Statistical Packages. *The American Statistician, 50*(4), 361-365.

Kendall, M.G. und Babington Smith. (1939). The Problem of m Rankings. *The Annals of Mathematical Statistics, 10*(3), 275-287.

Kendall, M.G. und Stuart. (1979). *The advanced theory of statistics, Volume II: Inference and relationsship* (4th ed.). London: Griffin.

Krämer, W. (2006a). *So lügt man mit Statistik* (8th ed.). München: Piper.

Krämer, W. (2006b). *Statistik verstehen* (5th ed.). München: Piper.

Krämer, W., Schoffer und Tschiersch. (2005). *Datenanalyse mit SAS.* Berlin: Springer.

Lehmann, E.L. und D'Abrera. (1975). *Nonparametrics.* San Francisco, Calif.: Holden-Day.

Lewis, P. A. W. (1961). Distribution of the Anderson-Darling Statistic. *The Annals of Mathematical Statistics, 32*(4), 1118-1124.

Ligges, U. (2007). *Programmieren mit R* (2nd ed.). Berlin: Springer.

Lilliefors, H. W. (1967). On the Kolmogorov-Smirnov Test for Normality with Mean and Variance Unknown. *Journal of the American Statistical Association, 62*(318), 399-402.

Mack, G.A. und Wolfe. (1981). K-sample rank tests for umbrella alternatives. *Journal of the American Statistical Association, 76*(373), 175-181.

Maindonald, J.H. und Braun. (2004). *Data analysis and graphics using R* (1st, repr. ed.). Cambridge: Cambridge Univ. Press.

Mann, H.B. und Whitney. (1947). On a Test of Whether one of Two Random Variables is Stochastically Larger than the Other. *The Annals of Mathematical Statistics, 18,* 50-60.

Massey, F. J. Jr. (1952). Distribution Table for the Deviation Between two Sample Cumulatives. *The Annals of Mathematical Statistics, 23*(3), 435-441.

McNemar, Q. (1947). Note on the sampling error of the difference between correlated proportions or percentages. *Psychometrika, 12*(2), 153-157.

Miller, L. H. (1956). Table of Percentage Points of Kolmogorov Statistics. *Journal of the American Statistical Association, 51*(273), 111-121.

Milton, R. (1964). An Extended Table of Critical Values for the Mann-Whitney (Wilcoxon) Two-Sample Statistic. *Journal of the American Statistical Association, 59*, 925-934.

Mood, A. M. (1954). On the Asymptotic Efficiency of Certain Nonparametric Two-Sample Tests. *The Annals of Mathematical Statistics*, 514-522.

Moses, L. E. (1963). Rank Tests for Dispersion. *The Annals of Mathematical Statistics*, 973-983.

Nadaraya, E.A. (1989). *Nonparametric estimation of probability densities and regression curves.* Dordrecht: Kluwer.

Noether, G.E. (1967). *Elements of nonparametric statistics.* New York: Wiley.

Page, E.B. (1963). Ordered Hypotheses for Multiple Treatments: A Significance Test for Linear Ranks. *Journal of the American Statistical Association, 58*(301), 216-230.

Patil, K.D. (1975). Cochran's Q Test: Exact Distribution. *Journal of the American Statistical Association, 70*(349), 186-189.

Pearson, E. S. und Hartley. (1972). *Biometrika tables for statisticians.* Cambridge: Cambridge Univ. Press.

Pett, M. (1997). *Nonparametric Statistics for Health Care Research.* Thousand Oaks: Sage.

Prakasa, R. und Bhagavatula. (1983). *Nonparametric functional estimation.* Orlando, Fla.: Acad. Press.

Randles, R.H. und Wolfe. (1979). *Introduction to the theory of nonparametric statistics.* New York: Wiley.

Rosenblatt, M. (1956). Remarks on Some Nonparametric Estimates of a Density Function. *The Annals of Mathematical Statistics, 27*(3), 832-837.

Sachs, L. und Hedderich. (2006). *Angewandte Statistik* (12th ed.). Berlin: Springer.

Schendera, C. F. G. (2004). *Datenmanagement und Datenanalyse mit dem SAS-System.* Müchen; Wien: Oldenbourg.

Scott, D.W. und Factor. (1981). Monte Carlo Study of Three Data-Based Nonparametric Probability Density Estimators. *Journal of the American Statistical Association, 76*(373), 9-15.

Shapiro, S. S. und Wilk. (1965). An Analysis of Variance Test for Normality (Complete Samples). *Biometrika, 52*, 591-611.

Silverman, B.W. (1998). *Density estimation for statistics and data analysis* (1st repr. ed.). Boca Raton, Fla.: Chapman&Hall/CRC.

Sprent, P. und Smeeton. (2001). *Applied Nonparametric Statistical Methods* (3rd ed.). Boca Raton: Chapman&Hall.

Terrell, G.R. (1990). The Maximal Smoothing Principle in Density Estimation. *Journal of the American Statistical Association, 85*(410), 470-477.

Tucker, H. G. (1967). *A graduate course in probability.* New York: Acad. Press.

Waerden, B. L. van der. (1971). *Mathematische Statistik* (3rd ed.). Berlin: Springer.

Walsh, J.E. (1949). Some Significance Tests for the Median which are Valid Under Very General Conditions. *The Annals of Mathematical Statistics, 20*, 64-81.

Wilcoxon F. (1945). Individual Comparisons by Ranking Methods. *Biometrics Bulletin, 1*.

Witting, H. (1974). *Mathematische Statistik* (2nd ed.). Stuttgart: Teubner.

Witting, H. und Nölle. (1970). *Angewandte mathematische Statistik*. Stuttgart: Teubner.

Sachverzeichnis

Druck: Krips bv, Meppel, Niederlande
Verarbeitung: Stürtz, Würzburg, Deutschland